高等学校风景园林教材

风景园林测绘学

李星照　胡希军　主编

中国林业出版社

图书在版编目（CIP）数据

风景园林测绘学/李星照，胡希军　主编．—北京：中国林业出版社，2009.9
高等学校风景园林教材
ISBN 978-7-5038-5449-1

Ⅰ．风…　Ⅱ．①李…②胡…　Ⅲ．园林－测绘学－高等学校－教材　Ⅳ．TU986.2

中国版本图书馆 CIP 数据核字(2009)第 119946 号

中国林业出版社·环境景观与园林园艺图书出版中心
策划、责任编辑：李　顺　吴金友
电话:83226967　83229512　　**传真**:83226967

出版　中国林业出版社(100009　北京西城区刘海胡同 7 号)
E-mail　cfphz@ public. bta. net. cn　**电话**　83224477
网址　www. cfph. com. cn
发行　新华书店北京发行所
印刷　三河市富华印刷包装有限公司
版次　2009 年 9 月第 1 版
印次　2009 年 9 月第 1 次
开本　787mm×1092mm　1/16
印张　20. 25
字数　490 千字
印数　1～5000 册

定价　48. 00 元

前　言

风景园林测绘学是研究风景园林科学在勘探、可行性论证、规划、设计、施工、竣工、管理和环境动态监测阶段所进行的各种测绘工作及对测绘成果应用的学科。其主要内容可归纳为地理空间信息的采集、编辑、分析、加工、处理，测绘成果的应用，施工放样和信息的实时更新。风景园林项目在勘探、可行性论证、规划设计阶段，一般都要利用地形图在现场进行踏查、调绘，确定规划区范围，进行地形分析，景点空间定位等，地形图是风景园林科学的必备基础底图。因此，掌握地形图的成图原理、测量仪器的使用、测量数据的处理方法等是熟练应用地形图的前提，也是将图纸上设计好的景观构筑物或设计元素准确测设到实地的基础。在园林工程建设中，园林测绘是保证园林工程施工和工程质量的关键环节。为了满足培养风景园林类专业高级实用型人才对园林测绘知识的需要，中国林业出版社和编写组经过精心策划和仔细调研，以编者多年对测量、园林规划设计的教学和实践经验为基础，参照各种相关规范编写了本教材。

《风景园林测绘学》遵照“传授知识、开发智力、培养能力”的教学原则，根据风景园林专业的特点来精选教材内容，着重介绍 4D 产品和信息化测绘的内涵、特征及在风景园林科学中的应用，侧重于基本理论和实践的有机结合，加强动手能力的培养。在表达上做到简明通俗，重点突出，学以致用的目的。

全书共 12 章，由李星照、胡希军主编。其中：第一章、第七章、第八章、第九章由李星照编写，第二章、第三章由刘卫东编写，第四章由张铁辉编写，第五章由魏东升编写，第六章由李星照、张铁辉合编，第十章由陈存友编写，第十一章由胡希军编写，第十二章由胡希军、陈存友合编，全书由李星照统稿。

本书是普通高等院校风景园林专业、园艺专业及城市规划、城乡规划、林学、果树等专业测绘学课程的基本教材，同时，也可作为与地理空间信息有关的其它学科的科学研究、空间技术研究等领域的科研人员、工程技术人员及地理学爱好者的参考书。

由于编者水平所限，时间仓促，书中难免有缺点和错误，敬请读者批评指正。

编　者

目　录

第一章　概　述

【本章提要】

本章主要介绍测量学、测绘学、信息化测绘、风景园林测绘学的概念，风景园林测绘学的基本知识、数学基础、直线定向，以及地球空间信息要素的基本概念和图形表达形式。

第一节　测绘学概述

一、测绘学的定义

我们把研究地球的形状和大小以及确定地面点位置的科学称为测量学。而测绘学是研究对地球整体及其表面和外层空间中的各种自然和人造物体与地理空间分布有关的信息进行采集、处理、管理、更新和利用的科学和技术。

二、信息化测绘的表述

我国测绘学科经历了三个发展阶段：

(一)20 世纪 80 年代前是模拟测绘，它是以光学机械为主要技术支撑，利用手工和模拟的机械绘制线划图。这种测绘技术体系的理论基础和方法是成熟的，为我国的国民经济建设和国防建设做出了巨大的贡献，但相对现代测绘技术而言，这种测绘技术体系不仅耗时费力，而且质量不高，更新困难。

(二)20 世纪 80 年代至 90 年代是传统测绘体系改造，数字化测绘技术体系形成的阶段，这个体系就是在整个测绘作业、生产和服务的流程中，实现数据获取与采集、加工与处理、管理和应用的数字化。产品形式也从传统的纸质地图变成了 4D 产品，即数字高程模型(DEM)、数字线划地图(DLG)、数字栅格地图(DRG)和数字正射影像地图(DOM)。这是对传统测绘生产流程的一次革命，体现了测绘行业的最终目的不仅是绘制地图，它还要为社会各行各业提供所需的地表空间位置数据，并利用对客观真实世界的各种数据来实现虚拟现实系统，可以把地表的情形以真三维、真尺度、真纹理，真实地重建起来，用数字化的手段来提供基于地理空间位置的服务。

(三)21 世纪初是向信息化测绘发展的阶段。信息化测绘，简单地说就是在数字化测绘的技术基础上，在完全网络化运行环境下，实现适时有效地向信息化社会提供地理信息综合服务的一种新的测绘方式和功能形态。信息化测绘是我国测绘学科实现了由传统测绘向数字化测绘转化和跨越之后进入的又一个新的发展阶段。

信息化测绘最本质的内涵和特征就是实现实时有效的地理信息综合服务，它相对于数字化测绘技术体系应具有以下标志性跨越特征：

（一）从“生产”到“服务”，即体系的功能取向是由测绘产品生产为主，转为地理空间信息综合服务为主，更多地面向多样化、灵性化信息产品的开发和深加工。

（二）由“静态”到“动态”，即体系对地理信息的获取和数据库建设由静态生产为主，转为动态变化监测和实时更新为主。

（三）由“局域”到“广域”，即作为数据传输和信息交互的网络支撑运行环境，对于数字化测绘生产可以局域网为主，但对于实时有效的地理信息综合服务必须依靠广域专网或国际互联网，来实现数据传输和信息交互彻底的网络化。

（四）由“专用”到“公用”，即体系的基础设施，包括测绘基准体系和基础地理信息数据库系统等的使用，应由原来的供专业使用为主，升级改造为满足社会公共使用为主，实现测绘基础设施公用化。数字中国地理空间基础框架是信息化测绘的重要基础设施，应将其建设成为社会公共服务的平台。

（五）从“封闭”到“开放”，即体系的运行主体应从测绘系统内部扩展到其它应用部门，从公益性测绘保障体系内部扩展到地理信息产业体系，形成企业、事业单位、政府机构和用户大众协同运作的开放机制，实现信息服务的社会化。

（六）着实推进信息共享，要切实从政策法规上为充分的信息共享创造有利条件，妥善解决信息共享中的安全问题和产权问题，建立信息共享相关的法规、标准体系和运行机制，实现信息共享法制化。

通过以上分析，我们归纳信息化测绘的特征为：“功能取向服务化、数据获取实时化、信息交互网络化、基础设施公用化、信息服务社会化、信息共享法制化、技术体系数字化”。

从技术层面或者生产环节来看，信息化测绘与数字化测绘并无本质区别。信息化测绘是现代测绘科学技术经多学科交叉、融合后发展形成的，它依托数字化测绘体系，实现地理空间信息的快速获取和更新、智能化处理和一体化管理、网络化生产与分发服务，实现地理空间信息资源的融合、增值服务，使测绘信息与技术产品社会化，为社会提供多尺度、多形式的服务，是“后数字化测绘技术”时期的发展走向。信息化测绘技术主要包括全球卫星定位导航技术（GNSS）、卫星重力探测技术（SG）、卫星测高（SA）、航空航天遥感技术（RS）、地理信息系统技术（GIS）、信息高速公路和计算机网络技术、虚拟现实技术等。随着计算机技术、通信技术、航天遥感、卫星导航定位等科学技术的发展，人类已经能够实现自动化、智能化和实时地回答何时（When）、何地（Where）、何目标（What object）、发生了何种变化（What Change），并且把这些时空信息（即4W）随时随地提供给每一个人，服务于每一件事，传达到每一个有需求的地方（4A 服务——Anyone，Anything，Anytime and Anywhere）。

信息化测绘将面对以 TB 级计的海量地理信息数据和各行各业的迫切需求，使我们面临着“数据又多又少”的矛盾，一方面数据多到无法处理，另一方面用户需要的数据又找不到，致使无法快速及时地回答用户问题。因此对地理空间信息加工与处理提出了要自动化、智能化和实时化的要求，这恰恰体现对数字化的提升，也符合复杂巨系统的格局。随着全球信息网格（GIG）概念的提出，人们将要面临在下一代 3G（Great Global Grid）互联网上进行网格计算。即不仅可查询和检索到 GIS 时空数据，而且要能利用网络上的计算资源进行网格计算。在网格计算环境下，目前的 GIS 数据又面临着空间数据的基准不一致，空间数据的时态不一致，语义描述的不一致以及数据存贮格式的不一致四大障碍。这就要依靠建立全球统一的空间信息网格才能进行网格计算的实现。

三、风景园林测绘学

风景园林规划设计在勘探、可行性论证、规划设计阶段首先要进行现场踏查，将规划区范围内及周边的景点评价、分级、空间定位，或景区划分表现在图上，这就需要地形图。当范围较大时一般是使用国家基本图，范围较小时是使用实测图。测图就是使用测量仪器和工具，按照一定的程序和方法把地球表面的局部地形、地物及其他信息依据一定的比例测绘成图；用图就是指使用地形图进行风景园林规划设计的知识、方法和技能；放样就是把图纸上设计好的建筑物和构筑物的位置测设到地面上，以作为施工的依据。

在风景园林规划设计时，要对用地的平面和竖向进行综合考虑，把山、水、林、路和景观建筑合理地、因地制宜地进行空间布局，使之成为有机的整体，这需要在数字高程模型(DEM)、数字线划地图(DLG)、数字栅格地图(DRG)或数字正射影像地图(DOM)上进行认真分析，研究地面高低起伏、坡度变化、植被与水源等地物的分布位置、土壤和用地面积等基本情况，才能合理地把规划与设计项目的理念标绘到图上，成为规划设计图。

在园林工程施工中，园林工程测量包括施工前的测量工作和施工过程中的测量工作。施工前的测量工作有：施工控制网的建立，建筑物主轴线的定位，建筑物细部的放样，园路、桥涵、水系、堆山的放样，植物定植点的测设等。施工过程中的测量是随着工程的进展，在每道工序之前进行的测量工作。如建筑物基槽底部设计高的测设，堆山设计高、挖湖等深线标志的测设，路面设计标高的测设，给排水工程中管道施工测量等等。

园林工程施工完后，需要进行竣工测量，其工作包括：竣工图的测绘、各项具体工程的标准验收测量、各种表格和文字说明书的编写等。进行竣工测量的目的是一方面检查各项工程是否达到了设计的要求；另一方面，可将验收测量所得到的图纸资料存入档案，为将来的利用和改建提供依据。

综上所述，风景园林测绘学，就是研究风景园林科学在勘探、可行性论证、规划、设计、施工、竣工、管理和环境动态监测阶段所进行的各种测绘工作及对测绘成果应用的学科。其主要内容可归纳为地理空间信息的采集、编辑、分析、加工、处理，测绘成果的应用，施工放样和信息的实时更新。

第二节 地球的形状和大小

风景园林测绘工作研究的对象是地球表面，其实质就是确定地面上各景观要素的地理空间分布，并能在数字地球上进行正确描述，因此，对地球的形状和大小需要有一定的了解。

地球的自然表面是一个高低起伏极不规则的复杂曲面，它上面有高山、平原、江河、湖泊和海洋。有位于我国与尼泊尔交界的珠穆朗玛峰，高于海平面 8844.43m ± 0.21m；有位于太平洋西部，低于海平面 11022m 的马里亚纳海沟，形状十分复杂。然而，这样的高低差距与地球平均半径 6371km 相比，它们分别仅为地球平均半径的 1/720 和 1/578，相比之下起伏是微小的，所以仍可以将地球看作为球体。

另外，地球自然表面上大部分是海洋，面积占地球表面积的 71%，陆地仅只占 29%。

因此，人们设想将静止的海水面向整个陆地延伸，用所形成的封闭曲面代替地球表面，这个曲面称为大地水准面。大地水准面所包含的形体，称为大地体，它代表了地球的自然形状和大小。

再者，地球是太阳系中的一颗行星，它围绕着太阳旋转，又绕着自己的旋转轴自转。地球上的物体受到地球引力、地球自转离心力及太阳、月亮等星体的引力作用。在风景园林测绘学中主要考虑地心引力和离心力作用，这两个力的合力称为重力(图1-1)。设一条细绳系一锤球，细绳在重力作用下形成一条下垂线，称为铅垂线。铅垂线是测量工作的基准线。

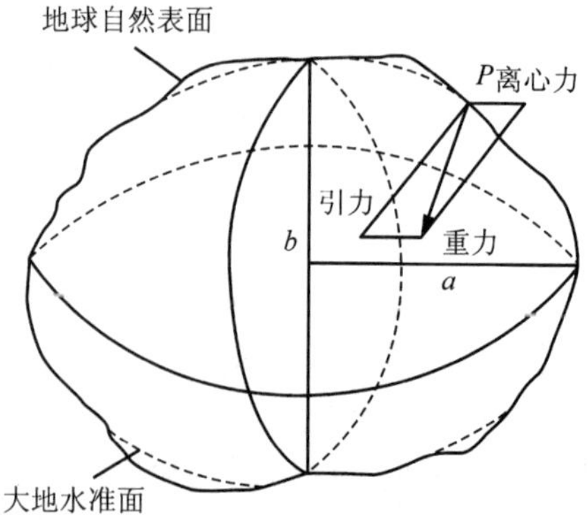

图 1-1　地球重力线

地面上，处处与重力方向垂直的连续曲面称为水准面。水准面因其高度不同而有无穷多个。水准面是重力等位面，水准面之间因重力不同，不会相交。与水准面相切的平面称为水平面。

大地水准面是水准面中的一个特殊的水准面。即在海洋中与静止的平均海水面重合，它最接近地球真实形态和大小。在实际测绘中，常以大地水准面作为测量的基准面。但由于地球内部物质构造不均匀，各处内部物质的密度是不同的，加之地球表面也起伏不平，这必然导致各处重力方向发生变化，所以大地水准面各处重力线方向是不规则的。重力方向会指向高密度物体，离开低密度物体。这种地球重力场的不均匀性，引起大地水准面成为一个起伏变化的不规则曲面。这样的曲面无法在其上面进行测量数据的处理(图1-2)。

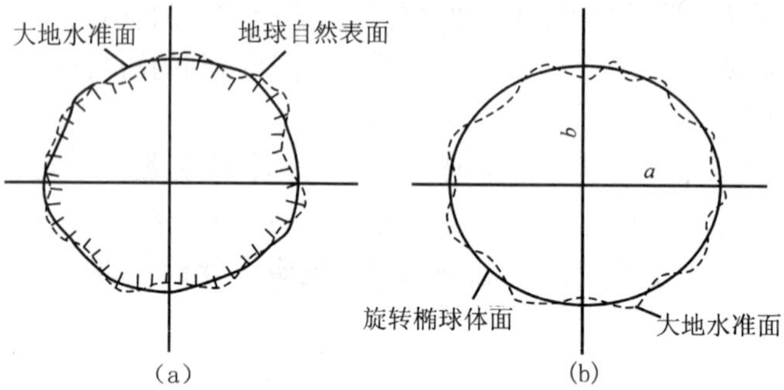

图 1-2　大地水准面与旋转椭球体

为了便于正确地计算测绘成果，准确表示地面点的位置，在测绘时要选定一个大小和形状接近大地体的旋转椭球体作为地球的参考形状和大小，这个旋转椭球体称为参考椭球体，它是一个规则的曲面体，用数学公式表示为：

$$\frac{x^2}{a^2}+\frac{y^2}{a^2}+\frac{z^2}{b^2}=1 \tag{1-1}$$

式中 a，b 分别为参考椭球体的长半径和短半径。参考椭球体的扁率 f 用式 1-2 表示：

$$f=\frac{a-b}{a} \tag{1-2}$$

数个世纪以来，许多学者对参考椭球体的元素进行了大量的推算，我国采用的参考椭球体的几何参数如表 1-1 所示。

表 1-1 几种椭球的主要参数

坐标系统	1954 北京坐标系	1980 西安坐标系	WGS-84 坐标系
椭球名称	克拉索夫斯基	IUGG-75 地球椭球	协议地球参考系统
推算年代	1940 年	1975 年	1984
长半径(m)	6 378 245	6 378 140	6 378 137
短半径(m)	6 356 863.018 8	6 356 752.288 2	6 356 752.314 2
扁率(f)	1:298.3	1:298.257	1:298.257 223 563
第一偏心率平方 e^2	0.006 693 421 622 966	0.006 694 384 999 59	0.006 694 379 990 13
第二偏心率平方 e^2	0.006 738 525 414 683	0.006 739 501 819 47	0.006 739 496 742 227
ω		$7.292\,115 \times 10^{-5}$ rad/s	$7.292\,115 \times 10^{-5}$ rad/s
GM		$3.986\,005 \times 10^{14}\,m^2/s^2$	$3.986\,005 \times 10^{14}\,m^2/s^2$
J_2		$1.082\,63 \times 10^{-3}$	

注：ω——地球自转角速度；GM——地球总质量和万有引力常数乘积；J_2——地球动力形状因子。

由于参考椭球体的扁率很小，所以在局部范围内可将地球当作半径为 6 371km 的圆球看待。

第三节 地面点定位的数学基础

在几何学中，空间一点的位置通常是用 x，y，z 三个量来确定，而在测绘时，表示地面上点的位置是由坐标和高程来实现的。坐标表示地面点沿基准线投影到基准面上的位置，高程表示地面点沿基准线到基准面的距离。基准线可以是点的铅垂线或法线；基准面又称为投影面，可以是椭球体面、大地水准面或平面。

一、地理坐标

用经度、纬度表示地面点在球面上的位置称为地理坐标。地理坐标按坐标所依据的基准线、基准面及求坐标方法的不同，可分为天文坐标和大地坐标两种。

(一) 天文坐标

天文坐标又称天文地理坐标，用天文经度 λ 和天文纬度 φ 表示地面点在大地水准面上的位置。它是以铅垂线为基准线，以大地水准面为基准面。

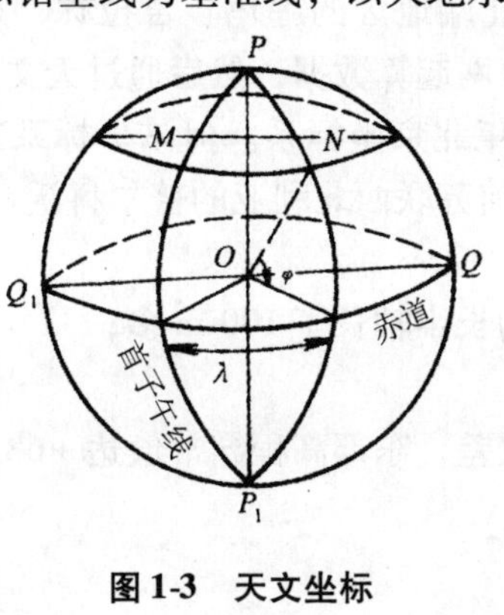

图 1-3 天文坐标

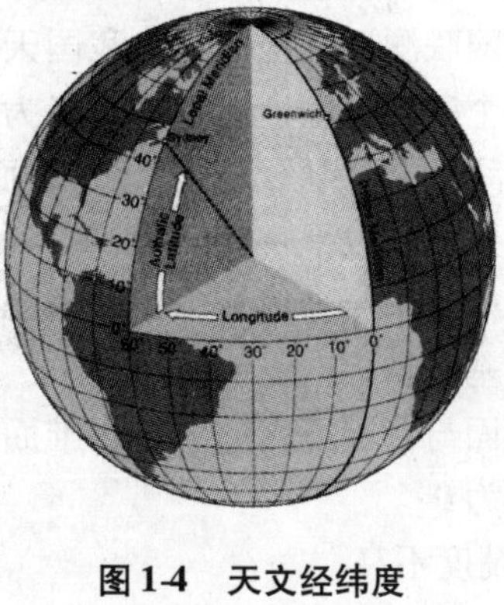

图 1-4 天文经纬度

图1-3中，O为地心，PP_1为地球旋转轴，又称地轴，P为北极，P_1为南极。通过地面上任意一点N和地轴所作的平面称为子午面（或真子午面）。子午面与椭球体面的交线称为子午线（真子午线、经线或经圈）。以通过英国伦敦格林尼治天文台原址M和地轴所作的平面称为首子午面（或零子午面），作为经度的起算面，相应的子午线叫首子午线（零度经线）。通过地心O并垂直于地轴的平面称为赤道面，赤道面与椭球体面的交线称为赤道。赤道面作为纬度的基准面。

通过地面上N点的子午面PNP_1与首子午面PMP_1所夹的两面角λ称为N点的经度，从首子午面起，向东量度0°~180°为东经，向西量度0°~180°为西经(图1-4)。

地面上N点的纬度，即通过N点的铅垂线与赤道面的夹角，用φ表示。从赤道向北自0°~90°为北纬，向南0°~90°为南纬。由于地球离心力的作用，地面上一点的铅垂线不一定经过地球中心。

天文经纬度是用天文测量方法测定的。天文测量定位精度一般不高，加之天文坐标之间在以大地水准面为基准面上推算困难，故在精确定位中使用较少，一般用于导弹发射、天文大地网或独立工程控制网起始点定向。

（二）大地坐标

大地坐标又称大地地理坐标，用大地经度L和大地纬度B表示地面点在旋转椭球面上的位置。它是以法线为基准线，以椭球面为基准面。如图1-5所示，P点的大地经度L就是包含P点的子午面和首子午面（起始子午面）所夹的二面角。P点的大地纬度B就是过P点的法线（与旋转椭球面垂直的线）与赤道面的夹角。

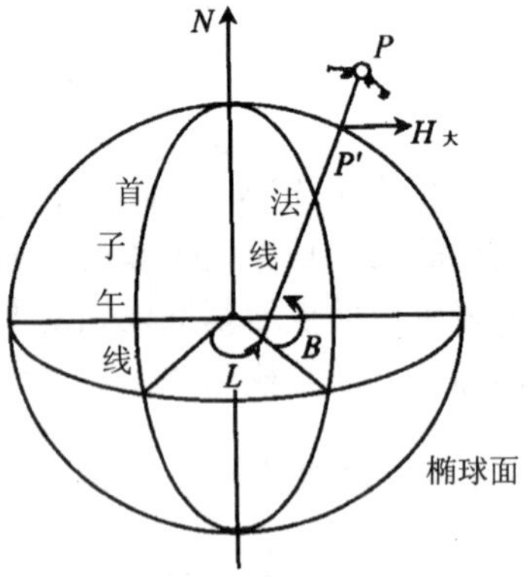

图1-5　大地坐标系

大地经纬度是根据一个起始的大地点（大地原点，这点的大地经纬度与天文经纬度一致）的大地坐标，按大地测量所得的数据推算而得的。在国家基本地形图上所表示的是大地坐标系。

（三）我国采用的大地坐标系

1. 1954年北京坐标系

我国在1952年前，采用的是海福特椭球体参数。1953~1980年采用克拉索夫斯基椭球参数，将我国东北端地区的呼玛、吉拉林、东宁3个三角点与前苏联大地网联测后的坐标作为我国天文大地网起算数据，然后通过天文大地网坐标，推算出北京某一个三角点的坐标，故命名为1954年北京坐标系。但该坐标系实际上是前苏联的1942年坐标系，坐标原点不在北京，而是在前苏联西北利亚的普尔科沃。

这个坐标系存在以下一些问题：

(1) 参考椭球长半轴偏长，比地球总椭球的长半轴长了100 m多；

(2) 椭球基准轴定向不明确；

(3) 椭球面与我国境内的大地水准面吻合较差，东部高程异常值达+68 m，西部新疆地区高程异常值为0；

(4)点位精度不高。

2. 1980 国家大地坐标系

为了克服1954年北京坐标系的缺陷，自1980年开始采用GRS 1975年(国际大地测量与地球物理学联合会IUGG 1975推荐)参考椭球体参数，并确定在陕西西安市泾阳县永乐镇北洪流村建立了我国的大地坐标原点，作为我国大地坐标系的起算点(图1-6)，由此建立的坐标系，称为1980年国家大地坐标系，或叫做1980年西安坐标系。这个椭球体面与我国境内的大地水准面达到了最佳密合。平差后，其大地水准面与椭球面差距在±20 m之内，边长精度为1/500000。再利用我国原有天文大地网的潜在精度，对原大地网进行重新平差，就将1954年北京坐标系转换成1980年西安坐标系。

图1-6 1980西安大地原点

我国位于北半球和东半球，所以我国的地理坐标都是东经和北纬，如长沙市某点的地理坐标(1980年西安坐标系)为东经112°59′36″，北纬28°08′08″，这个点在椭球体面上是惟一的。

3. WGS—84 坐标系

WGS—84（World Geodtic System—84）坐标系叫做1984年世界大地坐标系，它是由美国国防部制图局建立并公布的。

WGS—84坐标系理论上是一个以地球质心为坐标原点的地固坐标系，Z轴指向BIH(国际时间局)1984.0定义的协议地球极(CTP)方向，X轴指向BIH 1984.0的零度子午面与CTP赤道的交点，Y轴与Z、X轴构成右手坐标系。对应于WGS—84大地坐标系有一个WGS—84椭球，WGS—84椭球是目前最高水平的全球大地测量参考系统之一，是GPS卫星广播星历和精密星历的参考系，利用GPS卫星定位系统所获得的地面点的位置，即为WGS—84坐标。

二、高斯—克吕格平面直角坐标

（一）投影变形的概念

大地坐标只能用来表示地面点在椭球体上的位置，它是大地测量的基本坐标系，对于大地问题的解算、地球形状和大小的研究、地形图的编制是十分有用的，但不能直接用于测绘地形图，况且人们在规划、设计和施工中习惯使用平面图纸来反映地面形态，而且在平面上进行数据运算比在球面上要方便得多。可是，椭球体面是一闭合曲面，要将曲面展成平面必然产生破裂与变形。为了解决这一矛盾，必须研究地图投影的问题。

所谓地图投影就是建立椭球体上的点与平面上的点之间的函数关系，用数学表达式表示为：

$$\left.\begin{aligned} x &= f_1(L,B) \\ y &= f_2(L,B) \end{aligned}\right\} \tag{1-3}$$

式中：（ L，B ）为某点在椭球体面上的大地坐标；

（ x ，y ）为该点投影到平面上的直角坐标。

由于地球椭球体面是不可展开的曲面，无论用什么函数式 f_1、f_2将其投影到平面上后，都会产生变形。观察椭球面上一个微小图形（ 称为微分圆 ）在投影过程中的表象变化可知，投影后将出现图 1-7 所示几种情况：

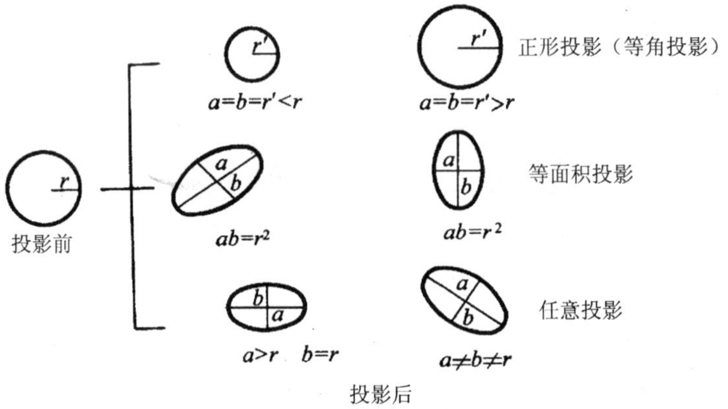

图 1-7 微分圆投影变形情况

从图 1-7 所示的变形性质，可将地图投影分为正形投影、等面积投影和任意投影。正形投影和等面积投影是两种常用的地图投影方式。

正形投影有两个基本特性：一是保角性，即角度投影后大小不变，这就保证了微分图形投影后的相似性。二是长度比的固定性，长度比是投影平面上无穷小线段 ds 与椭球上相应的无穷小线段 dS 之比，以 m 表示：

$$m = ds/dS, \tag{1-4}$$

长度比是一个变量，一般情况下，它不仅随点位的不同而变化，即使在同一点上，也随方向角不同而不同。正形投影在无穷小范围内，保持椭球面与平面上的相应图形相似，其长度比 m 仅随点位而变化，而与方向无关，即正形投影的长度虽然产生变形，但在同一点的各个方向上的微分线段，投影后长度比为一常数，这称之为长度比的固定性。

（二）高斯投影

1. 高斯投影概念

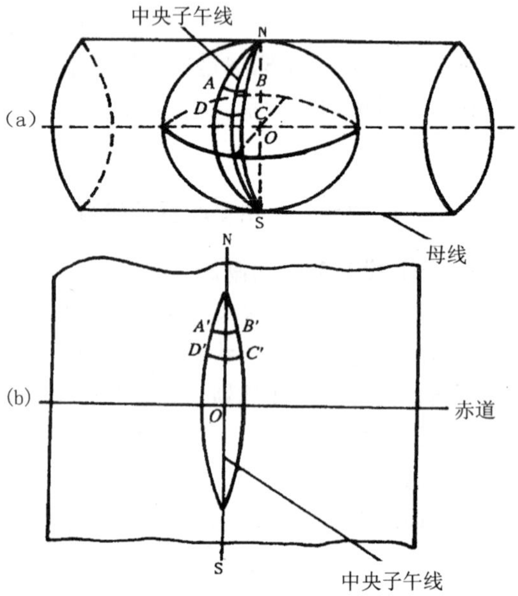

图 1-8 高斯投影

高斯投影（ 又称高斯—克吕格投影）是正形投影的一种。高斯投影除了满足正形投影的两个基本条件外，还必须满足本身的特定条件，即：中央子午线投影后为一直线，且长度不变。设想有一个椭圆柱面横套在地球椭球的外面，如图 1-8（a）所示，并与某一子午线相切，椭圆柱的中心轴通过椭球中心，与椭圆柱面相切的子午线称为中央子午线或轴子午线。然后将椭球面上中央子午线附近有限范围的点线按正形投影条件向椭圆柱面上投影，投影完毕，将椭圆柱面通过极点的母线切开，展为平面，此平面称为高斯投影平面，如图 1-8（b）所示，于是不可展曲面上的图形就转换成可展曲面上的图形。

2. 高斯投影的规律

(1)中央子午线投影后成为一直线，且长度比不变形，其他子午线投影后为凹向中央子午线的对称曲线，离中央子午线愈远，其长度比变形就愈大；

(2)赤道投影后也为一直线，且与中央子午线正交，但长度产生了变形，其它的纬圈投影后为凸向赤道的对称曲线，且离赤道愈远，其长度比变形就愈大；

(3)经纬线投影后仍保持相互正交的关系，即投影后无角度变形。

3. 高斯平面直角坐标与地理坐标之间的函数关系

根据高斯—克吕格投影规律，即可推导出高斯—克吕格投影的直角坐标基本公式，如式 1-5，因而建立平面直角坐标(x、y)与地理坐标(L、B)之间的函数关系。其关系式为：

$$\left.\begin{aligned} x &= s + \frac{L^2N}{2}\sin B\cos B + \frac{L^4N}{24}\sin B\cos^3 B(5 - \tan^2B + 9\eta^2 + 4\eta^4) + \Lambda \\ y &= LN\cos B + \frac{L^3N}{6}\cos^3B(1 - \tan^2B + \eta^2) + \frac{L^5N}{120}\cos^3B \times \\ &\quad (5 - 18\tan^2B + \tan^2B) + \Lambda \end{aligned}\right\} \tag{1-5}$$

式中：x、y——平面直角坐标系的纵、横坐标；

B、L——椭球面上地理坐标系的经纬度(分别自赤道和投影带中央经线起算)；

S——由赤道至纬度 B 的经线弧长；

N——卯酉圈曲率半径(依据纬度由制图用表中查取)；

η——$\eta^2 = e'^2\cos^2B$，其中 e'为地球的第二偏心率。

4. 高斯投影变形分析

高斯—克吕格投影没有角度变形，面积变形是通过长度变形来表达的。其长度变形为式 1-6：

$$\mu = 1 + \frac{1}{2}\cos^2B(1 + \eta^2)L^2 + \frac{1}{6}\cos^4B(2 - \tan^2B)L^4 - \frac{1}{8}\cos^4BL^4 \tag{1-6}$$

由上式可知长度变形的规律是：

中央经线上没有长度变形，即 $L=0$，$\mu=1$；

沿纬线方向，离中央经线越远变形越大，即 L 增大，μ 也增大；

沿经线方向，纬度越低变形越大，即 B 越小，μ 越大。

从表 1-2 能进一步看出：整个投影变形最大的部位在赤道和投影带最外一条经线的交点上（纬度为0°，经差为 ±3°时，长度变形为 1.38‰），当投影带增大时，该项误差还会继续增加。而且在低纬度和中纬度区，其投影误差显得大了一些，故高斯—克吕格投影比较适用于纬度较高的地区。

表 1-2 高斯—克吕格分带投影变形值表

纬度 \ 经差	0°	1°	2°	3°
90°	0	0. 00000	0. 00000	0. 00000
80°	0	0. 00000	0. 00002	0. 00004
70°	0	0. 00002	0. 00004	0. 00006
60°	0	0. 00004	0. 00015	0. 00034
50°	0	0. 00006	0. 00025	0. 00057
40°	0	0. 00009	0. 00036	0. 00081
30°	0	0. 00012	0. 00046	0. 00103
20°	0	0. 00013	0. 00054	0. 00121
10°	0	0. 00014	0. 00059	0. 00134
0°	0	0. 00015	0. 00061	0. 00138

(三) 分带投影

根据上述高斯投影规律的分析，除中央子午线投影后长度不变形外，其他子午线长度均产生了变形，为了控制长度变形在一定的使用限度内，故采用分带投影的方法。如图 1-9 所示。

分带投影宽度是以相邻两子午线的经差 ΔL 来划分的，有六度分带和三度分带两种。我国规定：1∶5000 到 1∶10000 的地形图采用三度分带投影，1∶25000 到 1∶500000 的地形图采用六度分带投影，这样可保证地形图有必要的精度。

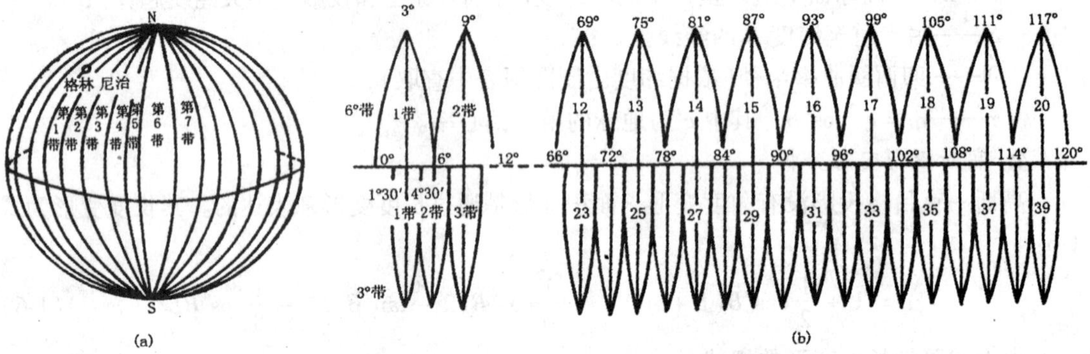

图 1-9 分带投影

六度分带的方法：从英国格林尼治的零度子午线起，自西向东每隔 6°将椭球划分为 60 个六度带，编号为 1—60，各带的中央子午线的经度 L_0^6依次为 3°，9°，15°，……357°。

三度分带的方法：从东经 1. 5°经线开始，以经差 3°划分的，编号为 1—120，各带的中央子午线经度 L_0^3 依次为 3°，6°，9°，……360°。

我国疆域的经差为 72° ~136°，含有 11 个六度带，即为 13 ~23 带，各带的中央子午线的经度自 75°开始，到 135°。共有 21 个三度带，其编号为 25 ~45。

三度带和六度带的关系：如图 1-9 所示，当三度带的带号为奇数时，三度带和六度带的中央子午线重合，这时从三度带的坐标转换为六度带的坐标时，可以直接转换而不需任何计算。当三度带的带号为偶数时，三度带的中央子午线与六度带的边缘子午线重合。

当地经度与带号及中央子午线的关系：

$$\left.\begin{aligned} N &= INT\frac{L}{6°}+1 \\ L_0^6 &= 6°N-3° \end{aligned}\right\} \quad (1\text{-}7)$$

$$\left.\begin{aligned} n &= INT\frac{L-1.5°}{3°}+1 \\ L_0^3 &= 3°n \end{aligned}\right\} \quad (1\text{-}8)$$

式中 L_0^6、L_0^3—— 分别为6°带和3°带的中央子午线经度，

N、n—— 分别为6°带和3°带的带号，INT 表示取整的意思。

按式（1-7）、（1-8）可求得某地的带号或中央子午线的经度。

例如，长沙市某点的地理坐标为东经112°59′36″，则所在六度投影带的带号和中央子午线经度为：

$$N = INT\frac{112°59'36''}{6°}+1 = 18+1 = 19\ (\text{带})$$

$$L_0^6 = 6°\times 19-3° = 114°-3° = 111°$$

其所在三度投影带的带号和中央子午线经度为：

$$n = INT\frac{112°59'36''-1°30'00''}{3°}+1 = 37+1 = 38\ (\text{带})$$

$$L_0^3 = 3°\times 38 = 114°$$

我国投影带带号与中央经线、经度的关系如表1-3、表1-4所示。

表1-3　6°带带号与中央经线的关系

带号	中央经线(°)	经度(°)	带号	中央经线(°)	经度(°)
13	75	72—78	19	111	108—114
14	81	78—84	20	117	114—120
15	87	84—90	21	123	120—126
16	93	90—96	22	129	126—132
17	99	96—102	23	135	132—138
18	105	102—108			

表1-4　3°带带号与中央经线的关系

带号	中央经线	经度	带号	中央经线	经度
24	72°	70°30′—73°30′	35	105°	103°30′—106°30′
25	75°	73°30′—76°30′	36	108°	106°30′—109°30′
26	78°	76°30′—79°30′	37	111°	109°30′—112°30′
27	81°	79°30′—82°30′	38	114°	112°30′—115°30′
28	84°	82°30′—85°30′	39	117°	115°30′—118°30′
29	87°	85°30′—88°30′	40	120°	118°30′—121°30′
30	90°	88°30′—91°30′	41	123°	121°30′—124°30′
31	93°	91°30′—94°30′	42	126°	124°30′—127°30′
32	96°	94°30′—97°30′	43	129°	127°30′—130°30′
33	99°	97°30′—100°30′	44	132°	130°30′—133°30′
34	102°	100°30′—103°30′	45	135°	133°30′—136°30′

（四）高斯—克吕格平面直角坐标系的建立

1. 自然坐标和通用坐标

在椭圆柱内，使椭球绕短轴旋转，依次使各投影带的中央子午线与椭圆柱内表面相切，分别进行正形投影，然后沿径向将横椭圆柱剪开，展成平面，则每个投影带就形成一个高斯—克吕格平面直角坐标系。如图1-10所示，中央子午线与赤道为正交的两条直线，其交点 O 为坐标原点，中央子午线为纵坐标轴，以 x 表示，赤道为横坐标轴，以 y 表示。这样，对六度带而言，形成60个高斯平面直角坐标系，对三度带来说，形成120个高斯平面直角坐标系。

地面点在高斯平面直角坐标系的坐标，用点到两个坐标轴的垂直距离量度，其中，点到横坐标轴的距离 x 为点的纵坐标，到纵坐标轴的距离 y 为点的横坐标。点的纵横坐标有正负之分，位于赤道以北的点，x 值均为正，在赤道以南时，x 值为负；在一个投影带内，位于中央子午线以东的点，y 值为正，在中央子午线以西时，y 值为负。

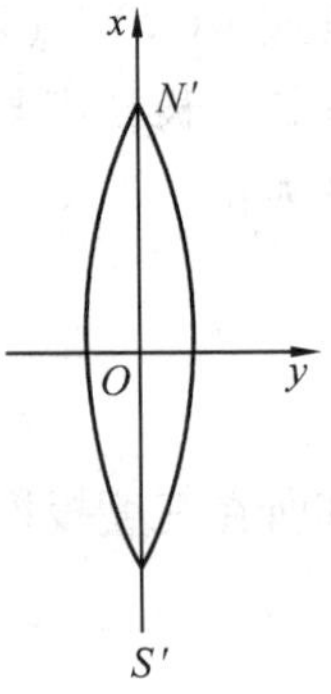

图1-10 高斯—克吕格平面直角坐标系

点的坐标的实际值称为坐标自然值。由于高斯—克吕格投影每一个投影带的坐标都是对本带坐标原点的相对值。所以，各带的坐标完全相同。使用时，为了区别点位于哪一个投影带，只需在横坐标（通用值）之前加上带号即可。又为了使 Y 值不出现负值，就将纵坐标轴向西移500km(图1-11)，也就是说，在y坐标的自然值上加上一个常数——500km。经过以上两项处理后，点的坐标值称为通用坐标值。例如 A 点位于六度带第19带，其平面坐标的自然值为：

$$X_A' = 3\ 113\ 877.971\text{m}$$
$$Y_A' = 195\ 778.631\text{m}$$

X_A'表示 A 点到赤道的经线弧长，Y_A'表示 A 点到中央子午线的纬线弧长。则其通用坐标值则为：

$$X_A = 3\ 113\ 877.971\text{m}$$
$$Y_A = 19\ 695\ 778.631\text{m}$$

其中：19——表示六度带第19带，

695 778.631m——表示纵坐标轴向西移动500km以后的数值。

地形图上标注的坐标值均为通用坐标值。

2. 坐标格网

为了制作地形图和使用地形图方便，通常在地图上都绘有一种或两种坐标网，即经纬线网和公里网。

(1)经纬线网

指由经线和纬线所构成的坐标网，又称地理坐标网。

经纬线网在制图上的意义，在于绘制地形图时不仅起到控制作用，确定地球表面上各点和整个地形的

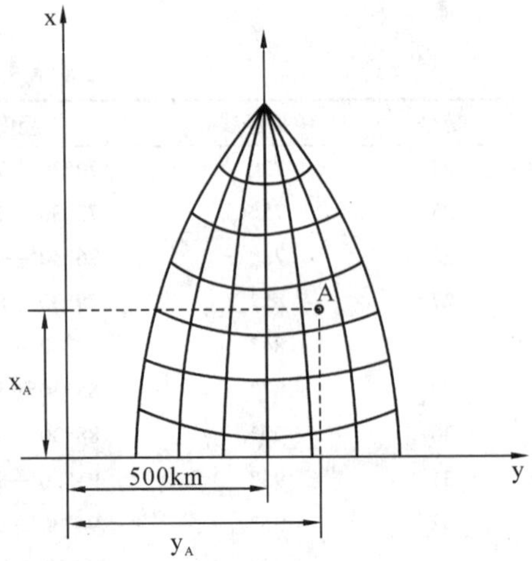

图1-11 通用坐标系

实地位置，而且还是计算和分析投影变形所必须的，因而，也是确定比例尺，量测距离、角度和面积所不可缺少的。

在 1∶10000 到 1∶250000 比例尺的地形图上，经纬线是以图廓线的形式直接表现出来，并在图廓点注明相应经纬数值（图 1-12）。为了方便用图时加密成网，在内图廓线内侧（1∶250000）［或内外图廓线间（1∶100000、50000、25000）］还绘有加密经纬网的加密分划短线（分度带），必要时对应短线相连就构成了加密的经纬线网。

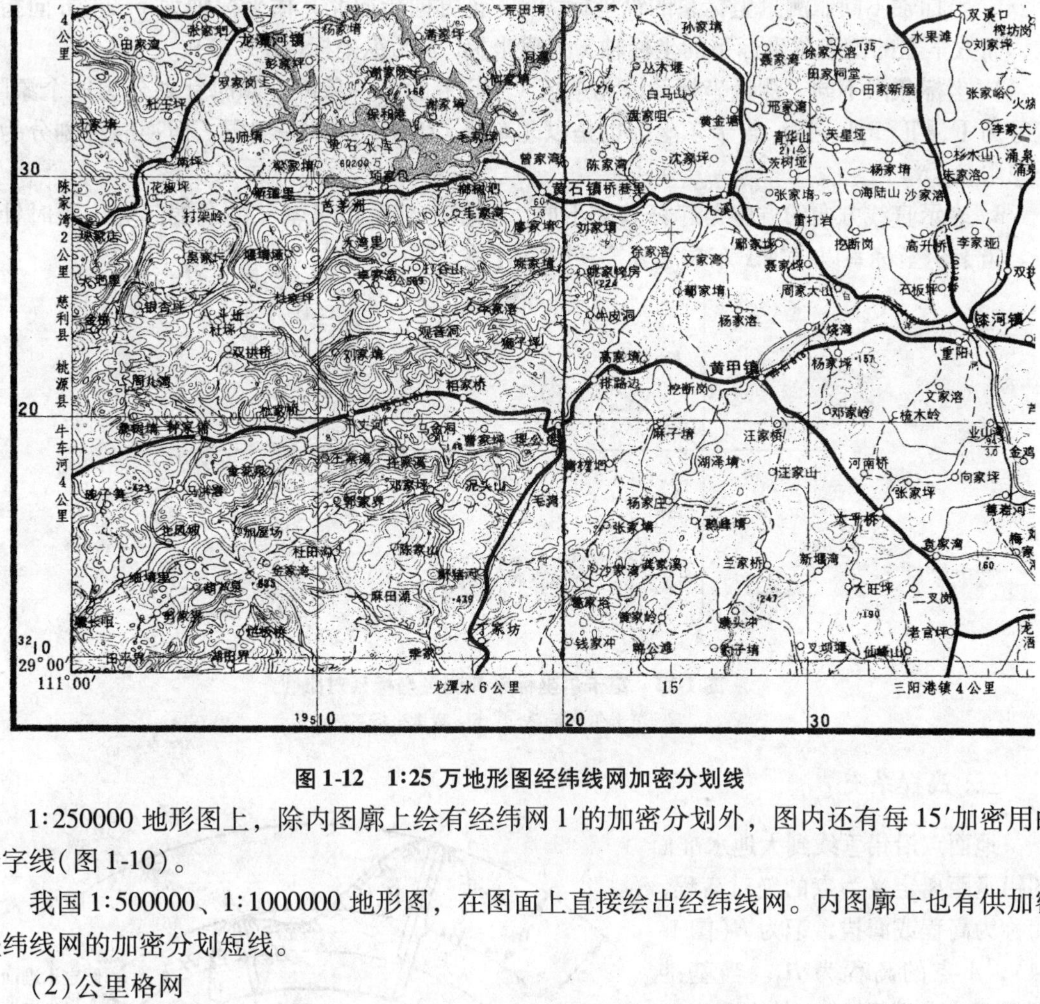

图 1-12　1∶25 万地形图经纬线网加密分划线

1∶250000 地形图上，除内图廓上绘有经纬网 1′的加密分划外，图内还有每 15′加密用的十字线(图 1-10)。

我国 1∶500000、1∶1000000 地形图，在图面上直接绘出经纬线网。内图廓上也有供加密经纬线网的加密分划短线。

(2)公里格网

由平行于各投影带坐标轴的两组平行线所构成的方格网，因为是每隔整公里数绘出坐标纵线和坐标横线，所以又称为公里网，由于公里线同时又是平行于直角坐标轴的坐标网线，故又称直角坐标网。

直角坐标网是为改善地理坐标网的不足而绘制的。在大比例尺地图上，用地理坐标网来展绘点位或读出图上的地理坐标，比较麻烦且精度不高（经纬线在实地和图上均为曲线，其单位长度亦不是常数），因此，在地形图上加绘了直角坐标网，为经济建设用图提供了方便。

我国规定在 1∶10000 到 1∶250000 地形图上必须绘出公里网，其公里网密度如表 1-5。

表 1-5　1:10000 到 1:250000 地形图公里网密度

比例尺		1:10000	1:2.50000	1:50000	1:100000	1:250000
密度	图上距离(cm)	10	4	2	2	4
	实地距离(km)	1	1	1	2	10

(五) 测量平面直角坐标系与数学平面直角坐标系的区别

1. 坐标轴不同。测量坐标系的纵坐标为 x，正方向指向北，横坐标轴为 y，正方向指向东，而数学上的笛卡尔坐标系的坐标轴 x 为横坐标，y 为纵坐标(图 1-13)；

2. 坐标象限不同。测量坐标系以北东区（NE）为第一象限，顺时针划分为四个象限，代号为Ⅰ、Ⅱ、Ⅲ、Ⅳ。笛卡尔坐标也是以北东区（NE）为第一象限，但逆时针划分为四个象限；

3. 表示直线方向的方位角起算基准不同。测量坐标系以纵轴 x 的北端起算，顺时针计值。笛卡尔坐标系以横轴 x 东端起算，逆时针计值 。

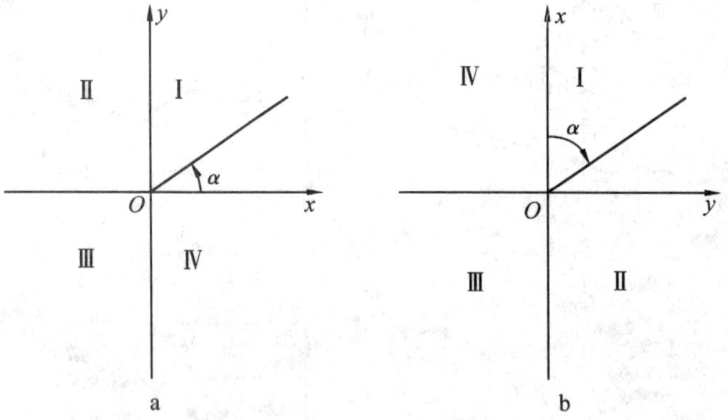

图 1-13　笛卡尔坐标系与测量坐标系对比

a. 笛卡尔坐标系　　b. 测量坐标系

三、高程系统

地面点沿铅垂线到大地水准面的铅垂距离定义为点的绝对高程，简称为高程或海拔，记为 H(图 1-14)，A 点的高程为 H_A。当基准面是假定水准面时，点的高程叫相对高程或假定高程。可见，建立高程系的核心问题是如何确定高程基准面。

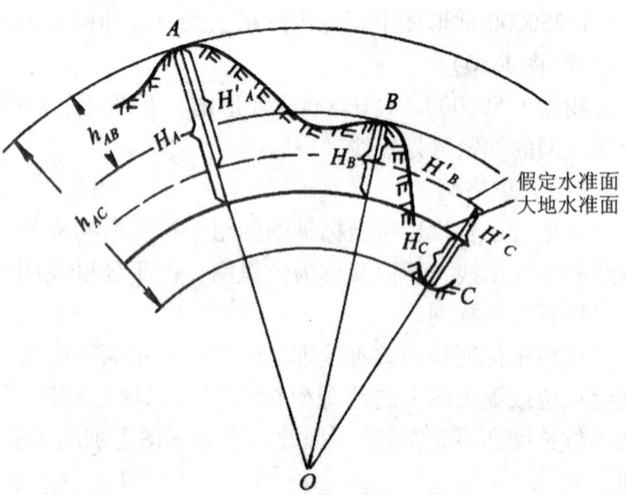

图 1-14　高程与高差

(一) 1956 年黄海高程系

国家测绘局以设在山东省青岛市的国家验潮站 1950 ~ 1956 年的验潮资料，推算出黄海的平均海水面作为我国的大地水准面(高程起算面)，并以其高程为零推求出青岛观象山国家水准原点(图 1-15)的高程为 72.2893m。这个高程系统称为“1956 年黄海高程系”，全国各地高程控制点的高程均依此引测而得，1987 年以前的地形图上都注有该高程系。

图 1-15 青岛观象山国家水准原点

(二) 1985 年国家高程基准

20 世纪 80 年代初，国家又根据 1953 ~ 1979 年青岛验潮站观测资料，推算出新的黄海平均海水面零位置，并以此为起算面，测得青岛观象山国家水准原点的高程为 72.2604m，称为“1985 年国家高程基准”。1987 年国家测绘局公布：启用《1985 国家高程基准》。

(三) 假定高程

在局部地区，当与国家水准点联测较困难时，也可建立假定高程系统，所求点的高程称为相对高程。

值得注意的是，我国各地，尤其是水利上有各种各样的高程系统，如上海吴淞口高程系、黄淮海地区废黄河高程系、广州市的珠江高程系等，这些高程系统与黄海高程系均有一定的差值，在使用高程时应注意高程系的转换。表 1-6 是 1985 国家高程基准的成果与以前使用过的高程系成果的零点差。

表 1-6 各高程系与 85 国家高程基准零点差 单位：m

高程系	1985 国家高程基准	1956 黄海高程系	废黄河口高程系	大沽零点高程系	吴淞口高程系	珠江高程系
零点差 δ	0	-0.029	-0.092	-1.952	-1.856	0.557

(四) 高差

相邻两点的高程之差称为高差，记为 h(图 1-14)。高差有正负之分，它反映两相邻点间的地表是上坡还是下坡，因此，高差值前应冠以正负号。如 $H_A = 102.867$m，$H_B = 59.445$m，A 到 B 的高差 $h_{AB} = H_B - H_A = 59.445 - 102.867 = -43.422$m，表示 A 到 B 是负高差，为下坡；B 到 A 的高差 $h_{BA} = H_A - H_B = 43.422$m，显然是正高差，为上坡。

第四节 比例尺与比例尺精度

一、地形图比例尺

图上某线段长度与地面上相应线段的实际水平距离之比称为该图的比例尺。

比例尺根据表示方法的不同，可分为数字比例尺和图示比例尺。以分子为 1 的分数形式表示的比例尺为数字比例尺，它的分子为 1，分母为某一整数，例如：1∶1000、1∶5000、1∶10000 或 1/1000、1/5000、1/10000 等。设地面上某线段的水平长度为 D，图上相应线段长度为 d，则该图的比例尺为：

$$1:M = d:D = 1:(D/d) \tag{1-9}$$

上式的 M 为比例尺分母。分母越大，则比例尺越小。

为了用图的方便，而且图纸用久之后，图上与地面的相应关系也与原比例尺不一样。为了避免计算和减少图纸变形的影响，在绘制地形图时同时在图的下方绘制有图示比例尺。图示比例尺又分为直线比例尺和斜分比例尺。

图 1-16 为 1∶50000 的直线比例尺，取 2 cm 为基本单位，从直线比例尺上可以直接量测到基本单位的 1/10，估读到 1/100。

图 1-16　直线比例尺

为了提高量测精度，也有用合金板制成斜分比例尺，或称微分比例尺或复式比例尺(图 1-17)。斜分比例尺是依据相似三角形原理制成的，使量测精度达到基本单位的 1/100。

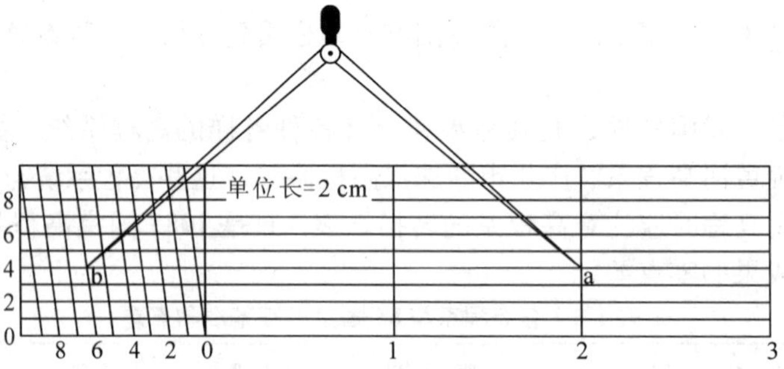

图 1-17　斜分比例尺

（二）比例尺分类

在测量工作中，通常将 1∶500 ~ 1∶5000 的地形图称为大比例尺地形图，而 1∶10000 ~ 1∶50000的地形图称为中比例尺地形图，小于或等于 1∶100000 的地形图称为小比例尺地形图，对于更大比例尺的地形图主要是供特种建筑物（如桥址、主要厂房等）的详细设计和施工之用，因这种比例尺地形图的面积较小，要求表示详细，精确。设计部门根据该工程设计时对地形图精度和内容的要求不同而选择不同的比例尺。不同的设计阶段，也往往选择不同的比例尺。在初步设计阶段，通常选择较小比例尺的地形图，而在施工设计时，多数采用 1∶1000 比例尺图。对于城市市区或某些主体工程，要求精度高，常采用 1∶500 比例尺地形图。一般来说，比例尺越大，表示地物地貌的情况越详细，精度越高。但选用哪一种比例尺的地形图，应根据工程实际需要、精度可靠、使用方便为原则，不应盲目追求更大比例尺的地形图。

（三）比例尺精度

人的肉眼能分辨的图上最小距离为0.1mm，如果地面上的一段长度按比例尺缩小后小于0.1mm，在图上是表示不出来的。我们把相当于图上0.1mm的实地水平距离称为比例尺的最大精度。不同比例尺的精度见表1-7。根据比例尺的精度，可以确定在测图时量距应精确到什么程度。例如，测绘1∶1000比例尺地图时，其比例尺精度为0.1m，故量距的精度只需到0.1m，实地小于0.1m的距离在图上表示不出来。反过来也可以按照丈量地面距离的规定精度来确定采用多大比例尺。例如：欲使图上能量出的实地最短线段长度为0.2 m，则采用的比例尺不得小于0.1mm/0.2 m = 1/2000。懂得了比例尺精度，就可明确地形图上所表示地物地貌的精度，更好地使用地形图了。

表1-7 不同比例尺的比例尺精度、图上1cm与实地km数换算表

比例尺	比例尺精度(m)	图上1cm相当于实地的km数
1∶500	0.05	0.005
1∶1000	0.1	0.01
1∶2000	0.2	0.02
1∶5000	0.5	0.05
1∶10 000	1.0	0.1
1∶25000	2.5	0.25
1∶50000	5.0	0.5
1∶100000	10.0	1.0
1∶250000	25.0	2.5
1∶500000	50.0	5.0
1∶1000000	100.0	10.0

第五节 空间直线方向的表示方法

一、直线定向概述

确定空间一条直线的方向称为直线定向。进行直线定向时，首先要选定一个标准方向线作为直线定向的依据。在测绘中常以真子午线方向、磁子午线方向或坐标纵轴线方向作为基本方向。如果测量出了一条直线与标准方向间的水平角，则该直线的方向就确定了。

（一）真子午线方向（真北方向）

通过地面上一点的真子午线的切线方向，称为该点的真子午线方向。真子午线方向要用天文测量方法或用陀螺经纬仪方法来测定。在国家大面积测图时采用它作为定向基准。

（二）磁子午线方向（磁北方向）

磁针在地磁作用下静止时，磁轴所指的方向称为通过该点的磁子午线方向。磁子午线方向是用罗盘仪来测定的。在独立地区小面积测图时可用磁子午线方向作为定向基准。

（三）坐标纵轴线方向（坐标北方向）

在测量中常采用高斯分带投影中的中央子午线作为标准方向线，称为坐标纵轴线方向。

上述三种标准方向总称为“三北方向”。

二、空间直线方向表示方法

(一)方位角

从标准方向线的北端起，顺时针方向到某直线的水平夹角，称为该直线的方位角(图1-18)。方位角值从0°~360°。

若标准方向线为真子午线方向，则称真方位角，用A表示；若标准方向为磁子午线方向，则称磁方位角，用A_m表示；若标准方向线为坐标纵轴线方向，则称坐标方位角，用α表示。

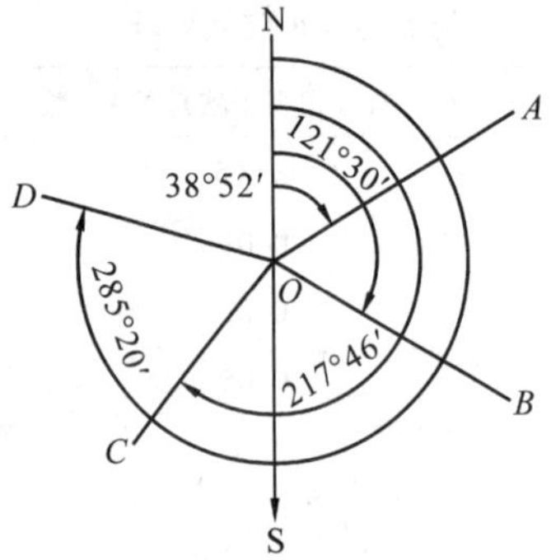

图1-18　方位角

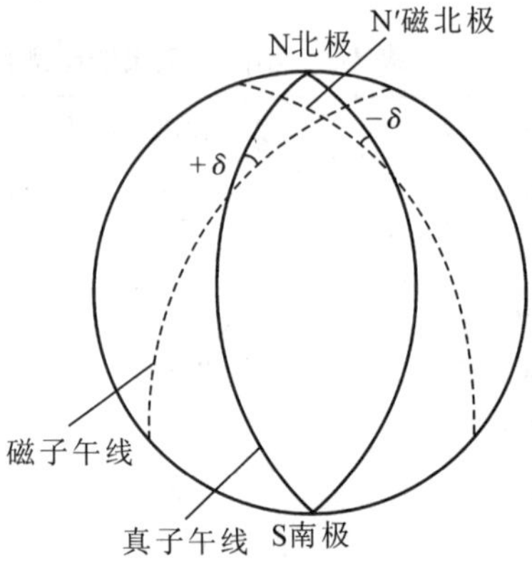

图1-19　磁偏角

1. *真方位角和磁方位角的关系*

由于地球磁极与地球旋转轴南北极不重合，磁北极在加拿大北部的布剔亚半岛，即西经101°、北纬74°的地方；磁南极在南极大陆，即东经114°、南纬68°的地方。因此过地球上某点的真子午线方向与磁子午线方向不重合。两者之间的夹角称为磁偏角，用δ表示(图1-19)，则真方位角和磁方位角的关系为：

$$A = A_m + \delta \qquad (1\text{-}10)$$

磁子午线北端偏于真子午线以东为东偏(+δ)，偏于真子午线以西为西偏(−δ)。地球上不同地点磁偏角是不同的。

我国磁偏角的变化大约在+6°~ −10°。表1-8是我国部分城市磁偏角概略值。

表1-8　我国部分城市磁偏角概略值

城市	哈尔滨	北京	天津	上海	南京	福州	西安	长沙	重庆	乌鲁木齐
磁偏角	−9°37′	−5°55′	−5°31′	−4°31′	−4°03′	−2°41′	−2°31′	−2°18′	−1°34′	−2°44′

地球磁极是不断变化的，磁北极正以每年10 km的速度向地理北极移动；另外，我国境内还存在一种1′~2′的地磁周年变化和7′~10′的周日变化；此外，还存在地磁场异常及磁暴现象的影响。因此磁偏角是不稳定的，它在不断地变化。所以只有在精度要求不高的施测困难地区，如森林勘测中用磁子午线定向。

2. *真方位角和坐标方位角的关系*

地面上不同经度的子午线收敛于两极。地面上两点子午线方向的夹角称为子午线收敛角，用 γ 表示(图 1-20)。

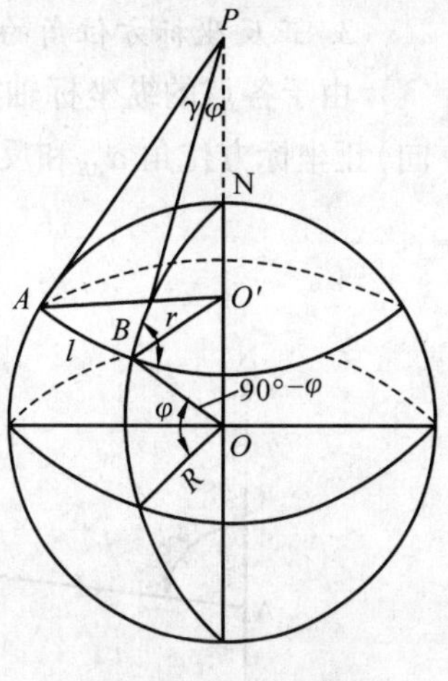

图 1-20 子午线收敛角

设 A、B 为同纬度上的两点，其距离为 l。过 A、B 两点分别作子午线的切线交于地轴的延长线 P 点。AP、BP 为子午线方向。若 A、B 相距不太远时，子午线收敛角 γ 可用下式计算：

$$\gamma = \frac{l}{BP}\rho \tag{1-11}$$

在直角三角形 BOP 中，$BP = R/\tan\varphi$，代入上式得：

$$\gamma = \frac{l\rho}{R}\tan\varphi \tag{1-12}$$

从上式可见，纬度愈低，子午线收敛角愈小，在赤道上为零。纬度越高，收敛角愈大。若以 $l = 1$ km，$R = 6371$ km 代入式 1-12，得：

$$\gamma' = 0.540\tan\varphi$$

即经差 1 km 的子午线收敛角为当地纬度正切的一半，故在近距离的测绘时可不必顾及子午线收敛角的影响。

另外，在高斯平面直角坐标中，是以 6°(3°)分带投影中的中央子午线作为坐标纵轴线方向，实用上需求出 6°(3°)带内某一点的真子午线与中央子午线间的平面子午线收敛角，常用下式计算：

$$\gamma' = \Delta L \cdot \sin\varphi \tag{1-13}$$

式中 ΔL 为地面点与该点所在投影带的中央子午线间经差。例如长沙市某点的地理坐标为：东经 112°59′36″，北纬 28°08′08″，其所在 6 投影带的中央子午线经度是 111°，则该点的平面子午线收敛角为：

$$\gamma' = (112°59'36'' - 111°) \cdot \sin 28°08'08'' \approx 56'$$

则真方位角和坐标方位角的关系为：

$$A = \alpha + \gamma \tag{1-14}$$

子午线收敛角 γ 有正负之分，它是以投影带的中央子午线为标准，若直线起点在中央子午线以东，则 γ 为正，若直线起点在中央子午线以西，则 γ 为负(图 1-21)。

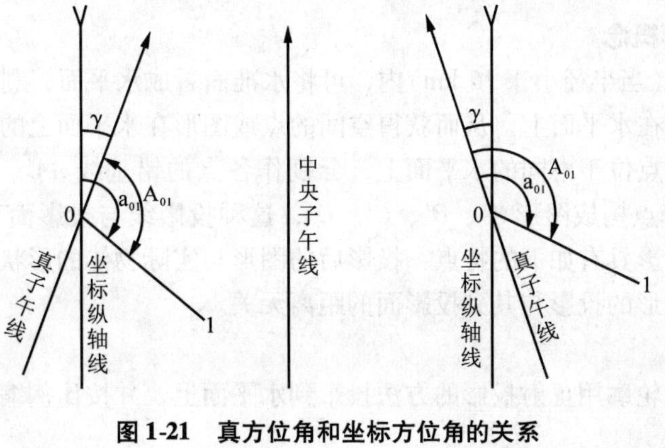

图 1-21 真方位角和坐标方位角的关系

3. 正反坐标方位角的关系

由于各点的纵坐标轴方向都是互相平行的，所以直线 AB(设定 A 至 B 为直线的前进方向)正坐标方位角 α_{AB} 和反坐标方位角 α_{BA} 相差 180°(图 1-22)，则

$$\alpha_{AB} = \alpha_{BA} \pm 180° \tag{1-13}$$

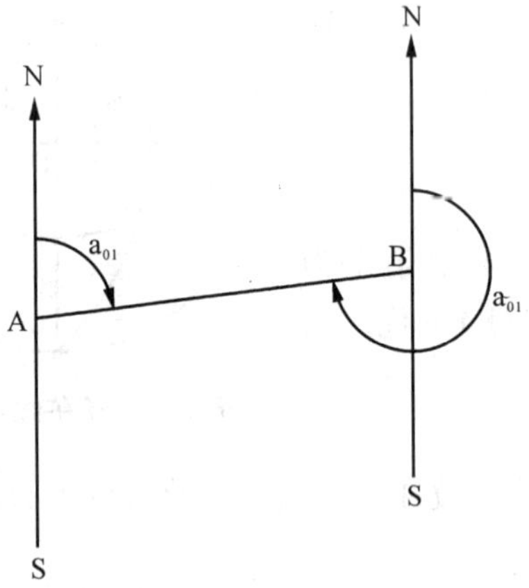

图 1-22　正反坐标方位角的关系

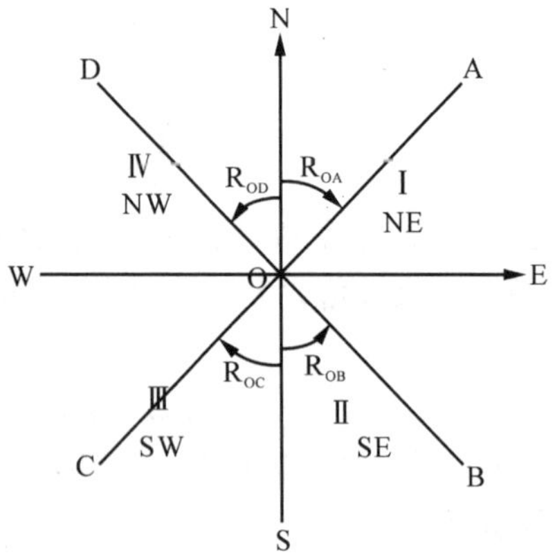

图 1-23　象限角

(二) 象限角

由基本方向线北端或南端起，顺时针或逆时针方向量到直线的锐角，并标出象限名称，称为象限角。象限角角值为 0°~90°，用 R 表示(图 1-23)，直线 OA、OB、OC、OD 的象限角依次写为 NER_{OA}、SER_{OB}、SWR_{OC}、NWR_{OD}。

若标准方向线为真子午线方向，则称真象限角；若标准方向为磁子午线方向，则称磁象限角；若标准方向线为坐标纵轴线方向，则称坐标象限角，但均以 R 表示。

第六节　风景园林基础图形表达形式

一、平面图

(一) 正射投影概念

在小区域范围(当半径小于 15 km)内，可将水准面看成水平面，利用平行光线把空间的点或图形垂直投影在水平面上，从而获得空间的点或图形在水平面上的位置。如图 1-24，地面上 A、B、C、D 点位于不同的水平面上，分别作各点的铅垂线 AA'、BB'、CC'、DD' 与水平面 H 正交，其交点构成图形 A'、B'、C'、D'，这种投影线与投影面正交投影的方法称为正射投影。正射投影具有如下的特点：投影后的图形与实际物体的形状完全相似，相关方位保持不变，点或图形的投影与其到投影面的距离无关。

(二) 平面图

将地面上地物轮廓用正射投影的方法投影到水平面上，并按比例缩小绘制的相似图形称为平面图(图 1-25)。

平面图具有如下特点：投影后的图形与实际物体的形状完全相似，对应角相等，相应边

长成比例。

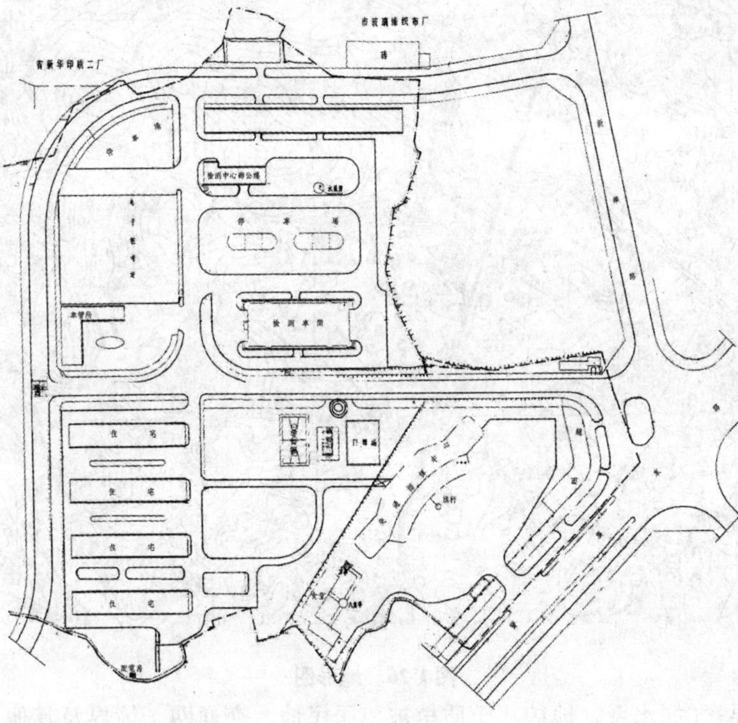

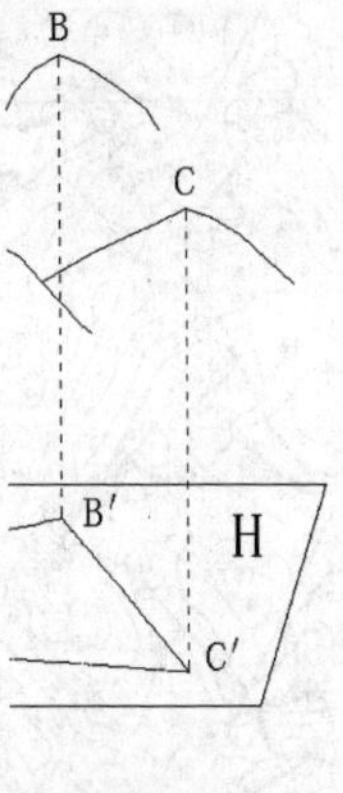

投影原理

图 1-25 平面图

二、地形图

(一) 地形图的定义

对地面上任意物体，使用地形图图式语言，通过制图综合，按一定的数学法则投影到水平面(或椭球体面)上，并依比例缩绘于平面图纸上形成相似的图形缩影。这种既表示地物的空间分布及其相互关联和状态在时空上的发展变化，又能表示空间任一点高程的图称为地形图(图 1-26)。

(二) 地形图的特性

1. 有严密的数学基础和可量测性

地形图是按严格的数学法则编绘的，它具有投影、比例尺和定向等数学基础，从而可以在地形图上量测坐标、高程、长度、面积、体积等数据，使地图具有可量测性。

2. 使用地形图图式表达事物形成直观易读性

称为地形图语言的地形图图式，是根据国民经济建设各部门的共性要求和通用法则设计制订并发行的，它是与地面物体对应的经过抽象的符号和文字标记。

3. 以制图综合法产生一览性

制图综合是地形图编绘者在制图时根据比例尺、地理位置和地形图的用途进行的第二次抽象，用概括和选取的手段突出地理事物的规律性和重要目标，在扩大读者视野的同时，能使地理事物信息一览无余。

根据地形图的这些主要特性，可以相对平衡的详细程度表示地球表面各种自然和人文现

图 1-26　地形图

象中最基本的要素（如水系、地貌、土质植被、居民地、交通网、境界及其他人文标志等）。

三、数字线划图（DLG）

数字线划地图（DLG — Digital Line Graphic），是与现有地形图基本一致的各地图要素的矢量数据集，其数据量小，便于分层，可随机地进行数据选取和显示，具有方便地放大、漫游、查询、检查、量测、叠加，且保存各要素间的空间关系和相关的属性信息，全面地描述地表目标，目视效果与同比例尺一致但色彩更为丰富（图 1-27）。

数字线划图（DLG）产品视为智能数据，与其他信息叠加，能满足各种空间分析要求，其技术特征为：地图地理内容、分幅、投影、精度、坐标系统与同比例尺地形图一致，图形输出为矢量格式，任意缩放均不变形。

四、数字正射影像图（DOM）

数字正射影像图（DOM—Digital Orthophoto Map），是对航空（或遥感）像片在全数字摄影测量工作站上，逐像元进行几何改正和镶嵌，按一定图幅范围裁剪生成的数字正射影像集的数据文件。它同时具有地图几何精度和影像特征的图像，精度高、信息丰富、现势性好、直观真实等优点（图 1-28）。按其生产方法，一般分为单色正射影像图和彩色正射影像图。

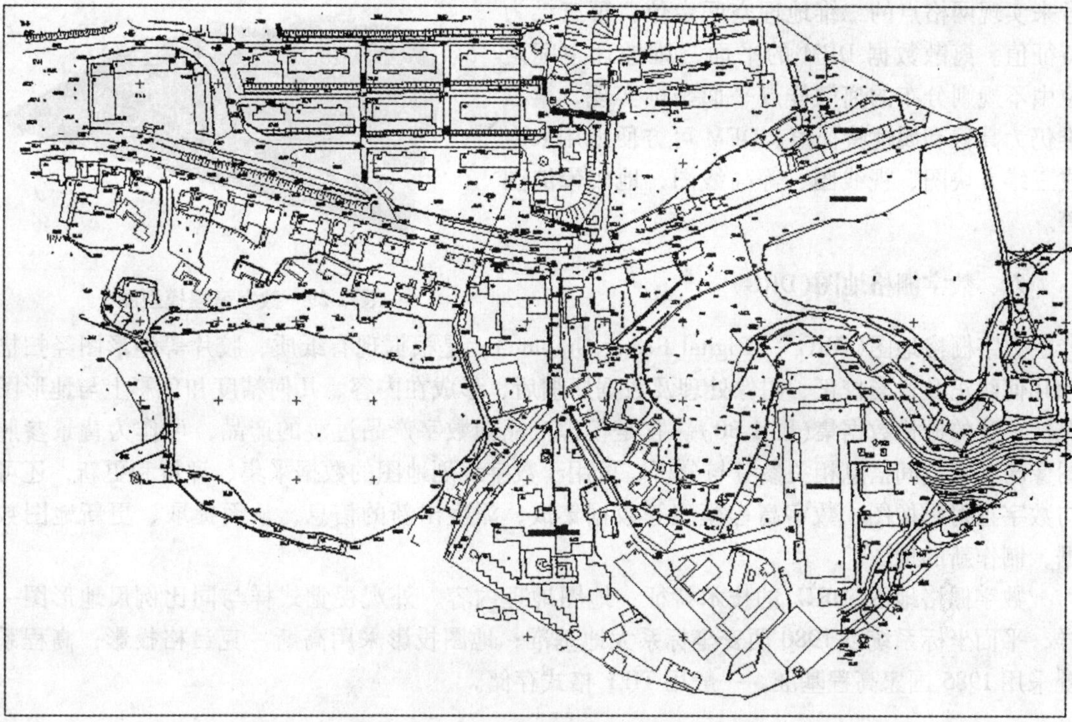

图 1-27 数字线划地图

图 1-28 数字正射影像图

五、数字高程模型（DEM）

数字高程模型(DEM — Digital Elevation Model)，是以数字形式按一定结构组织在一起，表示实际地形特征空间分布的一种实体地面模型，也是地形地理位置和起伏的数字描述(图 1-29)。建立 DEM 的方法有多种：如直接从地面测量；根据航空或航天影像，通过摄影测量途径获取；从地形图上采集等。DEM 数据由于数据观测方法和获取途径不同，数据分布规律和数据特征有明显差异。根据其空间分布特征，可分为网格状数据和离散数据。网格状数据将 DEM 覆盖区划分为规则格网，每个格网的大小和形状都相同，用相应矩阵元素的行列号来实现网格点的二维地理空间定位，第三维为特征值。离散数据 DEM 的平面二维地理空间定位由不规则分布的离散样点平面坐标实现，第三维仍为高程和属性特征值。DEM 可方便地用来生成三维方块图、视线图、等高线图、地貌晕渲图等。

图 1-29　数字高程模型图

六、数字栅格地图(DRG)

数字栅格地图(DRG — Digital Raster Graphic)，是根据现有纸质、胶片等地形图经扫描和几何纠正及色彩校正、图像处理及数据压缩后，形成在内容、几何精度和色彩上与地形图保持一致的栅格数据集(图 1-30)。它是模拟产品向数字产品过渡的产品，可作为背景参照图像与其它空间信息相关参考与分析。可用于数字线划地图的数据采集、评价和更新，还可与数字正射影像图、数字高程模型等数据集成，派生出新的信息，从而提取、更新地图数据，制作新的地图。

数字栅格地图(DRG)的技术特征：地图地理内容、外观视觉式样与同比例尺地形图一样，平面坐标系统以 1980 西安坐标系大地基准；地图投影采用高斯－克吕格投影；高程系统采用 1985 国家高程基准，一般用 TIFF 格式存储。

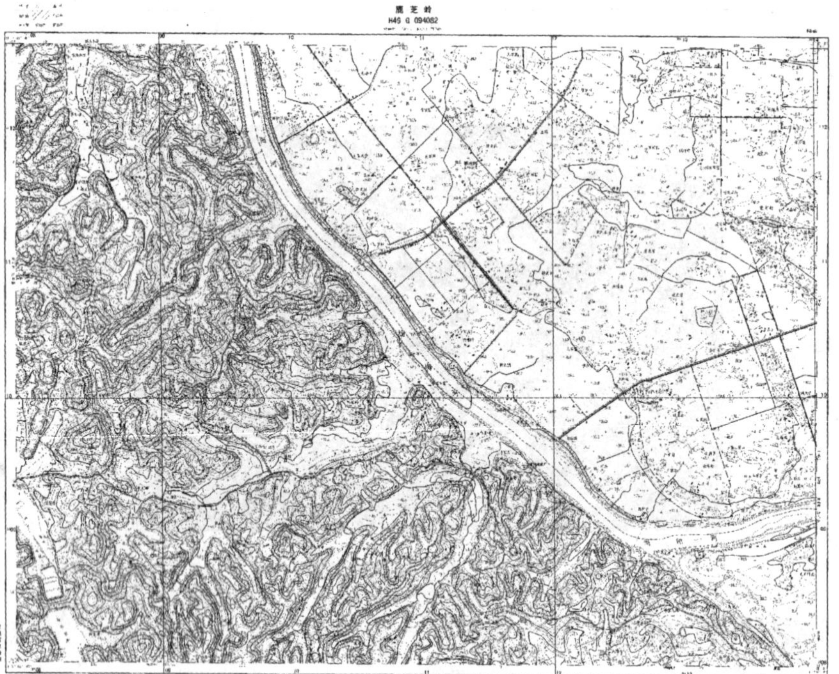

图 1-30　数字栅格地图

第七节 空间点位测绘的基本内容和原则

一、测绘工作的基本内容

地球自然表面上的各种空间信息种类繁多，各种物体形形色色，地势起伏千变万化，但是大体上可将其分为地物和地貌两类。地表面上的固定性物体称为地物，如居民地、建(构)筑物、道路、桥梁、江河、森林等。地貌是地球表面各种高低起伏形态，如山峰、河谷、台地、悬崖等。地形是地物和地貌的总称。

任何地物都有其空间形状，例如房屋的形状以其底层轮廓线(点、折线、曲线)连接起来围成的图形表示，道路的边线一般不很规则，但是可以看作是由一些转折点相连接而成的折线所组成，同理，地貌形态虽然很复杂，但仍可看成是由许多不同坡度、不同方向的面所组成，只要选择坡度变化点、山顶、鞍部、坡脚等地物特征点和地貌特征点，它们决定着地物和地貌的位置，统称为碎部点，测定其三维坐标然后投影到平面上，再按规定的图式表示，就可将地形形态表现出来。这就是说空间点位测验的主要内容是距离测绘、角度测绘、高程测绘，此三者称为测绘三要素。

二、测绘工作的基本原则

为了确保测绘成果质量，在空间数据采集工作中应遵循下面的基本原则。

(一)从整体到局部和先控制后碎部的原则

在空间数据采集工作中，各个环节会不可避免的产生误差，为了避免误差累积，在测绘工作中必须遵循由整体到局部和先控制后碎部的原则，即先用较精确的方法及要求测定国家规定等级控制点的三维坐标，再根据这些控制点施测周围的碎部点。

按一定的规则连接相邻控制点所构成的几何图形，称为控制网。为测定控制点的平面坐标和高程所进行的测量工作，称为控制测量。测定碎部点的位置，并对照实地以相应的符号在图上进行描绘，称为碎部测量。

(二)遵循测绘规范的原则

空间数据采集工作是一项精细的工作，无论在精密度和准确度方面都有相应的要求。为了确保测绘成果质量，国家在对测量的误差来源和性质进行理论研究的基础上，制定了各式各样的测绘规范和操作规程，用来作为考核和评定测绘成果质量的标准。如：国家测绘局1992年制订的《GPS测量规范》，国家质量技术监督局2001年发布的《全球定位系统(GPS)测量规范》(GB/T18314－2001)、《全球定位系统城市测量技术规程——CJJ73－97》、公路全球定位系统(GPS)测量规范(JTJ/T066－98)、国家质量技术监督局1998年发布的《差分全球定位系统(DGPS)技术要求》(GB/T17424－1998)、《工程测量规范》《城市测量规范》《地籍测量规范》《水准测量规范》《地形图航空摄影测量内业规范》《地形图图式》等。测绘工作者无论进行何种测绘工作，在技术方案设计和实施过程中，都必须严格按照相应规范进行测绘工作。

【本章参考书目】

1. 李星照. 地形图与3S技术[M]. 北京：中国林业出版，2008.10
2. 过静珺. 土木工程测量[M]. 武汉：武汉工业大学出版社，2000 .8
3. 徐 行. 园林工程测量[M]. 哈尔滨：哈尔滨地图出版社，2000.2
4. 祝国瑞等. 地图设计与编绘[M]. 武汉：武汉大学出版社，2001.10

【复习思考题】

1. 什么叫测量学？什么叫测绘学？
2. 信息化测绘相对于数字化测绘技术体系来说具有哪些标志性的跨越特征？
3. 风景园林测绘学任务有哪些？
4. 我国采用的坐标系统有哪些？它们是如何定义的？
5. 高斯—克吕格平面直角坐标系是如何建立的？
6. 已知某点的地理坐标为东经103°34′46″，分别求出其在六度投影带、三度投影带的带号和中央子午线经度。
7. 解释下列名词：水准面、大地水准面、参考椭球体、高程、高差、比例尺精度。
8. 确定空间一条直线的标准方向线有哪些？空间直线方向如何表示？
9. 风景园林基础图形表达形式有哪些类型？
10. 空间点位测验的主要内容和原则有哪些？

第二章　水准测量

【本章提要】

水准测量是获取空间点高程的信息，按照所使用的仪器和测量方法，高程测量可分为水准测量、三角高程测量和 GPS 高程测量等，其中，水准测量是最常用和精度最高的方法。本章着重讲述水准测量的原理，水准仪的构造和使用，水准测量实施方法，水准测量误差来源及减弱措施，水准测量成果的数据处理。

第一节　水准测量原理

水准测量是利用水准仪提供的水平视线测出地面上两点间的高差，然后根据已知点的高程推算出未知点的高程。

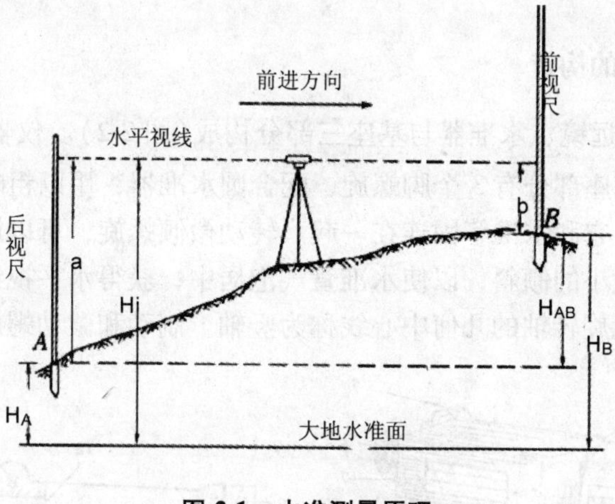

图 2-1　水准测量原理

如图 2-1 所示，为了测定 A、B 两点间的高差 h_{AB}，在 A、B 两点上竖立标尺，在 A、B 两点之间安置提供水平视线的水准仪。假定测量是由 A 至 B 的方向前进，则 A 为后视点，B 为前视点。利用水平视线先读出后视点 A 尺上读数 a，称为后视读数，再读出前视点 B 尺上读数 b，称为前视读数。由图中的几何关系可知，A、B 两点的高差 h_{AB} 等于后视读数减去前视读数，即

$$h_{AB} = a - b \tag{2-1}$$

高差的符号有正有负，当高差为正时，B 点高于 A 点；反之，高差为负时，B 点低于 A 点。若 A 点高程 H_A 为已知，则计算 B 点的高程有两种方法：

一是由高差计算高程，也称高差法，即

$$H_B = H_A + h_{AB} \tag{2-2}$$

二是由仪器的视线高程计算未知点高程，从图2-1中可以看出，A点高程H_A加上后视读数a可得仪器高程，或称视线高程，用H_i表示，即

$$H_i = H_A + a \tag{2-3}$$

则B点高程为

$$H_B = H_i - b \tag{2-4}$$

这种方法也称视线高法。高差法应用于线路水准测量，视线高法应用于面水准测量。由上述可知，水准测量的核心是测定高差，目的是推算高程，关键是视线水平。

第二节　水准测量的仪器与工具

一、水准仪的分类

水准仪是能够为水准测量提供一条水平视线的仪器。水准仪按其精度共分四个等级，有DS_{05}、DS_1、DS_3和DS_{10}。“D”为大地测量仪器的总代号，“S”是水准仪的代号，05、1、3、10是指各等级水准仪每千米往返测高差中数的中误差，以毫米计。工程水准测量，一般使用DS_3型水准仪。水准仪根据其功能构造可分为微倾式水准仪、自动安平水准仪和电子水准仪。

二、微倾式水准仪的构造

DS_3型水准仪由望远镜、水准器与基座三部分构成(图2-2)。仪器通过基座与三脚架连接支承在三脚架上，基座部分有3个脚螺旋，配合圆水准器，用以粗略整平仪器。望远镜用来瞄准目标进行读数，它和水准管固连在一起。转动微倾螺旋，可以调节水准管连同望远镜一起在竖直方向上作微小的倾斜，以使水准管气泡居中，获得水平视线。望远镜可绕其旋转轴作水平旋转，望远镜旋转轴的几何中心线称为竖轴。制动和微动螺旋用来控制望远镜在水

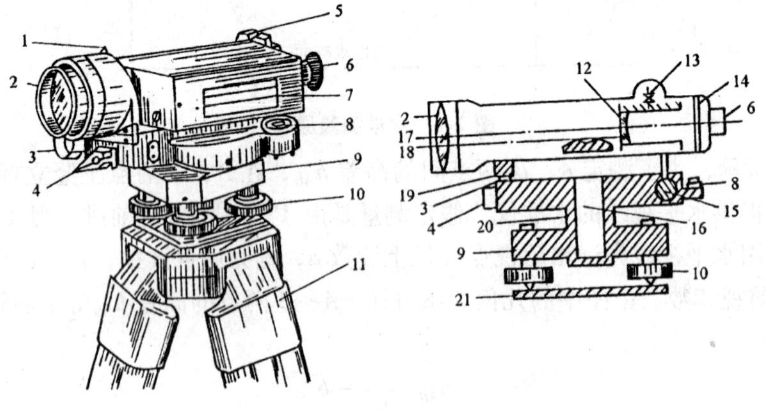

图2-2　水准仪的构造

1. 准星　2. 物镜　3. 微动螺旋　4. 制动螺旋　5. 缺口　6. 目镜　7. 水准管　8. 圆水准器　9. 基座　10. 脚螺旋　11 三脚架　12. 调焦透镜　13. 调焦螺旋　14. 十字丝分划板　15. 微倾螺旋　16. 竖轴　17. 视准轴　18. 水准管轴　19. 微倾轴　20. 轴套　21. 底板

平方向的转动，拧紧制动螺旋将望远镜固定后，旋转微动螺旋能使望远镜在水平方向作微小的转动。在仪器的基座下部有连接板，利用连接板中央的螺孔和中心螺旋，可使仪器与三脚架相连。

（一）望远镜

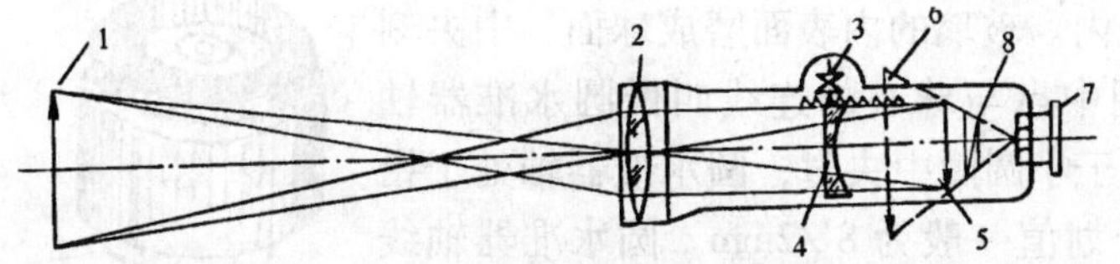

图 2-3 望远镜的构造

1. 目标 2. 物镜 3. 调焦螺旋 4. 调焦凹透镜 5. 倒立实像 6. 放大虚像 7. 目镜 8. 十字丝分划板

1. 望远镜的构造

望远镜如图 2-3 所示，它是提供视线和照准目标的设备。国产 DS_3 型水准仪望远镜的放大率一般为 30 倍。它由物镜、对光透镜、十字丝分划板及目镜等组成。在目镜与物镜间安装调焦透镜，旋转调焦螺旋，可使透镜前后移动，从而使目标的影像落在十字丝分划板上。十字丝分划板装在十字丝环上，通过校正螺钉固定在望远镜内。瞄准目标或在水准尺上读数时，应以十字丝交点为准。十字丝常见形式如图 2-4 所示。中央两根垂直相交的丝构成十字丝，其中，横丝又称中丝。上下两根短丝为视距丝，又称上丝和下丝。十字丝交点和物镜光心的连线称为视准轴，也称视线。

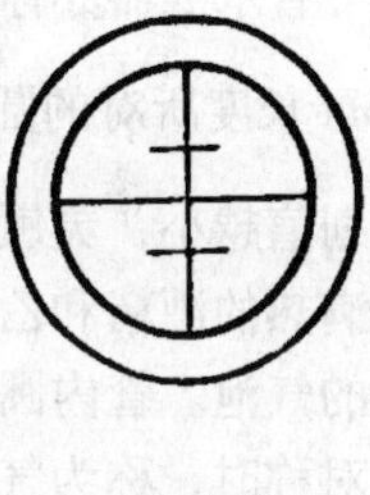

图 2-4 十字丝分划板

2. 望远镜的使用

用望远镜瞄准目标时，十字丝及目标成像都必须清晰稳定。为此，首先进行目镜对光：将望远镜对着明亮的背景，调节目镜对光螺旋，使十字丝清晰。其次进行物镜对光：先对准目标，调节物镜调焦螺旋，使物像清晰，同时使眼睛相对目镜微微上下移动，检查十字丝横丝与物像是否存在相对移动的现象。若目标成像与十字丝平面不重合，当眼睛相对目镜微微上下移动时，若十字丝横丝与物像存在相对移动，这种现象称为十字丝视差（图 2-5a）。反之，若物像正好成像于十字丝平面上，这时当眼睛相对目镜微微上下移动时，若十字丝横丝与物像不会相对移动（图 2-5b），表明没有视差。消除视差的办法是交替调节目镜和物镜的调焦螺旋，使上述两个平面重合，直至成像稳定为止。

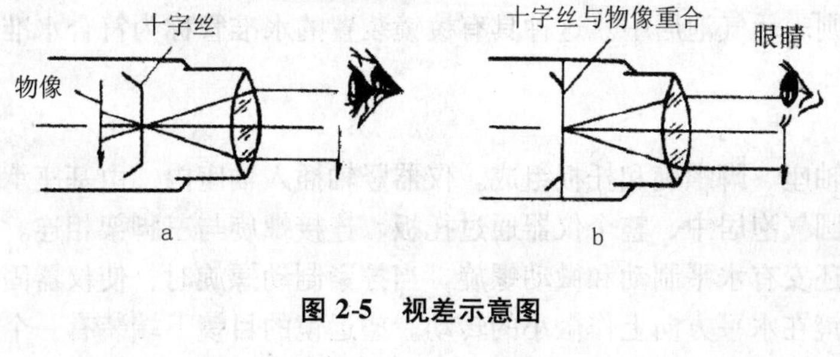

图 2-5 视差示意图

(二)水准器

水准器是用以整平仪器的器具，分为圆水准器和管水准器两种。

1. 圆水准器

圆水准器如图 2-6 所示，它是用一个玻璃圆盒制成，装在金属外壳内。玻璃的内表面磨成球面，中央刻有一小圆圈，圆圈中点与球心的连线叫做圆水准器轴($L'L'$)。当气泡位于小圆圈中央时，圆水准器轴处于铅垂位置。圆水准分划值一般为 8′/2mm。圆水准器轴线与仪器的竖轴互相平行，所以当圆水准器气泡居中时，表示仪器的竖轴已基本处于铅垂位置。由于圆水准器的精度较低，它只能用于水准仪的粗略整平。

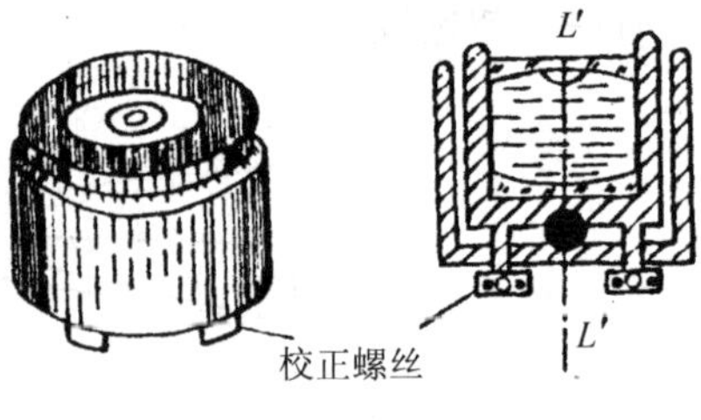

图 2-6 圆水准器

2. 管水准器

管水准器亦称水准管，是用一个内表面磨成圆弧的玻璃管制成(图 2-7a)，一般以圆弧 2mm 长度所对的圆心角 τ($\tau = \frac{2mm}{R}\rho''$，$R$ 为曲率半径，$\rho'' = 206\ 265''$)表示水准管的分划值。分划值越小，灵敏度越高，DS_3 型水准仪的水准管分划值一般为 $\tau = 20''/2mm$。在水准管内灌满热的酒精和乙醚的混合液后立即熔封，冷却后液体收缩形成一个充满酒精和乙醚混合气体的气泡。管内圆弧中点处的水平切线，称为水准管轴，用 LL 表示。当气泡两端与圆弧中点对称时，称为气泡居中，表示水准管轴处于水平位置。

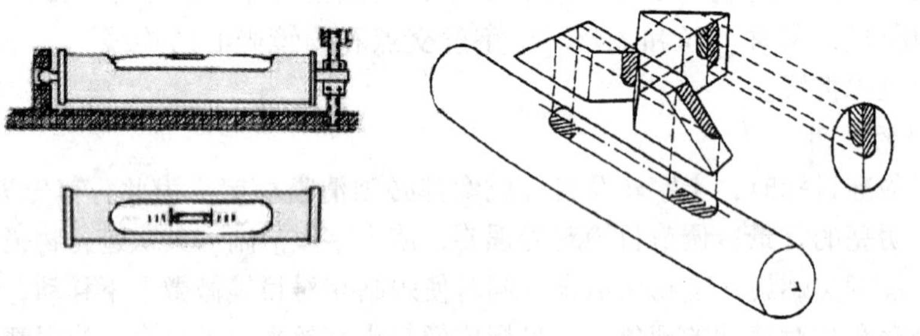

a　　　　b

图 2-7 管水准器

为了提高水准管气泡居中的精度，一般在水准管上方设置一组棱镜，利用棱镜的反射作用，使气泡两端的影像同时反映在直角棱镜上(图 2-7b)。从望远镜旁的气泡观察窗中可看到气泡两端的影像(图 2-11)。当两半个气泡的影像错开时，表明气泡未居中，当两半个气泡影像吻合时，则表示气泡居中。这种具有棱镜装置的水准管称为符合水准器，它可以提高安平精度。

(三)基座

基座部分由轴座、脚螺旋和托板组成。仪器竖轴插入轴座内，由基座承托。脚螺旋用来调节圆水准器使圆气泡居中，整个仪器通过托板、连接螺旋与三脚架相连。

除此之外，还安有水平制动和微动螺旋，当拧紧制动螺旋时，使仪器固定，再转动微动螺旋，可使望远镜在水平方向上作微小的转动。望远镜的目镜下端装有一个微倾螺旋，调节微倾螺旋，可使管水准气泡居中。

三、水准尺和尺垫

(一)水准尺

普通水准尺是木制的，精密水准尺是用铟钢制成。水准尺样式很多，有3m的整尺、折尺，5m的塔尺等(图2-8)。尺底从零开始，尺面每隔1cm或0.5cm涂有黑白或红白相间的分格，每分米有数字注记。精度较高的水准测量常用双面水准尺，它的一面为黑白相间分划，另一面为红白相间分划，两根为一对，这种水准尺的黑面底部起始数均为零，红面底部的起始数分别为4.687m及4.787m，起始数相差为0.1m，以供测量校核用，这种红面起点注记不同的两根尺子在水准测量时应配对使用。

(二)尺垫

尺垫又称尺台，是在转点处放置水准尺用的，为三角形的铸铁块(图2-9)，中央有一突起的半球顶，以便放置水准尺，下有三尖脚，可踩入土中，以固稳防动。

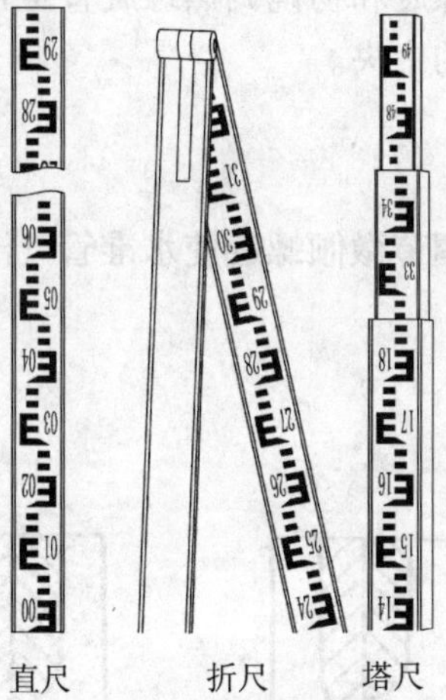

图2-8　水准尺

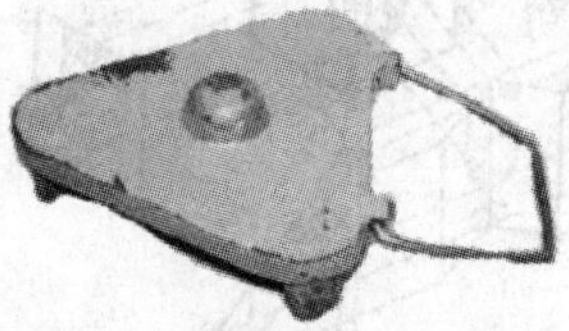

图2-9　尺垫

第三节　微倾式水准仪的使用

一、安置与粗平

打开并固定三脚架，使高度约在观测者的颈部，架头大致水平，用中心螺旋将水准仪连接到三脚架上，然后转动脚螺旋使圆水准气泡居中。如图2-10(a)所示，先调两个脚螺旋，按气泡运行方向与左手拇指旋转方向一致的规律，用两手同时反向转动两个脚螺旋，使气泡沿两个脚螺旋连线的方向平行移动到图2-10(b)所示的位置，然后转动第三个脚螺旋，使气泡居中。

二、瞄准

当仪器粗略整平后，松开望远镜的制动螺旋，调节目镜调焦螺旋，使十字丝成像清晰；利用望远镜筒上的缺口和准星概略地瞄准水准尺，拧紧制动螺旋；调节物镜调焦螺旋，使水

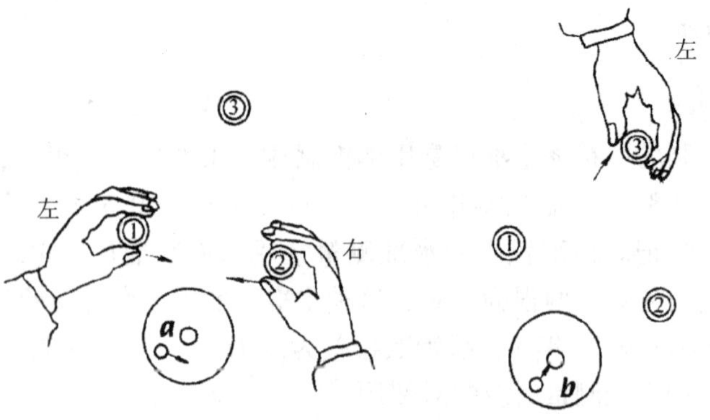

图 2-10　圆水准器整平

准尺的分划成像清晰；消除视差即交替调节目镜螺旋和物镜调焦螺旋直至目标成像稳定；精确瞄准，调节水平微动螺旋，使竖丝处于水准尺的中央。

三、精平

为了使视线精确的处于水平位置，读数前应调节微倾螺旋使水准管气泡居中，即使符合水准气泡两端影像对齐，方可在水准尺上读数。

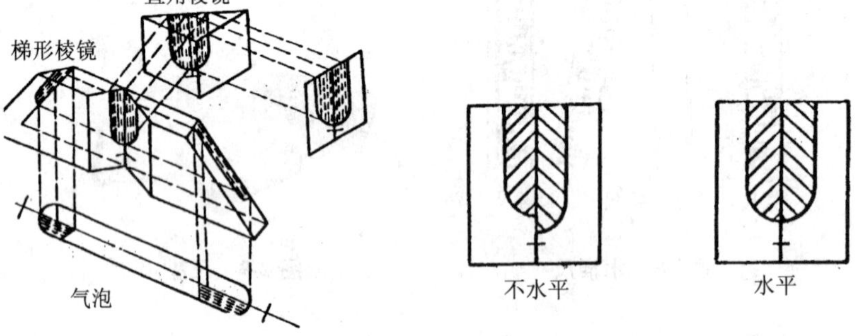

图 2-11　管水准整平

四、读数

精确整平后，应立即根据中丝读取尺上的读数，应估读到毫米，读数时应注意从小向大的方向来读数。图 2-12 的中丝读数为 1. 334m。精平和读数是两项不同的操作步骤，但在测量过程中，常把这两项操作视为一个整体，即先整平符合气泡后才能读数，读数完了检查符合气泡是否有偏离，一旦发现气泡偏离应重新精平后再读数。

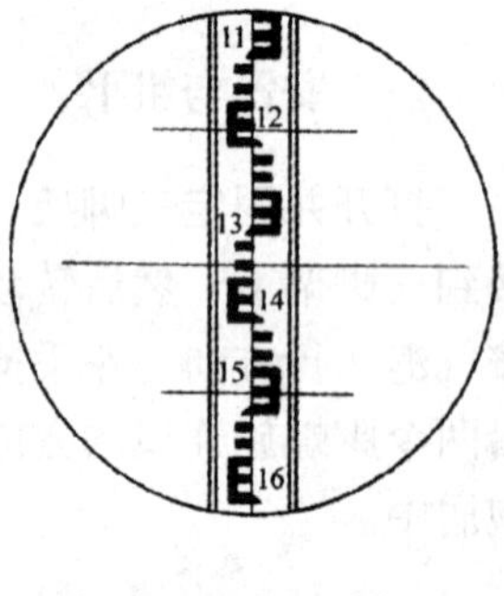

图 2-12　水准尺读数

第四节　水准测量的方法

一、水准点

沿水准路线每隔一定距离布设的高程控制点，称为水准点。通常用水准测量的方法测出这些控制点的高程，以此作为引测其他点高程的依据。水准点一般用 BM(Bench Mark)表示。水准点按等级及保存时间长短分为永久性和临时性水准点两种。永久性水准点如图图 2-13(a)所示，由混凝土或石料制成，桩顶嵌入顶面为半球形的金属标志，桩面上标明等级和编号。临时水准点可选用地面上突出的坚硬岩石，或固定建筑物的墙脚、阶石、桥墩等处，用红漆画一标记作为点位。水准点的高程是指半球顶或红漆标记中心的高程。为了便于寻找和使用，可在其周围醒目处予以标记或在桩上固定一明显标志并绘出草图。

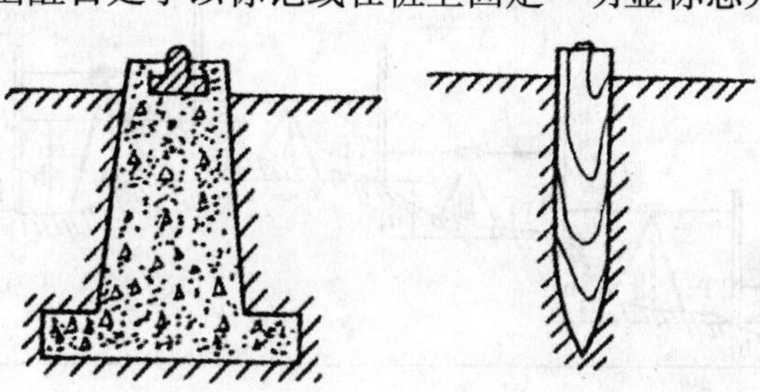

图 2-13　水准点

a. 永久性水准点　b. 临时性水准点

二、水准路线

水准测量是按一定的水准路线进行的，水准路线分为附合水准路线、闭合水准路线和支水准路线

(一) 附合水准路线

如图 2-14，从一个已知水准点 BM_A 开始，沿线测定 1、2、3 等点高程，最后连测到另一已知水准点 BM_B，称为附合水准路线。

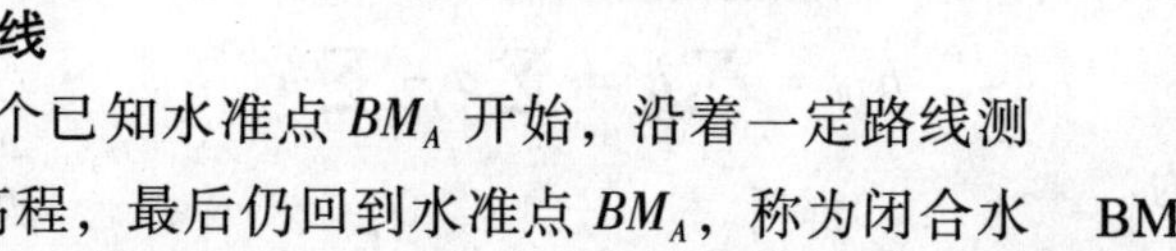

图 2-14　附合水准路线

(二) 闭合水准路线

如图 2-15，从一个已知水准点 BM_A 开始，沿着一定路线测定 1、2、3、4 等点高程，最后仍回到水准点 BM_A，称为闭合水准路线。

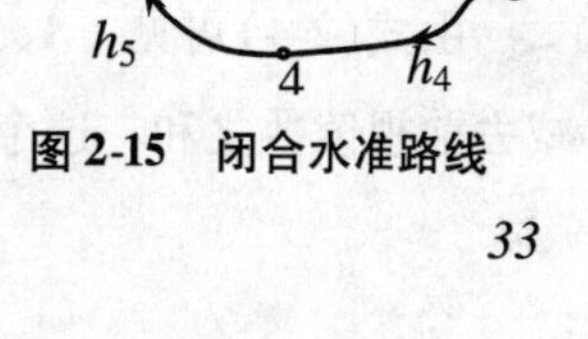

图 2-15　闭合水准路线

(三) 支水准路线

如图 2-16，由一已知水准点 BM_A 开始，既不附合到另一水准

点，也不闭合到原水准点的水准路线，称为支水准路线。

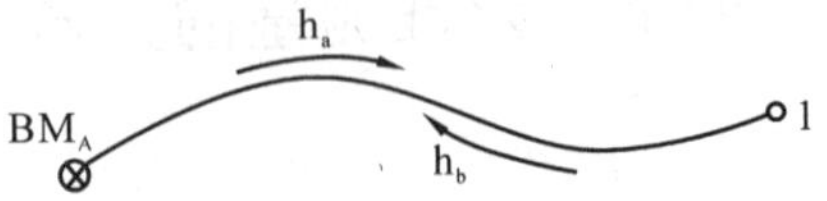

图 2-16　支水准路线

三、连续水准测量的方法

当地面两点间的距离较远或地势起伏较大时，仅安置一次仪器不能直接测得两点间的高差，则需将两点之间分成若干测站，安置仪器，依次测得各站高差，将各段高差累计，可得两点间的高差值。如图 2-17，已知 A 的高程 $H_A = 91.648\text{m}$，欲测定 B 点高程，其施测步骤如下：

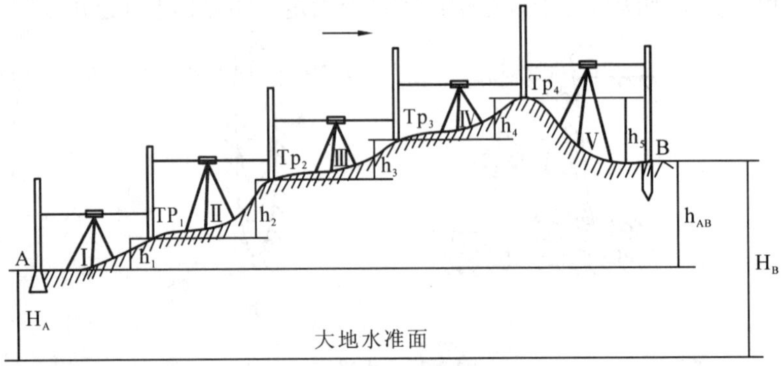

图 2-17　线路水准测量

在离 A 点适当距离处选 1 点，在 A 点和 1 点上立水准尺，将 A 点作为后视点，1 点作为前视点。在与 A、1 距离大致相等且合适的地方安置水准仪并整平，瞄准后视标尺，精平即使符合气泡居中，读取后视读数 a_1，记入表 2-1 的后视栏内。再瞄准前视标尺，精平后，读取前视读数 b_1，记入表 2-1 的前视栏内。后视读数 a_1 减去前视读数 b_1，即得高差 h_1，记入表 2-1 的高差栏内。测站 Ⅰ 的工作结束后，将仪器搬至测站 Ⅱ，将 1 点作为测站 Ⅱ 的后视点，在前进方向再选点 2，按前述方法继续进行观测、记录与计算。这样，每安置一次仪器，就测得一个高差，即

$$h_1 = a_1 - b_1$$
$$h_2 = a_2 - b_2$$
$$\cdots\cdots$$
$$h_n = a_n - b_n$$

将上列各式相加，即得 A、B 两点的高差 h_{AB}，即

$$h_{AB} = \sum h = \sum a - \sum b \tag{2-5}$$

则 B 点高程 H_B 为

$$H_B = H_A + h_{AB} \tag{2-6}$$

由式(2-4)可见，A、B 两点的高差等于两点间各段高差的代数和，也等于后视读数之和减去前视读数之和。这个关系式可用来校核计算是否正确。表 2-1 中，$\sum h = +3.457$，$\sum a$

$-\sum b=+3.457$，两项相等，说明计算无误，否则，说明计算有错，需要重算。必须指出，此法只能检查计算是否有误，不能发现观测中的错误。立尺点 TP_1，TP_2，TP_3，TP_4 称为转点，它既有前视读数，又有后视读数，其作用是传递高程。由上一测站的前视点变为下一测站的后视点时转点不能移动，否则高程传递在此中断。

表 2-1　水准测量手簿

测站	测点	水准尺读数/m		高差/m		高程/m	备注
		后视读数	前视读数	+	-		
1	2	3	4	5	6	7	
1	BM_A	1.902		0.794		91.648	
	TP_1		1.108				
2	TP_1	2.424		1.866			
	TP_2		0.558				
3	TP_2	1.955		1.215			
	TP_3		0.740				
4	TP_3	2.287		1.516			
	TP_4		0.771				
5	TP_4	0.533			-1.934		
	BM_B		2.467			95.105	
计算	$\sum$	9.101	5.644				
检核	$\sum a-\sum b=+3.457$			$\sum h=+3.457$		$H_B=H_A+h_{Ab}=91.648+3.457=95.105$	

第五节　水准测量的精度要求和校核方法

一、水准测量的精度要求

表 2-2　等外水准测量的主要技术要求

等级	路线长度/km	水准仪	水准尺	视线长度/m	观测次数		往返较差、附合或环线闭合差	
					与已知点联测	附合或环线	平地/mm	山地/mm
等外	≤5	DS_3	单面	100	往返各一次	往一次	$\pm 40\sqrt{L}$	$\pm 12\sqrt{n}$

注：L 为水准路线长度(km)；n 为测站数。

表 2-3　三、四等水准测量的主要技术要求

等级	路线长度/km	水准仪	水准尺	观测次数		往返较差、附合或环线闭合差	
				与已知点联测	附合或环线	平地/mm	山地/mm
三	≤50	DS_1	因瓦	往返各一次	往一次	$\pm 12\sqrt{L}$	$\pm 4\sqrt{n}$
		DS_3	双面		往返各一次		
四	≤16	DS_3	双面	往返各一次	往一次	$\pm 20\sqrt{L}$	$\pm 6\sqrt{n}$

注：L 为水准路线长度(km)；n 为测站数。

表 2-4　三、四等水准测量观测的技术要求

等级	水准仪	视线长度/m	前后视距差/m	前后视距累积差/m	视线高度	黑面、红面读数之差/mm	黑面、红面所测高差之差/mm
三	DS_1	100	3	6	三丝能读数	1.0	1.5
	DS_3	75				2.0	3.0
四	DS_3	100	5	10	三丝能读数	3.0	5.0

二、水准测量的校核方法

在水准测量中不可避免地产生误差，为了使观测成果达到预期的精度，必须采取有效措施进行校核。

(一) 测站校核

1. 改变仪器高法

在每个测站上观测一次高差后，在原地升高或降低仪器高度 10cm 以上，再测一次高差，两次高差应相等，等外水准测量其不符值应≤5mm，取两次高差的平均值作为最后的成果。

2. 双面尺法

采用双面水准尺，在每个测站上读取后视尺的黑、红面读数和前视尺的黑、红面读数，然后进行下列两项校核：

(1) 同一根水准尺黑红面的读数之差应为一常数(4687mm 或 4787mm)，其不符值不得超过 3mm。

(2) 黑、红面分别算得的高差应相等，黑、红面高差之差不得超过 5mm。若在容许误差范围内，取黑、红面高差的平均值作为最后结果。

测站校核可以校核一个测站测量成果是否符合要求，但整个路线测量成果是否符合要求甚至有错，则不能判定。因此，还需要进行路线校核。

(二) 路线校核

1. 附合水准路线校核

附合水准路线，从理论上来说，测得的高差总和应等于两个已知水准点间的高差，即

$$\sum h_{测} = \sum h_{理} = H_{BM2} - H_{BM1} \tag{2-7}$$

由于测量存在误差，两者往往不相等，其差值 f_h 即为高差闭合差，即

$$f_h = \sum h_{测} - \sum h_{理} = \sum h_{测} - (H_{终} - H_{始}) \tag{2-8}$$

式中，$H_{始}$ 与 $H_{终}$ 分别为附合水准路线起点与终点的水准点高程。由于高差闭合差是不可避免的，为了保证精度，必须规定一容许限值，超过限值时，必须检查原因，返工重测。等外水准测量高差闭合差的容许值为：

平坦地区 $$f_{h容} = \pm 40\sqrt{D}\ (\text{mm}) \tag{2-9}$$

山区 $$f_{h容} = \pm 12\sqrt{n}\ (\text{mm}) \tag{2-10}$$

式中 n 为测站数；D 为路线长度，以千米计。

(二) 闭合水准路线校核

闭合水准路线如图 2-15 所示。闭合水准路线测得的高差总和，在理论上应等于零，即

$\sum h_{理} = 0$。由于测量存在误差，$\sum h_{测} \neq 0$，则高差闭合差

$$f_h = \sum h_{测} \tag{2-11}$$

闭合差的容许值与附合水准路线相同。

(三)支水准路线校核

支水准路线如图 2-16 所示。为了对测量成果进行校核，支水准路线必须进行往返测量。往返观测的高差绝对值相等，符号相反，即往返观测高差的代数和应等于零，如不为零，则产生高差闭合差，即

$$f_h = \sum h_{往} + \sum h_{返} \tag{2-12}$$

闭合差容许值 $f_{h容}$ 应根据不同的地形情况，采用式(2-9)和式(2-10)计算，但此时式中 D 为水准路线单程长度的公里数，n 为单程测站数。

三、高差闭合差与高程计算的数据处理

水准测量经路线校核后，可进行闭合差的调整。在内业计算前，必须复查外业手簿中的各项记录与计算，若检查无误，且 $f_h \leqslant f_{容}$，再进行闭合差的计算与调整，然后根据改正后的高差计算各点高程。

附合水准路线和闭合水准路线高差闭合差调整的方法是相同的。现以附合水准路线为例，说明具体计算方法。各项数据如表 2-5 所示。

表 2-5　水准路线计算表

点号	距离/km	实测高差	改正数	改正后高差	高程	备注
1	2	3	4	5	6	7
BM_A					95.287	
	1.3	+1.257	−13	+1.244		
1					96.531	
	1.4	−3.232	−14	−3.246		
2					93.285	
	2.1	+1.343	−22	+1.321		
3					94.606	
	1.8	+1.936	−19	+1.917		
BM_B					96.523	
Σ	6.6	+1.304	−68	+1.236		
辅助计算	$f_h = \sum h - (H_B - H_A) = +68$ mm $f_{容} = \pm 40\sqrt{D} = \pm 40\sqrt{6.6} = \pm 103$mm					

$f_h = \sum h - (H_B - H_A) = +68$ mm　　$f_{容} = \pm 40\sqrt{D} = \pm 40\sqrt{6.6} = \pm 103$mm。$f_h \leqslant f_{容}$，精度符合要求，可对 f_h 进行调整。

在同一水准路线的观测中，可以认为各测站的观测条件是相同的，故各站产生误差的机会相等。因此，闭合差的调整原则是：将闭合差反符号，按与测站数或距离成正比进行分配。各测段的高差改正数 δ_{hi} 按下式计算

$$\delta_{hi} = -\frac{f_h}{[n]} \cdot n_i \tag{2-13}$$

$$\delta_{hi} = -\frac{f_h}{[D]} \cdot D_i \tag{2-14}$$

式中　$[n]$——测站数总和；

$[D]$——水准路线总长度，以千米计；

n_i——某测段的测站数；

D_i——某测段的距离，以千米计。

各测段高差观测值与改正数的代数和，即为该测段改正后的高差。

将起始点 BM_A 的高程与沿线各测段改正后的高差，逐一累加即得各未知点高程。最后算得的 BM_B 的高程应与已知高程相等，以资校核。

对于支水准路线，采用往返观测，当闭合差 $f_h \leqslant f_{容}$ 时，可取往返高差的平均数作为最后结果，高差的符号与往测相同。即

$$h = \frac{1}{2}(h_{往} - h_{返}) \tag{2-15}$$

第六节　水准仪的检验与校正

水准仪必须提供一条水平视线。其主要轴线之间的几何关系如图 2-18 所示，水准仪应满足下列条件：

(1)圆水准器轴平行于仪器的竖轴，即 $L'L'//VV$。

(2)十字丝横丝垂直于竖轴 VV。

(3)水准管轴平行于视准轴，即 $LL//CC$。

在水准测量之前，必须对上述条件进行检验校正，使各轴线满足上述关系。

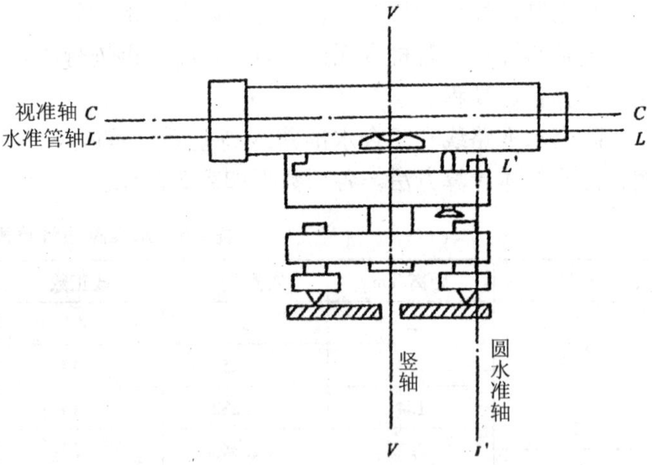

图 2-18　水准仪的轴线

一、圆水准器轴平行于竖轴的检验与校正

(一)圆水准器轴 $L'L'$ 平行于仪器的竖轴 VV 的检验与校正

1. 检验原理

若圆水准轴与竖轴平行，则气泡居中后，竖轴处于铅垂位置，仪器旋转至任意位置，圆气泡也必然居中。

(1)检验方法 旋转脚螺旋使圆水准器气泡居中，然后将仪器绕竖轴旋转 180°，如果气泡仍居中，则表示该几何条件满足；如果气泡偏出分划圈外，则需要校正。

(2)校正方法 校正时，先调整脚螺旋，使气泡向零点方向移动偏离值的一半，此时竖轴处于铅垂位置。然后，稍旋松圆水准器底部的固定螺钉，用校正针拨动三个校正螺钉，使气泡居中，这时圆水准器轴平行于仪器竖轴且处于铅垂位置。

圆水准器校正螺钉的结构如图 2-19 所示。此项校正，需反复进行，直至仪器旋转到任何位置时，圆水准器气泡皆居中为止。最后旋紧固定螺钉。

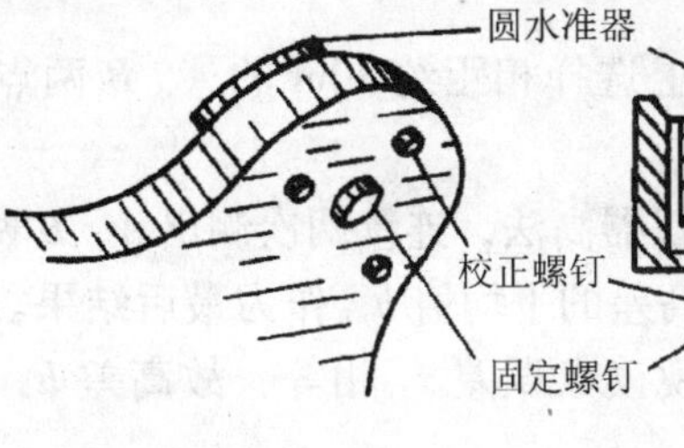

图 2-19 圆水准器校正螺钉

二、十字丝中丝垂直于仪器的竖轴的检验与校正

(一)检验原理

当仪器竖轴处于铅垂位置时，如果十字丝横丝垂直于竖轴，横丝必成水平。这样，当望远镜绕竖轴旋转时，横丝上任何部分必然为始终在同一水平面内。

1. *检验方法* 安置水准仪，使圆水准器的气泡严格居中后，先用十字丝交点瞄准某一明显的点状目标 M(图 2-20a)，然后旋紧制动螺旋，转动微动螺旋，如果目标点 M 不离开中丝(图 2-20b)，则表示中丝垂直于仪器的竖轴；如果目标点 M 离开中丝(图 2-20c)，则需要校正。

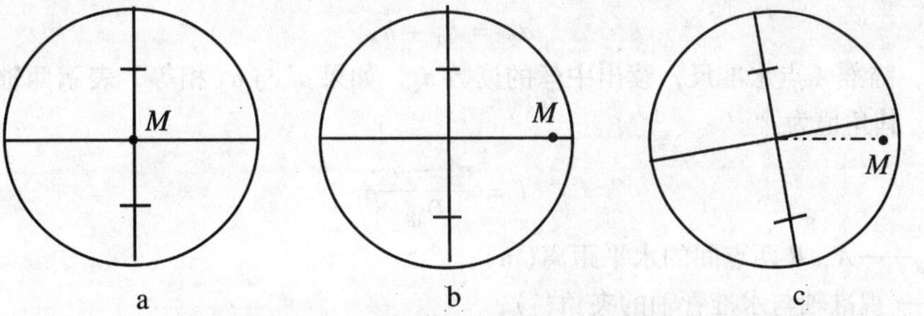

图 2-20 十字丝中丝垂直于仪器的竖轴的检验

2. *校正方法* 松开十字丝分划板座的固定螺钉转动十字丝分划板座，使中丝一端对准目标点 M，再将固定螺钉拧紧。此项校正也需反复进行。

三、水准管轴平行于视准轴的检验与校正

(一)检验原理

如果仪器的水准轴与视准轴平行，当水准管气泡居中时，视线即水平。此时水准仪安置在两点间任何地点，所测得的高差都是正确的。假如水准轴与视准轴不平行，当水准管气泡居中时，视线却是向上(或向下)倾斜，与水准轴形成一个小角 i，此时，水准尺上的读数比视准轴水平时要大(或小)。此项误差的大小与尺子到仪器的距离成正比。如果将水准仪安置成后视与前视距离相等(图 2-21)，则在两尺上的读数误差 x 均相等。此时，即使存在 i 角，也可以获得正确高差，即

$$h = (a + x) - (b + x) = a - b$$

当后视与前视距离不相等时，两尺上的读数误差也不相等，算出的高差就要受到影响，前后视距离相差愈大，i 角对高差的影响也愈大。

（二）检验方法

如图 2-21 所示，在较平坦的地面上选择相距约 80m 的 *A*、*B* 两点，打下木桩或放置尺垫。用皮尺丈量，定出 *AB* 的中间点 *C*。

1. 在 *C* 点处安置水准仪，用变动仪器高法，连续两次测出 *A*、*B* 两点的高差，若两次测定的高差之差不超过 3mm，则取两次高差的平均值 h_{AB} 作为最后结果。由于距离相等，视准轴与水准管轴不平行所产生的前、后视读数误差 x_1 相等，故高差 h_{AB} 不受视准轴误差的影响。

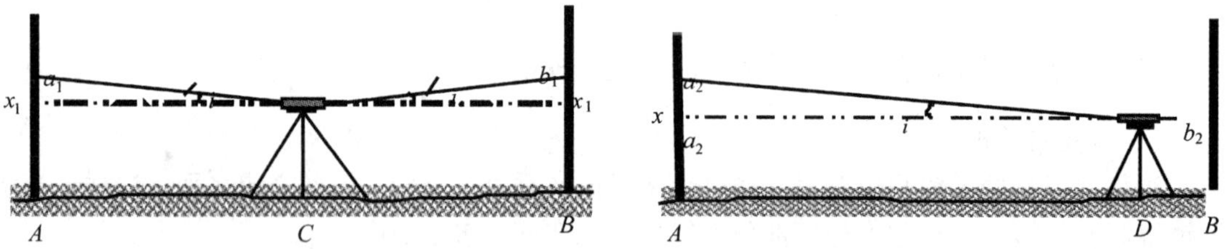

图 2-21　水准管轴平行于视准轴的检验

2. 在离 *B* 点大约 3m 左右的 *D* 点处安置水准仪，精平后读得 *B* 点尺上的读数为 b_2，因水准仪离 *B* 点很近，两轴不平行引起的读数误差 x_2 可忽略不计。根据 b_2 和高差 h_{AB} 算出 *A* 点尺上视线水平时的应读读数为：

$$a_2' = b_2 + h_{AB}$$

然后，瞄准 *A* 点水准尺，读出中丝的读数 a_2，如果 a_2' 与 a_2 相等，表示两轴平行。否则存在 *i* 角，其角值为：

$$i = \frac{a_2' - a_2}{D_{AB}}\rho \tag{2-16}$$

式中　D_{AB}——*A*、*B* 两点间的水平距离（m）；

i——视准轴与水准管轴的夹角（″）；

ρ——一弧度的秒值，$\rho = 206\ 265''$。

对于 DS_3 型水准仪来说，*i* 角值不得大于 20″，如果超限，则需要校正。

3. 校正方法　转动微倾螺旋，使十字丝的中丝对准 *A* 点尺上应读读数 a_2'，用校正针先拨松水准管一端左、右校正螺钉（图 2-22），再拨动上、下两个校正螺钉，使偏离的气泡重新居中，最后要将校正螺钉旋紧。此项校正工作需反复进行，直至达到要求为止。

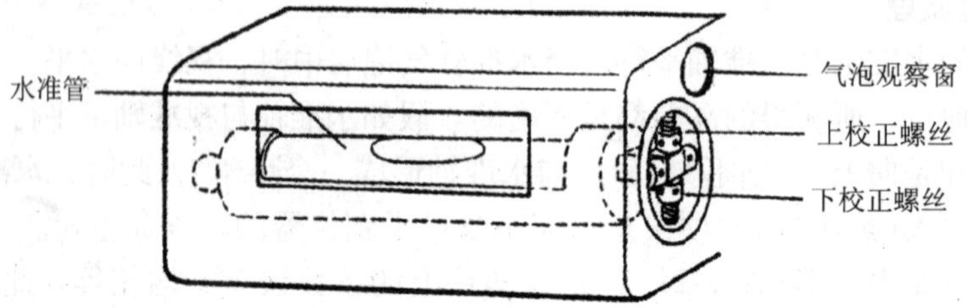

图 2-22　水准管校正螺丝

第七节 精密水准仪和电子水准仪

一、精密水准仪

(一)精密水准仪的构造特点

对于精密水准测量的精度而言，除一些外界因素的影响外，观测仪器——水准仪在结构上的精确性与可靠性是具有重要意义的。为此，对精密水准仪必须具备的一些条件提出下列要求。

1. 高质量的望远镜光学系统

为了在望远镜中能获得水准标尺上分划线的清晰影像，望远镜必须具有足够的放大倍率和较大的物镜孔径。一般精密水准仪的放大倍率应大于40倍，物镜的孔径应大于50mm。

2. 坚固稳定的仪器结构

仪器的结构必须使视准轴与水准轴之间的联系相对稳定，不受外界条件的变化而改变它们之间的关系。一般精密水准仪的主要构件均用特殊的合金钢制成，并在仪器上套有起隔热作用的防护罩。

3. 高精度的测微器装置

精密水准仪必须有光学测微器装置，借以精密测定小于水准标尺最小分划线间格值的尾数，从而提高在水准标尺上的读数精度。一般精密水准仪的光学测微器可以读到0.1mm，估读到0. 01mm。

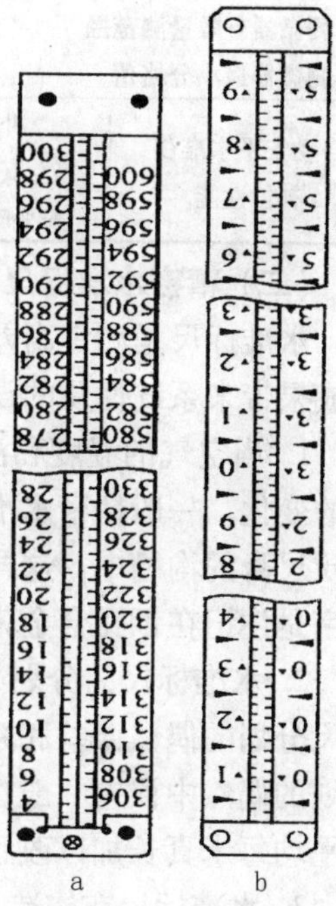

图 2-23 精密水准标尺

4. 高灵敏的管水准器

一般精密水准仪的管水准器的格值为10″/2mm。由于水准器的灵敏度愈高，观测时要使水准器气泡迅速置中也就愈困难，为此，在精密水准仪上必须有倾斜螺旋(又称微倾螺旋)的装置，借以可以使视准轴与水准轴同时产生微量变化，从而使水准气泡较为容易地精确置中以达到视准轴的精确整平。

5. 高性能的补偿器装置

对于自动安平水准仪补偿元件的质量以及补偿器装置的精密度都可以影响补偿器性能的可靠性。如果补偿器不能给出正确的补偿量，或是补偿不足，或是补偿过量，都会影响精密水准测量观测成果的精度。

我国水准仪系列按精度分类有S_{05}型，S_1型，S_3型等。S是“水”字的汉语拼音第一个字母，S后面的数字表示每千米往返平均高差的偶然中误差的毫米数。

我国水准仪系列及基本技术参数列于表2-6。

表 2-6 我国水准仪系列及基本技术参数

技术参数项目		水准仪系列型号			
		S_{05}	S_1	S_3	S_{10}
每千米往返平均高差中误差		≤0.5mm	≤1mm	≤3mm	≤10mm
望远镜放大率		≥40 倍	≥40 倍	≥30 倍	≥25 倍
望远镜有效孔径		≥60mm	≥50mm	≥42mm	≥35mm
管状水准器格值		10″/2mm	10″/2mm	20″/mm	20″/2mm
测微器有效量测范围		5mm	5mm		
测微器最小分格值		0.1mm	0.1mm		
自动安平水准仪补偿性能	补偿范围	±8′	±8′	±8′	±10′
	安平精度	±0.1″	±0.2″	±0.5″	±2″
	安平时间不长于	2s	2s	2s	2s

（二）精密水准标尺的构造特点

水准标尺是测定高差的长度标准，如果水准标尺的长度有误差，则对精密水准测量的观测成果带来系统性质的误差影响，为此，对精密水准标尺提出如下要求：

1. 当空气的温度和湿度发生变化时，水准标尺分划间的长度必须保持稳定，或仅有微小的变化。一般精密水准尺的分划是漆在铟瓦合金带上，铟瓦合金带则以一定的拉力引张在木质尺身的沟槽中，这样铟瓦合金带的长度不会受木质尺身伸缩变形影响。水准标尺分划的数字是注记在铟瓦合金带两旁的木质尺身上(图 2-23a、b)。

2. 水准标尺的分划必须十分正确与精密，分划的偶然误差和系统误差都应很小。水准标尺分划的偶然误差和系统误差的大小主要决定于分划刻度工艺的水平，当前精密水准标尺分划的偶然中误差一般在 8～11μm。由于精密水准标尺分划的系统误差可以通过水准标尺的平均每米真长加以改正，所以分划的偶然误差代表水准标尺分划的综合精度。

3. 水准标尺在构造上应保证全长笔直，并且尺身不易发生长度和弯扭等变形。一般精密水准标尺的木质尺身均应以经过特殊处理的优质木料制作。为了避免水准标尺在使用中尺身底部磨损而改变尺身的长度，在水准标尺的底面必须钉有坚固耐磨的金属底板。

在精密水准测量作业时，水准标尺应竖立于特制的具有一定重量的尺垫或尺桩上。尺垫和尺桩的形状如图 2-24 所示。

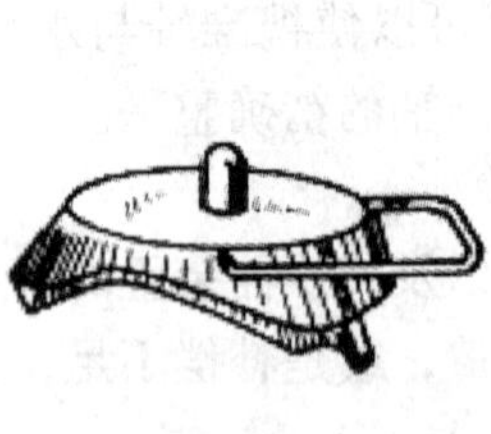

图 2-24 尺垫 尺桩

4. 在精密水准标尺的尺身上应附有圆水准器装置，作业时扶尺者借以使水准标尺保持在垂直位置。在尺身上一般还应有扶尺环的装置，以便扶尺者使水准标尺稳定在垂直位置。

5. 为了提高对水准标尺分划的照准精度，水准标尺分划的形式和颜色与水准标尺的颜色相协调，一般精密水准标尺都为黑色线条分划(图 2-23)，和浅黄色的尺面相配合，有利于观测时对水准标尺分划精确照准。

线条分划精密水准标尺的分格值有 10mm 和 5mm 两种。分格值为 10mm 的精密水准标尺如图 2-23a 所示，它有两排分划，尺面右边一排分划注记从 0 ~ 300cm，称为基本分划，左边一排分划注记从 300 ~ 600cm 称为辅助分划，同一高度的基本分划与辅助分划读数相差一个常数，称为基辅差，通常又称尺常数，水准测量作业时用以检查读数的正确性。分格值为 5mm 的精密水准尺如图 2-23b 所示，它也有两排分划，但两排分划彼此错开 5mm，所以实际上左边是单数分划，右边是双数分划，也就是单数分划和双数分划各占一排，而没有辅助分划。木质尺面右边注记的是米数，左边注记的是分米数，整个注记从 0.1 ~ 5.9m，实际分格值为 5mm，分划注记比实际数值大了一倍，所以用这种水准标尺所测得的高差值必须除以 2 才是实际的高差值。

分格值为 5mm 的精密水准标尺，有的还有一辅助分划。

（三）Zeiss Ni 004 精密水准仪

Zeiss Ni 004 精密水准仪的外形如图 2-25 所示。

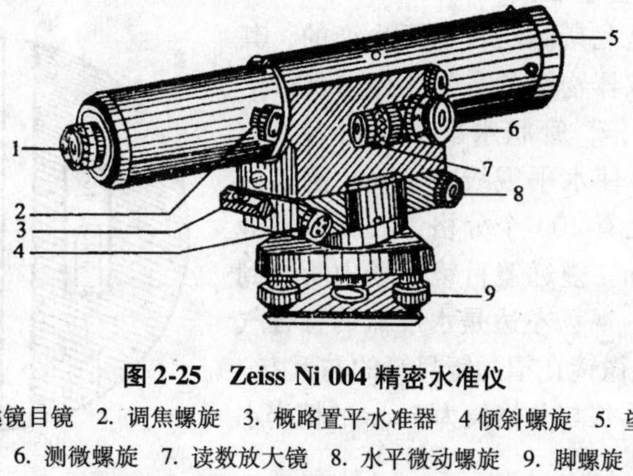

图 2-25　Zeiss Ni 004 精密水准仪

1. 望远镜目镜　2. 调焦螺旋　3. 概略置平水准器　4 倾斜螺旋　5. 望远镜物镜　6. 测微螺旋　7. 读数放大镜　8. 水平微动螺旋　9. 脚螺旋

这种仪器的主要特点是对热影响的感应较小，即当外界温度变化时，水准轴与视准轴之间的交角的变化很小，这是因为望远镜、管状水准器和平行玻璃板的倾斜设备等部件，都装在一个附有绝热层的金属套筒内，这样就保证了水准仪上这些部件的温度迅速达到平衡。仪器物镜的有效孔径为 56mm，望远镜放大倍率为 44 倍，望远镜目镜视场内有左右两组楔形丝(图 2-26)，右边一组楔形丝的交角较小，在视距较远时使用，左边一组楔形丝的交角较大，在视距较近时使用，管状水准器格值为 10″/2mm。转动测微螺旋可使水平视线在 10mm 范围内平移，测微器的分划鼓直接与测微螺旋相连，通过放大镜在测微鼓上进行读数，测微鼓上有 100 个分格，所以测微鼓最小格值为 0.1mm。从望远镜目镜视场中所看到的影像如图 2-26 所示，视场下部是水准器的符合气泡影像。

Ni 004 精密水准仪与分格值为 5mm 的精密铟瓦水准尺配套使用。在图 2-26 中，使用测微螺旋使楔形丝夹准水准标尺上 197 分划，在测微分划鼓上的读数为 340，即 3.40mm，水准标尺上的全部读数为 197.340cm。

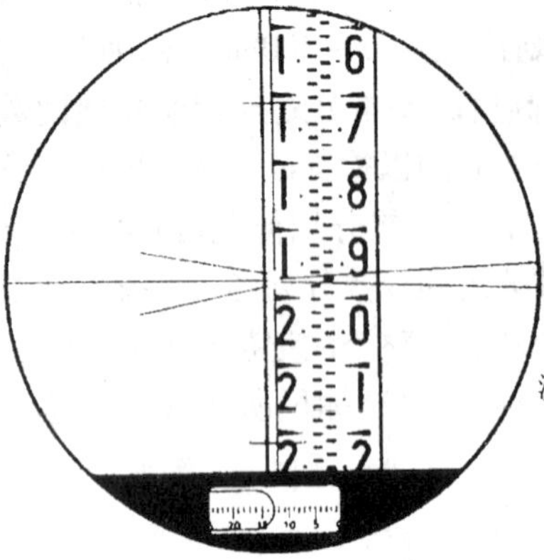

图 2-26　视场影像

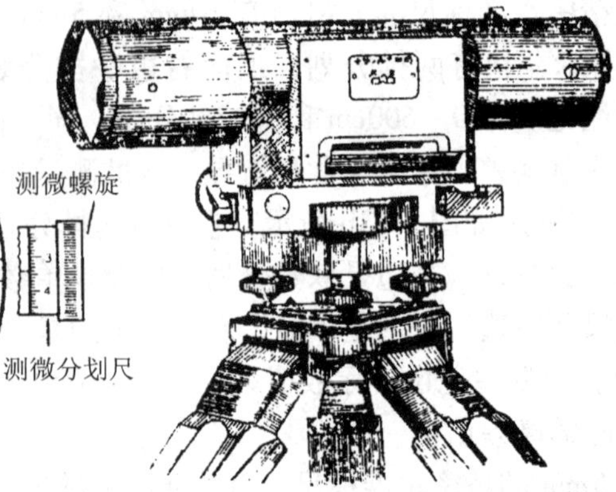

图 2-27　S_1 型精密水准仪

（四）国产 S_1 型精密水准仪

S_1 型精密水准仪是北京测绘仪器厂生产的，其外形如图 2-27 所示。仪器物镜的有效孔径为 50mm，望远镜放大倍率为 40 倍，管状水准器格值为 10″/2mm。转动测微螺旋可使水平视线在 10mm 范围内作平移，测微器分划尺有 100 个分格，故测微器分划尺最小格值为 0.1mm。望远镜目镜视场中所看到的影像如图 2-28 所示，视场左边是水准器的符合气泡影像，测微器读数显微镜在望远镜目镜的右下方。

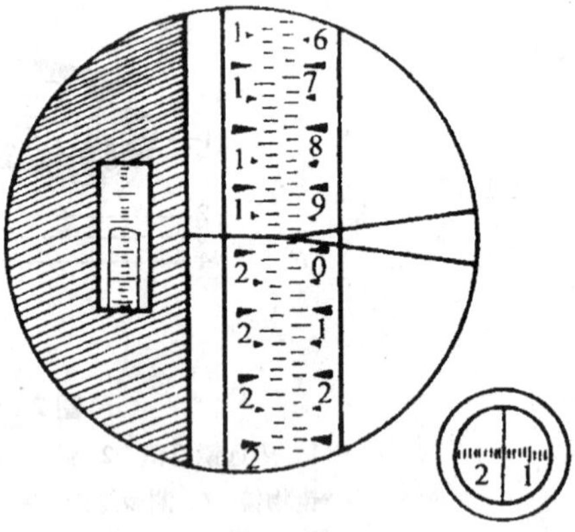

图 2-28　视场影像

国产 S_1 型精密水准仪与分格值为 5mm 的精密水准标尺配套使用。

在图 2-28 中，使用测微螺旋使楔形丝夹准 198 分划，在测微器读数显微镜中的读数为 150，即 1.50mm，水准标尺上的全部读数为 198.150cm

二、自动安平水准仪的原理与构造

（一）自动安平水准仪的构造

自动安平水准仪的特点是用补偿器取代符合水准器，其结构如图 2-29 所示。使用时，只要用圆水准器粗略整平仪器，便可读得水平视线的读数。目前，各种精度的自动安平水准仪已普遍使用于各级水准测量中。

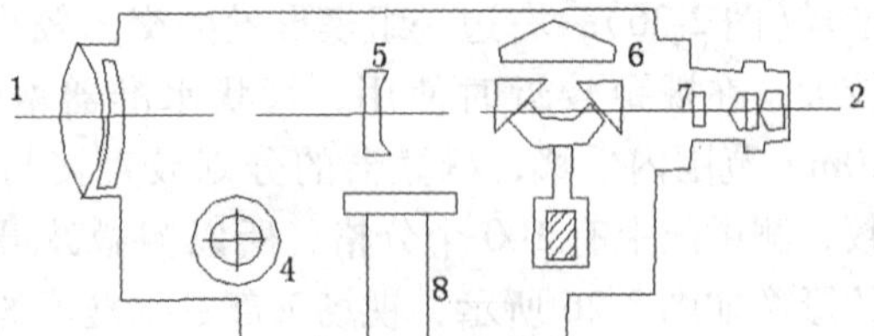

图 2-29　自动安平水准仪结构图

1. 物镜　2. 目镜　3. 脚螺旋　4. 微动螺旋　5. 调焦系统　6. 补偿器　7. 十字丝分划板　8. 竖轴

（二）自动安平水准仪的补偿原理

当视线水平时，水平光线恰好与十字丝交点所在位置 K 重合，读数正确无误，如视线倾斜一个 α 角，十字丝交点移动一段距离 d 到达

K 处，这时按十字丝交点 K 读数，显然有偏差。如果在望远镜内的恰当位置装置一个“补偿器”，使进入望远镜的水平光线经过补偿器后偏转一个 β 角，恰好通过十字丝交点 K 读出的数仍然是正确的。由此可知，补偿器的作用是使水平光线发生偏转，而偏转角的大小正好能够补偿视线倾斜所引起的读数偏差(图 2-30)。

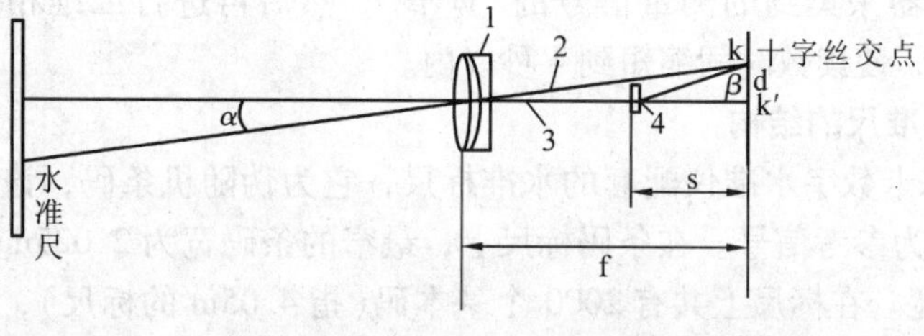

图 2-30　自动安平水准仪原理

1. 物镜　2. 倾斜视线　3. 水平光线　4. 补偿器

(三) 自动安平水准仪的使用

首先把仪器安置好，使圆水准气泡居中，即可用望远镜瞄准水准尺读数。为了检查补偿器是否起作用，有的仪器安置一个按钮，按此钮可把补偿器轻轻触动，待补偿器稳定后，看尺上读数是否有变化，如无变化，说明补偿器正常。如仪器没有此装置，可稍微转动一下脚螺旋，如尺上读数没有变化，说明补偿器起作用，仪器正常，否则应进行检查修理。

三、数字水准仪

(一) 电子水准仪测量原理简述

与电子水准仪配套使用的水准尺为条形编码尺，通常由玻璃纤维或铟钢制成。标尺的条纹码作为参照信号存储在仪器内，测量是线译码器捕获仪器视场内的标尺影象作为测量信号，然后与仪器的参考信号进行比较，通过数字编码水准仪的探测器来识别水准尺上的条形码，再经过数字影像处理，给出水准尺上的读数，取代了在水准尺上的目视读数，减少观测错误和误差。

如徕卡数字水准配套的水准标尺为伪随机条形码，该条形码图像已被存储在数字水准仪中作为参考信号。测量信号与参考信号进行比较，这就是相关过程，称为相关。例如先与标尺底部对齐，发现不相同，然后往上移动一个步距(基本码宽)，再比较，直到两码相同为止，或说两信号相同为止，也就是最佳相关位置时，读数就可以确定。移动一个基本码宽来进行比较的精度是不够的，但是可以作为粗相关过程，得到粗读数。再在粗读数上下选取一定范围，减少步距，进行精相关，就可以得到精度足够的读数。

由于标尺到仪器的距离不同，条码在探测器上成像的“宽窄”也将不同，测量信号片段条码的“宽窄”会变化，引起相关困难。徕卡数字水准仪采用二维相关法，以一定步距改变仪器内部参考信号的“宽窄”与 CCD 采集到的测量信号相比较，如果没有相同的两信号，则再改变，再进行一维相关，直到信号相同为止。参考信号的“宽窄”与视距是对应的，“宽窄”相同的两信号相比较是求视线高的过程，在此二维相

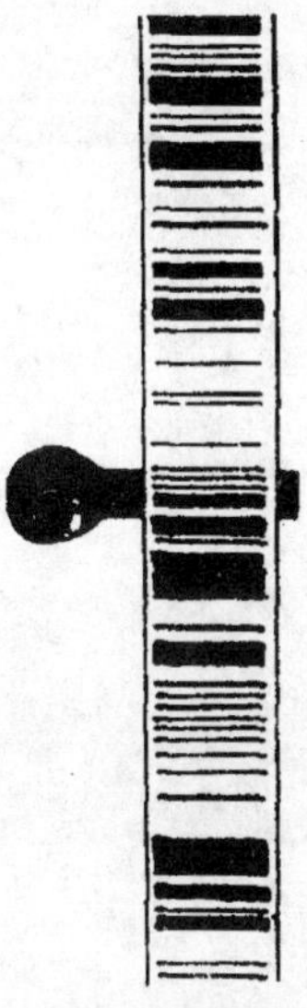

图 2-31　条码尺

关中，一维是视距，另一维是视线高，二维相关之后视距就可以精确算出。

可以想象从原始参考信号一步一步缩放比较的相关的计算量会很大，使读数时间过长。为了缩短读数时间，徕卡数字水准仪内部设计有调焦移动量传感器采集调焦镜的移动量，由此可以反算出概略视距，初步可以确定物像比例。对仪器内部的参考信号的“宽窄”进行缩放，使其接近探测器采集到的测量信号的"宽窄"，然后再进行二维相关。这样可以减少80%的相关计算量，使读数时间缩短到4秒以内。

(二)条形码水准尺的结构

如图2-31为徕卡数字水准仪配套的水准标尺，它为伪随机条码，该条码图象已被存储在数字水准仪中作为参考信号。在条码标尺上，最窄的条码宽为2.025mm(黑的、黄的或白的)，称为基本码宽。在标尺上共有2000个基本码(指4.05m的标尺)，不同数量的同颜色的基本码相连在一起，就构成了宽窄不同的码条。

(三)电子水准仪的主要优点

1. 自动观测和记录，从而大大减少观测错误和误差。

2. 操作简捷，整个观测过程在几秒钟内即可完成，并立即用数字显示测量结果。

3. 仪器还附有数据处理器及与之配套的软件，从而可将观测结果输入计算机进入后处理，实现测量工作自动化和流水线作业，大大提高功效。

(四)电子水准仪的使用(以徕卡数字水准仪为例)

1. 仪器构造与部件名称

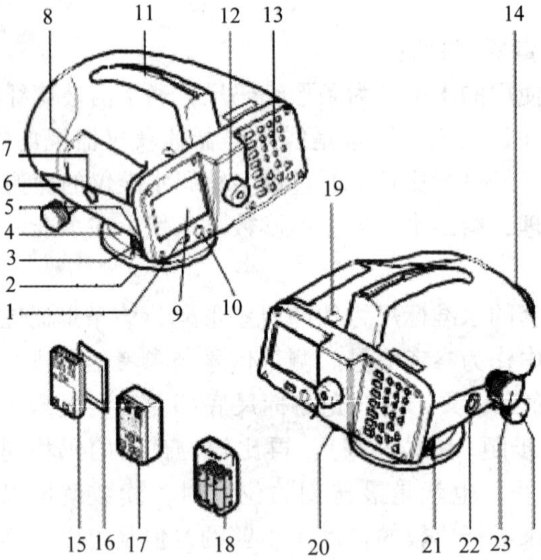

图2-32 徕卡数字水准仪

1. 开关 2. 底盘划 3. 脚螺旋 4. 水平度盘 5. 电池盖操作杆 6. 电池仓 7. 开PC卡槽盖 8. PC卡槽盖 9. 显示屏 10. 圆水准器 11. 带有粗瞄器提把 12. 目镜 13. 键盘 14. 物镜 15. GEB111电池 16. PCMCIA卡 17. GEB121电池 18. 电池适配器GAD39；6节干电池 19. 圆水准器进光管 20. 外部供电的RS232接口 21. 脚螺旋 22. 测量按钮 23. 调焦螺旋 24. 无限水平微动螺旋

2. 各功能键及含义

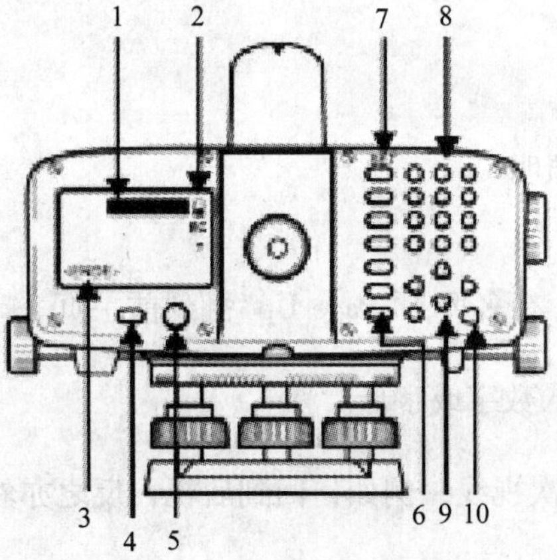

图 2-33 徕卡数字水准仪

1. 聚焦(黑条表示该栏为活动栏) 2. 符号 3. 软按键 4. 电源开关键 5. 圆水准器 6. 固定键(左边一列键，具有固定功能的按键) 7. 固定键(＊第二功能，用[shift]加固定键起动第二功能) 8. 输入键(输入数字、字母和特殊字符) 9. 定位键(功能的变化与应用有关) 10. 回车键

INT 打开碎部测量键

MODE 设置测量模式键

USER 用户自定义键，功能菜单中的任意一项功能都可定义给它

PROG 测量程序键

DATA 数据管理器

ESC 一步步退出测量程序、功能或修改模式，恢复原来的参数，取消/停止测量键

SHIFT 开关第二功能键(SET OUT，INV，FNC，MENU，LIGHTIN G，PgUp，PgDn，+Back，INS)，转换输入数字或字母。

CE 删除字符或信息，取消或停止测量

◢ 确认输入，继续下一栏

PgDn

SHIFT ▼ 若显示内容含有多页，"Page Down"一翻到下一页。

SET OUT

SHIFT INT 启动放样

INV

SHIFT MODE 显小力测量翻转标尺(标尺 0 刻度在上)，只要 INV 被激活，仪器显小"T"符号，再按 INV 键恢复测量正常标尺状态。反转标尺测量值为负。

FNC

SHIFT USER 起动测量的一些支持功能

MENU
SHIFT PROG 仪器设置，系统信息，启动轴系检测(利用平行光管对 DNA03 仪器进行视线倾斜检测)

圆水准器照明

PgUp
SHIFT ▲ 若显示内容含有多页，“Page Up”翻到前一页。

+ Back，INS)，转换输入数字或字母。

<<Back
SHIFT ▶ 返回到上一次视线，例如，回到后视，反之亦然。

▲▼◀▶ 定位键有多种功能，执行何种功能，取决于使用定位键的模式：聚焦控制、光标控制、通过选择定位选择及确定输入的参数。

0 … 9 输入数字，字母和特殊字符。

. 输入小数点和特殊字符。

± 触发正、负号输入；输入特殊字符。

3. 测量实施及各符号含义

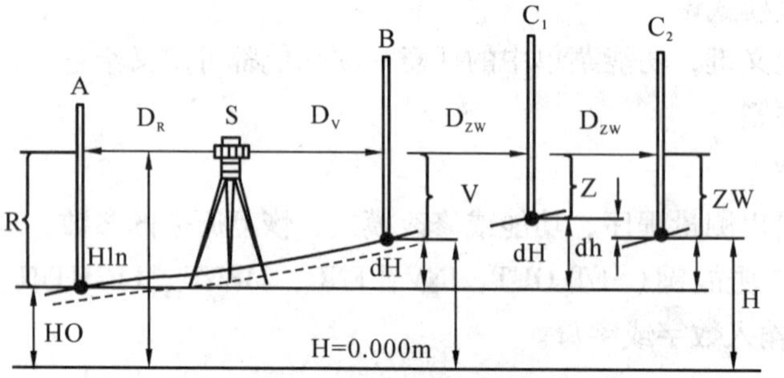

图 2-34 测量实施示意图

s 测站 a 标尺 A(后视标尺) b 标尺 B(前视标尺) c 标尺 C(碎部点或放样点) r 后视标尺高，双观测法为：R1、R2 V 前视标尺的视线高。双观测法为：V1，V2 ZW 碎部视线/放样视线的视线高 D_R 后视距离 Dv 前视距离 Dzw 碎部视线的距离/放样视线的距离 H_0 起始点高程，H 前视点/碎部点高程 dH 后视视线与前视视线、碎部视线或放样视线之间的高差 dh 两标尺(碎部视线、放样视线或前视)之间的高差 Hln 仪器的水平视线高度

四、测量实施

(1)架设仪器、整平、目镜调焦

用望远镜照准明亮的背景(例如白纸)。转动目镜使十字丝最清晰。

用概略瞄准器使望远镜瞄准标尺。转动调焦螺旋使影象清晰，上下移动眼睛，标尺和十字丝的影象不应当有相对移动。

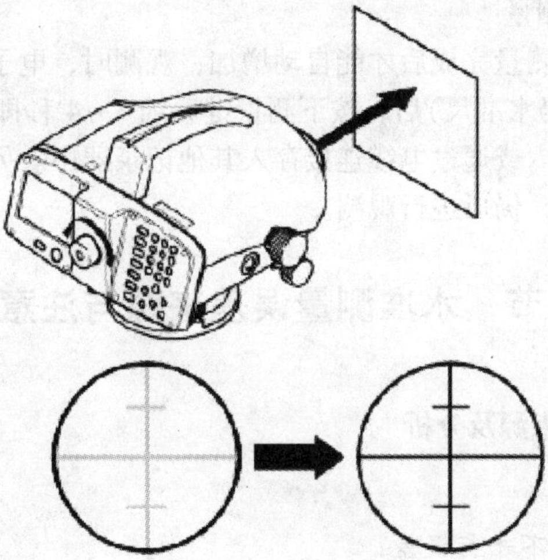

图 2-35　十字丝图

(2)概略瞄准目标照准标尺。

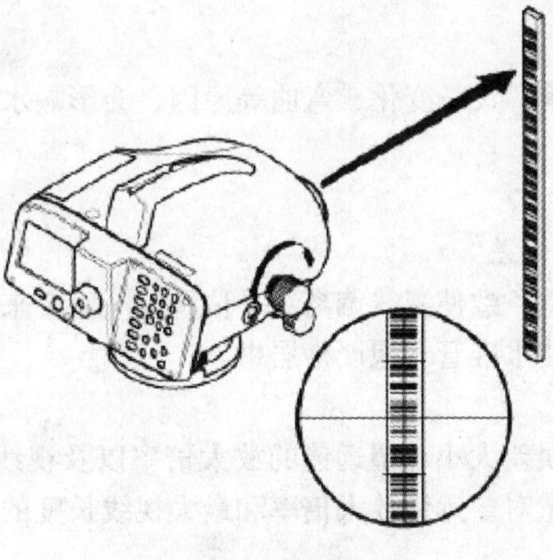

图 2-36　照准示意图

(3) 物镜调焦，按测量键进行后视测量，按查看键进行数据的查看。

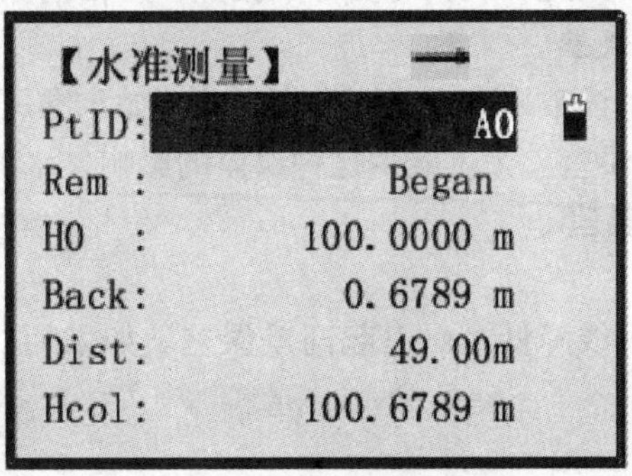

图 2-37　测量显示图

(4)照准前视尺进行测量

注意点号只有在前视测量完成后才能自动增加，观测时，电子水准仪在人工完成安置与粗平、瞄准目标(条形编码水准尺)后，按下测量键后约3～4秒即显示出测量结果。其测量结果可贮存在电子水准仪内或通过电缆连接存入其他记录器中。另外，观测中如水准标尺条形编码被局部遮挡<30%，仍可进行观测。

第八节　水准测量误差来源与注意事项

一、水准测量的误差来源及分析

(一)仪器误差

1. 水准管轴与视准轴不平行误差

水准管轴与视准轴不平行，虽然经过校正，仍然可存在少量的残余误差。这种误差的影响与距离成正比，只要观测时注意使前、后视距离相等，便可消除此项误差对测量结果的影响。

2. 水准尺误差

由于水准尺刻划不准确、尺长变化、弯曲等原因，会影响水准测量的精度。因此，水准尺要经过检核才能使用。

(二)观测误差

1. 水准管气泡的居中误差

由于气泡居中存在误差，致使视线偏离水平位置，从而带来读数误差。为减小此误差的影响，每次读数时，都要使水准管气泡严格居中。

2. 估读水准尺的误差

水准尺估读毫米数的误差大小与望远镜的放大倍率以及视线长度有关。在测量作业中，应遵循不同等级的水准测量对望远镜放大倍率和最大视线长度的规定，以保证估读精度。

3. 视差的影响误差

当存在视差时，由于十字丝平面与水准尺影像不重合，若眼睛的位置不同，便读出不同的读数，而产生读数误差。因此，观测时要仔细调焦，严格消除视差。

4. 水准尺倾斜的影响误差

水准尺倾斜，将使尺上读数增大，从而带来误差。如水准尺倾斜3°30′，在水准尺上1m处读数时，将产生2mm的误差。为了减少这种误差的影响，水准尺必须扶直。

(三)外界条件的影响误差

1. 水准仪下沉误差

由于水准仪下沉，使视线降低，而引起高差误差。如采用“后、前、前、后”的观测程序，可减弱其影响。

2. 尺垫下沉误差

如果在转点发生尺垫下沉，将使下一站的后视读数增加，也将引起高差的误差。采用往返观测的方法，取成果的中数，可减弱其影响。

为了防止水准仪和尺垫下沉，测站和转点应选在土质实处，并踩实三脚架和尺垫，使其稳定。

3. 地球曲率及大气折光的影响

如图2-38所示，A、B为地面上两点，大地水准面是一个曲面，如果水准仪的视线$a'b'$平行于大地水准面，则A、B两点的正确高差为：

$$h_{AB} = a' - b'$$

但是，水平视线在水准尺上的读数分别为a''、b''。a'、a''之差与b'、b''之差，就是地球曲率对读数的影响，用c表示，即：

$$C = \frac{D^2}{2R} \qquad (2\text{-}17)$$

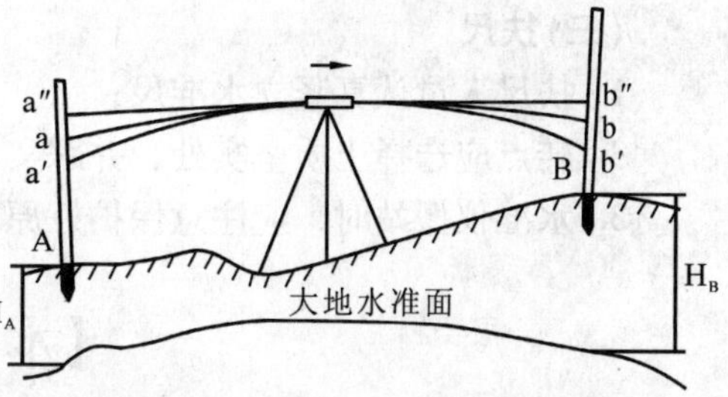

图2-38 地球曲率及大气折光的影响

式中 D——水准仪到水准尺的距离(km)；

R——地球的平均半径，R=6 371km。

由于大气折光的影响，视线是一条曲线，在水准尺上的读数分别为a、b。a、a''之差与b、b''之差，就是大气折光对读数的影响，用r表示。在稳定的气象条件下，r约为c的1/7，即

$$r = \frac{1}{7}c = 0.07\frac{D^2}{R} \qquad (2\text{-}18)$$

地球曲率和大气折光的共同影响为：

$$f = c - r = 0.43\frac{D^2}{R} \qquad (2\text{-}19)$$

地球曲率和大气折光的影响，可采用使前、后视距离相等的方法来消除。

4. 温度的影响误差

温度的变化不仅会引起大气折光的变化，而且当烈日照射水准管时，由于水准管本身和管内液体温度的升高，气泡向着温度高的方向移动，从而影响了水准管轴的水平，产生了气泡居中误差。所以，测量中应随时注意为仪器打伞遮阳。

二、提高水准测量精度的措施及注意事项

(一)观测

1. 观测前应认真按要求检验水准仪和水准尺；
2. 仪器应安置在土质坚实处，并踩实三角架；
3. 前后视距应尽可能相等；
4. 每次读数前要消除视差，只有当符合水准气泡居中后才能读数；
5. 注意对仪器的保护，做到"人不离仪器"；
6. 只有当一测站记录计算合格后才能搬站，搬站时先检查仪器连接螺旋是否固紧，一手托住仪器，一手握住脚架稳步前进。

(二)记录

1. 认真记录，边记边回报数字，准确无误的记入记录手簿相应栏中，严禁伪造和传抄；
2. 字体要端正、清楚、不准连环涂改，不准用橡皮擦，如按规定可以改正时，应在原

数字上划线后再在上方重写；

3. 每站应当场计算，检查符合要求后，才能通知观测者搬站。

(三)扶尺

1. 扶尺人员认真竖立水准尺；

2. 转点应选择土质坚实处，并踩实尺垫；

3. 水准仪搬站时，应注意保护好原前视点尺垫位置不移动。

【本章参考书目】

[1] 北京测绘处主编. 城市测量规范(CJJ8－55)[S]. 北京：中国建筑工业出版社. 1986

[2] 李青岳主编. 工程测量学[M]. 北京：测绘出版社. 1984

[3] 清华大学测量教研组编. 普通测量(第四版)[M]. 北京：中国建筑工业出版社. 1990

【复习思考题】

1. 水准仪是根据什么原理来测定两点之间的高差的？

2. 何谓视差？发生视差的原因是什么？如何消除视差？

3. 水准仪有哪些轴线？它们之间应满足哪些条件？哪个是主要条件？为什么？

5. 结合水准测量的主要误差来源，说明在观测过程中要注意哪些事项？

6. 后视点 A 的高程为 55.318m，读得其水准尺的读数为 2.212m，在前视点 B 尺上读数为 2.522m，问高差 h_{AB} 是多少？B 点比 A 点高，还是比 A 点低？B 点高程是多少？试绘图说明。

7. 为了测得图根控制点 A、B 的高程，由四等水准点 BM_1(高程为 29.826m)以附合水准路线测量至另一个四等水准点 BM_5(高程为 30.586m)，观测数据及部分成果如图 1 所示。试列表(按表 2-1)进行记录，并计算下列问题：

(1)将第一段观测数据填入记录手薄，求出该段高差 h_1。

(2)根据观测成果算出 A、B 点的高程。

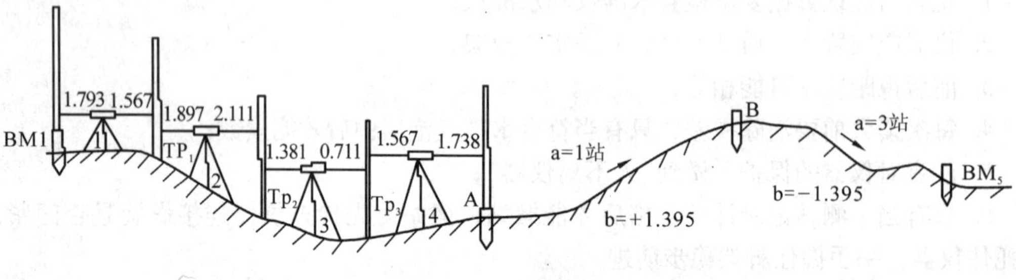

图 1　附合水准路线

8. 如图 2 所示，为一闭合水准路线等外水准测量示意图，水准点 BM_2 的高程为 95.581m，1、2、3、4 点为待定高程点，各测段高差及测站数均标注在图中，试计算各待定点的高程。

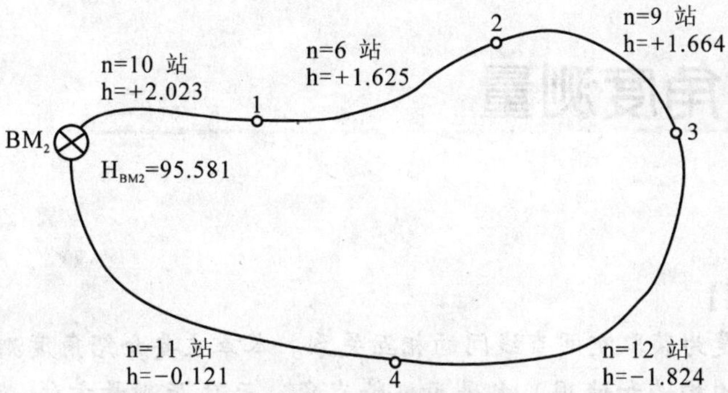

图2　闭合水准路线

9. 已知 A、B 两水准点的高程分别为：$H_A = 44.286\text{m}$，$H_B = 44.175\text{m}$。水准仪安置在 A 点附近，测得 A 尺上读数 $a = 1.966\text{m}$，B 尺上读数 $b = 1.845\text{m}$。问这架仪器的水准管轴是否平行于视准轴？若不平行，当水准管的气泡居中时，视准轴是向上倾斜，还是向下倾斜？如何校正？

第三章 角度测量

【本章提要】

角度测量是为获取空间直线间的相互关系。本章主要介绍角度测量的原理，经纬仪、全站仪的构造和使用，水平角、竖直角、天顶距测量方法、记录和数据处理。

第一节 角度测量原理

角度测量是为获取空间直线间相互关系的一种基本测量工作。角度可分为水平角和竖直角。

一、水平角测量原理

水平角是指从空间一点到两目标点的方向线垂直投影在水平面上的投影所夹的角度。如图 3-1 所示，设 *A*、*O*、*B* 是地面上不同高程的任意三个点，过 *OA*、*OB* 作两个竖直面与水平面 *P* 相交，其交线 *oa* 与 *ob* 所构成的角 $\angle aob$，即为地面上 *OA* 与 *OB* 两方向之间的水平角，以 β 表示，其角值为 0°～360°。从图上可以看出水平角实际上是一个二面角，用任意水平面去截这两个竖直面，其水平线之间的夹角总是相等的。

为了测出水平角的大小，在角顶 *O* 点的铅垂线上，水平安置一个带有顺时针刻划的度盘，度盘圆心在此铅垂线上上，并且有一个既能在竖直面内上下转动，又能沿水平方向旋转的望远镜，依次瞄准目标 *A* 和 *B*，则通过望远镜瞄出的方向线 *OA*、*OB* 的两个竖直面与度盘截取的读数分别为 *a* 和 *b*，则水平角 β 就等于右边目标读数 *b* 减去左边目标读数 *a*，即

$$\beta = b - a \tag{3-1}$$

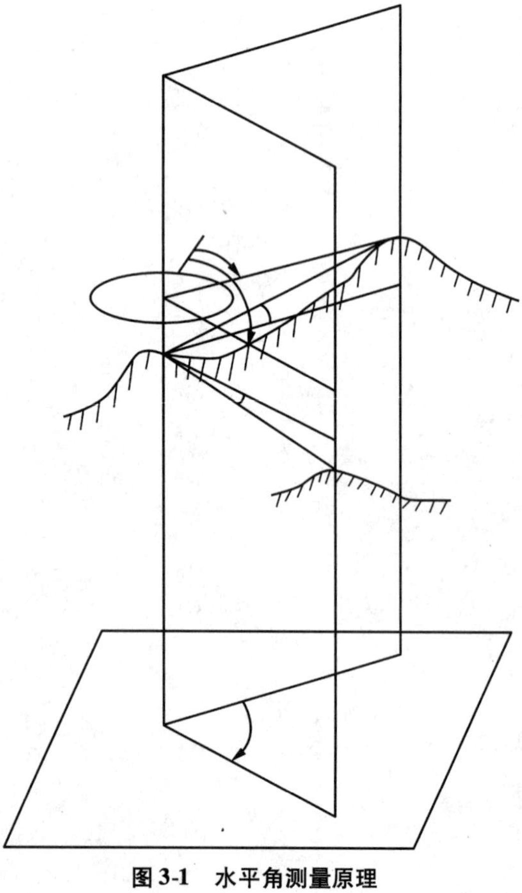

图 3-1 水平角测量原理

二、竖直角测量原理

竖直角是在同一竖直面内，视线方向与水平线之间的夹角，以 α 表示，其角值为 0° ~ 90°。如图 3－1 所示，由于竖直角是由倾斜视线与水平线构成的，视线在水平线上方时为仰角，α 取正号；在水平线下方的为俯角，α 取负号。

由以上原理可知，观测角的仪器应具备以下条件：第一，仪器要能安置在角顶点上，而仪器的中心必须位于角顶点的铅垂线上；第二，必须有能安置成水平位置和垂直位置的刻度圆盘，用来测读角度值；第三，必须有能在竖直和水平方向转动的瞄准设备及指示读数的设备。经纬仪就是依照上述要求制造的仪器，能完成水平角和竖直角的测量工作。

第二节　经纬仪的构造

经纬仪是测量角度的仪器，它虽也兼有其他功能，但主要是用来测角，它分为光学经纬仪和电子经纬仪。根据测角精度的不同，我国的经纬仪系列分为 DJ_{07}、DJ_1、DJ_2、DJ_6、DJ_{30} 等几个等级。D 和 J 分别是大地测量和经纬仪两词汉语拼音的首字母，下标注数字是它的精度指标。

根据上节所述的测角原理，经纬仪的构造必须具有以下一些装置：

（1）对中整平装置　用以将度盘中心（即仪器中心）安置在过所测角度顶点的铅垂线上，并使度盘处于水平位置。

（2）照准装置　要有一个望远镜以照准目标，即建立方向线。且望远镜可上下旋转形成一个铅垂面，以保证照准同一铅垂面上的不同目标时，其在水平面上的投影位置不变。它也

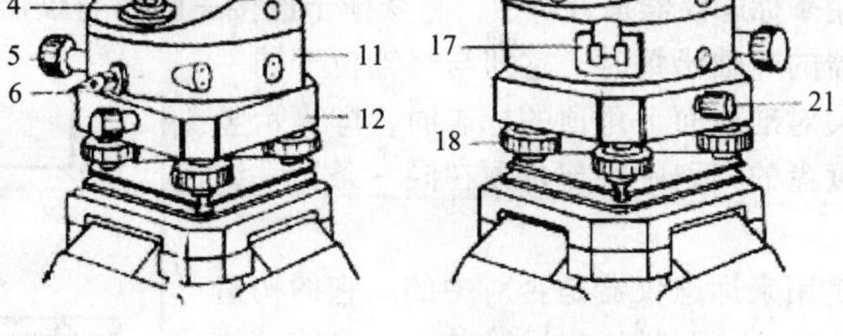

图 3-2　DJ_6 级光学经纬仪

1. 物镜；2. 竖直度盘；3. 竖盘指标水准管微动螺旋；4. 圆水准器；5. 照准部微动螺旋；6. 照准部制动扳钮；7. 水准管反光镜；8. 竖盘指标水准管；9. 度盘照明反光镜；10. 测微轮；11. 水平度盘；12. 基座；13. 望远镜调焦筒；14. 目镜；15. 读数显微镜目镜；16. 照准部水准管；17. 复测扳手；18. 脚螺旋；19. 望远镜制动扳钮；20. 望远镜微动螺旋；21. 轴座固定螺旋。

可以水平旋转，以保证不在同一铅垂面上的目标，在水平面上有不同的投影位置。

（3）读数装置　用以读取在照准某一方向时水平度盘和竖直度盘的读数。

经纬仪中目前最常用的是 DJ_6 和 DJ_2 级光学经纬仪。图 3-2 是 DJ_6 级光学经纬仪，图 3-3 是 DJ_2 级光学经纬仪的外貌。

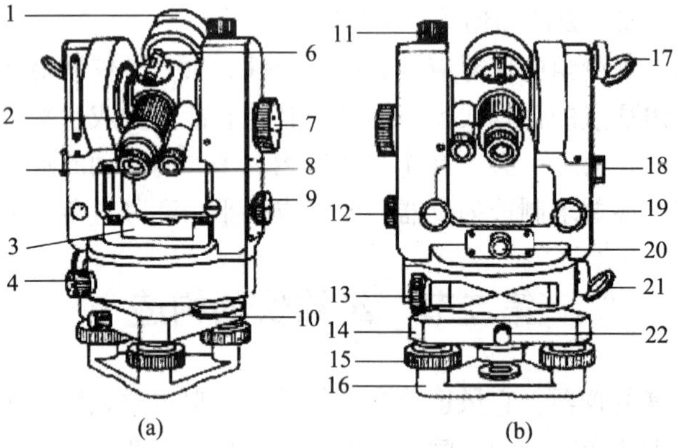

图 3-3　DJ_2 级光学经纬仪

1. 物镜；2. 望远镜调焦筒；3. 目镜；4. 照准部水准管；5. 照准部制动螺旋；6. 粗瞄准器；7. 测微轮；8. 读数显微镜；9. 度盘换象旋钮；10. 水平度盘变换手轮；11. 望远镜制动螺旋；12. 望远镜微动螺旋；13. 照准部微动螺旋；14. 基座；15. 脚螺旋；16. 基座底板；17. 竖盘照明反光镜；18. 竖盘指标水准器观察镜；19. 竖盘指标水准器微动螺旋；20. 光学对中器；21. 水平度盘照明反光镜；22. 轴座固定螺旋。

下面分别说明光学经纬仪各种装置的具体构造。

一、对中整平装置

该装置包括三脚架，垂球或光学对中器、脚螺旋、圆水准器及管水准器。

三脚架的作用是用来支撑仪器。移动三脚架的架腿，可使仪器的中心粗略地位于角顶上，并使安装仪器的三脚架头平面粗略地处于水平。架腿可以伸缩，便于携带，但也有不能伸缩的，其优点是较为稳定，多用于精度较高的经纬仪。

垂球的作用是用来标志仪器是否对中，它悬挂于连接三脚架与仪器的中心连接螺旋上。当仪器整平，即仪器的竖轴铅垂时，它即与竖轴位于同一铅垂线上。当垂球尖对准地面上角顶的标志时，即表示竖轴的中心线及水平度盘的刻划中心与角顶在同一条铅垂线上。

光学对中器也是用来标志仪器是否对中的。它的构造如图 3-4 所示，它是在一个平置的望远镜前面，安装一块直角棱镜。望远镜的视线通过棱镜而偏转 90°，以使其处于铅垂状态，且要保持与仪器的竖轴重合。当仪器整平后，从光学对中器的目镜看去，如果地面点与视场内的圆圈重合，则表示仪器已经对中。旋转目镜可对分划板调焦，推拉目镜可对地面目标调焦。

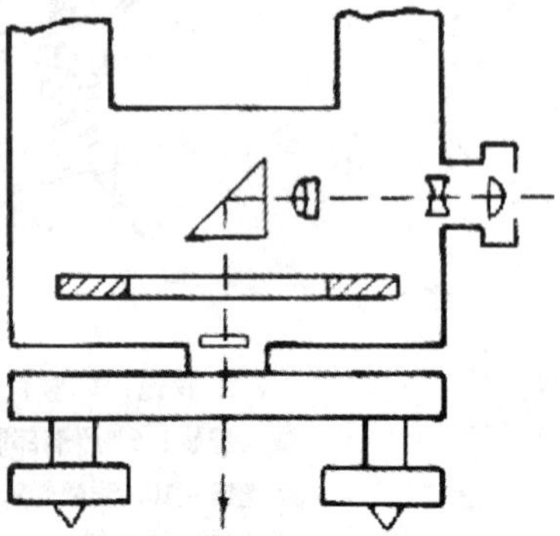

图 3-4　光学对中器

经纬仪的三个脚螺旋位于基座的下部，当旋转脚螺旋时，可使仪器的基座升降，从而将仪器整平。

水准器是用来标志仪器是否已经整平用的。它一般有两个：一个是圆水准器，用来粗略整平仪器；一个是管水准器，用来精确整平仪器。

二、照准装置

经纬仪的照准装置又称照准部，它包括望远镜，横轴及其支架，竖轴和控制望远镜及照准部旋转的制动和微动螺旋。

望远镜的构造与水准仪的基本相同。分划扳的刻划方式则如图 3-5 所示，以适应照准不同目标的需要。

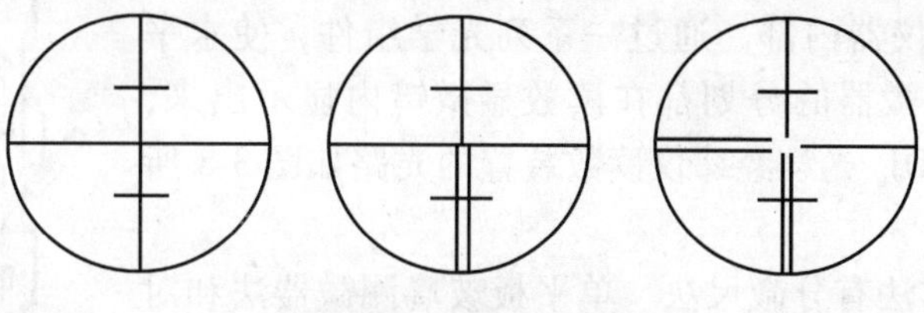

图 3-5　十字分划扳

横轴与望远镜固连在一起，并且水平安置在两个支架上，望远镜可绕其上下转动。在一端的支架上有一个制动螺旋，当旋紧时，望远镜不能转动。另有一个微动螺旋，在制动螺旋旋紧的条件下，转动它可使望远镜作上下微动，以便于精确地照准目标。

望远镜连同照准部可绕竖轴在水平方向旋转；以照准不在同一铅垂面上的目标。照准部也有一对制动和微动螺旋，以控制其固定或作微小转动。

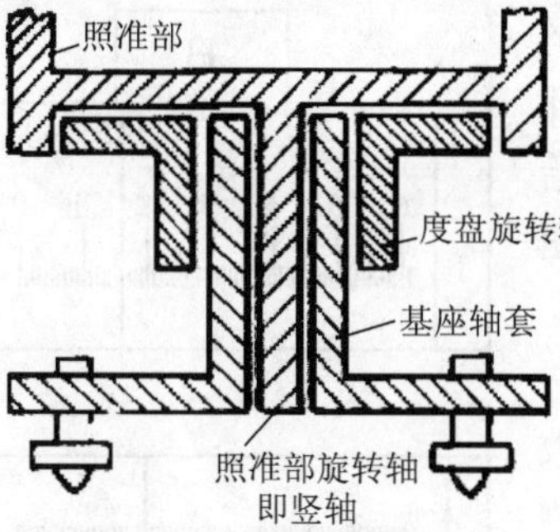

图 3-6　竖轴的轴系图

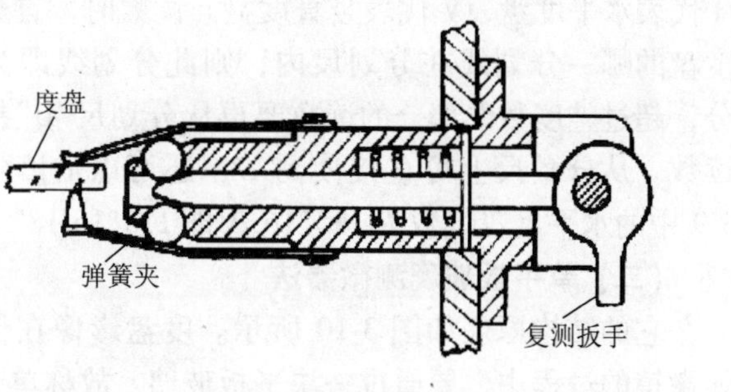

图 3-7　复测扳手图

经纬仪竖轴的轴系如图 3-6 所示。照准部的旋转轴位于基座轴套内，而度盘的旋转轴则套在基座轴套外，其目的是使照准部的旋转轴与度盘旋转轴分离，以避免两者互相带动。根据照准部与度盘的关系，可分为两类：一类是照准部和度盘可以共同转动，也可以各自分别转动。这种仪器可以用复测法测水平角，因而称作复测经纬仪。它是利用一个复测扳手，使照准部与度盘可以脱开，也可以固连。其结构如图 3-7 所示。当复测扳手扳下时，弹簧夹将度盘夹住；则旋转照准部时，度盘也一起转动，因而度盘读数不发生变化；当复测扳手扳上时，弹簧夹与度盘脱离，则旋转照准部时，度盘仍保持不动，从而使读数变化。这类仪器有一个度盘变换手轮，转动它时，度盘在其本身的平面内单独旋转，可以在照准方向固定后，任意安置度盘读数。为了防止无意中触动而改变读数，通常都设有保护装置。

三、读数设备

经纬仪的读数装置包括度盘、读数显微镜及测微器等。不同精度、不同厂家的产品其基本结构是相似的，但测微机构及读数方法则差异很大。下面是我国应用最为普遍的几种。

光学经纬仪的水平度盘及竖直度盘皆由环状的平板玻璃制成，在圆周上刻有360°分划，在每度的分划线上注以度数。在工程上常用的DJ_6级经纬仪一般为1°或30″一个分划，DJ_2级仪器则将1°的分划再分为3格，即20′一个分划。

读数显微镜位于望远镜的目镜一侧。通过位于仪器侧面的反光镜将光线反射到仪器内部，通过一系列光学组件，使水平度盘、竖直度盘及测微器的分划都在读数显微镜内显示出来，从而可以读取读数。DJ_6光学经纬仪读数装置的光路如图3-8所示。

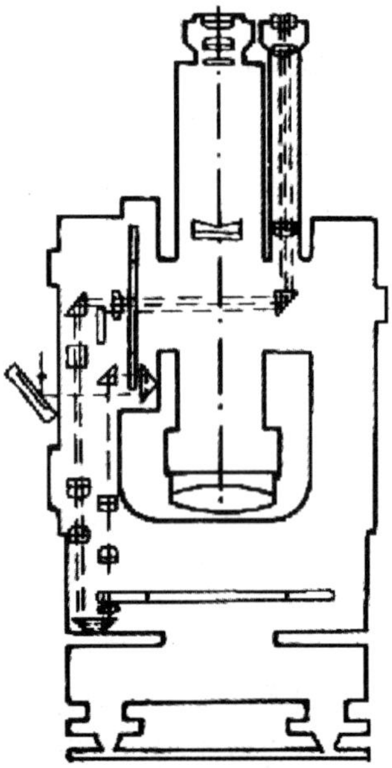

图3-8 光路图

最常见的读数方法有分微尺法、单平板玻璃测微器法和对径符合读法。下面分别说明其构造原理及读数方法。

（一）分微尺法

分微尺法也称带尺显微镜法，这种测微器是一个固定不动的分划尺，它有60个分划，度盘分划经过光路系统放大后，其1°的间隔与分微尺的长度相等。即相当于把1°又细分为60格，每格代表1′，从读数显微镜中看到的影像如图3-9所示。图中H代表水平度盘，V代表竖直度盘。读数时，首先判断水平度盘的哪一分划线在分划尺内，则此分划线即为整度数部分，超过整度数的部分的读数要再从分划尺“0”指标线开始读数。从分微尺上可直接读到1′，还可以估读到0.1′。图3-9中的水平度盘读数为115°16.3′即115°16′18″。

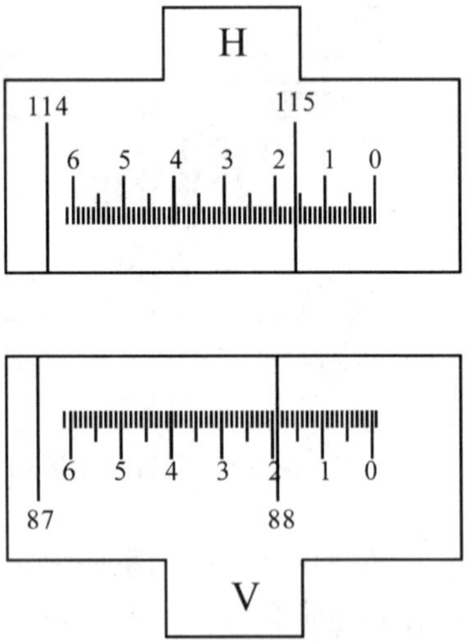

图3-9 读数影像图

（二）单平板玻璃测微器法

它的结构原理如图3-10所示。度盘影像在传递到读数显微镜的过程中，要通过一块平板玻璃，故称单平板玻璃测微器。在仪器支架的侧面有一个测微手轮，它与平板玻璃及一个刻有分划的测微尺相连，转动测微手轮时，平板玻璃产生转动。由于平板玻璃的折射，度盘分划的影像则在读数显微镜的视场内产生移动，测微分划尺也产生位移。测微尺上刻有30个分划。如果度盘影像移动一格，则测微尺刚好移动30个分划。

在读数显微镜读数窗内，所看到的影像如图3-11所示。图内下面的读数窗为水平度盘的影像，中间为竖直度盘的影像，上面则为测微尺的影像。读数时需转动测微手轮，使度盘刻划线的影像移动到读数窗中间双指标线的中央，并根据这指标线读出度盘的读数。再读取测微尺读数窗内中间单指标线所对的读数。将两者相加即为完整的读数。例如图3-11b中的水平度盘读数为 42°45′36″。

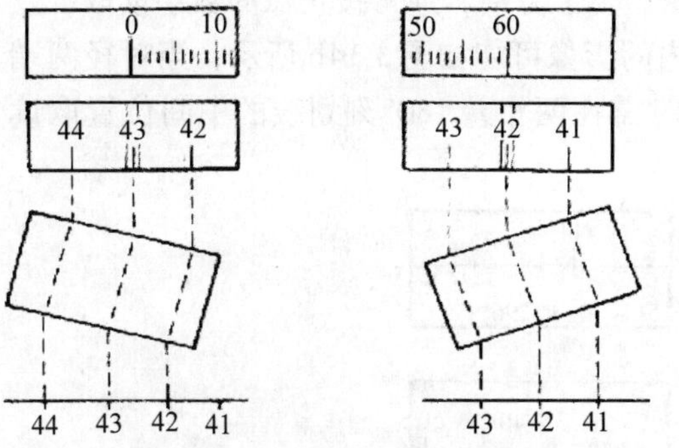

a　　　　b

图 3-10　单平板玻璃测微器

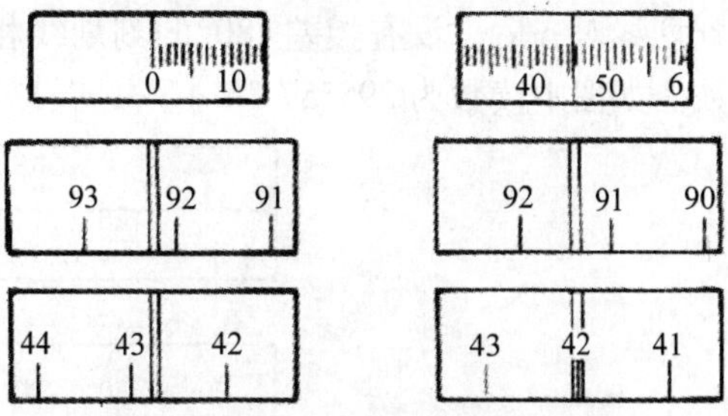

a　　　　b

图 3-11　读数窗图

（三）对径符合读法

上述两种读数方法，都是利用位于直径一端的指标读数。如图 3-12 所示，如果度盘的刻划中心 O 与照准部的旋转中心 O' 不相重合，它会使读数产生误差 x，这个误差称偏心差。为了能在读数过程中将这个误差消除，一些精度较高（如 DJ_2 级以上）的仪器，都利用直径两端的指标读数，以取其平均值。这种仪器在构造上有两种：双平行玻璃板法和双光楔法。由于两种构造的作用相同，现只对双平行玻璃板法加以说明。

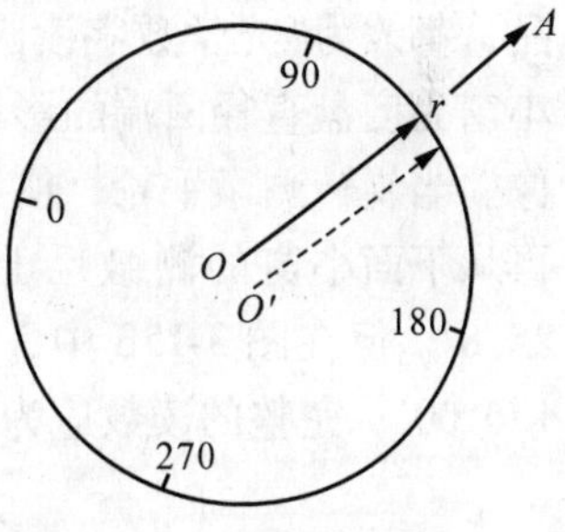

图 3-12　指标读数图

采用双平行玻璃板构造的仪器，其原理如图 3-13 所示。位于支架一侧的测微手轮也与两块平行玻璃板及测微分划尺相连。度盘直径两端的影像，通过一系列光学组件，分别传至两块平行玻璃板，再传至读数显微镜。当旋转测微手轮时，两块平行玻璃板以相同的速度作相反方向的旋转。因而在读数窗内，度盘直径两端的刻划影像也作相反方向的移动。当移动到对径两端的刻划线互相对齐后，则可从相差 180°的两条刻划线上读出度数及 10′数，再从测微分划尺上读出不足 10′的分数及秒数，两者相加，即为完整的读数。

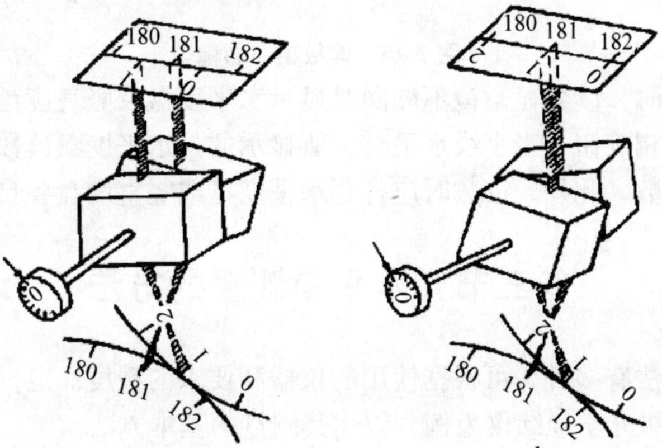

a　　　　b

图 3-13　双平行玻璃板构造

在图 3-14a 中，其对径两端的刻划线对齐后，相差 180°的 96°40′与 276°40′两条刻划线对齐。由于这两条线注字的像，一为正像一为倒像，为了方便，通常按正像的数字读取度及 10′数。图中的读数即为 96°49′28。″。有时读数窗内的影像可能如图 3-14b 所示，当对径两端刻划线对齐后，没有相差 180°的刻划线相对，这时需在两相差 180°刻划线的中间位置取读数。如图中读数为 295°57′36. 4″。

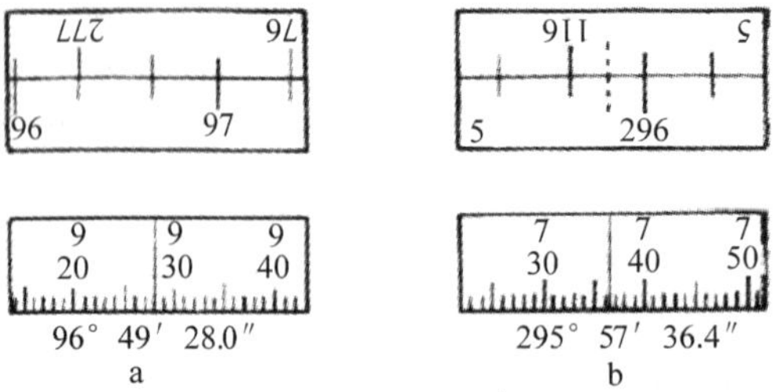

图 3-14　读数窗内影像

上述这种读数方法，在读取 10′数时十分不便。而且极易出错。所以现在新的仪器产品，都改为“光学数字读法”。这种读数方法，在读数显微镜的视场内如图 3-15 所示。中间小窗为度盘直径两端的影像，上面的小窗可读取度数及 10′数，下面小窗即为测微分划尺影像。当旋转测微手轮，使中间小窗的上下刻划线对齐后，可从上面小窗读出度数及 10′数，再从下面小窗的测微尺上读出不足 10′的分、秒数。如图 3-15a 中的完整读数为 176°38′25. 8″。但在图 3-15b 中，应注意此时上面小窗的 0 相当于 60′，故读数应为 177°00′而不是 176°00′。完整的读数应为 177°03′35. 8″。

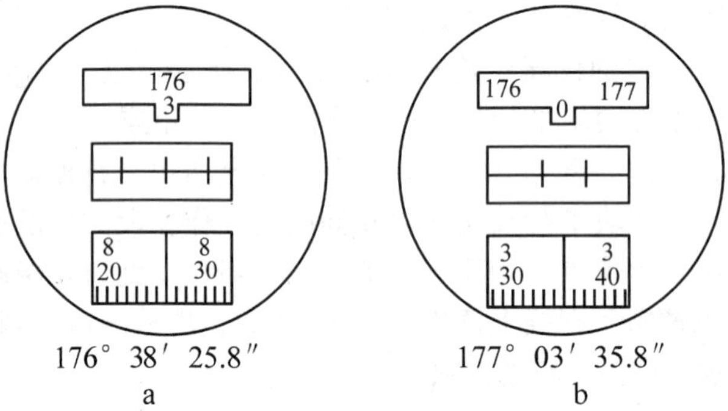

图 3-15　读数窗内影像

在使用这种仪器时，读数显微镜不能同时显示水平度盘及竖直度盘的读数。在支架左侧有一个刻有直线的换相旋钮，当直线水平时，所显示的是水平度盘读数；而直线竖直时，则显示的是竖直度盘读数。此外，读数时应打开水平度盘或竖直度盘各自的进光反光镜。

第三节　水平角测量的方法

测量水平角的方法有多种，可根据使用的仪器和要求的精度而定，常用的有测回法和方向观测法。现以 DJ_6 级光学经纬仪为例，叙述其测量的基本方法。

一、经纬仪的安置

在测量角度以前，首先要把经纬仪安置在设置有地面标志的测站上。安置工作包括对中、整平两项。

（一）对中

对中的目的是使度盘中心与测站点在同一铅垂线上。首先将三脚架打开，抽出架腿，高度适中，并旋紧架腿的固定螺旋。然后将三个架腿安置在以测站为中心的等边三角形的角顶上。这时架头平面高度与胸齐高且大致水平，中心与地面标志点约略在同一铅垂线上。从仪器箱中取出仪器，用三脚架头上的连结螺旋，将仪器与三脚架连接在一起，然后即可精确对中。根据仪器的结构，可用垂球对中，也可用光学对中器对中。

用垂球对中时，先将垂球挂在三脚架的连结螺旋上，并调整垂球线的长度，使垂球尖刚刚离开地面。再看垂球尖是否与角顶点在同一铅垂线上。如果偏离，则将角顶点与垂球尖连一方向线，将最靠近连线的一条腿，沿连线方向前后移动，直到垂球与角顶对准(图 3-16a)。这时如果架头平面倾斜，则移动与最大倾斜方向垂直的一条腿，从高的方向向低的方向划一以地面顶点为圆心的圆弧，直至架头基本水平，且对中偏差不超过 1 ~ 2cm 为止。最后将架腿踩实(图 3-16b)。如果垂球偏离测站较小，可略松开连接螺旋，将仪器在三脚架上移动，直至准确对中，最后再旋紧连接螺旋。对中误差一般应小于 3mm。

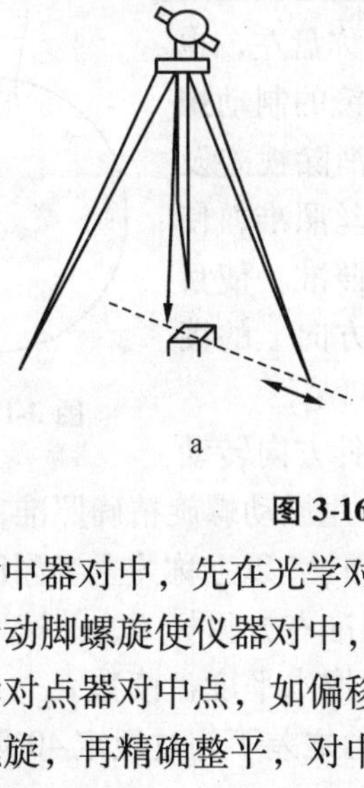

图 3-16 对中示意图

如果使用光学对中器对中，先在光学对点器的目镜中观察，同时手握两个架腿移动使测站点进入视场中，转动脚螺旋使仪器对中，升降脚架使圆气泡居中，最后用脚螺旋精确整平仪器，这时观察光学对点器对中点，如偏移量较小，旋松中心螺旋在架头上平移经纬仪，使之精确对中，旋脚螺旋，再精确整平，对中，后面几步有时需要反复进行，才能完成精确对中与整平。待仪器精确整平后，仍要检查对中情况。因为只有在仪器整平的条件下，光学对中器的视线才居于铅垂位置，对中才是正确的。

（二）整平

经纬仪整平的目的，是使水平盘处于水平的位置。如仪器有圆水准气泡，整平时可先用脚螺旋使圆水准气泡居中，以粗略整平，再用管水准器精确整平。因为圆水准气泡的精度一般是 8′，而管水准器的精度是 20″，所以我们都以管水准器为准。

首先松开照准部的制动螺旋，使管水准器如图 3-17a 所示，使它与一对脚螺旋连线的方向平行，然后双手以相同速度相反方向旋转这两个脚螺旋，使管水准器的气泡居中，气泡的移动方向与左手大拇指转动的方向一致。再将照准部平转 90°，用另外一个脚螺旋使管水准气泡居中，再转回到开始的方向同样的方法使管水准器居中，这样反复进行，直至管水准器在任一方向上气泡都居中为止。

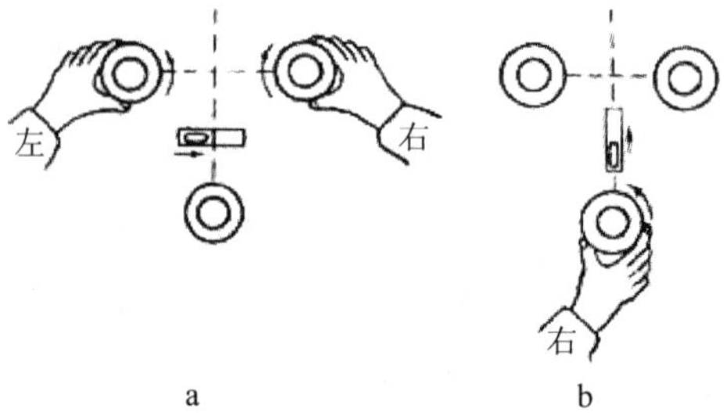

图 3-17　整平方法

二、测回法测水平角

当所测的角度只有两个方向的单角测量时，通常都用测回法观测。如图 3-18 所示，欲测 *OA*、*OB* 两方向之间的水平角 ∠*AOB* 时，在角顶 *O* 安置仪器，在 *A*、*B* 处设立观测标志。经过对中、整平以后，即可按下述步骤观测。

（一）松开照准部及望远镜的制动螺旋。利用望远镜上的粗瞄器，以盘左（竖盘在望远镜视线方向的左侧时称盘左，也称正镜）粗略照准左方目标 A。旋紧照准部及望远镜的制动螺旋，再用微动螺旋精确照准目标，同时需要注意消除视差及尽可能照准目标的下部。对于细的目标，宜用单丝照准，使单丝平分目标像；而对于粗的目标，则宜用双丝照准，使目标像平分双丝，以提高照准的精度。最后读取该方向上的读数。

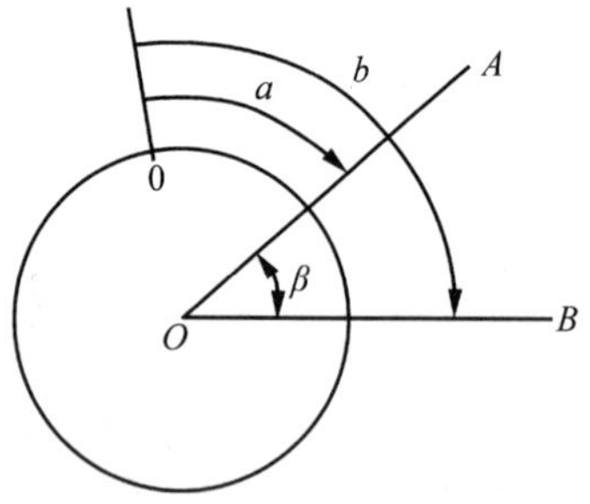

图 3-18　测回法示意图

（二）松开照准部及望远镜的制动螺旋，顺时针方向转动照准部，粗略照准右方目标 *B*。再旋紧制动螺旋，用微动螺旋精确照准，并读取该方向上的水平度盘读数 $b_{左}$。盘左所得角值即为：$\beta_{左}=b_{左}-a_{左}$，以上称为上半测回。

（三）将望远镜纵转 180°，改为盘右。重新照准右方目标 *B*，并读取水平度盘读数 $b_{右}$，然后逆时针方向转动照准部，照准左方目标 *A*。读取水平度盘读数 $a_{右}$，则盘右所得角值 $\beta_{右}=b_{右}-a_{右}$。以上称为下半个测回。两个半测回角值之差不超过规定 40″限值时，取盘左盘右所得角值的平均值 $\beta=\dfrac{\beta_{左}+\beta_{右}}{2}$，即为一测回的角值。根据测角精度的要求，可以测多个测回而取其平均值，作为最后成果。观测结果应及时记入手簿，并进行计算，看是否满足精度要求。手簿的格式如表 3-1 所示。

表 3-1 测回法观测手簿

日期　　　　　　　　仪器型号　　　　　　　　观测
天气　　　　　　　　仪器编号　　　　　　　　记录

测站	测点	盘位	水平度盘读数			水平角值			平均角值			备 注
			°	′	″	°	′	″	°	′	″	
1	2	3	4			5			6			7
O	A	左	127	37	06	50	46	06	50	46	09	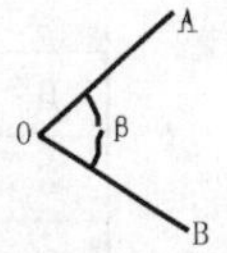
	B		178	23	12							
	B	右	358	23	18	50	46	12				
	A		307	37	06							

两个方向相交可形成两个角度，计算角值时始终应以右边方向的读数减去左边方向的读数。如果右方向读数小于左方向读数，则应先加 360°后再减，

三、方向观测法测水平角

方向观测法简称方向法，适用于在一个测站上观测两个以上的方向。

(一)方向观测法的观测方法

如图 3－19 所示，设 O 为测站点，A、B、C、D 为观测目标，用方向观测法观测各方向间的水平角，具体施测步骤如下：

(1)在测站点 O 安置经纬仪，在 A、B、C、D 观测目标处竖立观测标志。

(2)盘左位置　选择一个明显目标 A 作为起始方向，瞄准零方向 A，将水平度盘读数安置在稍大于 0°处，读取水平度盘读数，记入表 3-2 方向观测法观测手簿第 4 栏。

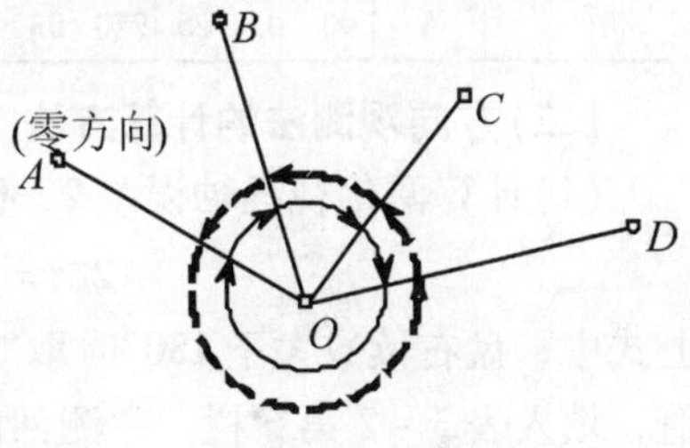

图 3－19　水平角测量(方向观测法)

松开照准部制动螺旋，顺时针方向旋转照准部，依次瞄准 B、C、D 各目标，分别读取水平度盘读数，记入表 3-2 第 4 栏，为了校核，再次瞄准零方向 A，称为上半测回归零，读取水平度盘读数，记入表 3-2 第 4 栏。

零方向 A 的两次读数之差的绝对值，称为半测回归零差，归零差不应超过表 3-3 中的规定，如果归零差超限，应重新观测。以上称为上半测回。

(3)盘右位置　逆时针方向依次照准目标 A、D、C、B、A，并将水平度盘读数由下向上记入表 3-2 第 5 栏，此为下半测回。

上、下两个半测回合称一测回。为了提高精度，有时需要观测 n 个测回，则各测回起始方向仍按 $180°/n$ 的差值，安置水平度盘读数。

表 3-2 方向观测法观测手簿

测站	测回数	目标	水平度盘读数						2c	平均读数			归零后方向值			各测回归零后方向平均值			略图及角值
			盘左			盘右													
			°	′	″	°	′	″	″	°	′	″	°	′	″	°	′	″	
1	2	3	4	5	6	7	8	9	10										
0	1	A	0	02	12	180	02	00	+12	(0 0	02 02	10) 06	0	00	00	0	00	00	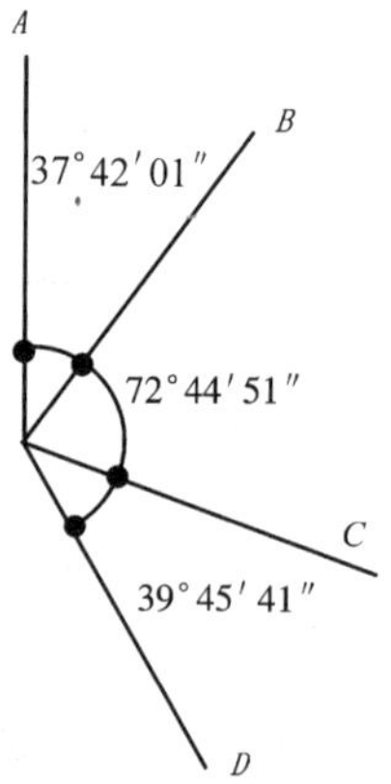
		B	37	44	15	217	44	05	+10	37	44	10	37	42	00	37	42	01	
		C	110	29	04	290	28	52	+12	110	28	58	110	26	48	110	26	52	
		D	150	14	51	330	14	43	+8	150	14	47	150	12	37	150	12	33	
		A	0	02	18	180	02	08	+10	0	02	13							
	2	A	90	03	30	270	03	22	+8	(90 90	03 03	24) 26	0	00	00				
		B	127	45	34	307	45	28	+6	127	45	31	37	42	07				
		C	200	30	24	20	30	18	+6	200	30	21	110	26	57				
		D	240	15	57	60	15	49	+8	240	15	53	150	12	29				
		A	90	03	25	270	03	18	+7	90	03	22							

(二)方向观测法的计算方法

(1)计算两倍视准轴误差 2c 值

$$2c = 盘左读数 - (盘右读数 \pm 180°)$$

上式中，盘右读数大于 180°时取“－”号，盘右读数小于 180°时取“＋”号。计算各方向的 2c 值，填入表 3－2 第 6 栏。一测回内各方向 2c 值互差不应超过表 3－3 中的规定。如果超限，应在原度盘位置重测。

(2)计算各方向的平均读数　平均读数又称为各方向的方向值。

$$平均读数 = \frac{1}{2}[盘左读数 + (盘右读数 \pm 180°)] \quad (3\text{-}2)$$

计算时，以盘左读数为准，将盘右读数加或减 180°后，和盘左读数取平均值。计算各方向的平均读数，填入表 3-2 第 7 栏。起始方向有两个平均读数，故应再取其平均值，填入表 3-2 第 7 栏上方小括号内。

(3)计算归零后的方向值 将各方向的平均读数减去起始方向的平均读数(括号内数值)，即得各方向的“归零后方向值”，填入表 3-2 第 8 栏。起始方向归零后的方向值为零。

(4)计算各测回归零后方向值的平均值 多测回观测时，同一方向值各测回互差，符合表 3-3 中的规定，则取各测回归零后方向值的平均值，作为该方向的最后结果，填入表 3-2 第 9 栏。

(5)计算各目标间水平角角值 将第 9 栏相邻两方向值相减即可求得，注于第 10 栏略图的相应位置上。

当需要观测的方向为 3 个时，除不做归零观测外，其他均与 3 个以上方向的观测方法相同。

（三）方向观测法的技术要求

表 3-3 方向观测法的技术要求

经纬仪型号	半测回归零差	一测回内 2c 互差	同一方向值各测回互差
DJ2	12″	18″	12″
DJ6	18″		24″

第四节 竖直角测量的方法

一、竖盘的构造

为测竖直角而设置的竖直度盘（简称竖盘）固定安置于望远镜横轴的一端，其刻划中心与横轴的旋转中心重合。在望远镜作竖直方向旋转时，度盘也随之转动。另外有一个固定的竖盘指标，以指示竖盘转动在不同位置时的读数。

竖直度盘的刻划也是在全圆周上刻为 360°，但注字的方式有顺时针及逆时针两种。通常在望远镜方向上注以 0°及 180°（图 3-20）。在视线水平时，指标所指的读数为 90°或 270°。因此测量竖直角时，只要读取目标读数，即可以计算出竖直角。

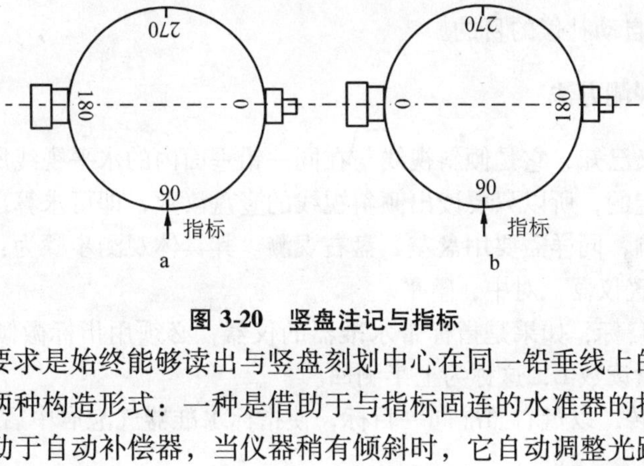

图 3-20 竖盘注记与指标

对竖盘指标的要求是始终能够读出与竖盘刻划中心在同一铅垂线上的竖盘读数。为了满足这个要求，它有两种构造形式：一种是借助于与指标固连的水准器的指示，使其处于正确位置；另一种是借助于自动补偿器，当仪器稍有倾斜时，它自动调整光路使读数相当于水准管气泡居中时的读数。

（一）指标带水准器的构造

这种构造如图 3-21 所示。指标装在一个支架上，支架套在横轴的一端，因而可以绕横轴旋转。在支架上方安装一个水准器，下方安装一个微动螺旋。旋转微动螺旋，指标可绕横轴作微小转动，同时水准器的气泡也发生移动。当气泡居中时，指标即居于正确位置。

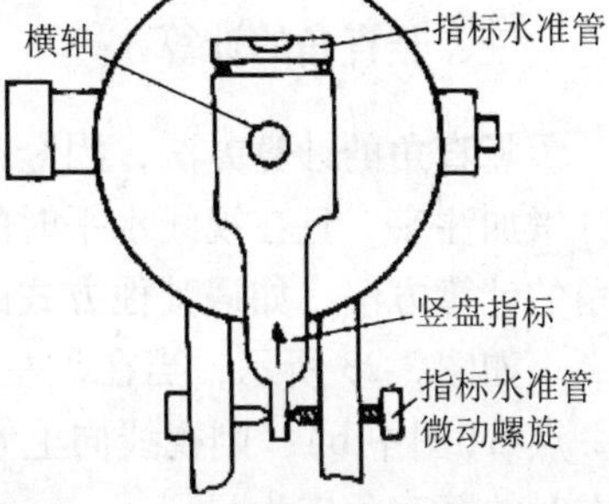

图 3-21 竖盘指标水准器的构造

（二）指标带补偿器的构造

补偿器的构造有两类形式，但都是借助重力作用，以达到自动补偿而读出正确读数的目的。一类是液体补偿器，利用液面在重力作用下自动水平，以达到补偿的目的；另一类是利用吊丝悬挂补偿元件，在重力作用下稳定于某个位置，以达到补偿的目的。现只对液体补偿器的补偿原理加以说明。

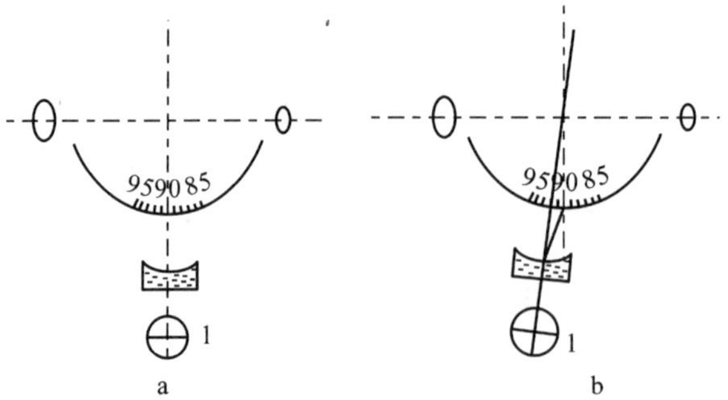

图 3-22　液体补偿器

液体补偿器的构造原理如图 3-22 所示。补偿原件是一个盛有透明液体的容器。如果仪器的竖轴位于铅垂位置。则容器内的液体表面水平，容器的底也是水平的；液体相当于一块平面平行玻璃板，而指标 I 也位于过竖盘刻划中心的铅垂线上(图 3-22a)，当视线水平时，则指标成像于竖盘的 90°处。如果仪器有少许倾斜(图 3-22b)，则指标 I 偏离过竖盘刻划中心的铅垂线，液体容器的底也发生倾斜，但液体表面仍处于水平位置。所以这时液体实际形成了一个光楔，如果视线是水平的，则指标 I 的成像通过光楔的折射，仍然成像于度盘的 90°处，这就达到了自动补偿的目的。

二、竖直角的观测方法

由竖直角的定义已知，它是倾斜视线与在同一铅垂面内的水平视线所夹的角度。由于水平视线的读数是固定的，所以只要读出倾斜视线的竖盘读数，即可求算出竖直角值。但为了消除仪器误差的影响，同样需要用盘左、盘右观测。其具体观测步骤为：

1. 在测站上安置仪器，对中，整平。

2. 以盘左照准目标，如果是指标带水准器的仪器，必须用指标微倾螺旋使水准器气泡居中，然后读取竖盘读数 L，这称为上半测回。

3. 将望远镜倒转，以盘右照准同一目标，使指标水准器气泡居中后，读取竖盘读数 R，这称为下半测回。

如果用指标带补偿器的仪器，在照准目标后打开补偿器的开关即可直接读取竖盘读数。竖直角测完后一定要记得关上补偿器开关。

三、竖直角的计算

竖直角的计算方法，因竖盘刻划的方式不同而异。但现在已逐渐统一为全圆分度，顺时针增加注字，且在视线水平时的竖盘读数为 90°。现以这种刻划方式的竖盘为例，说明竖直角的计算方法，如遇其他方式的刻划，可以根据同样的方法推导其计算公式。

如图 3-23 所示，当在盘左位置且视线水平时，竖盘的读数为 90°(图中 a)，如照准高处一点 A(图中 b)，则视线向上倾斜，得读数 L。按前述的规定，竖直角应为“+”值，所以盘左时的竖直角应为：

$$\alpha_{左} = 90° - L \tag{3-3}$$

当在盘右位置且视线水平时，竖盘读数为 270°(图中 c)，在照准高处的同一点 A 时(图

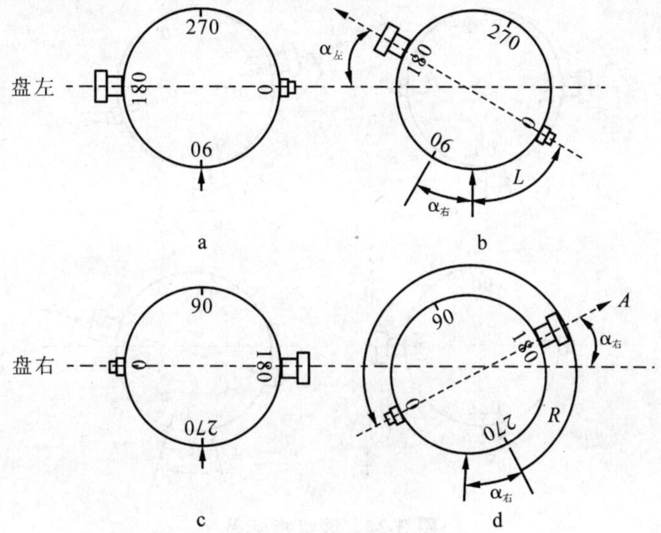

图 3-23 竖直角测角原理

中 d)，得读数 R。则竖直角应为：

$$\alpha_右 = R - 270° \tag{3-4}$$

取盘左、盘右的平均值，即为一个测回的竖直角值，即

$$\alpha = \frac{\alpha_左 + \alpha_右}{2} = \frac{R - L - 180°}{2} \tag{3-5}$$

如果测多个测回，则取各个测回的平均值作为最后成果。

观测结果应及时记入手簿，手簿的格式如表 3-4 所示：

表 3-4 竖直角观测手簿

日期　　　　　　　　　　仪器型号　　　　　　　　　　观测
天气　　　　　　　　　　仪器编号　　　　　　　　　　记录

测站	测点	盘位	水平度盘读数			水平角值			平均角值			备注
			°	′	″	°	′	″	°	′	″	
O	A	左	79	04	18	+10	55	42	+10	55	45	
		右	280	55	48	+10	55	48				

四、竖盘指标差

如果指标不位于过竖盘刻划中心的铅垂线上，则如图 3-24 所示，视线水平时的读数不是 90°或 270°，而相差 x，这样用一个盘位测得的竖直角值，即含有误差 x，这个误差称为竖盘指标差。为求得正确角值，需加入指标差改正。即：

$$\alpha = \alpha_左 + x \tag{3-6}$$

$$\alpha = \alpha_右 - x \tag{3-7}$$

解上两式可得：

$$\alpha = \frac{\alpha_右 + \alpha_左}{2} \tag{3-8}$$

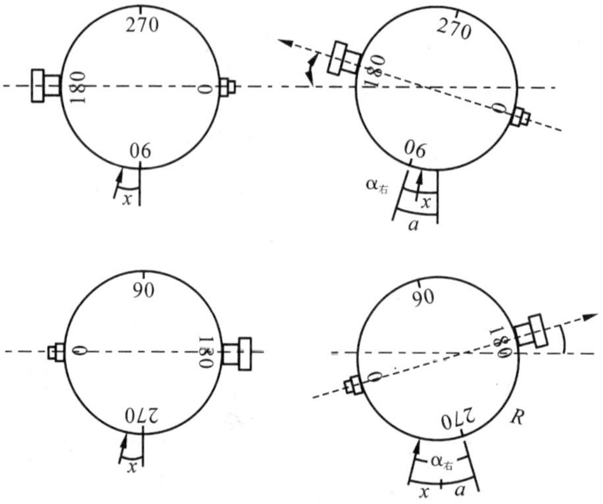

图 3-24 竖盘指标差

$$x = \frac{\alpha_{右} - \alpha_{左}}{2} \tag{3-9}$$

从(3-8)式可以看出，取盘左、盘右结果的平均值时，指标差 x 的影响已自然消除。将(3-2)、(3-3)式代人(3-9)式，可得：

$$x = \frac{R + L - 360°}{2} \tag{3-10}$$

即利用盘左、盘右照准同一目标的读数，可按上式直接求算指标差 x。如果 x 为正值，说明视线水平时的读数大于90°或270°，如果为负值，则情况相反。

以上各公式是按顺时针方向注字的竖盘推导的，同理也可推导出逆时针方向注字竖盘的计算公式。

在竖直角测量中，常常用指标差来检验观测的质量，即在观测的不同测回中或不同的目标时，指标差的较差应不超过规定的限值。例如用 DJ_6 级经纬仪作一般工作时，指标差的较差要求不超过25″。此外，在单独用盘左或盘右观测竖直角时，按(3-5)或(3-6)式加入指标差 x，仍可得出正确的角值。

第五节 经纬仪的检验和校正

经纬仪在使用之前要经过必要的检验，必要时需对其可调部件加以校正，使之满足要求。经纬仪的检验、校正项目很多，现介绍几项主要轴线关系的检校。

一、经纬仪应满足的主要条件

从测角原理已知：为了能正确地测出水平角和竖直角，仪器要能够精确地安置在测站点上；仪器竖轴能安置在铅垂位置；视线绕横轴旋转时，能够形成一个铅垂面；当视线水平时，竖盘读数应为90°或270°。

为满足上述要求，仪器应具备下述的理想关系：

1. 照准部的水准管轴 LL 应垂直于竖轴 VV

如满足这一关系，需利用水准管整平仪器后，竖轴才可以精确地位于铅垂位置。

2. 十字丝纵丝应垂直于横轴 HH

如满足这一关系，则当横轴水平时，纵丝位于铅垂位置。这样，一方面可利用它检查照准的目标是否倾斜，同时也可利用纵丝的任一部位照准目标，以便于工作。

3. 视准轴 CC 应垂直于横轴 HH

如满足这一关系，则在视线绕横轴旋转时，可形成一个垂直于横轴的平面。

4. 横轴应垂直于竖轴

如满足这一关系，则当仪器整平后，横轴即水平，视线绕横轴旋转时，可形成一个铅垂面。

二、经纬仪的检验和校正方法

经纬仪检验的目的，就是检查上述的各种关系是否满足。如果不能满足，且偏差超过允许的范围时，则需进行校正。现分别说明各项检验与校正的具体方法。

（一）照准部的水准管轴垂直竖轴

检验：先将仪器粗略整平后，使水准管平行于一对脚螺旋，并用这一对脚螺旋使水准管气泡居中，这时水准管轴 *LL′* 已居于水平位置。如果两者不相垂直(图 3-25a)，则竖轴 *VV′* 不在铅垂位置。然后将照准部平转 180°，由于它是绕竖轴旋转的，竖轴位置不动，则水准管轴偏移水平位置，气泡也不再居中(图 3-25b)。如果两者不相垂直的偏差为 α，则平转后水准管轴与水平位置的偏移量为 2α。

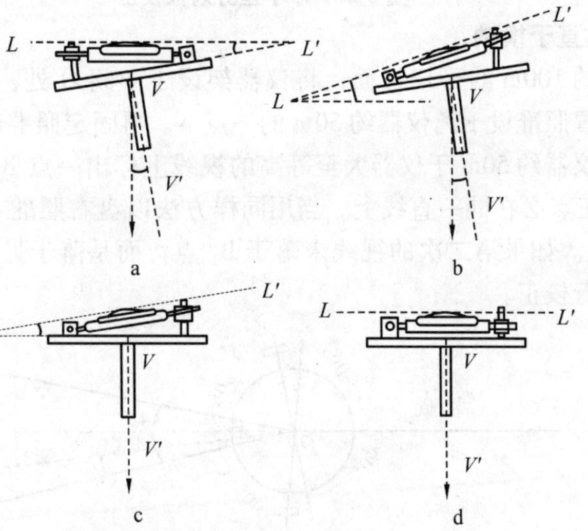

图 3-25 水准管轴的验校方法

校正：校正时用脚螺旋使气泡退回原偏移量的一半，则竖轴便处于铅垂位置(图 3-25c)。再用校正装置升高或降低水准管的一端，使气泡居中，则条件满足(图 3-25d)。水准管校正装置的构造如图 3-26 所示。如果要使水准管的右端降低，则先顺时针转动下边的螺旋，再顺时针转动上边的螺旋；反之，则先逆时针转动上边的螺旋，再逆时针转动下边的螺旋。校正好后，应以相反的方向转动上下两个螺旋，将水准管固紧。

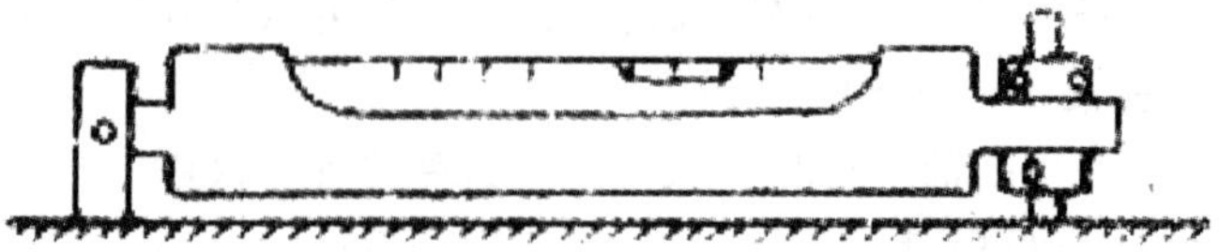

图 3-26　水准管校正

（三）十字丝竖丝垂直横轴

检验：以十字丝竖丝的一端照准一个清晰的小目标点，固定照准部制动螺旋和望远镜制动螺旋，再用望远镜的微动螺旋使目标点移动到竖丝的另一端。如果目标点到另一端时仍位于竖丝上，表明条件满足。否则，需要校正。

校正：如果不满足上述要求则需要校正，校正的部位为十字丝分划板，它位于望远镜的目镜端。将护罩打开后，可看到四个固定分划扳的螺旋（图 3-27）。稍微拧松这 4 个螺旋，则可将分划板转动。待转动至满足关系后，再旋紧固定螺旋，并将护罩上好。

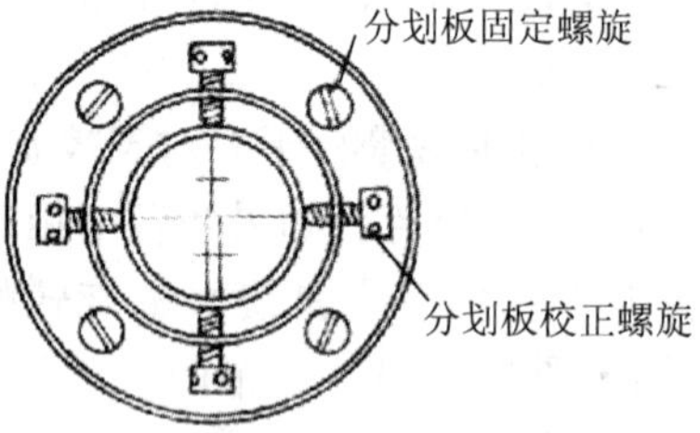

图 3-27　十字丝分划板校正

（四）视准轴垂直于横轴

检验：选一长约 100m 的平坦地面，将仪器架设于中间 O 处，并将其整平。如图 3-28 所示，先以盘左位置照准设于离仪器约 50m 的一点 A。再固定照准部，将望远镜倒转 180°，改为盘右，并在离仪器约 50m 于仪器大至等高的视线上标出一点 B_1。如果仪器理想关系满足，则 A、O、B_1 三点必在同一直线上。当用同样方法以盘右照准 A 点，再倒转望远镜后，视线应落于 B_1 点上。如果第二次的视线未落于 B_1 点，而是落于另一点 B_2，即说明理想关系不满足，需要进行校正。

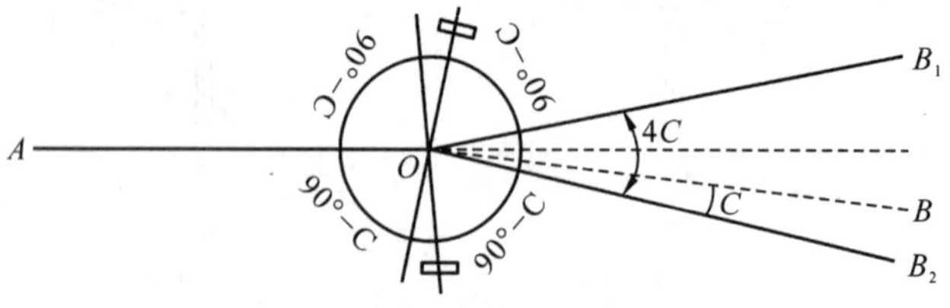

图 3-28　视准轴垂直于横轴的检验

校正：由图 3-28 可以看出，如果视线与横轴不相垂直，而有一偏差角 c，则 $\angle B_1OB_2 = 4c$。将 B_1B_2 距离分为四等份，取靠近 B_2 点的等分点 B，则可近似地认为 $\angle BOB_2 = c$。在照准部不动的条件下，将视线从 OB_2，校正到 OB，则理想关系可得到满足。

由于视线是由物镜光心和十字丝交点构成的，所以校正的部位仍为十字丝分划板。在图 3-27 中，校正分划板左右两个校正螺旋，则可使视线左右摆动。旋转校正螺旋时，可先松一个，再紧另一个。待校正至正确位置后，应将两个螺旋旋紧，以防松动。

（五）横轴垂直于竖轴

检验：在竖轴位于铅垂的条件下，如果横轴不与竖轴垂直，则横轴倾斜。如果视线已垂直横轴，则绕横轴旋转时构成的是一个倾斜平面。根据这一特点，在作这项检验时，应将仪器架设在一个高的建筑物附近。当仪器整平以后，在望远镜倾斜约30°左右的高处，以盘左照准一清晰的目标点A，然后将望远镜放平，在视线上标出墙上的一点B(图3-29a)。再将望远镜改为盘右，仍然照准A点，并放平视线，在墙上标出一点C(图3-29b)。如果仪器理想关系满足，则B、C两点重合。否则，说明这一理想关系不满足，需要校正。

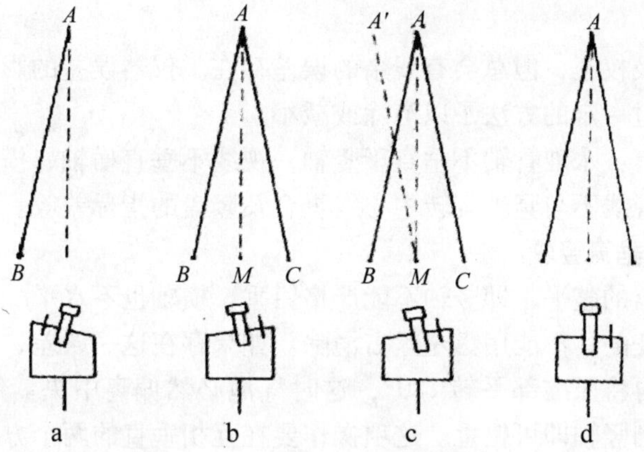

图3-29 横轴垂直于竖轴的检验

校正：由于盘左盘右倾斜的方向相反而大小相等，所以取B、C的中点M，则A、M在同一铅垂面内。然后照准M点，将望远镜抬高，则视线必然偏离A点，而落在A′处(图3-29c)。在保持仪器不动的条件下，校正横轴的一端，使视线落在A上(图3-29d)，则完成校正工作。

在校正横轴时，需将支架的护罩打开。其内部的校正装置如图3-30所示，它是一个偏心轴承，当松开三个轴承固定螺旋后，轴承可作微小转动，以迫使横轴端点上下移动。待校正好后，要将固定螺旋旋紧，并上好护罩。

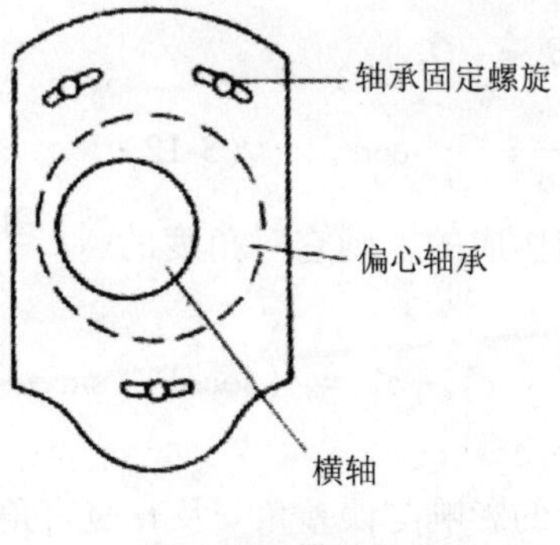

图3-30 横轴校正

由于这项校正需打开支架护罩，一般不宜在野外进行。

第六节　角度测量的误差分析

在角度测量中，由于多种原因会使测量的结果含有误差。研究这些误差产生的原因、性质和大小，以便设法减少其对成果的影响。同时也有助于预估影响的大小，从而判断成果的可靠性。

影响测角误差的因素有三类：即仪器误差、观测误差、外界条件的影响。

一、仪器误差

仪器虽经过检验及校正，但总会有残余的误差存在。仪器误差的影响，一般都是系统性的，可以在工作中通过一定的方法予以消除或减小。

主要的仪器误差有：水准管轴不垂直于竖轴，视线不垂直横轴、横轴不垂直竖轴、照准部偏心，光学对中器视线不与竖轴旋转中心线重合及竖盘的指标差等。

（一）水准管轴不垂直竖轴

这项误差影响仪器的整平，即竖轴不能严格铅垂，横轴也不水平。但安置好仪器后，它的倾斜方向是固定不变的，不能用盘左盘右消除。如果存在这一误差，可在整平时于一个方向上使气泡居中后，再将照准部平转 180°，这时气泡必然偏离中央。然后用脚螺旋使气泡移回偏离值的一半，则竖轴即可铅垂。这项操作要在互相垂直的两个方向上进行，直至照准部旋转至任何位置时，气泡虽不居中，但偏移量不变为止。

（二）视线不垂直横轴

如图 3-31 所示：如果视线与横轴垂直时的照准方向为 AO，当两者不垂直而存在一个误差角 c 时，则照准点为 AO_1。如要照准 O，则照准部需旋转角。这个角就是由于这项误差在一个方向上对水平度盘读数的影响。由于是 c 在水平面上的投影，从图 3-31 可知：

$$c' = \frac{BB_1}{AB} \cdot \rho \tag{3-11}$$

而　$AB = AO\cos\alpha$，$BB_1 = OO_1$

所以　$$c' = \frac{OO_1}{AO\cos\alpha} \cdot \rho = \frac{c}{\cos\alpha} = c \cdot \sec\alpha \tag{3-12}$$

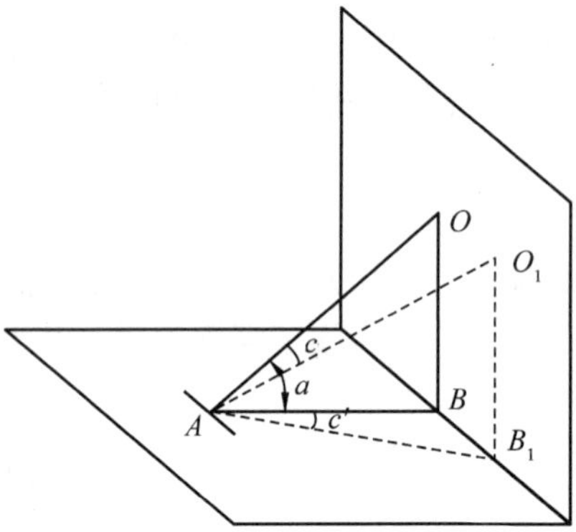

图 3-31　视线不垂直横轴的误差

由于一个角度是由两个方向构成的，则它对角度的影响为：

$$\Delta c = c_2' - c_1' = c(\sec\alpha_2 - \sec\alpha_1) \tag{3-13}$$

式中 α_2、α_1 为两个方向的竖直角。

由上式可知，在一个方向上的影响与误差角 c 及 α 竖直角的正割的大小成正比；对一个角度而言，则与误差角 c 及两方向竖直角正割之差的大小成正比，如两方向的竖直角相同，则影响为零。

因为在用盘左、盘右观测同一点时，其影响的大小相同而符号相反，所以在取盘左盘右的平均值时，可自然抵消。

（三）横轴不垂直竖轴

因为横轴不垂直竖轴，则仪器整平后竖轴居于铅垂位置，横轴必发生倾斜。视线绕横轴旋转所形成的不是铅垂面，而是一个倾斜平面（图 3-32）。过目标点 O 作一垂直于视线方向的铅垂面，O'点位于过 O 的铅垂线上。如果存在这项误差，则仪器照准 O 点，将视线放平后，照准的不是 O' 点而是 O_1 点。如果照准 O'，则需将照准部转动 ε 角。这就是在一个方向上，由于横轴不垂直竖轴，而对水平度盘读数的影响，倾斜直线 OO_1 与铅垂线之间的夹角 i 与横轴的倾角相同，从图 3-32 可知：

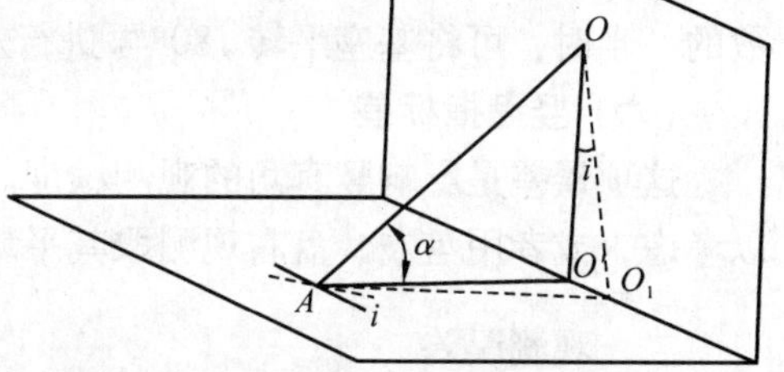

图 3-32 横轴不垂直竖轴的误差

$$\varepsilon = \frac{O'O_1}{AO'} \cdot \rho \tag{3-14}$$

因
$$O'O_1 = \frac{i}{\rho} \cdot OO'$$

故
$$\varepsilon = i \cdot \frac{OO'}{AO'} = i \cdot \mathrm{tg}\alpha \tag{3-15}$$

式中 i——横轴的倾角

α——视线的竖直角

它对角度的影响为：

$$\Delta\varepsilon = \varepsilon_2 - \varepsilon_1 = i(\mathrm{tg}\alpha_2 - \mathrm{tg}\alpha_1) \tag{3-16}$$

由上式可见，它在一个方向上对水平度盘读数的影响，与横轴的倾角及目标点竖直角的正切成正比；它对角度的影响，则与横轴的倾角及两个目标点的竖直角正切之差成正比。当两方向的竖直角相等时，其影响为零。

由于对同一目标观测时，盘左盘右的影响大小相同而符号相反，所以取平均值可以得到抵消。

（四）照准部偏心

所谓照准部偏心，即照准部的旋转中心与水平盘的刻划中心不相重合。这项误差只有在直径一端有读数的仪器才有影响，而采用对径符合读法的仪器，可将这项误差自动消除。

如图 3-33 所示，设度盘的刻划中心为 O，而照准部的旋转中心为 O_1。当仪器的照准方向为 A 时，其度盘的正确读数应为 a。但由于偏心的存在，实际的读数为 a_1。$a_1 - a$ 即为这项误差的影响。

照准部偏心影响的大小及符号是依偏心方向与照准方向的关系而变化。如果照准方向与偏心方向一致，其影响为零；两者互相垂直时，影响最大。在图 3-33 中，照准方向为 A 时，读数偏大，而照准方向为 B 时，则读数偏小。

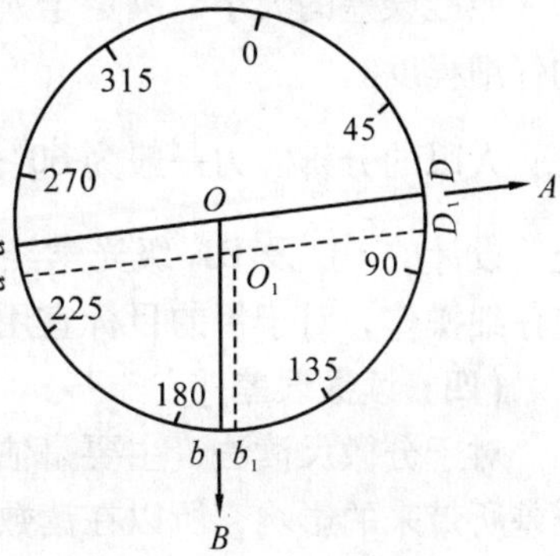

图 3-33 照准部偏心误差

当用盘左、盘右观测同一方向时，是取了对径读数，其影响值大小相等而符号相反，在取读数平均值时，可以抵消。

（五）光学对中器视线不与竖轴旋转中心线重合

这项误差是影响测站偏心，将在后边详细说明，如果对中器是附在基座上，在观测测回数的一半时，可将基座平转180°再进行对中，以减少其影响。

（六）竖盘指标差

这项误差是影响竖直角的观测精度。如果工作时预先测出，在用半测回测角的计算时予以考虑，或者用盘左、盘右观测取其平均值，则可得到抵消。

二、观测误差

造成观测误差的原因有二：一是工作时不够细心；二是受人的器官及仪器性能的限制。观测误差主要有：测站偏心、目标偏心、照准误差及读数误差。对于竖直角观测，则有指标水准器的调平误差。

（一）测站偏心

测站偏心的大小，取决于仪器对中装置的状况及操作的仔细程度。它对测角精度的影响如图3-34所示。设 O 为地面标志点，O_1 为仪器中心，则实际测得的角为 β' 而非应测的 β，两者相差为：

$$\Delta\beta = \beta - \beta' = \delta_1 + \delta_2 \qquad (3\text{-}17)$$

由图中可以看出，观测方向与偏心方向越接近90°，边长越短，偏心距e越大，则对测角的影响越大。所以在测角精度要求一定时，边越短，则对中精度要求越高。

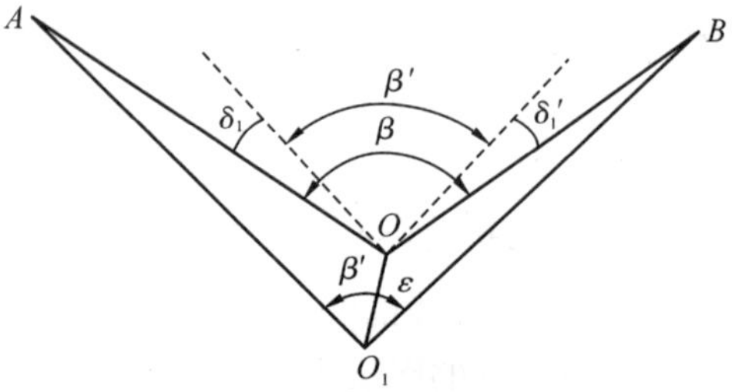

图3-34　测站偏心示意图

（二）目标偏心

在测角时，通常都要在地面点上设置观测标志，如花杆、垂球等。造成目标偏心的原因可能是标志与地面点对得不准，或者标志没有铅垂，而照准标志的上部时使视线偏移。

与测站偏心类似，偏心距越大，边长越短，则目标偏心对测角的影响越大。所以在短边测角时，尽可能用垂球作为观测标志。

（三）照准误差

照准误差的大小，决定于人眼的分辨能力、望远镜的放大率、目标的形状及大小和操作的仔细程度。

人眼的分辨能力一般为60″；设望远镜的放大率为v，则照准时的分辨能力为 $\frac{60''}{v}$。我国统一设计的 DJ_6 及 DJ_2 级光学经纬仪放大率为28倍，所以照准时的分辨率为2.14″。照准时应仔细操作，对于粗的目标宜用双丝照准，细的目标则用单丝照准。

（四）读数误差

对于分微尺读法，主要是估读最小分划的误差，对于对径符合读法，主要是对径符合的误差所带来的影响，所以在读数时宜特别注意。DJ_6 级仪器的读数误差最大为±12″，DJ_2 级仪器为±（2″~3″）。

（五）竖盘指标水准器的整平误差

在读取竖盘读数以前，须先将指标水准器整平。DJ_6 级仪器的指标水准器分划值一般为 30″，DJ_2 级仪器一般为 20″。这项误差对竖直角的影响是主要因素，操作时宜特别注意。

三、外界条件的影响

外界条件的因素十分复杂，如天气的变化、植被的不同、地面土质松紧的差异、地形的起伏，以及周围建筑物的状况等，都会影响测角的精度。有风会使仪器不稳，地面土松软可使仪器下沉，强烈阳光照射会使水准管变形，视线靠近反光物体，则有折光影响。这些在测角时，应注意尽量避免。

第七节　全站仪使用

随着电子技术、计算机技术和激光技术的发展，自 20 世纪 60 年代开始，各种类型的光电测距仪相继出现，90 年代又出现了将测距仪和电子经纬仪组合为一体的电子全站仪。它可以同时进行角度和距离的测量。测量结果经仪器内置程序计算后在液晶屏上可直接显示平距、高差、高程、方位角、坐标等数据，配合电子记录手簿，可以自动记录、存储、输出测量结果，使测量工作大为简化，并发展成为全野外数字化测图。全站仪已在控制测量、大比例尺测图及各种工程测量中得到广泛应用。

一、仪器各部件名称及其功能

（一）各部件名称

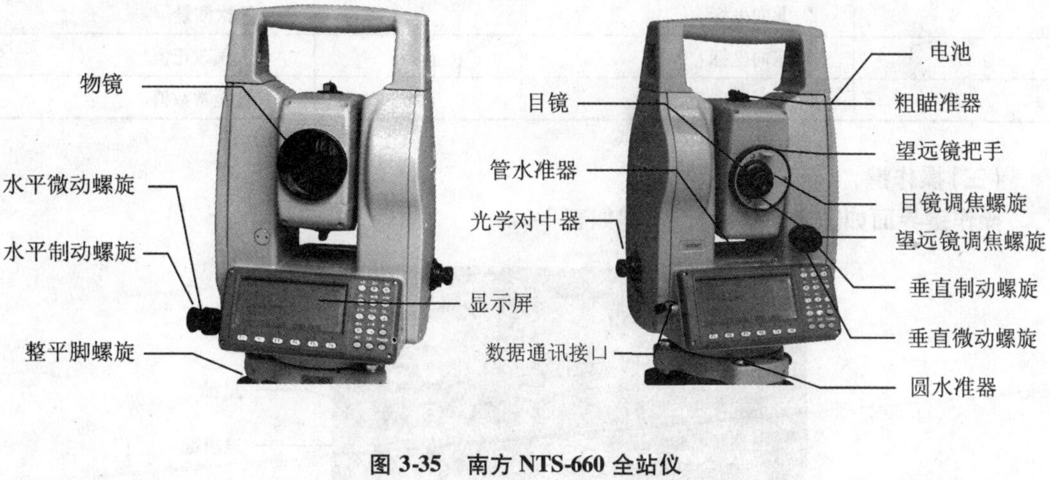

图 3-35　南方 NTS-660 全站仪

（二）显示屏

显示屏：一般上面几行显示观测数据，底行显示软键功能，它随测量模式的不同而变化（图 3-36）。

角度测量模式

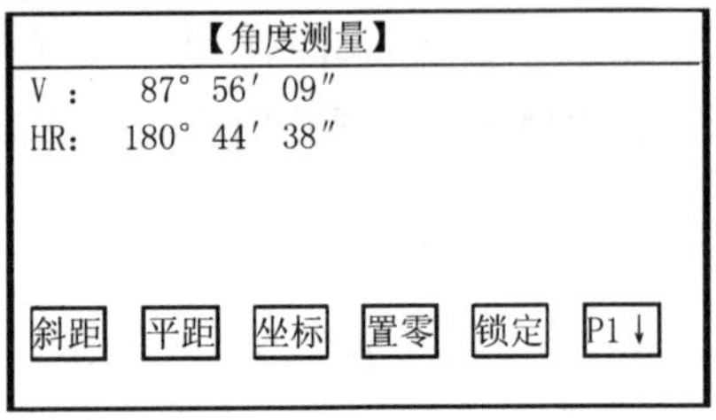

垂直度盘读数 （V）： 87° 56′ 09″
水平角（HR）：180° 44′ 38″

距离测量模式

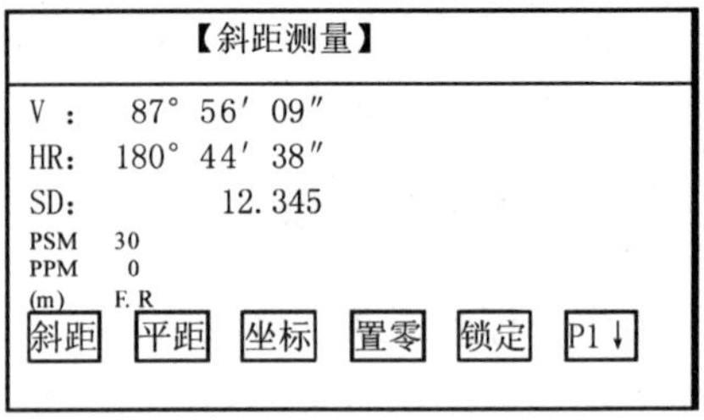

垂直度盘读数（V）： 87° 56′ 09″
水平角 （HR）：180° 44′ 38″
斜 距（SD）：12.345 m

图 3-36 显示屏显示的内容

表 3-5 显示符号的意义

符号	含义	符号	含义
V	垂直度盘读数	*	电子测距正在进行
V%	百分度	m	以米为单位
HR	水平角(右角)	ft	以英尺为单位
HL	水平角(左角)	F	精测模式
HD	平距	T	跟踪模式(10mm)
VD	高差	R	重复测量
SD	斜距	S	单次测量
N	北向坐标	N	N 次测量
E	东向坐标	ppm	大气改正值
Z	天顶方向坐标	psm	棱镜常数值

(三)操作键

操作键界面如图 3-37 所示，各键如表 3-6。

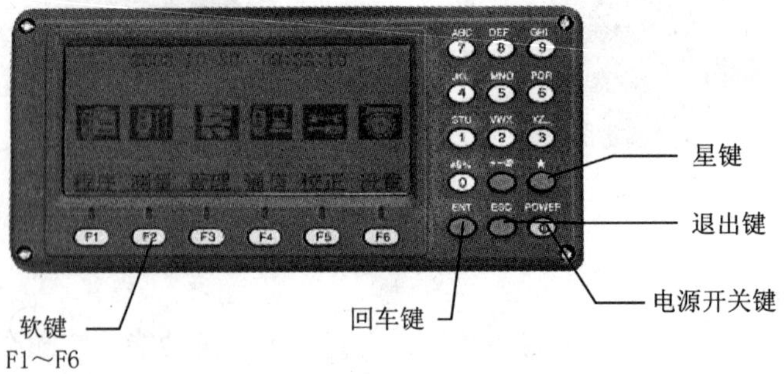

图 3-37 操作键

表 3-6　操作键功能表

按键	名称	功　能
F1 ~ F6	软　键	功能参见所显示的信息
0 ~ 9	数字键	输入数字，用于欲置数值
A ~ /	字母键	输入字母
ESC	退出键	退回到前一个显示屏或前一个模式
★	星　键	用于仪器若干常用功能的操作
ENT	回车键	数据输入结束并认可时按此键
POWER	电源键	控制电源的开/关

(四)功能键(软键)

软键功能标记在显示屏的底行(图 3-38)，该功能随测量模式的不同而改变(表 3-7)。

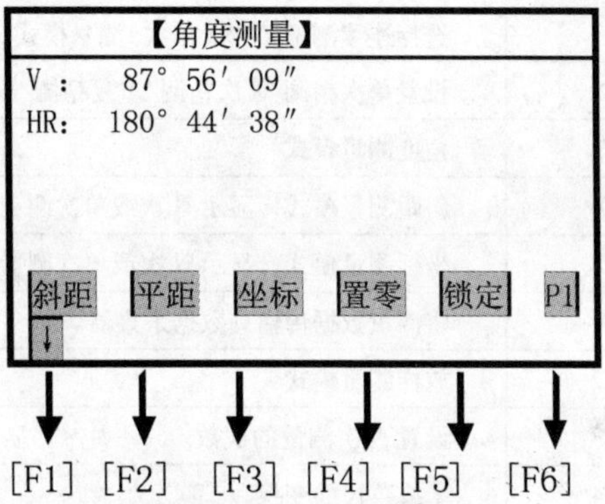

图 3-38　软键功能标志

表 3-7　测量模式与软键功能关系表

模式	显示	软键	功　能
角度测量	斜距	F1	倾斜距测量。
	平距	F2	水平距离测量。
	坐标	F3	坐标测量。
	置零	F4	水平角置零。
	锁定	F5	水平角锁定。
角度测量	记录	F1	将测量数据传输到数据采集器。
	置盘	F2	预置一个水平角。
	R/L	F3	水平角右角/左角变换。
	坡度	F4	垂直角/百分度的变换。
	补偿	F5	设置倾斜改正。 若打开补偿功能，则显示倾斜改正值。

（续）

模式	显示	软键	功能
斜距测	测量	F1	启动斜距测量。 选择连续测量/N 次(单次)测量模式。
	模式	F2	设置单次精测/N 次精测/重复精测/跟踪测量模式。
	角度	F3	角度测量模式。
	平距	F4	平距测量模式，显示 N 次或单次测量后的水平距离。
	坐标	F5	坐标测量模式，显示 N 次或单次测量后的坐标。
	记录	F1	将测量数据传输到数据采集器。
	放样	F2	放样测量模式。
	均值	F3	设置 N 次测量的次数。
	m/ft	F4	距离单位米或英尺的变换。
平距测量	测量	F1	启动平距测量。 选择连续测量/N 次(单次)测量模式。
	模式	F2	设置单次精测/N 次精测/重复精测/跟踪测量模式。
	角度	F3	角度测量模式。
	斜距	F4	斜距测量模式，显示 N 次或单次测量后的倾斜距离。
	坐标	F5	坐标测量模式，显示 N 次或单次测量后的坐标。
	记录	F1	将测量数据传输到数据采集器。
	放样	F2	放样测量模式。
	均值	F3	设置 N 次测量的次数。
	m/ft	F4	米或英尺的变换。
坐标测量	测量	F1	启动坐标测量。 选择连续测量/N 次(单次)测量模式
	模式	F2	设置单次精测/N 次精测/重复精测/跟踪测量模式。
	角度	F3	角度测量模式。
	斜距	F4	斜距测量模式，显示 N 次或单次测量后的倾斜距离。
	平距	F5	平距测量模式，显示 N 次或单次测量后的水平距离。
	记录	F1	将测量数据传输到数据采集器。
	高程	F2	输入仪器高/棱镜高。
	均值	F3	设置 N 次测量的次数。
	m/ft	F4	米或英尺的变换。
	设置	F5	预置仪器测站点坐标。

（五）星键(★键)模式

按下(★)键即可看到仪器的若干操作选项。这些选项分两页屏幕显示。按[F5](P1↓)键查看第 2 页屏幕，再按[F5](P2↓)可返回第 1 页屏幕。

由星键(★)可作如下仪器操作：

第 1 页屏幕(图 3-39)。

1. 查看日期和时间，在两个显示屏上均可看到日期和时间。改变日期显示顺序(日/月/

年)、(月/日/年)、(年/月/日)。

2. 显示器对比度调节。[F1]和[F2]用于调节显示器对比度,按此键使其变亮或变暗。

3. 显示器背景灯照明的开/关。当灯光关闭时,灯泡图标为暗的,按[F3]键打开灯光,若要关闭灯光则再按[F3]。

4. 显示内存的剩余容量。该功能用于显示内存的剩余存储空间,按[F4]键查看剩余存储空间。

第2页屏幕(图3-40)。

1. 电子圆水准器图形显示。按[F2]键即可显示电子圆气泡图像,在两边显示器上电子气泡图像的移动方向相反。一边观测电子气泡显示屏,一边调整脚螺旋,整平之后按[F1]键可返回先前模式。

2. 接收光线强度(信号强弱)显示。按[F3]接收到的回光信号强度用条形图形显示。

3. 设置温度、气压、大气改正值(PPM)和棱镜常数值(PSM)。按[F4]键即可查看温度、气压、PPM和PSM值。

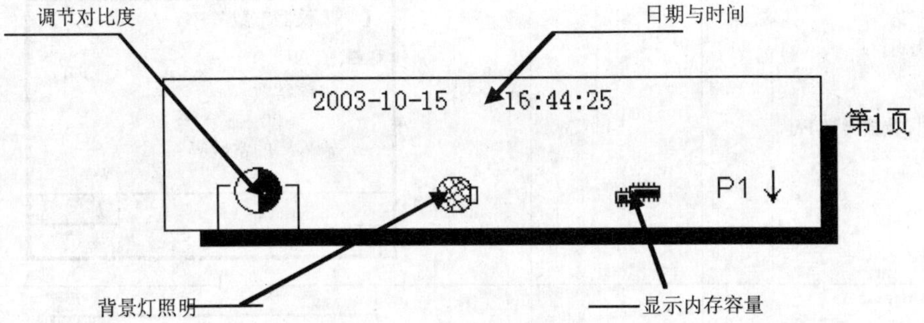

图3-39 第1页屏幕

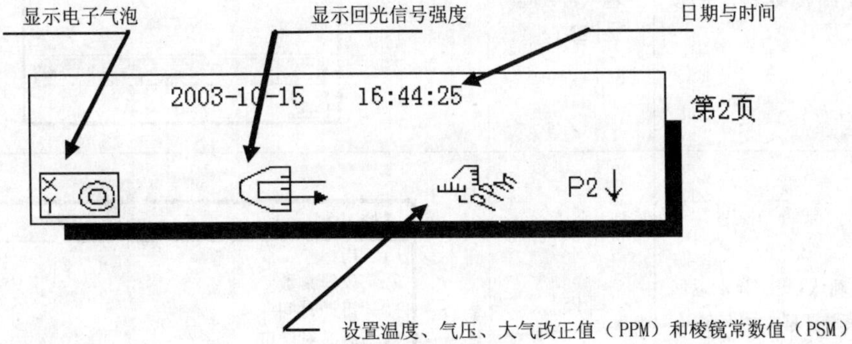

图3-40 第2页屏幕

(六)自动关机

自动关机时间为30分钟。若在设定的时间内无任何按键操作,则仪器就会自动切断电源,以便节省电能。

二、初始设置

(一) 仪器常数设置

根据“仪器常数的检验与校正”求得的仪器常数可按表 3-8 方法进行设置。

表 3-8　仪器常数设置

操作步骤	按键	显　示
①由主菜单按[F5]键。	[F5]	【　校正　】 F1　指标差 F2　仪器常数 F3　日期时间 F4　液晶对比度
②按[F4](仪器常数)键。	[F4]	【　仪器常数　】 当前常数 30 mm 输入新的常数吗? 是 否
③按[F5](是)键。 ④输入仪器常数值,并按[ENT]键。	[F5] 输入常数值 [ENT]	【　仪　器　常　数　】 当前常数: 30 mm 退　出 左移
⑤按[F5](确认)键。显示返回到[校正]菜单屏幕。	[F5]	【校正】 F1　指标差 F2　仪器常数 F3　日期时间 F4　液晶对比度

(二)日期和时间的调整如表3-9。

表3-9 日期和时间的调整

操作步骤	按键	显示
①由主菜单按[F5]键。	[F5]	【 校正 】 F1 指标差 F2 仪器常数 F3 日期时间 F4 液晶对比度
②按[F3]键。	显示现有设置值。	【 日期设定 】 当前日期 2004-04-11 (年-月-日) 输入新的日期吗? 是 否
③屏幕提示"是否进行日期设定",若要设定日期,按[F5](是)键,光标闪烁位于第一个数字上,等待输入数值。	[F5]	【 日期时间 】 当前日期 2004-04-11 (年-月-日) 退出 左移
④输入新的日期,按[ENT]键。 [举例:04-02-12]	[0][4] [0][6] [1][2] [ENT]	【 日期时间 】 当前日期 2004-06-12 (年-月-日) 退出 左移
⑤屏幕提示"是否进行时间设定",要设定时间则按[F5](是)键。	[F5]	【 日期时间 】 当前时间 15:11:03 (时:分:秒) 输入新的时间吗? 是 否

（续）

操作步骤	按键	显　示
⑥输入新的时间。 ［举例：12：20：45］	［1］［2］ ［2］［0］ ［4］［5］	【　日期时间　】 当前时间　12:20:45 （时：分：秒） 退出 左移
⑦按［ENT］键，显示返回［校正］菜单。	［ENT］	【　校正　】 F1　指标差 F2　仪器常数 F3　日期时间 F4　液晶对比度
⑧按［ESC］返回到主菜单屏幕，在屏幕上方可以看到刚才所修改的设置。	［ESC］	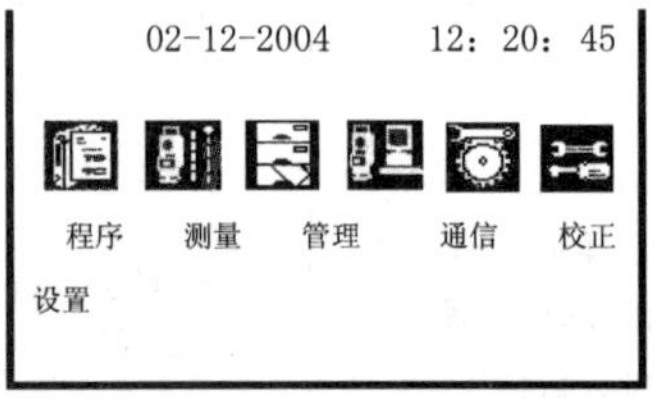

● ［F6］（左移）键用于修改时间时，将光标左移一位。（如果不更改日期，可按［F1］（退出）键或［ESC］键，以便退出时间显示屏）。

● 可以改变日期显示的顺序，具体方法请参见“参数设置模式”。

（三）棱镜常数的设置

南方公司的棱镜常数值设置为 -30，若使用的不是南方公司的棱镜，必须设置相应的棱镜常数。一旦设置了棱镜常数，关机后该常数将被保存。棱镜常数的设置是在星键（★）模式下进行的（表 3-10）。

表 3-10　棱镜常数值为 30 mm 时设置示例

操作步骤	按键	显　示
①按星（★）键。	［★］	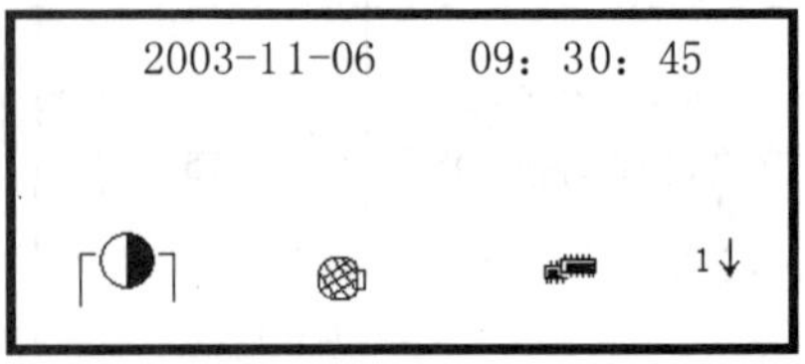

（续）

操作步骤	按键	显示
②按[F5]键进入该菜单的第2页后，按[F4]键。显示现有设置值。	[F5]	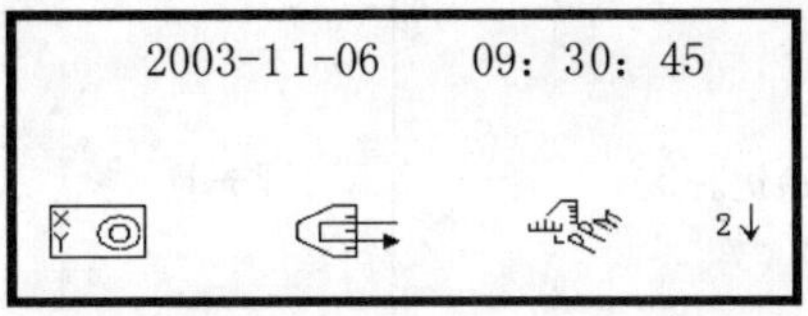
③按[F4]（→，←）或[F5]（↓，↑），将光标()移动到棱镜常数设置的位置上。	移动光标	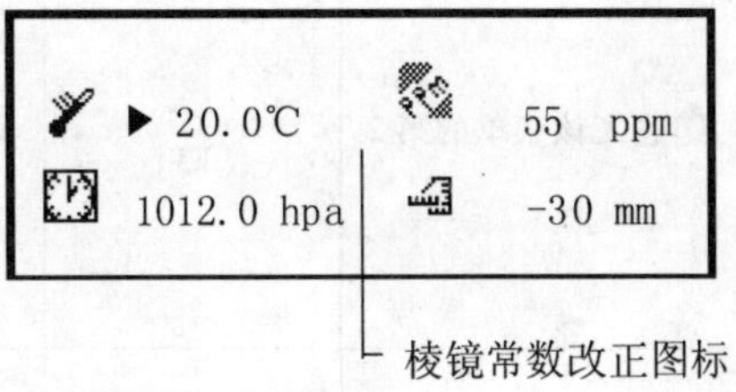
⑤输入棱镜常数。① 显示返回到星(★)键模式菜单。	输入数值	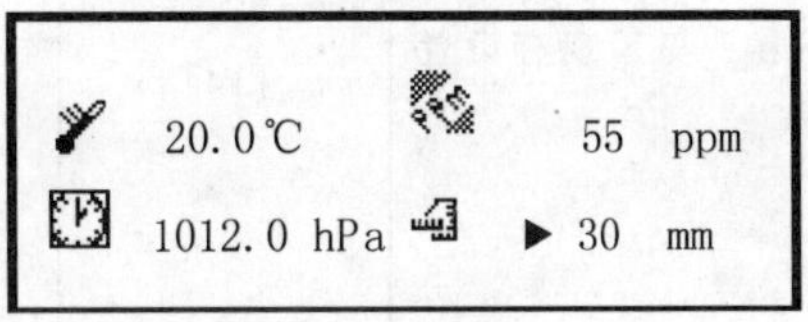

① 输入的数值范围：-100 mm ~ +100 mm　步长为1 mm

(四) 大气改正的设置

光在空气中传播的速度并非常数，而是随大气的温度和压力而改变。仪器一旦设置了大气改正值即可自动对观测结果实施大气改正。当温度为20℃/68 ℉，气压值为1013.25pha/760mmHg/29.9inHg，即使仪器关机，大气改正值仍被保存。在星(★)键模式下可以设置大气改正值。

1. 大气改正的计算

大气改正改正公式如下：（计算单位：米）

$$PPM = 273.8 - \frac{0.2900 \times 气压值(hPa)}{1 + 0.00366 \times 温度值(℃)} \quad (3\text{-}17)$$

若使用的气压单位是mmHg时，按：

$$1hPa = 0.75mmHg \text{ 进行换算。} \quad (3\text{-}18)$$

·不顾及大气改正时，请将PPM值设为零。NTS系列全站仪标准气象条件(即仪器气象改正值为0时的气象条件)：气压：1013 hPa，温度：20℃。大气改正设置如表3-11。

表 3-11 大气改正设置

操作步骤	按键	显 示
①按星(★)键。	[★]	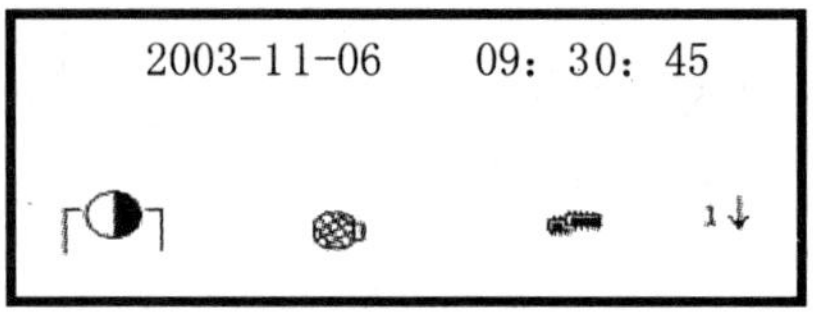
②按[F5]键进入该菜单的第 2 页。	[F5]	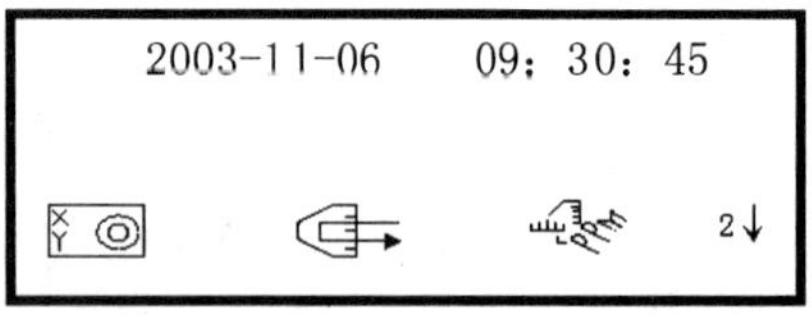
③按[F4]键，显示现有设置值。	[F4]	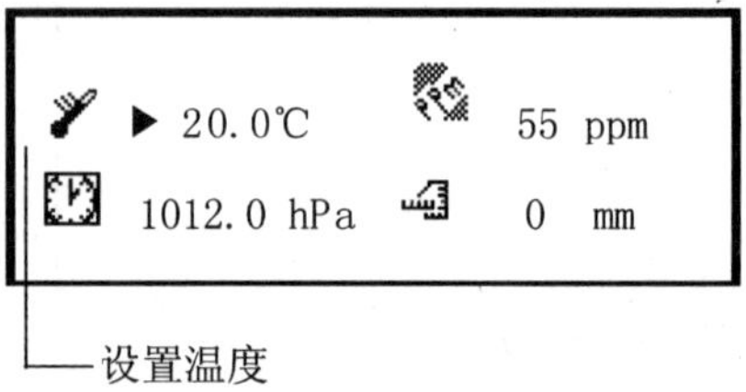
④输入温度，按[ENT]键。 [举例]：温度：+26℃ 光标自动移到气压位置	输入温度值 [ENT]	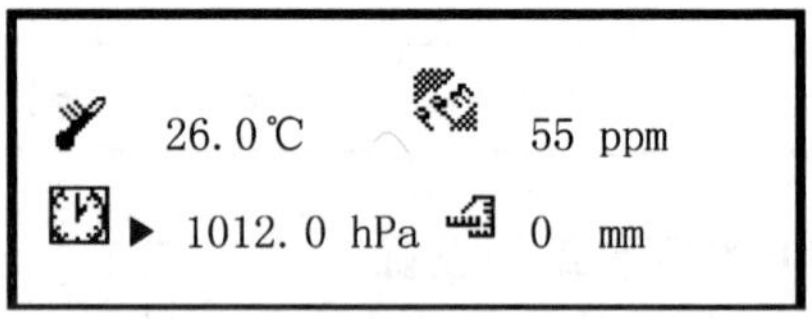
⑤输入气压，按[ENT]键。 [举例]：气压：1020 hPa 显示返回到先前模式。①②	输入气压值 [ENT]	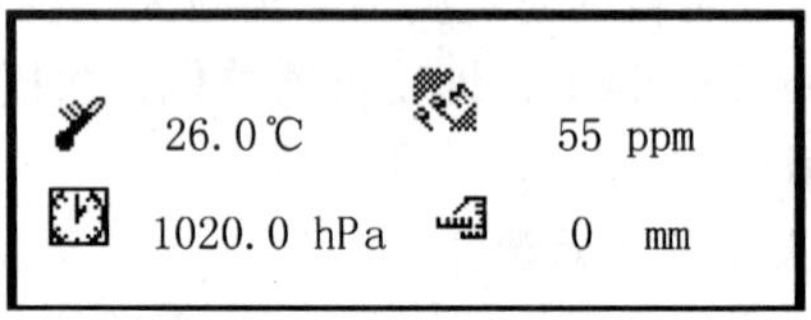

①数据范围：温度：-30 ~ +60℃(步长 0.1℃) 或 -22 ~ +140 ℉(步长 1 ℉)
气压：420 ~ 800mmHg(步长 1mmHg) 或 560 ~ 1066 hPa(步长 0.1hpa)
16.5 ~ 31.5 inchHg(步长 0.1 inchHg)
大气改正数 PPM：-100 ~ +100 PPM(步长 1PPM)
棱镜常数 PC：-100 ~ +100 mm(步长 1mm)
②仪器根据输入的温度和气压来计算大气改正值。

2. 直接设置大气改正值的方法

现场测定温度和气压，并由大气改正公式求得大气改正值(ppm)后，按表 3-12 顺序进行设置。

表 3-12　直接设置大气改正值的方法

操作步骤	按键	显　示
①按星(★)键。	[★]	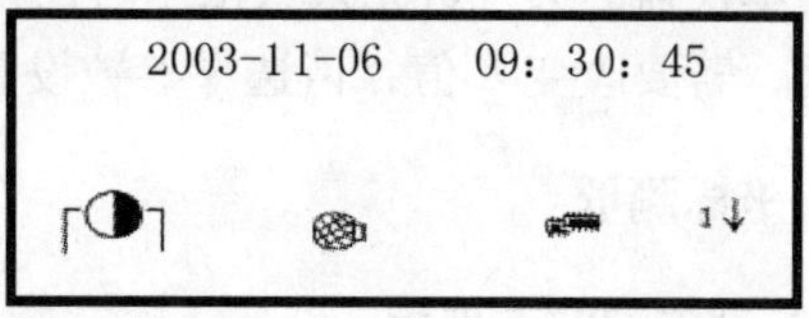
②按[F5]键进入该菜单的第 2 页。	[F5]	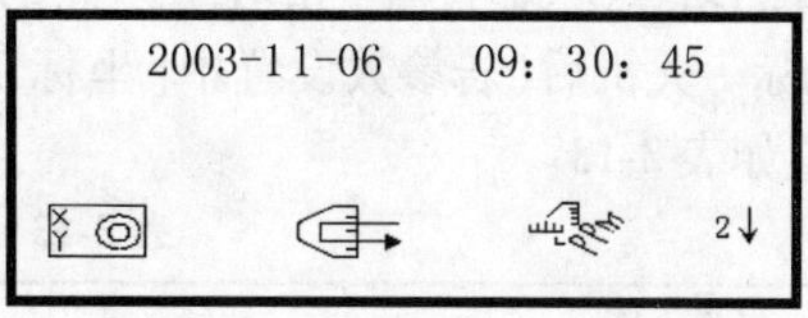
③按[F4]键。显示现有设置值。	[F4]	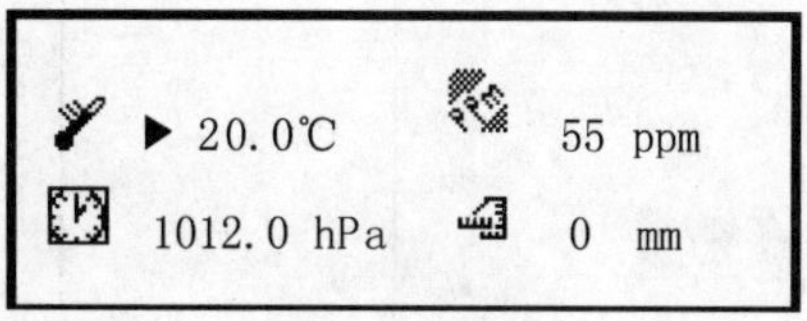
④按[F5](▶)键，将光标移 ppm 的位置。	移动光标	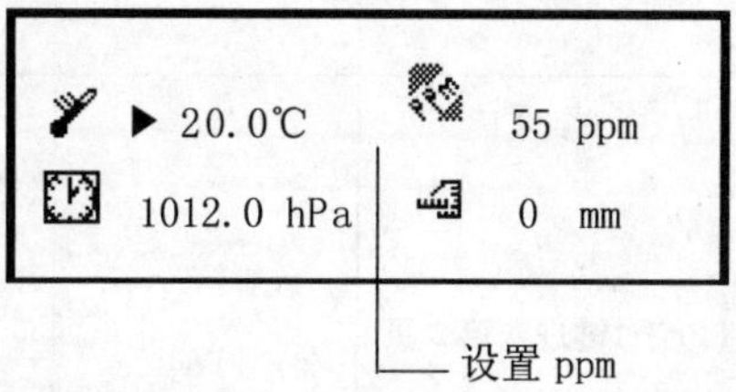
⑤输入大气改正值，按[ENT]键。① 显示返回到先前模式。	输入 ppm 值 [ENT]	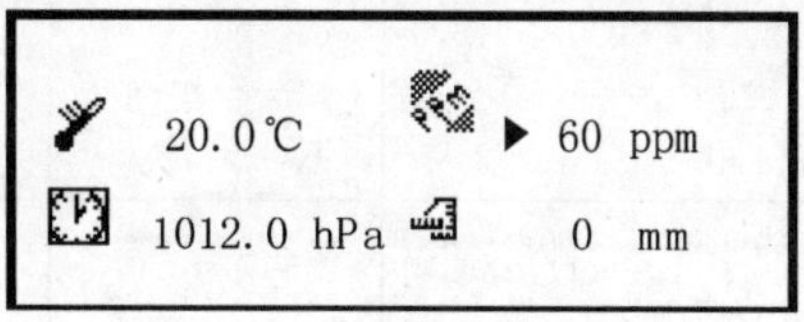

①数据输入的范围：－100 ppm ～ ＋100 ppm　　步长 1ppm

(五)大气折光和地球曲率改正

仪器在进行平距测量和高差测量时，可对大气折光和地球曲率的影响进行自动改正。大气折光和地球曲率的改正按(3-19)式和(3-20)式计算：

改正后的平距：

$$D = S * [\cos\alpha + \sin\alpha * S * \cos\alpha(K-2) / 2Re] \tag{3-19}$$

改正后的高差：

$$H = S * [\sin\alpha + \cos\alpha * S * \cos\alpha(1-K) / 2Re] \tag{3-20}$$

式中：$K=0.14$—— 大气折光系数。

$Re=6370$ km——地球曲率半径。

α(或β) ——从水平面起算的竖角(垂直角)。

S——斜距。

注：本仪器的大气折光系数出厂时已设置为 $K=0.14$，K 值有 0.14 和 0.2 可选。也可选择关闭，若要改变 K 值，请选择参数设置模式。

三、坐标测量

(一) 设置测站点坐标

设置测站点(仪器位置)相对于原点的坐标后，通过测量，仪器便显示未知点(棱镜位置)的坐标。关机后(若参数设置中[坐标记忆]设置为[开])测站点坐标仍可恢复。测站点坐标设置如表 3-13。

表 3-13　测站点坐标设置

操作步骤	按键	显　示
①按[F3](坐标)键。	[F3]	【角度测量】 V ：　87° 56′ 09″ HR：　120° 44′ 38″ 斜距　平距　坐标　置零　锁定　P1↓
②按[F6](P1↓)键进入第 2 页功能。	[F6]	【坐标测量】 N ：　< E： Z：　PSM 30 PPM　0　(m) * F. R 测量　模式　角度　斜距　平距　P1↓ 记录　高程　均值　m/ft　设置　P2↓
③按[F5](设置)键，显示以前的数据。	[F5]	【设置测站点】 N：　12345. 670　m E：　12. 436　m Z：　10. 445　m 退出 左移
④输入新的坐标值并按[ENT]键。①	输入 N 坐标 [ENT] 输入 E 坐标 [ENT] 输入 Z 坐标 [ENT]	【设置测站点】 N ：　1000. 000　m E：　1000. 000　m Z：　1000. 000　m 退出 左移

（续）

操作步骤	按键	显 示
⑤测量开始。		 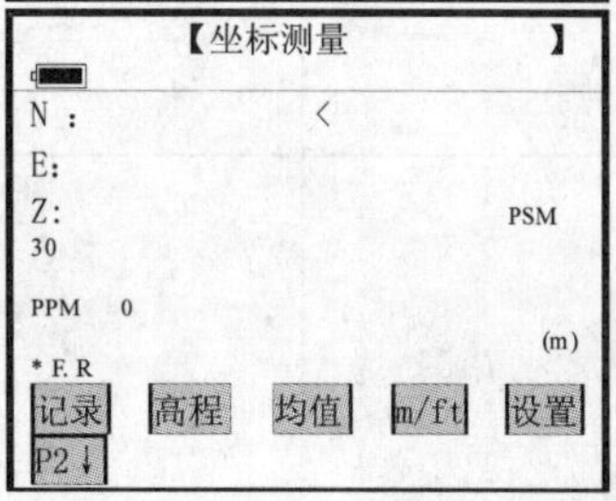
①按［F1］（退出）键可取消设置。		

（二）设置仪器高/棱镜高

坐标测量须输入仪器高与棱镜高，以便直接测定未知点坐标。设置方法如表 3-14。

表 3-14 设置仪器高与棱镜高

操作步骤	按键	显 示
①按［F3］（坐标）键。	［F3］	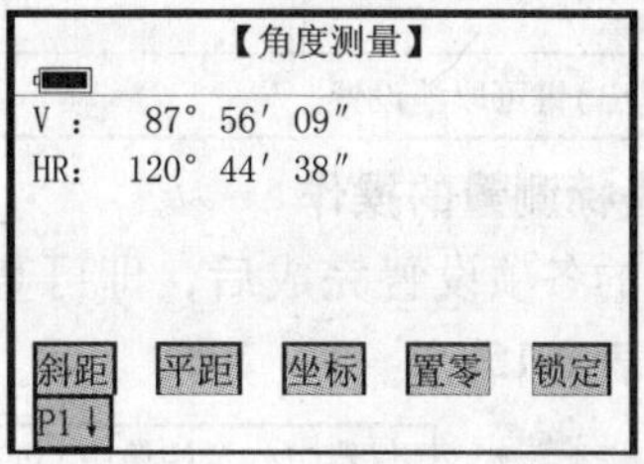
②在坐标观测模式下，按［F6］（P1↓）键进入第 2 页功能。	［F6］	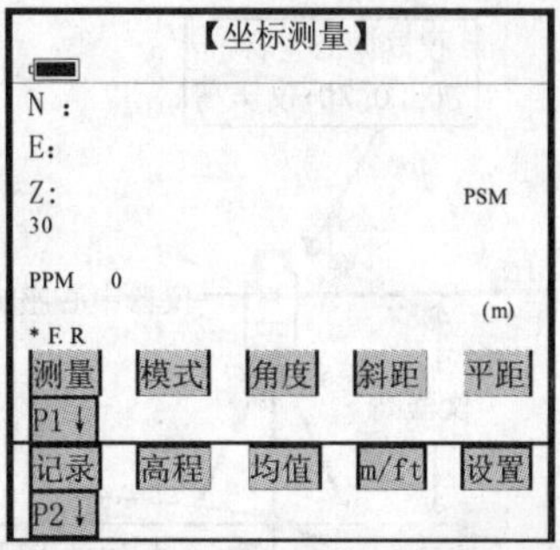

（续）

操作步骤	按键	显　示
③按[F2]（高程）键，显示以前的数据。	[F5]	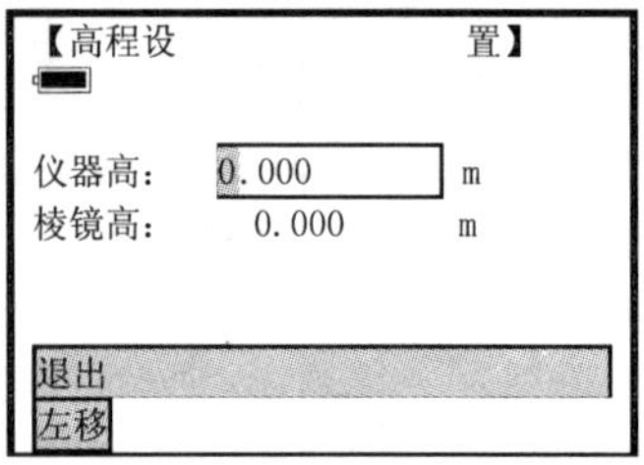
④输入仪器高，按[ENT]键。① ⑤输入棱镜高，按[ENT]键。显示返回到坐标测量模式。	仪器高 [ENT] 棱镜高 [ENT]	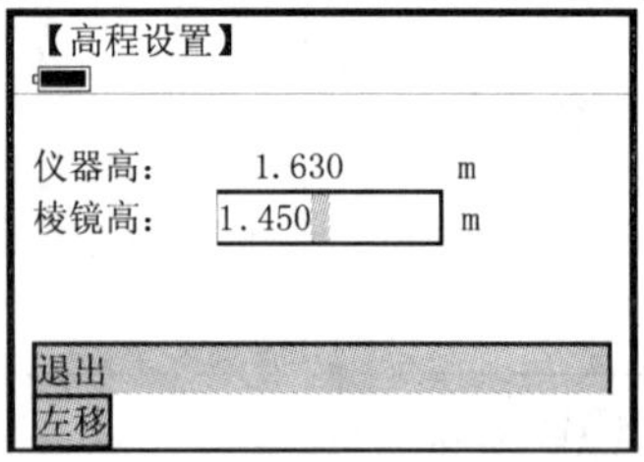 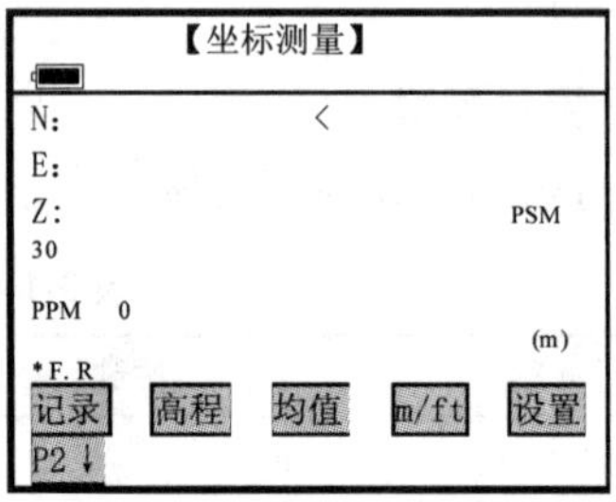

①按[F1]（退出）键可取消设置。

（三）坐标测量的操作

当仪器的各项设置完成后，即可直接测定未知点的坐标。其测量原理如图 3-41 所示，测量步骤如表 3-15。

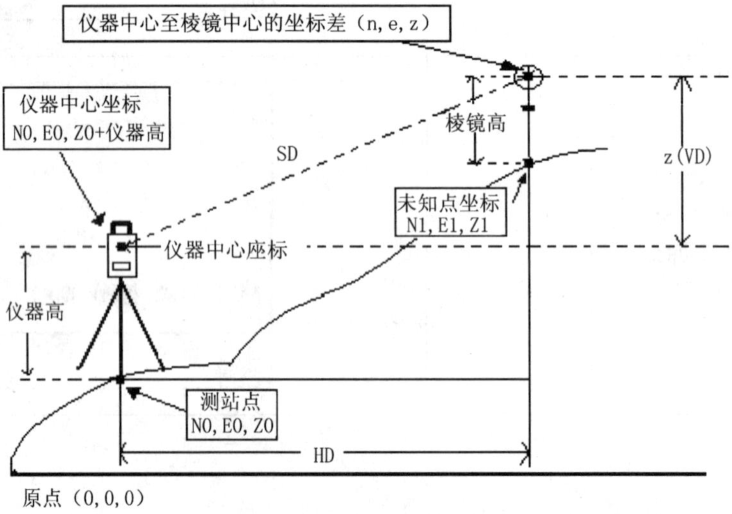

图 3-41　坐标测量原理

表 3-15 坐标测量步骤

操作步骤	按键	显示
①设置测站坐标和仪器高/棱镜高。[①] ②设置已知点的方向角。[②] ③照准目标点。	设置方向角 照准	【角度测量】 V : 87° 56′ 09″ HR: 120° 44′ 38″ 斜距 平距 坐标 置零 锁定 P1↓
④按[F3](坐标)键。[③]	[F3]	【坐标测量】 N: < E: Z: PSM 30 PPM 0 (m) *F.R 测量 模式 角度 斜距 平距 P1↓
⑤显示测量结果。		【坐标测量】 N : 14235.458 E: -12344.094 Z: 10.674 PSM 30 PPM 0 (m) F.R 测量 模式 角度 斜距 平距 P1↓

①若未输入测站点坐标，则以缺省值(0，0，0)作为测站坐标。若未输入仪器高和棱镜高，则亦以0代替。

②参见“水平度盘读数的设置”或“设置水平方向的定向角”。

③按[F2](模式)键，可更换测距模式(单次精测/N次精测/重复精测/跟踪测量)。

●要返回正常角度或距离测量模式可按[F6](P2↓)键进入第1页功能，再按[F3](角度)，[F4](斜距)或[F5](平距)键。

【本章参考书目】

1. 张晓明主编．测量学[M]．合肥：合肥工业大学出版社，2007

2. 梁盛智主编．测量学[M]．重庆：重庆大学出版社，2005

3. 罗志清主编．测量学[M]．昆明：云南大学出版社，2006

4. 顾孝烈等编著．测量学(第二版)[M]．上海：同济大学出版社，1999

【复习思考题】

1. 什么是水平角和竖直角？如何定义竖直角的符号？

2. 根据测角的要求，经纬仪应具有哪些功能？其相应的构造是什么？

3. 复测经纬仪和方向经纬仪最主要的区别是什么？如果要使照准某一方向的水平度盘读数为0°00′00″，两种仪器分别应如何操作？

4. 试根据图1，分别读出水平度盘的读数。

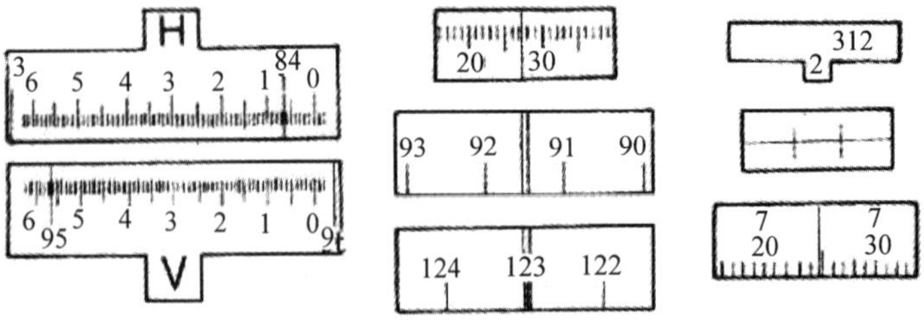

a　　b　　c

图1

5. 如图2所示，怎样决定所测的是α角或β角？

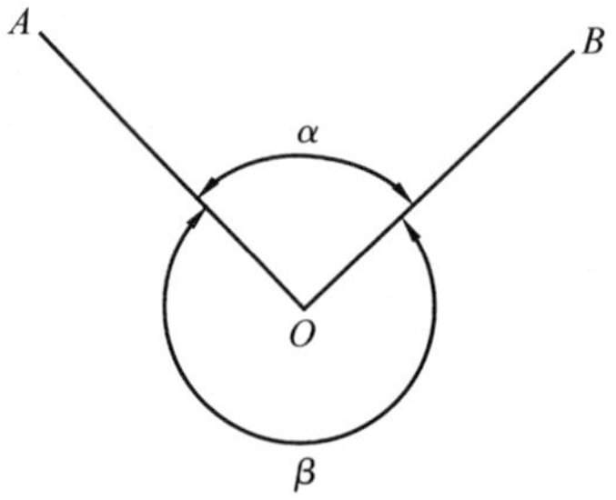

图2

6. 试述测回法测水平角的步骤，并根据表1记录计算平均值及平均角值。

表1　测回法测水平角手簿

测站	测点	盘位	水平度盘读数			水平角值			平均角值			备　注
			°	′	″	°	′	″	°	′	″	
O	A	左	32	11	12							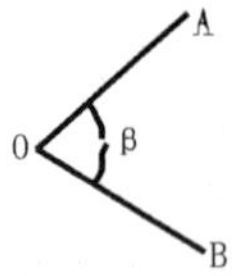
	B		88	13	30							
	B	右	268	13	48							
	A		212	10	54							

7. 试述用方向法测水平角的步骤，并根据表2的记录计算各个方向的方向值。

表2　方向法测水平角手簿

测站	测点	水平度盘读数						左-右 (2c)	左+右/2			方向值			备注
		盘左			盘右										
		°	′	″	°	′	″		°	′	″	°	′	″	
O	A	0	02	05	180	02	17								
	B	37	44	13	217	44	13								
	C	110	29	06	290	28	55								
	D	150	15	06	330	14	57								
	A	0	02	08	180	02	21								

8. 在观测竖直角时，为什么指标水准管的气泡必须居中？

9. 什么是竖盘指标差？怎样测定它的大小？怎样决定其符号？

10. 经纬仪应满足哪些理想关系？如何进行检验？各校正什么部位？检校次序根据什么原则决定？

11. 在测量水平角及竖直角时，为什么要用两个盘位？

12. 影响水平角和竖直角测量精度的因素有哪些？各应如何消除或降低其影响？

13. 电子经纬仪与光学经纬仪相比较，其最主要的优点是什么？

第四章　距离测量

【本章提要】

空间两点间的距离是一种空间矢量信息，获取距离的方法有直接丈量和间接测量，依据精度要求不同而采用不同的仪器、工具和方法。本章主要介绍钢尺量距、视距测量、光电测距的基本原理和方法。

第一节　概　述

距离测量是最基本的测量工作，目的为求得二点间的水平距离。量距方法可以分为直接距离测量、光学距离测量、光电距离测量等 3 种(表 4-1)。

直接距离测量是利用卷尺或皮尺进行直接量距，方便但所测距离不长(卷尺最长为 50m)，并且精度低，一般必须进行系统改正才可应用。

光学测距是利用经纬仪以视角或视距的方式间接量距，这种方法精度较低，但是一种简便的测距方法。

光电测距是随着光电测距仪的产生而发展起来的一种测距技术，精度高、测距长、使用方便，是目前对导线测量、三角测量以及工程测量的常用测距方法。

表 4-1　距离测量类型及精度

项目 种类	仪器	精度	用　途
直接距离测量	尺	至 1/30000	一般量距，基线检定
光学距离测量	经纬仪	1/300 ~ 1/20000	地形测量，导线中等精度测距
光电距离测量	光电测距仪	1/10000 ~ 1/300000	三边，导线，长距，精密测距

第二节　钢尺量距

一、量距工具

钢尺量距的主要工具是钢尺。钢尺又称钢卷尺，是用钢制成的带状尺，尺的宽度 10 ~ 15mm，厚度约 0.4mm，长度有 20m、30m、50m 等，基本分划有厘米和毫米两种。在每米及每分米处都有数字注记。基本分划为厘米的钢尺适用于一般距离测量。基本分划为毫米的钢尺，以及基本分划为厘米，但在起点处一分米内刻有毫米的钢尺，适用于精密量距。根据尺上零点位置的不同，钢尺有端点尺和刻线尺之分。

端点尺是以尺的最外端作为尺的零点(图 4-1a)。当从建筑物墙边开始丈量时使用很方

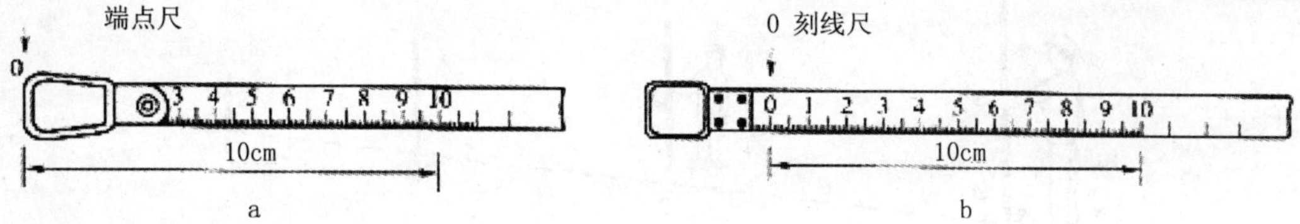

图 4-1 端点尺和刻度尺

便。刻线尺是以尺前端的一条刻线作为钢尺的零点(图 4-1b)，在距离丈量时可获得较高的精度。

钢尺量距的辅助工具有标杆、测钎、锤球等。

标杆用木材、玻璃纤维或铝合金制成，长 2m 或 3m，直径 3~4cm，用红、白油漆交替漆成 20cm 的小段，杆底装有锥形铁脚以便插入土中，或对准点的中心，作为观测点的照准标志(图 4-2a)。

测钎由粗铁丝加工制成，长 30~40cm，上端弯成环形，下端磨尖，常用于标定尺端点和整尺段数，一般以 11 根为一组，穿在铁环中(图 4-2b)。

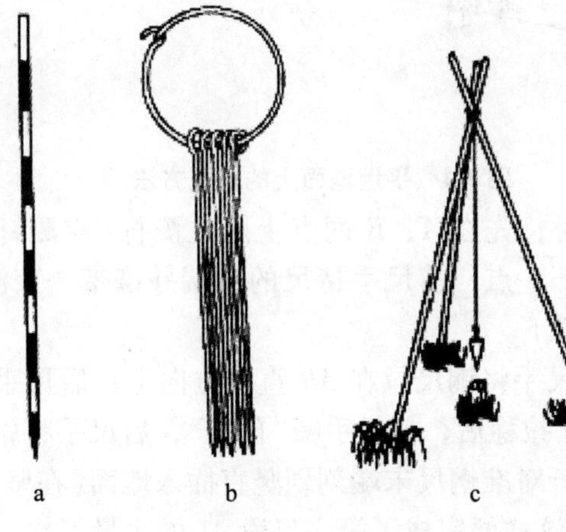

图 4-2 标杆 测钎 锤球

锤球由金属制成，外形似圆锥形，上端系有细线，它是对点、标点和投点的工具，如图 4-2c 所示。

二、直线定线

在丈量两点间距离时，如果地面两点之间的距离较长或地面起伏较大，一个尺段不能完成距离丈量，则需要分段进行量测。为了使所量线段在一条直线上，需要在两点间的直线上，标定一些点，这一工作称为直线定线。一般量距用目视定线，精密量距用经纬仪定线。

如图 4-3 所示，欲量 A、B 间的距离，一个作业员甲站于端点 A 后 1~2m 处，瞄 A、B。并指挥另一位持杆作业员乙左右移动标杆 2，直到 3 个标杆在同一条直线上，然后将标杆竖直插下。直线定线一般由远及近进行。

当量距精度较高时使用经纬仪定线，将经纬仪安置在 A 点，用望远镜瞄准 B 点进行定线。

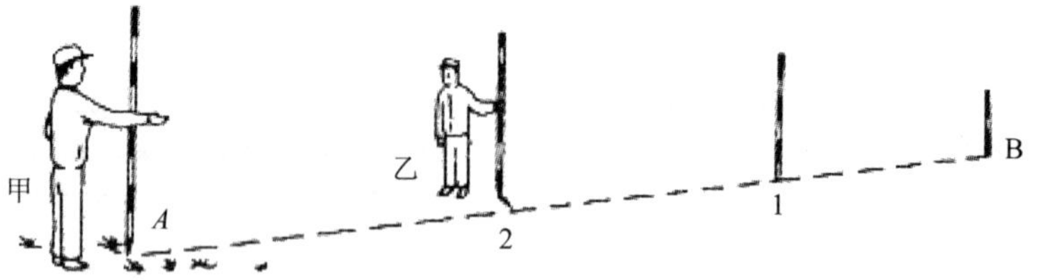

图 4-3 直线定线

三、钢尺量距的普通方法和数据处理

（一）平坦地面上的量距方法

此方法为量距的基本方法。丈量前，先将待测距离的两个端点用木桩（桩顶钉一小钉）标志出来，清除直线上的障碍物后，一般由两人在两点间边定线边丈量，具体作法如下：

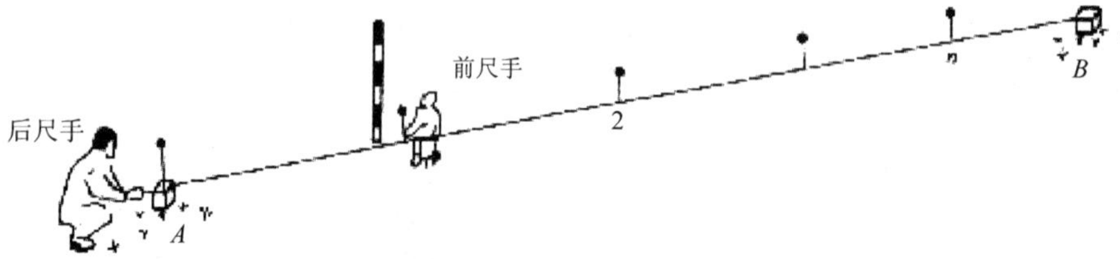

图 4-4 平坦地面上的量距方法

1. 如图 4-4 所示，量距时，先在 A、B 两点上竖立测杆（或测钎），标定直线方向，然后，后尺手持钢尺的零端位于 A 点，前尺手持尺的末端并携带一束测钎，沿 AB 方向前进，至一尺段长处停下，两人都蹲下。

2. 后尺手以手势指挥前尺手将钢尺拉在 AB 直线方向上；后尺手以尺的零点对准 A 点，两人同时将钢尺拉紧、拉平、拉稳后，前尺手喊“预备”，后尺手将钢尺零点准确对准 A 点，并喊“好”，前尺手随即将测钎对准钢尺末端刻划竖直插入地面（在坚硬地面处，可用铅笔在地面划线作标记），得 1 点。这样便完成了第一尺段 $A1$ 的丈量工作。

3. 接着后尺手与前尺手共同举尺前进，后尺手走到 1 点时，即喊“停”。同法丈量第二尺段，然后后尺手拔起 1 点上的测钎。如此继续丈量下去，直至最后量出不足一整尺的余长 q。则 A、B 两点间的水平距离为

$$D_{AB} = nl + q \tag{4-7}$$

式中 D_{AB}——往、返测距离的平均值（m）。

量距精度通常用相对误差 K 来衡量，相对误差 K 化为分子为 1 的分数形式。即

$$K = \frac{|D_f - D_b|}{D_{平均}} = \frac{1}{\dfrac{D_{平均}}{|D_f - D_b|}} \tag{4-8}$$

式中：D_f——往测的距离（m）；

D_b——返测的距离（m）。

例 4-1 用 30m 长的钢尺往返丈量 A、B 两点间的水平距离，丈量结果分别为：往测 4 个整尺段，余长为 9.98m；返测 4 个整尺段，余长为 10.02m。计算 A、B 两点间的水平距离

D_{AB}及其相对误差 K。

解

$$D_{AB} = nl + q = 4 \times 30\text{m} + 9.98\text{m} = 129.98\text{m}$$

$$D_{BA} = nl + q = 4 \times 30\text{m} + 10.02\text{m} = 130.03\text{m}$$

$$D_{\text{平均}} = \frac{1}{2}(D_{AB} + D_{BA}) = \frac{1}{2}(129.98\text{m} + 130.02\text{m} = 130.00\text{m}$$

$$K = \frac{|D_f - D_b|}{D_{\text{平均}}} = \frac{|129.98\text{m} - 132.02\text{m}|}{130.00\text{m}} = \frac{0.04\text{m}}{130.00\text{m}} = \frac{1}{3250}$$

相对误差分母愈大，则 K 值愈小，精度愈高；反之，精度愈低。在平坦地区，钢尺量距一般方法的相对误差一般不应大于1/3 000；在量距较困难的地区，其相对误差也不应大于1/1 000。

(二)倾斜地面上的量距方法

1. 平量法

在倾斜地面上量距时，如果地面起伏不大时，可将钢尺拉平进行丈量。如图4-5所示，欲丈量 AB 两点距离时，后尺手以尺的零点对准地面 A 点，并指挥前尺手将钢尺拉在 AB 直线方向上，同时前尺手抬高尺子的一端，并目估使尺水平，将锤球绳紧靠钢尺上某一分划，用锤球尖投影于地面上，再插以测钎，得1点。此时钢尺上分划读数即为 A、1两点间的水平距离。同法继续丈量其余各尺段。当丈量至 B 点时，应注意锤球尖必须对准 B 点。各测段丈量结果的总和就是 A、B 两点间的往测水平距离。为了方便起见，返测也应由高向低丈量。若精度符合要求，则取往返测的平均值作为最后结果。

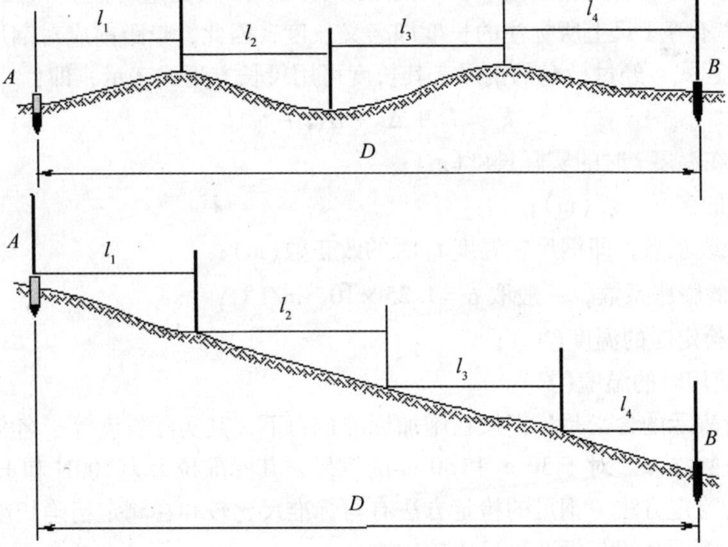

图4-5 平量法

2. 斜量法

当倾斜地面的坡度比较均匀时(图4-6)，可以沿倾斜地面丈量出 A、B 两点间的斜距 L，用经纬仪测出直线 AB 的倾斜角 α，或测量出 A、B 两点的高差 h_{AB}，然后计算 AB 的水平距离 D_{AB}，即：

$$D_{AB} = L_{AB}\cos\alpha \tag{4-9}$$

或

$$D_{AB} = \sqrt{L_{AB}^2 - h_{AB}^2} \tag{4-10}$$

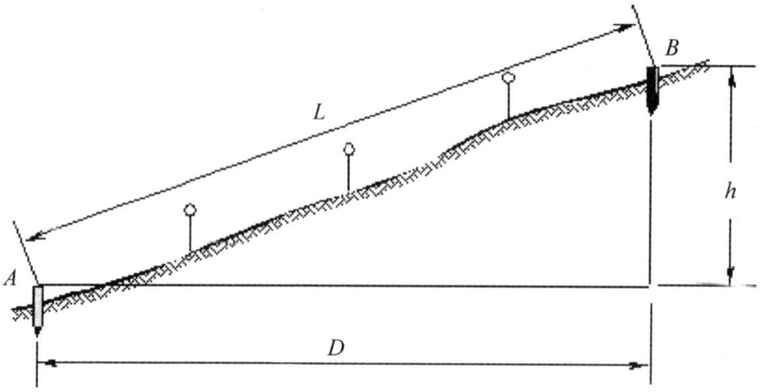

图 4-6　斜量法

四、钢尺量距的精密方法与数据处理

前面介绍的钢尺量距的一般方法，精度不高，相对误差一般只能达到 1/2000 ~ 1/5 000。但在实际测量工作中，有时量距精度要求很高，如有时量距精度要求在 1/10 000 以上，这时应采用钢尺量距的精密方法。

1. 钢尺检定

钢尺由于材料原因、刻划误差、长期使用的变形，以及丈量时温度和拉力不同的影响，其实际长度往往不等于尺上所标注的长度即名义长度，因此，量距前应对钢尺进行检定。

(1)尺长方程式　经过检定的钢尺，其长度可用尺长方程式表示，即：

$$l_t = l_0 + \Delta l + \alpha(t - t_0)l_0 \tag{4-11}$$

式中　l_t—钢尺在温度 t 时的实际长度(m)；

l_0—钢尺的名义长度(m)；

Δl—尺长改正数，即钢尺在温度 t_0 时的改正数(m)；

α—钢尺的膨胀系数，一般取 $\alpha = 1.25 \times 10^{-5}$m/1℃；

t_0—钢尺检定时的温度(℃)；

t—钢尺使用时的温度(℃)。

式(4-11)所表示的含义是：钢尺在施加标准拉力下，其实际长度等于名义长度与尺长改正数和温度改正数之和。对于 30 m 和 50 m 的钢尺，其标准拉力为 100N 和 150N。

(2) 钢尺的检定方法　钢尺的检定方法有与标准尺比较和在测定精确长度的基线场进行比较两种方法。下面介绍与标准尺长比较的方法。

可将被检定钢尺与已有尺长方程式的标准钢尺相比较。两根钢尺并排放在平坦地面上，都施加标准拉力，并将两根钢尺的末端刻划对齐，在零分划附近读出两尺的差数。这样就能够根据标准尺的尺长方程式计算出被检定钢尺的尺长方程式。这里认为两根钢尺的膨胀系数相同。检定宜选在阴天或背阴的地方进行，使气温与钢尺温度基本一致。

例 4-2　已知 1 号标准尺的尺长方程式为

$$l_{t1}=30m+0.004m+1.25\times10^{-5}\times(t-20℃)\times30m$$

被检定的2号钢尺，其名义长度也是30m。比较时的温度为24℃，当两把尺子的末端刻划对齐并施加标准拉力后，2号钢尺比1号标准尺短0.007m，试确定2号钢尺的尺长方程式。

解

$l_{t2}=l_{t1}-0.007m$

$=30m+0.004m+1.25\times10^{-5}\times(24℃-20℃)\times30m-0.007m$

$=30m-0.002m$

故2号钢尺的尺长方程式为：

$l_{t2}=30m-0.002m+1.25\times10^{-5}\times(t-24℃)\times30m$

由于可以不考虑尺长改正数Δl因温度升高而引起的变化，那么2号钢尺的尺长方程式亦可这样计算：

$l_{t2}=l_{t1}-0.007m$

$=30m+0.004m+1.25\times10^{-5}\times(t-24℃)\times30m-0.007m$

2号钢尺的尺长方程式为：

$l_{t2}=30m-0.003m+1.25\times10^{-5}\times(t-20℃)\times30m$

2. 钢尺量距的精密方法

(1)准备工作　包括清理场地、直线定线和测桩顶间高差。

①清理场地　在欲丈量的两点方向线上，清除影响丈量的障碍物，必要时要适当平整场地，使钢尺在每一尺段中不致因地面障碍物而产生挠曲。

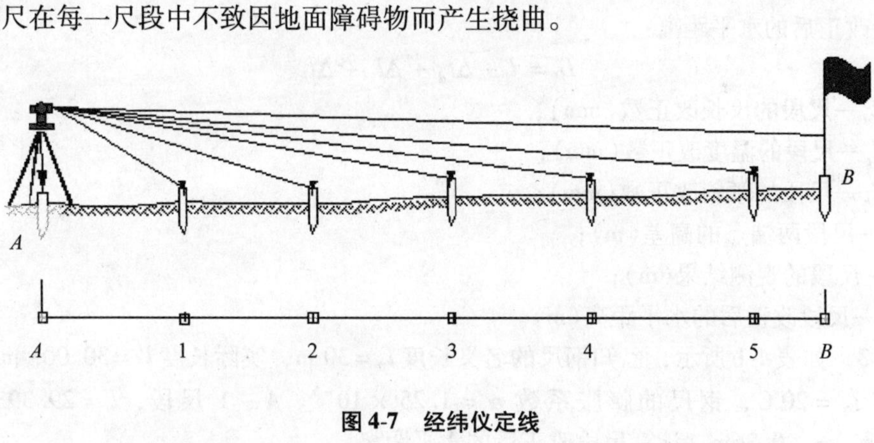

图4-7　经纬仪定线

②直线定线　精密量距用经纬仪定线。如图4-7所示，安置经纬仪于A点，照准B点，固定照准部，沿AB方向用钢尺进行概量，按稍短于一尺段长的位置，由经纬仪指挥打下木桩。桩顶高出地面约10～20cm，并在桩顶钉一小钉，使小钉在AB直线上；或在木桩顶上划十字线，使十字线其中的一条在AB直线上，小钉或十字线交点即为丈量时的标志。

③测桩顶间高差　利用水准仪，用双面尺法或往、返测法测出各相邻桩顶间高差。所测相邻桩顶间高差之差，一般不超过±10mm，在限差内取其平均值作为相邻桩顶间的高差。以便将沿桩顶丈量的倾斜距离改算成水平距离。

(2)丈量方法　人员组成：两人拉尺，两人读数，一人测温度兼记录，共5人。

丈量时，后尺手挂弹簧秤于钢尺的零端，前尺手执尺子的末端，两人同时拉紧钢尺，把钢尺有刻划的一侧贴切于木桩顶十字线的交点，达到标准拉力时，由后尺手发出“预备”口令，两人拉稳尺子，由前尺手喊“好”。在此瞬间，前、后读尺员同时读取读数，估读至0.5mm，记录员依次记入，并计算尺段长度。

前、后移动钢尺一段距离，同法再次丈量。每一尺段测三次，读三组读数，由三组读数算得的长度之差要求不超过2mm，否则应重测。如在限差之内，取三次结果的平均值，作为该尺段的观测结果。同时，每一尺段测量应记录温度一次，估读至0.5℃。如此继续丈量至终点，即完成往测工作。

完成往测后，应立即进行返测。

(3)成果计算　将每一尺段丈量结果经过尺长改正、温度改正和倾斜改正改算成水平距离，并求总和，得到直线往测、返测的全长。往、返测较差符合精度要求后，取往、返测结果的平均值作为最后成果。

①尺段长度计算　根据尺长、温度改正和倾斜改正，计算尺段改正后的水平距离。

尺长改正：

$$\Delta l_d = \frac{\Delta l}{l_0} l \tag{4-12}$$

温度改正：

$$\Delta l_t = \alpha(t - t_0) l \tag{4-13}$$

倾斜改正：

$$\Delta l_h = \frac{h^2}{2l} \tag{4-14}$$

尺段改正后的水平距离：

$$D = l + \Delta l_d + \Delta l_t + \Delta l_h \tag{4-15}$$

式中　Δl_d—尺段的尺长改正数(mm)；

Δl_t—尺段的温度改正数(mm)；

Δl_h—尺段的倾斜改正数(mm)；

h—尺段两端点的高差(m)；

l—尺段的观测结果(m)；

D—尺段改正后的水平距离(m)。

例4-3　如表4-1所示，已知钢尺的名义长度 $l_0 = 30$ m，实际长度 $l' = 30.005$ m，检定钢尺时温度 $t_0 = 20℃$，钢尺的膨胀系数 $\alpha = 1.25 \times 10^{-5}$。$A \sim 1$ 尺段，$l = 29.3930$m，$t = 25.5℃$，$h_{AB} = +0.36$m，计算尺段改正后的水平距离。

解　$\Delta l = l' - l_0 = 30.005\text{m} - 30\text{m} = +0.005\text{m}$

$$\Delta l_d = \frac{\Delta l}{l_0} l = \frac{+0.005\text{m}}{30\text{m}} \times 29.3930\text{m} = +0.0049\text{m} = +4.9\text{mm}$$

$$\Delta l_t = \alpha(t - t_0) l = 1.25 \times 10^{-5} \times (25.5℃ - 20℃) \times 29.3930\text{m} = +0.0020\text{m} = +2.0\text{mm}$$

$$\Delta l_h = -\frac{h^2}{2l} = -\frac{(+0.36\text{m})^2}{2 \times 29.3930\text{m}} = -0.0022 = -2.2\text{mm}$$

$$D_{A1} = l + \Delta l_d + \Delta l_t + \Delta l_h = 29.3930\text{m} + 0.0049\text{m} + 0.0020\text{m} + (-0.0022\text{m}) = 29.3977\text{m}$$

表4-1 精密量距记录计算表

钢尺号码 No：12　　钢尺膨胀系数：125×10^{-5}　　钢尺检定时温度 t_0：20℃

钢尺名义长度 l_0：30m　　钢尺检定长度 l'：30.005m　　钢尺检定时拉力：100N

尺段编号	实测次数	前尺读数/m	后尺读数/m	尺段长度/m	温度/℃	高差/m	温度改正数/mm	倾斜改正数/mm	尺长改正数/mm	改正后尺段长/m
A～1	1	29.4350	0.0410	29.3940	+25.5	+0.36	+1.9	-2.2	+4.9	29.3976
	2	510	580	930						
	3	025	105	920						
	平均			29.3930						
1～2	1	29.9360	0.0700	29.8660	+26.0	+0.25	+2.2	-1.0	+5.0	29.8714
	2	400	755	645						
	3	500	850	650						
	平均			29.8652						
2～3	1	29.9230	0.0175	29.9055	+26.5	-0.66	+2.3	-7.3	+5.0	29.9057
	2	300	250	050						
	3	380	315	065						
	平均			299057						
3～4	1	29.9253	0.0185	29.9050	+27.0	-0.54	+2.5	-4.9	+5.0	29.9083
	2	305	255	050						
	3	380	310	070						
	平均			29.9057						
4～B	1	15.9755	0.0765	15.8990	+27.5	+0.42	+1.4	-5.5	+2.6	15.8975
	2	540	555	985						
	3	805	810	995						
	平均			15.8990						
总和				134.9686			+10.3	-20.9	+22.5	134.9805

2）计算全长　将各个尺段改正后的水平距离相加，便得到直线 AB 的往测水平距离。如表4-1中往测的水平距离 D_f 为：

$$D_f = 134.9805 \text{ m}$$

同样，按返测记录，计算出返测的水平距离 D_b 为：

$$D_b = 134.9868 \text{ m}$$

取平均值作为直线 AB 的水平距离 D_{AB}

$$D_{AB} = 134.9837 \text{ m}$$

其相对误差为

$$K = \frac{|D_f - D_b|}{D_{av}} = \frac{|134.9805\text{m} - 134.9868\text{m}|}{134.9837\text{m}} \approx \frac{1}{21000}$$

相对误差如果在限差以内，则取其平均值作为最后成果。若相对误差超限，应返工重测。

五、钢尺量距的误差及注意事项

1. 尺长误差

钢尺的名义长度和实际长度不符，产生尺长误差。尺长误差是积累性的，它与所量距离成正比。

2. 定线误差

丈量时钢尺偏离定线方向，将使测线成为一折线，导致丈量结果偏大，这种误差称为定线误差。

3. 拉力误差

钢尺有弹性，受拉会伸长。钢尺在丈量时所受拉力应与检定时拉力相同。如果拉力变化 ±2.6 kg，尺长将改变 ±1 mm。一般量距时，只要保持拉力均匀即可。精密量距时，必须使用弹簧秤。

4. 钢尺垂曲误差

钢尺悬空丈量时中间下垂，称为垂曲，由此产生的误差为钢尺垂曲误差。垂曲误差会使量得的长度大于实际长度，故在钢尺检定时，亦可按悬空情况检定，得出相应的尺长方程式。在成果整理时，按此尺长方程式进行尺长改正。

5. 钢尺不水平的误差

用平量法丈量时，钢尺不水平，会使所量距离增大。对于 30m 的钢尺，如果目估尺子水平误差为 0.5m(倾角约 1°)，由此产生的量距误差为 4 mm。因此，用平量法丈量时应尽可能使钢尺水平。

精密量距时，测出尺段两端点的高差，进行倾斜改正，可消除钢尺不水平的影响。

6. 丈量误差

钢尺端点对不准、测钎插不准、尺子读数不准等引起的误差都属于丈量误差。这种误差对丈量结果的影响可正可负，大小不定。在量距时应尽量认真操作，以减小丈量误差。

7. 温度改正

钢尺的长度随温度变化，丈量时温度与检定钢尺时温度不一致，或测定的空气温度与钢尺温度相差较大，都会产生温度误差。所以，精度要求较高的丈量，应进行温度改正，并尽可能用点温计测定尺温，或尽可能在阴天进行，以减小空气温度与钢尺温度的差值。

第三节　视距测量

视距测量是用望远镜内的视距丝装置，根据光学原理同时测定距离和高差的一种方法。这种方法具有操作方便、速度快，一般不受地形限制等优点。虽然精度较低(普通视距测量仅能达到 1/200 ~ 1/300 的精度)，但能满足测定碎部点位置的精度要求。所以视距测量被广泛地应用于地形测图中。

一、视距测量原理

视距测量所用的仪器主要有经纬仪、水准仪和平板仪等。进行视距测量，要用到视距

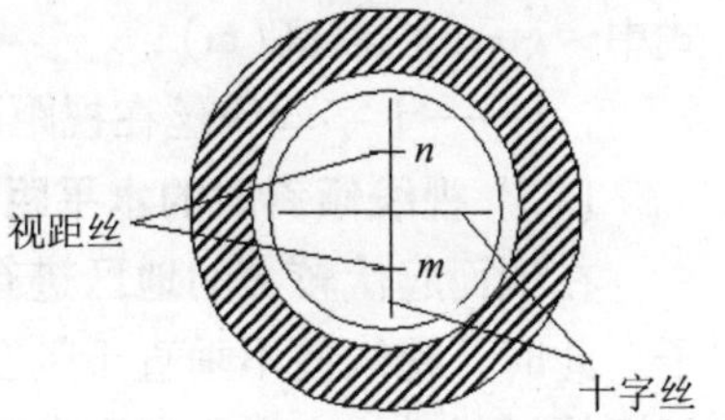

图 4-8　视距丝

丝和视距尺。视距丝即望远镜内十字丝平面上的上下两根短丝，它与横丝平行且等距离(图 4-8)。视距尺是有刻划的尺子，和水准尺相同。

(一) 视线水平时的水平距离和高差公式

如图 4-9 所示，在 A 点安置经纬仪，在 B 点竖立视距尺，用望远镜照准视距尺，当望远镜视线水平时，视线与尺子垂直。如果视距尺上 M、N 点成像在十字丝分划板上的两根视距丝 m、n 处，那么视距尺上 MN 的长度，可由上、下视距丝读数之差求得。上、下视距丝读数之差称为视距间隔或尺间隔，用 l 表示。

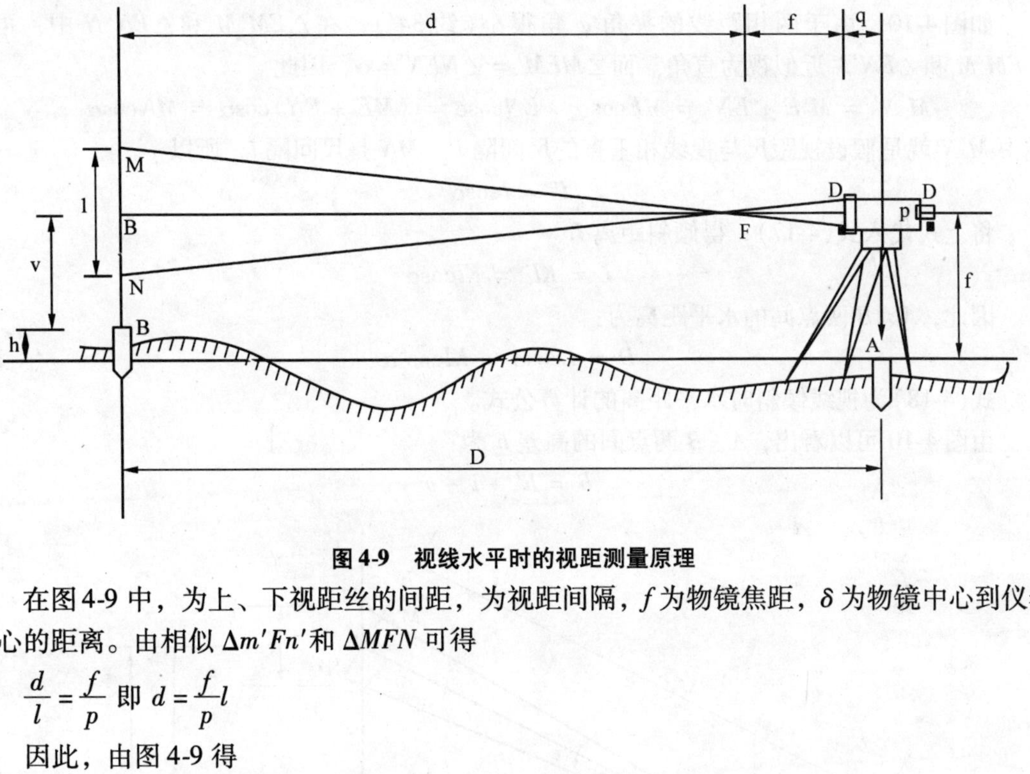

图 4-9　视线水平时的视距测量原理

在图 4-9 中，为上、下视距丝的间距，为视距间隔，f 为物镜焦距，δ 为物镜中心到仪器中心的距离。由相似 $\Delta m'Fn'$ 和 ΔMFN 可得

$\frac{d}{l}=\frac{f}{p}$ 即 $d=\frac{f}{p}l$

因此，由图 4-9 得

$$D=d+f+\delta=\frac{f}{p}l+f+\delta$$

令 $K=\frac{f}{p}$，$C=(f+\delta)$，则有

$$D=Kl+C \tag{4-16}$$

式中　K——视距乘常数，通常 $K=100$；

C——视距加常数。

式(4-16)是用外对光望远镜进行视距测量时计算水平距离的公式。对于内对光望远镜，其加常数 C 值接近零，可以忽略不计，故水平距离为

$$D = Kl = 100l \tag{4-17}$$

同时，由图 4-9 可知，A、B 两点间的高差 h 为

$$h = i - v \tag{4-18}$$

式中　i——仪器高(m)；

v——十字丝中丝在视距尺上的读数，即中丝读数(m)。

(二) 视线倾斜时的水平距离和高差公式

在地面起伏较大的地区进行视距测量时，必须使望远镜视线处于倾斜位置才能瞄准尺子。此时，视线便不垂直于竖立的视距尺尺面，因此式(4-17)和式(4-18)不能适用。下面介绍视线倾斜时的水平距离和高差的计算公式。

如图4-10所示，如果我们把竖立在B点上视距尺的尺间隔MN，换算成与视线相垂直的尺间隔$M'N'$，就可用式(4-17)计算出倾斜距离L。然后再根据L和垂直角α，算出水平距离D和高差h。

如图4-10，由于两相距线的夹角φ角很小(约34′)，在$\triangle EM'M$和$\triangle EN'N$中，可把$\angle EM'M$和$\angle EN'N$近似视为直角。而$\angle MEM' = \angle NEN' = \alpha$，因此

$$M'N' = M'E + EN' = ME\cos\alpha + EN\cos\alpha = (ME + EN)\cos\alpha = MN\cos\alpha$$

式中$M'N'$就是假设视距尺与视线相垂直的尺间隔l'，MN是尺间隔l，所以

$$l' = l\cos\alpha$$

将上式代入式(4-17)，得倾斜距离L

$$L = Kl' = Kl\cos\alpha$$

因此，A、B两点间的水平距离为：

$$D = L\cos\alpha = Kl\cos^2\alpha \tag{4-18}$$

式(4-18)为视线倾斜时水平距离的计算公式。

由图4-10可以看出，A、B两点间的高差h为：

$$h = h' + i - v$$

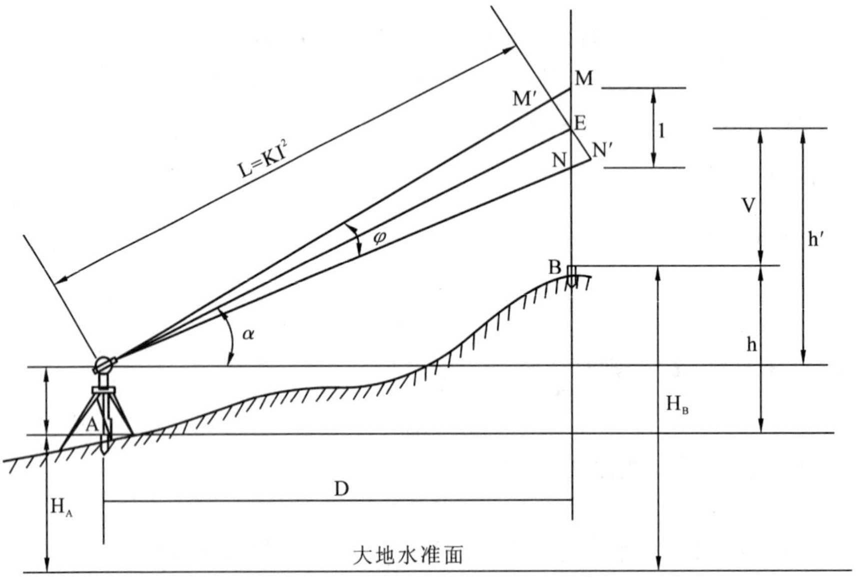

图4-10　视距倾斜时的视距测量原理

式中　h'——高差主值(也称初算高差)。

$$h' = L\sin\alpha = Kl\cos\alpha\sin\alpha = \frac{1}{2}Kl\sin 2\alpha \tag{4-19}$$

所以

$$h = \frac{1}{2}Kl\sin 2\alpha + i - v \tag{4-20}$$

式(4-20)为视线倾斜时高差的计算公式。

二、视距测量的实施与计算

(一)视距测量的施测

(1)如图4-10所示，在A点安置经纬仪，量取仪器高i，在B点竖立视距尺；

(2)盘左(或盘右)位置，转动照准部瞄准B点视距尺，分别读取上、下、中三丝读数，并算出尺间隔l；

(3)转动竖盘指标水准管微动螺旋，使竖盘指标水准管气泡居中，读取竖盘读数，并计算垂直角α；

(4)根据尺间隔l、垂直角α、仪器高i及中丝读数v，计算水平距离D和高差h。

(二)视距测量的计算

表4-2 视距测量记录与计算手簿

测站：A　测站高程：+45.37m　仪器高：1.45m　仪器：DJ_6

测点	下丝读数 上丝读数 尺间隔 l/m	中丝读数 v/ m	竖盘读数 L	垂直角 α	水平距离 D/ m	初算高差 h'/ m	高差 h/ m	高程 H/ m	备注
1	2.237 0.663 1.574	1.45	87　41　12	+2　18　48	157.14	+6.35	+6.35	+51.72	盘左位置
2	2.445 1.555 1.555	2.00	95　17　36	−5　17　36	88.24	−8.18	−8.73	+36.64	

例4-4 以表4-2中的已知数据和测点1的观测数据为例，计算A、1两点间的水平距离和1点的高程。

解 $D_{A1} = Kl\cos^2\alpha = 100 \times 1.574\text{m} \times [\cos(+2°18'48'')]^2 = 157.14\text{m}$

$$h_{A1} = \frac{1}{2}Kl\sin 2\alpha + i - v$$

$$= \frac{1}{2} \times 100 \times 1.574\text{m} \times \sin[2 \times (2°18'48'')] + 1.45\text{m} - 1.45\text{m} = +6.35\text{m}$$

$$H_1 = H_A + h_{A1} = 45.37\text{m} + 6.35\text{m} = +51.72\text{m}$$

三、视距测量的误差来源及消减方法

(一)用视距丝读取尺间隔的误差

读取视距尺间隔的误差是视距测量误差的主要来源，因为视距尺间隔乘以常数，其误差也随之扩大100倍。因此，读数时注意消除视差，认真读取视距尺间隔。另外，对于仪器来讲，应尽可能缩短视距长度。

(二)垂直角测定误差

从视距测量原理可知，垂直角误差对于水平距离影响不显著，而对高差影响较大，故用视距测量方法测定高差时应注意准确测定垂直角。读取竖盘读数时，应严格调节竖盘指标水准管气泡居中。对于竖盘指标差的影响，可采用盘左、盘右观测取垂直角平均值的方法来消除。

(三)标尺倾斜误差

标尺立不直，前后倾斜时将给视距测量带来较大误差，其影响随着尺子倾斜度和地面坡度的增加而增加。因此标尺必须严格铅直(尺上应有水准器)，特别是在山区作业时。

(四)外界条件的影响

(1)大气垂直折光影响　由于视线通过的大气密度不同而产生垂直折光差，而且视线越接近地面垂直折光差的影响也越大，因此观测时应使视线离开地面至少 1m 以上(上丝读数不得小于 0.3m)。

(2)空气对流使成像不稳定产生的影响。这种现象在视线通过水面和接近地表时较为突出，特别在烈日下更为严重。因此应选择合适的观测时间，尽可能避开大面积水域。

此外，视距乘常数 K 的误差、视距尺分划误差等都将影响视距测量的精度。

第四节　光电测距原理

一、光电测距原理

如图 4-11 所示，欲测定 A、B 两点间的距离 D，可在 A 点安置能发射和接收光波的光电测距仪，在 B 点设置反射棱镜，光电测距仪发出的光束经棱镜反射后，又返回到测距仪。通过测定光波在 AB 之间传播的时间 t，根据光波在大气中的传播速度 c，按下式计算距离 D：

$$D = \frac{1}{2}ct \tag{4-21}$$

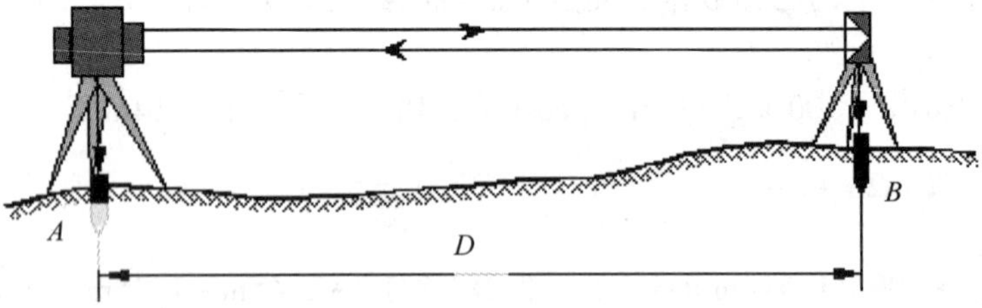

图 4-11　光电测距原理

光电测距仪根据测定时间 t 的方式，分为直接测定时间的脉冲测距法和间接测定时间的相位测距法。高精度的测距仪，一般采用相位式。

(一)脉冲法

由测距仪的发射系统发出光脉冲，经被测目标反射后，再由测距仪的接收系统接收，测出这一光脉冲往返所需时间间隔(t_{2D})的钟脉冲的个数以求得距离 D。

这种方法测距的主要优点是功率大、测程远，但测距的绝对精度比较低，一般只能达到米级，难以满足工程测量所要求的精度。

(二)相位法

高精度的光电测距仪都采用相位法测距。相位法是通过测量连续的调制光波信号，在待定距离上往返传播所产生的相位变化，代替测定信号传播时间 t_{2D}，从而获得被测距离 D，如图 4-12 所示，表示调制光波在测线上往程和返程展开后的形状。

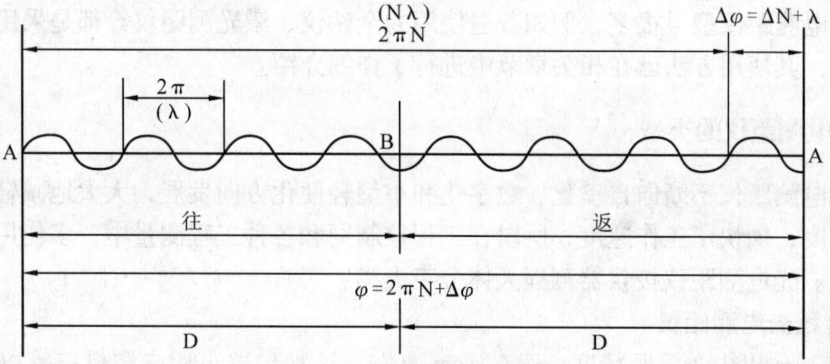

图 4-12 相位法测距原理

由图 4-12 可以看出，调制光波往返程总相位移为：

$$\phi = N \cdot 2\pi + \Delta\phi = 2\pi\left(N + \frac{\Delta\phi}{2\pi}\right) \tag{4-22}$$

式中 N——调制光波往返程总相位移整周个数，其值为≥0 的正整数；

$\Delta\phi$——不足整周数之相位移尾数，$\Delta\phi < 2\pi$；

令 $\frac{\Delta\phi}{2\pi} = \Delta N$——为不足整周数的比例数。

根据物理学原理，相位移 ϕ 等于调制光波的角频率 ω 乘以传播时间 t，即 $\phi = \omega t$。又因为 $\omega = 2\pi f$(f 为调制光波的频率)故

$$t_{2D} = \frac{\phi}{2\pi f} \tag{4-23}$$

则

$$D = \frac{1}{2}Ct_{2D} = \frac{1}{2}C\frac{\phi}{2\pi f} = \frac{C}{2f}(N + \Delta N) \tag{4-24}$$

将光速 $C = \lambda f$(λ 为调制光波波长)代入(4-24)式

得

$$D = \frac{\lambda}{2}(N + \Delta N) = L_s(N + \Delta N) \tag{4-25}$$

式(4-25)就是相位法测距的基本公式。与钢尺量距公式相类似，可以将 L_s 称光电测距仪光尺的尺长，其值是调制波波长的一半，由于某一频率的调制光波波长 L_s 是已知的，所以只要能够测量发射与接收调制光波相位移的整周期数 N 和不足整周期的比例数 ΔN，即可求得距离 D。

不过目前任何测量交变信号相位移的方法都不能测记所经过的整相位移，即无法确定相位移 ϕ 中包含 2π 的整倍数 N，只能测出相位移不足整周数的尾数，因此在相位式测距仪中，可采取发射两个或两个以上不同频率的调制光波，然后将不同频率的调制光波所测得的距离正确衔接起来就可以得到被测距离。其中较低的测尺频率，对应的测尺称为粗测尺，较

高的测尺频率对应的测尺称为精测尺。将两测尺的读数组合起来，便可以求得单一的距离确定值。

由于 C 值在不同的气压、温度和湿度时，其数值略有变动，故在测距时，还应测出当时气象数据，用以计算距离气象改正数。

相位法和脉冲法相比，其主要优点在于测距精度高，一般能达到毫米级，甚至0.1mm级。但由于发射功率不可能很大，故测距相对较短。

现在光电测距仪型号很多，例如普遍使用的全站仪、激光测距仪等都是采用光电测距原理进行测距，其使用方法已在相关章节中进行了详细介绍。

二、光电测距仪的类型

由于光电测距仪不断向自动化、数字化和小型轻便化方向发展，大大地减轻了测量工作者的劳动强度，加快了工作速度，所以在工程控制网和各种工程测量中，多使用各种类型的光电测距仪。光电测距仪按仪器测程大体分三大类：

（一）短程光电测距仪

测程在3km以内，测距精度一般在1cm左右。这种仪器可用来测量三等以下的三角锁网的起始边，以及相应等级的精密导线和三边网的边长，适用于工程测量和矿山测量。这类测程的仪器很多，如瑞士的ME3000，精度可达 $\pm(0.2\text{mm}+0.5\times10^{-6})$；DM 502、DI3S、DI4，瑞典的AGA－112、AGA－116，美国的HP3820A，英国的CD6，日本的RED2、SDM3E，原西德的ELTA 2、ELDI2等，精度均可达 $\pm(5\text{mm}+5\times10^{-6})$；原东德的EOT 2000，我国的HGC－1、DCH－2、DCH－3、DCH－05等。短程光电测距仪，多采用砷化镓（GaAs或GaAlAs）发光二极管作为光源（发出红外荧光），少数仪器也用氦－氖（He－Ne）气体激光器作为光源。砷化镓发光二极管是一种能直接发射调制光的器件，即通过改变砷化镓发光二极管的电流密度来改变其发射的光强。

（二）中程光电测距仪

测程在3～15km的仪器称为中程光电测距仪，这类仪器适用于二、三、四等控制网的边长测量。如我国的JCY－2、DCS－1，精度可达 $\pm(10\text{mm}+1\times10^{-6})$，瑞士的ME5000精度可达 $\times(0.2\text{mm}+0.2\times10^{-6})$、$DI_5$、$DI_{20}$，瑞典的AGA－6、AGA－14A等精度均可达到 $\pm(5\text{mm}+5\times10^{-6})$。

三、光电测距仪的成果整理

通过外业获得观测成果以后，必须对观测值进行气象改正，加常数、乘常数改正，倾斜改正，归心改正，投影改正后，才能得到高斯平面上的长度，由于以上改正公式来源推导过程较复杂，此处我们只讲述具体的公式及运用。

（一）气象改正

由于仪器设计测尺频率时确定一种气象状态（简称参考状况：PR、tR、eR）为依据，而实测时的气象状态（简称实际气象状况：P、t、e）与参考状况不一致，于是引起气象改正，计算改正数公式为：

$$\Delta Dtp = D(nR - na) \tag{4-26}$$

式中：D——测量的边长（单位mm）；

nR——仪器设计确定的气象参数下的群折射率；

na——测距时实际气象条件下的群折射率。

nR、*na* 的计算公式是：

$$n_a = 1 + \frac{n_0 - 1}{1 + atR} \cdot \frac{pR}{760} - \frac{5 \cdot 5eR}{1 + atR} \cdot 10^{-8} \tag{4-27}$$

而
$$n_R = 1 + \left(2876.04 + \frac{3 \times 16.288}{\lambda^2} + \frac{3 \times 0.136}{\lambda^4}\right) \cdot 10^{-7} \tag{4-28}$$

$$n_a = 1 + (n_R - 1) \cdot \frac{1 + 2t_R}{1 + 2t} \cdot \frac{p}{p_R} - \frac{5 \cdot 5eR}{1 + atR} \cdot 10^{-8} \tag{4-29}$$

式中：*na*——标准气象条件（*to* = 0℃，*po* = 760mmHg，*eo* = 0mmHg）下的群折射率。

a——空气膨胀系数，$= \frac{1}{273.16°}$

p、*pR*——大气压，以 mmHg 为单位。

t、*tR*——空气温度，以℃为单位。

e、*eR*——水蒸气压力，以 mmHg 为单位。

$$e = E' - 0.000662(t - t')(1 + 0.001146t')$$

$$p = \frac{7.45_{t'}}{237 + t} \qquad E' = 4.58 \times 10$$

式中：*E'*——饱和水蒸气压力

t'——湿度，即湿温（℃）

λ——测距仪发光管光波波长，以 μm 为单位。

现以 DI4L 红外测距仪为例说明公式运用：

DI4L 红外测距 GaAs 红外光载波波长 = 0.885μm，大气参考点为 tR = 12℃，PR = 760mmHg，eR = 0，求出大气参考点的折射率和一般大气状况下测距时红外光的折射率公式。

将以上参数代入式 3 – 27、或 3 – 26，得：

no = 1.00293954

nR = 1.00028158

将 nR = 1.00028158，PR = 760mmHg，tP = 12℃代入式 3 – 24 得

$$n_a = 1 + \frac{105.65p - 15.02e}{273.16 + t} \times 10^{-6}$$

于是，DI4L 测距仪的气象改正公式是

$$\Delta Dtp = D\left(281.58 - \frac{105.0P - 15.02e}{273.16 + t}\right) \times 10^{-6} \tag{4-30}$$

对于短程距离测量，取 *e* = mmHg，将 *D* 以 Km 为单位，Δ*Dtp* 为单位，则有实用公式

$$\Delta Dtp = D\left(281.58 - \frac{105.0P}{237.16 + t}\right) \times 10^{-6} \tag{4-31}$$

若气压 p 以 pA（帕斯卡）为单位，则式 3-25 变为

$$\Delta Dtp = D\left(281.58 - \frac{792.45P - 112.68e}{237.16 + t}\right) \tag{4-32}$$

由于各种测距仪气象参考点不一样，故各有自己的气象改正公式。实际工作中，一般是查阅仪器使用说明书中的气象改正公式。

（二）加常数改正数 ΔD_K

仪器加常数是由于仪器内光路棱镜等效反射面和仪器安置中心不一致，以及镜站棱镜反射镜等效反射面和反射镜的安置中心不一致而产生的。

测距仪加常数 K 可以通过六段比较法或六段组合法等方法（此处不展述）检定便得知，测距时只要把检验的 K 值加到观测值中去即可消除加常数 K 的影响，即

$$\Delta DK = K \tag{4-33}$$

$$DK = Dtp + K \tag{4-34}$$

式中：Dtp——经气象改正的测距边长；

DK——加常数改正后的测距边边长。

（三）乘常数改正 ΔDR

$$\Delta DK = R \cdot DK$$

$$DR = DK + \Delta DR$$

式中：R——通过测距仪检验求得的乘常数；

DR——经乘常数改正后的测距边长。

（四）边长倾斜改正 ΔDh

边长倾斜改正实质上是将倾斜边长按所测的垂直角化算为平距。但按化算的高程面，有三种情况，即平均型、测站型和镜站型，其计算化式如下：

（1）平均型平距化算公式

$$Dh = DR \cdot cos(a + 14''.09 \cdot DR(\mathrm{km}))$$

$$\Delta Dh = Dh - DR$$

式中：a 为测站 A 观测镜站 B 的垂直角；$DR(\mathrm{km})$ 为乘常数改正后以 km 为单位的测距边长；Dh 为相对 A、B 两点平均高程面上的平距。

（2）测站型平距化算公式

$$Dh_B = D_R \sin Z + \left(\frac{K^2 D_R}{2R}\cos Z\right) \tag{4-35}$$

$$\Delta DhB = DnB - DR \tag{4-36}$$

式中：DnB 表示相对于镜站 B 高程面上平距，Z 仍是 A 站站测 B 站目标的天顶距，其他符号含义与前面相同。

（五）归心改正 ΔDe

如测距仪和反射器都有偏心的情况。A、B 分别表示测站，镜站的标中心；A'、B' 为测距仪，反射器的安置中心；e、e' 为测站、镜站的偏心距；θ、θ' 为偏心角（偏心角是以 A'、B' 为中心分别从 e、e' 方向顺时针至测线方向的角度）。经推导，得归心改正公式为

$$\Delta De = -(e\cos\theta + e'\cos\theta)$$

$$De = Dh + \Delta \tag{4-37}$$

式中，ΔDe 为经归心改正后的测距边长度。Dh 为经倾斜改正后测距边平距。

(六)椭球体面上投影改正 ΔDg

$$\Delta Dg = -De\frac{Hm + hm}{R_A + Hm + hm}$$

$$Dg = De + \Delta Dg$$

式中：Hm 表示平距 De 所在高程(即：平均高程，测站高程或镜站高程)，hm 是大地水准面高出椭球体面的高度；R_A 是测线所在方向的地球曲率半径。

(七)地球曲率改正 ΔDs

$$\Delta Ds = \frac{D^3S}{24R^2} \tag{4-38}$$

$$Ds = Dg + \Delta Ds$$

一般测距边小于 5km 时，ΔDs 可忽略不计。

(八)大地线长度改正 ΔDc

$$\Delta Dc = 1.25 \times 10^{-7} \times \mathrm{HmDg2sin2}B_1\cos A_1 \tag{4-39}$$

$$Dc = Ds + \Delta Dc$$

式中：B_1 为测站的大地纬度，A_1 为测线在测站的方位角，Hm 为测站与镜站的平均高程，Dg 为测距长度(Hm，Dg 以 km 为单位)，ΔDc 以 m 为单位。此项改正数在工程测量中可忽略不计(当 $D>40$km 时，ΔDc 才有 mm 改正数)。

(九)距离改化 ΔDu

距离改化就是将参考椭球体面上的边长(严格来说应为大地线长度)归算至高斯平面上的长度。即

$$\Delta Du = Dc\frac{Y^2m}{2R^2m} + \frac{\Delta Y^2}{24R^2m} \tag{4-40}$$

$$Du = Du + \Delta Du$$

式中：Rm 为测线中点的平均曲率半径；Ym 为测线端点的平均 Y 坐标值；ΔY 为测线端点 Y 坐标差；Dc 为椭球体面上的长度。

以上所述光电测距成果处理各项目，在实用上必须根据测距情况和精度等级需要确定。

四、光电测距的注意事项

(1)气象条件对光电测距影响较大，微风的阴天是观测的良好时机。

(2)测线应尽量离开地面障碍物 1.3m 以上，避免通过发热体和较宽水面的上空。

(3)测线应避开强电磁场干扰的地方，例如测线不宜接近变压器、高压线等。

(4)镜站的后面不应有反光镜和其他强光源等背景的干扰。

(5)要严防阳光及其他强光直射接收物镜，避免光线经镜头聚焦进入机内，将部分元件烧坏，阳光下作业应撑伞保护仪器。

【本章参考书目】

[1] 北京测绘处主编．城市测量规范(CJJ8－55)[S]．北京：中国建筑工业出版社．1986

[2] 冯仲科，邓融，李军等编．测量学通用教程[M]．北京：测绘出版社．1996

[3] 李青岳主编．工程测量学[M]．北京：测绘出版社．1984

[4] 清华大学测量教研组编．普通测量(第四版)[M]．北京：中国建筑工业出版社．1990

[5] 卞正富主编．测量学[M]．北京：中国农业出版社．2002.2

【复习思考题】

1. 直线定线的方法主要有哪些？

2. 平坦地面上的距离丈量如何进行？

3. 钢尺量距的精密方法通常要加哪几项改正？

4. 在一个测站上，视距测量应读取哪些读数？请写出视距测量的计算公式。

5. 欲测量建筑物轴线 A、B 两点的水平距离，往测 $D_{AB}=215.687\text{m}$，返测 $D_{BA}=215.694\text{m}$，则 A、B 两点间的水平距离为多少？评价其质量。

6. 某钢尺的名义长度为 30m，在标准温度、标准拉力、高差为零的情况下，检定其长度为 29.992 5m，用此钢尺在 25℃ 条件下丈量一段坡度均匀、长度为 165.455 0m 的距离。丈量时的拉力与钢尺检定时的拉力相同，并测得该段距离的两端点高差为 1.5m，试求其水平距离。

7. 简述光线测距的基本原理。

第五章 误差理论与测量平差基本知识

【本章提要】

本章主要介绍测量误差的概念、测量误差产生的原因、测量误差的分类与处理原则，偶然误差的特性，衡量精度的指标，误差传播定律，最小二乘原理及其在测量平差中应用的基本知识。

第一节 观测误差

一、测量误差定义

测量数据(也称为观测数据)是指用一定的测量仪器或其他手段获取反映地球及地表空间各几何物体大小及其位置分布有关信息的数据。测量数据有的是直接观测的结果，有的是间接观测的结果，如在水准测量中直接观测的数据是水准尺上的读数，间接观测的数据是高差、高程。任何观测数据与其理论值之间总是存在着一定程度的差异，观测量的真值与观测值之间的差值称为观测真误差，简称为观测误差，即：

$$\Delta = \bar{L} - L \tag{5-1}$$

式中，Δ为观测真误差，$\bar{L}$为被观测量的真值，L为观测值。

二、测量误差的来源

产生观测误差的原因很多，概括起来主要有以下三个方面：

(一)测量仪器本身的精度影响

所谓的测量仪器，这里指采集数据所使用的任何工具和手段。测量作业中要使用测量仪器，由于每种测量仪器都具有一定的精确度，使得测量结果受到一定的影响，由此观测得到的数据必然带有误差。例如，在使用度盘刻画到分的 DJ_6 经纬仪进行角度观测时，就不能保证在估读秒时是正确无误差的。同时，仪器本身结构不完善也有一定的误差，如水准仪的视准轴与水准管轴不平行等。另外，在地形图数字化中使用的扫描仪，使用精密的全站仪、GPS 等仪器采集的数据中也存在着仪器误差。

(二)观测者技术水平的影响

由于观测者感官鉴别能力所限以及技术熟练程度不同，也会在仪器对中、整平和瞄准等方面产生误差。

(三)外界条件的影响

主要指观测环境中气温、气压、空气湿度和清晰度、风力以及大气折光等因素的不断变化，导致测量结果中带有误差。

测量工作是在一定条件下进行的，外界环境、观测者的技术水平和仪器本身构造的不完善等原因，都可能导致测量误差的产生。通常把测量仪器、观测者的技术水平和外界环境三个方面综合起来，称为观测条件。观测条件的不断变化，是产生测量误差的根本原因。通常把观测条件相同的各次观测，称为同精度观测；观测条件不同的各次观测，称为不同精度观测。

三、测量误差的分类

根据测量误差产生的原因、统计特性及其对测量结果影响的特点，观测误差可以分为系统误差、偶然误差和粗差三类。

(一) 系统误差

在相同的观测条件下，对某观测量进行一系列重复观测，如果误差在大小和符号上表现出一定的规律性，这类误差称为系统误差。系统误差主要是由测量仪器和外界条件引起的，例如：在距离丈量中，钢尺的名义长度为50m，经检定其实际长度为50.005m，则每丈量一整尺段就就会产生+0.005m的系统误差，而且丈量的尺段数越多，误差累积就越大，所以该测量误差与所丈量的距离成正比；又如在水准测量中，地球曲率和大气折光对高差测量所产生的误差与两观测点间的距离成正相关关系。

系统误差具有很强的累积性，对测量结果影响很大，必须消除。由于系统误差在大小和符号上表现出一定的规律性，所以通常采取如下三种措施来消除或减弱系统误差对测量结果的影响：一是在观测方法和观测程序上采取必要措施可以消除或减弱系统误差对测量结果的影响，如在三角高程测量中采用对向观测、在水准测量中使前后视距尽量相等可以减弱地球曲率和大气折光对高差测量的影响；二是找出系统误差产生的原因，在平差计算前按一定的公式对观测值进行系统误差改正；三是在平差计算中，将系统误差当作未知参数纳入函数模型中，然后一并求解得出。

(二) 偶然误差

在相同的观测条件下，对某观测量进行一系列重复观测，如果单个误差在大小和符号上表现出随机性，没有规律可循，但就大量的误差而言又表现出统计规律性，则这类误差称为偶然误差。

(三) 粗差

粗差是一种大量级的观测误差，即错误。是由测量人员的粗心大意或仪器故障所造成的差错。

四、偶然误差的统计特性

在相同的观测条件下，如果对某量进行多次重复独立观测，就可以发现偶然误差表现出一定的统计规律性，其观测次数越多这种规律性越明显。例如，在相同的观测条件下，独立地观测了358个三角形的全部内角(或者对同一个三角形的三个内角进行了358重复观测)，由于观测结果中存在着偶然误差，三角形三个内角的观测值之和不等于三角形内角和的理论值(真值)。设三角形内角和的真值为$\bar{L}$，观测值为L_i，则三角形内角和的真误差(或简称误差)为：

$$\triangle_i=\bar{L}-L_i\ (i=1,\ 2,\ \cdots,\ 358) \tag{5-2}$$

对于每个三角形来说，Δ_i 是每个三角形内角和的真误差，L_i 是每个三角形三个内角的观测值之和，$\bar{L}$ 等于 180°。现将 358 个真误差按每 3″为一区间，根据误差符号及绝对值大小进行排列(表 5-1)，分别统计出在各误差区间内的个数 v，及相对个数 $v/358$。

表 5-1　三角形三个内角和观测值真误差统计结果

误差区间	负误差		正误差		误差绝对值	
d△(″)	v	$v/358$	v	$v/358$	v	$v/358$
0～3	45	0.126	46	0.128	91	0.254
3～6	40	0.112	41	0.115	81	0.226
6～9	33	0.092	33	0.092	66	0.184
d△(″)	v	v/358	v	v/358	v	v/358
9～12	23	0.064	21	0.059	44	0.123
12～15	17	0.047	16	0.045	33	0.092
15～18	13	0.036	13	0.036	26	0.073
18～21	6	0.017	5	0.016	11	0.031
21～24	4	0.011	2	0.006	6	0.017
24 以上	0	0	0	0	0	0
Σ	181	0.505	177	0.495	358	1

现将表 5-1 中的数据用图 5-1 所示的误差分布直方图来表示，纵轴表示各区间内误差出现的频率，即 v_i/n，横轴表示误差大小，图中每一误差区间上的长方形面积 $\frac{v_i/n}{d\Delta}\times d\Delta = v_i/n$ 表示误差出现在该区域内的频率。当观测次数无限增加而误差区间无限缩小时，误差分布直方图就会变成一条曲线，称该曲线为误差分布曲线。偶然误差的分布曲线为标准正态分布曲线，密度函数为：

$$f(\Delta) = \frac{1}{\sqrt{2\pi\sigma}}e^{\frac{1}{2\sigma^2}\Delta^2} \tag{5-3}$$

其中 σ 为△的中误差(即标准差)。

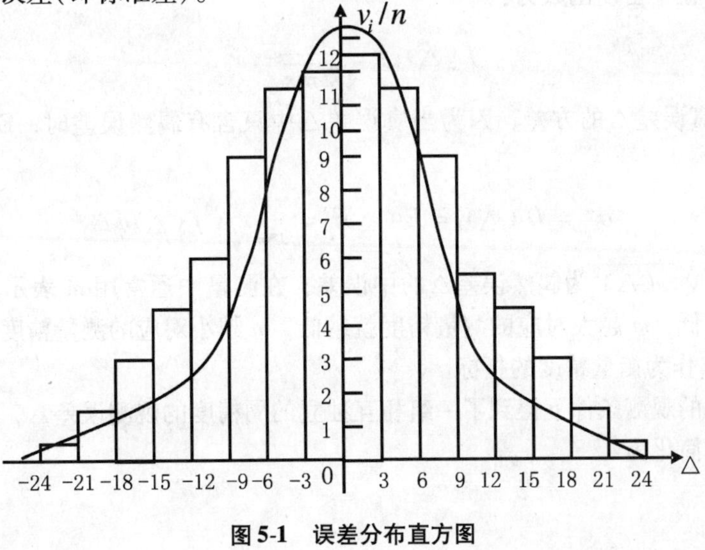

图 5-1　误差分布直方图

从表 5-1 和图 5-1 中可以得出偶然误差具有如下 4 个方面的统计特性：

1. 在一定观测条件下，偶然误差的绝对值不会超过一定限值，即：$p(|\Delta|>|\Delta_{限}|)=0$；

2. 绝对值小的误差比绝对值大的误差出现的概率大，即：$p(|\Delta_{小}|)>p(|\Delta_{大}|)$；

3. 绝对值相等的正负误差出现的概率相同；

4. 偶然误差的数学期望为零，即：$E(\Delta)=0$。$\Delta N(0,\sigma^2)$的正态分布。

实践表明，对于在相同条件下独立进行的一组观测来说，不论其观测条件如何，也不论是对一个量还是对多个量进行观测，这组观测误差必然具有上述 4 个特性，而且，当观测的个数 n 愈大时，这种特性就表现得愈明显。偶然误差的这种特性，又称为统计规律性。

第二节　衡量精度的指标

测量成果都不可避免地含有误差，对测量成果的精度进行评定是测量平差的主要任务之一。精度就是指误差分布的密集或离散程度，误差分布越密集，误差就越小，测量精度就越高；反之，误差分布越离散，误差就越大，精度就越低。

为了衡量观测值(或观测值函数值)精度的高低，可以采用列误差分布表、绘误差分布图或误差分布曲线等方法进行比较分析，但这些方法都比较烦琐而且不直观，因此，通常采用真误差的某一数字特征来描述误差分布的离散程度，并以此数字特征作为衡量精度的标准。衡量精度的指标有多种，这里我们仅仅介绍中误差、平均误差和或然误差等几种常用的精度指标。

一、方差和中误差

设有随机变量 X，其数学期望为 $E(X)$，方差为 $D(X)=\sigma_X^2$，根据方差的定义有：

$$\sigma_X^2 = D(X) = E[(X-E(X))^2] = \int_{-\infty}^{+\infty}(X-E(X))^2 f(x)dx \tag{5-4}$$

真误差 Δ 的概率密度函数为：

$$f(\Delta) = \frac{1}{\sqrt{2\pi\sigma}}e^{\frac{1}{2\sigma^2}\Delta^2} \tag{5-5}$$

式中 σ^2 是真误差 Δ 的方差，因为当真误差 Δ 中只含有偶然误差时，$E(\Delta)=0$，因此有：

$$\sigma^2 = D(\Delta) = E(\Delta)^2 = \int_{-\infty}^{+\infty}\Delta^2 f(\Delta)d\Delta \tag{5-6}$$

则定义 $\sigma=\sqrt{E(\Delta)^2}$ 为偶然误差 Δ 的中误差，在测量中通常用 m 表示。m 的大小反映了测量精度的高低，m 越大对应的测量精度就越低，m 越小对应的测量精度就越高，故测量中常用中误差 m 作为衡量精度的指标。

如果在相同的观测条件下得到了一组相互独立的同精度的观测误差 Δ，则方差和中误差的计算公式可以简化为：

$$\sigma^2 = D(\triangle) = E(\triangle^2) = \lim_{x\to\infty}\frac{1}{n}\sum_{i=1}^{n}\triangle_i^2$$

$$m = \lim_{x\to\infty}\sqrt{\frac{\sum_{i=1}^{n}\triangle_i^2}{n}} \tag{5-7}$$

根据(5-7)式计算的方差和中误差都是各自的理论值，在实际应用中都是根据有限个观测值的真误差计算出方差和中误差的估计值，方差和中误差的估计值用符号 $\hat{\sigma}^2$ 和 $\hat{m}$ 表示，即：

$$\hat{\sigma}^2 = \frac{1}{n}\sum_{i=1}^{n}\triangle_i^2$$

$$\hat{m} = \sqrt{\frac{\sum_{i=1}^{n}\triangle_i^2}{n}} \tag{5-8}$$

(5-8)式就是根据一组同精度观测值的真误差计算方差和中误差估值的基本公式。

二、平均误差

在一定的观测条件下，一组独立的偶然误差绝对值的数学期望称为平均误差。设以 θ 表示平均误差，则有：

$$\theta = E(|\triangle|) = \int_{-\infty}^{+\infty}|\triangle|f(\triangle)d\triangle \tag{5-9}$$

同样，如果在相同条件下得到了一组独立的观测误差，则平均误差可以表示为：

$$\theta = \lim_{n\to\infty}\frac{[|\triangle|]}{n} \tag{5-10}$$

即平均误差是一组独立的偶然误差绝对值的算术平均值之极限值。由于观测值的个数是有限的，因此在实际应用中也只能以平均误差的估计值代替理论值来衡量精度，并用符号 $\hat{\theta}$ 来表示 θ 的估计值，即：

$$\hat{\theta} = \frac{[|\triangle|]}{n} \tag{5-11}$$

平均误差与中误差有如下的关系：

$$\theta = E(|\triangle|) = \int_{-\infty}^{+\infty}|\triangle|f(\triangle)d\triangle = 2\int_{0}^{+\infty}\triangle\frac{1}{\sqrt{2\pi}}e^{-\frac{\triangle^2}{2\sigma^2}}d\triangle$$

$$= \frac{2}{\sqrt{2\pi}}\int_{0}^{+\infty}-\sigma de^{-\frac{\triangle^2}{2\sigma^2}} = \frac{2\sigma}{\sqrt{2\pi}}\left[e^{-\frac{\triangle^2}{2\sigma^2}}\right]_0^{+\infty} = \sqrt{\frac{2}{\pi}}\sigma \tag{5-12}$$

即：

$$\theta = \sqrt{\frac{2}{\pi}}\sigma \approx 0.7979\sigma \approx \frac{4}{5}\sigma$$

$$\sigma = \sqrt{\frac{\pi}{2}}\theta \approx 1.235\theta \approx \frac{5}{4}\theta \tag{5-13}$$

三、或然误差

观测值落入或然差之间$(-\rho,\ \rho)$的概率等于1/2，就称ρ为或然误差，即：

$$p(-\rho<\Delta<\rho)=\int_{-\rho}^{+\rho}f(\Delta)d\Delta=\frac{1}{2} \tag{5-14}$$

或然误差与中误差有如下的关系：

$$p(-\rho<\Delta<\rho)=\int_{-\rho}^{+\rho}f(\Delta)d\Delta=\int_{-\rho}^{+\rho}\frac{1}{\sqrt{2\pi}}e^{-\frac{\Delta^2}{2\sigma^2}}d\Delta$$

$$=2\int_{0}^{+\frac{\rho}{\sigma}}\frac{1}{\sqrt{2\pi}}e^{-\frac{t^2}{2}}dt=\frac{1}{2}$$

$$\int_{0}^{+\frac{\rho}{\sigma}}\frac{1}{\sqrt{2\pi}}e^{-\frac{t^2}{2}}dt=\frac{1}{4}=0.25;\varphi\left(\frac{\rho}{\sigma}\right)-\varphi(0)=0.25\Rightarrow\varphi\left(\frac{\rho}{\sigma}\right)=0.75$$

$$\frac{\rho}{\sigma}\approx0.6745\approx2/3$$

即：

$$\rho\approx0.6745\sigma\approx\frac{2}{3}\sigma$$
$$\sigma\approx1.4826\rho\approx\frac{3}{2}\rho \tag{5-15}$$

在实际应用中，因为观测值的个数有限，因此也只能得到ρ的估值，求得ρ的估值的方法如下：将在相同观测条件下得到的一组误差按绝对值的大小排列，当观测值个数n为奇数时，取中间的一个误差值作为ρ的估值，当观测值个数n为偶数时，则取中间的两个误差值的平均值作为ρ的估值。在实际应用中通常都是先求出中误差的估值，然后根据(5-15)式求出或然误差ρ的估值。

中误差、平均误差和或然误差都可以作为衡量精度的指标。在实际应用中，由于观测值n是有限的，故只能求得各自的估计值，估计值与理论值有一定的差异，n越大，这种差异就越小，也就越能反映观测精度，如果n很小，求出来的估计值就不可靠。当n不大时，中误差比平均误差能更灵敏地反映大的真误差的影响，同时，在计算或然误差时往往是先求出中误差的，因此，世界各国在实际应用上通常使用中误差作为衡量精度的指标，我国也统一采用中误差作为衡量精度的指标。

四、极限误差

中误差不是代表个别误差的大小，而是表示误差分布离散程度大小，中误差愈小表示在该组观测值中绝对值小的误差愈多，在大量同精度观测的一组误差中，误差落在$(-\sigma,\ \sigma)$，$(-2\sigma,\ 2\sigma)$和$(-3\sigma,\ 3\sigma)$的概率分别为：

$$p(-\sigma<\Delta<\sigma)=68.3\%$$
$$p(-2\sigma<\Delta<2\sigma)=95.5\% \tag{5-16}$$
$$p(-3\sigma<\Delta<3\sigma)=99.7\%$$

从(5-16)式中可以知道绝对值大于中误差的偶然误差出现的概率为31.7%，绝对值大于两倍中误差的偶然误差出现的概率为4.5%，绝对值大于三倍中误差的偶然误差出现的概率为0.3%，这已经是概率接近于0的小概率事件，或者说是实际上不可能发生的事件，因此，通常以三倍中误差作为偶然误差的极限值$\Delta_{限}$，称为极限误差，即：$\Delta_{限}=3m$。

在测量工作中，如果某误差超过了极限误差，那就可以认为其测量结果是错误的，相应的观测值应该舍去不用。

五、相对误差

中误差和真误差都是绝对误差，误差的大小与观测量的大小无关。然而，有些量如长度，绝对误差不能全面反映观测精度，因为长度丈量的误差与长度大小有关。例如，分别丈量了两段不同长度的距离，一段为100m，另一段为200m，但中误差都为2cm，虽然两者的中误差相同，但是就单位长度而言，两者的精度却不同，显然前者的相对精度要比后者的精度要低。为此，必须引入另一类方法来衡量精度，以便能更客观地反映实际测量精度的高低，这就是采用相对中误差来衡量其精度的高低。

相对误差的定义为：中误差的绝对值与相应观测值之比，用K表示。相对中误差是个无量纲的数，在测量中一般将用分子化为1的分数形式表示，即用$k=\frac{1}{N}$表示，分母N愈大，表示相对中误差愈小，精度也就愈高。

对于真误差和极限误差，有时也用相对误差来表示，例如，在导线测量中，实际求出的全长相对闭合差为1/1000，它就是相对真误差，而测量规范中规定的全长相对闭合差不能超过1/2000或1/15000，它就是相对极限误差。

第三节　协方差传播律

测量中，对于能直接观测的量(如水平角度、距离和高差等)，经过多次观测后，便可通过真误差或改正数计算出观测值的中误差，作为评定观测值精度的标准。但在实际工作中，某些未知量不可能或不便于直接进行观测(如平面坐标和高程等)，而需要由另一些直接观测量根据一定的函数关系计算出来，这些未知量即为观测值的函数。例如，在水准测量中，两点间的高差$h_{AB}=a-b$，则h_{AB}是直接观测值a和b的函数；在平面控制测量中，坐标是直接观测量水平角度和水平距离的函数。当某些量不是直接测定的，而是观测值的函数，观测值函数的精度如何评定呢？其中误差与观测值的中误差存在怎样的关系？如何从后者得到前者？这是本节所要讨论的重要内容。本节所要讨论的就是在观测值中误差为已知的情况下，如何求观测值函数中误差的问题。阐述观测值中误差与函数中误差之间数学关系的定律，称为协方差传播律。

一、观测值线性函数的方差

设有观测值向量X_{n1}，其数学期望为μ_X，协方差为D_{XX}即：

$$X=\begin{bmatrix}x_1\\x_2\\ \\ x_n\end{bmatrix};\qquad \mu_X=\begin{bmatrix}\mu_1\\ \mu_2\\ \\ \mu_n\end{bmatrix}=\begin{bmatrix}E(x_1)\\E(x_2)\\ \\ E(x_n)\end{bmatrix}=E(X)$$

$$D_{XX}=E[(X-\mu_X)(X-\mu_X)^T]=\begin{bmatrix}\sigma_{x_1}^2 & \sigma_{x_1x_2} & \sigma_{x_1x_n}\\ \sigma_{x_2x_1} & \sigma_{x_2}^2 & \sigma_{x_2x_n}\\ \cdots & \cdots & \cdots\\ \sigma_{x_nx_1} & \sigma_{x_nx_2} & \sigma_{x_n}^2\end{bmatrix} \tag{5-17}$$

其中 $\sigma_{x_i}^2$ 为观测量 X_i 的方差，$\sigma_{x_ix_j}$ 为 X_i 与 X_j 的协方差。设有观测向量 X 的线性函数为：

$$Y_{1\times1}=K_{1\times n}X_{n\times1}+K_{1\times1}^0 \tag{5-18}$$

其中： $K_{1\times n}=[k_1,\ k_2,\ \cdots,\ k_n]$，$K_{1\times1}^0$ 为常数。

则：
$$E(Y)=E(KX+K^0)=KE(X)+K^0=K\mu_X+K^0 \tag{5-19}$$

根据方差的定义可得 Y 的方差为：

$$D_{YY}=\sigma_Y^2=E[(Y-E(Y))(Y-E(Y))^T] \tag{5-20}$$

将(5-18)和(5-19)代入(5-20)得：

$$\begin{aligned}D_{YY}=\sigma_Y^2&=E[(KX+K^0-K\mu_X-K^0)(KX+K^0-K\mu_X-K^0)^T]\\&=E[K(X-\mu_X)(X-\mu_X)^TK^T]\\&=KE[(X-\mu_X)(X-\mu_X)^T]K^T\\&=KD_{XX}K^T\end{aligned}$$

所以：
$$D_{YY}=KD_{XX}K^T \tag{5-21}$$

(5-21)式就是根据观测值向量 $X_{n\times1}$ 的协方差阵求其线性函数 Y 的方差公式。特别地当观测值向量 $X_{n\times1}$ 两两独立时，他们之间的协方差 $\sigma_{x_ix_j}=0(i\neq j)$，(5-21)式就为：

$$D_{YY}=\sigma_Y^2=k_1\sigma_{x_1}^2+k_2\sigma_{x_2}^2+\cdots+k_n\sigma_{x_n}^2 \tag{5-22}$$

通常将(5-21)和(5-22)称为协方差传播律。其中(5-22)是(5-21)的一个特例。

二、非线性函数广义传播律

设有观测值向量 X 的非线性函数为：

$$Z=f(X_1,\ X_2,\ \ldots,\ X_n) \tag{5-23}$$

已知 X 的协方差阵为 D_{XX}，需求 Z 的方差 D_{ZZ}。为了计算非线性函数 $Z=f(X_1,\ X_2,\ \ldots,\ X_n)$ 的方差，必须先将非线性函数线性化。

假定观测值向量 X 有近似值 $X_{n\times1}^0=(X_1^0,\ X_2^0,\ \ldots,\ X_n^0)^T$，则可将函数式(5-23)按泰勒级数在近似值 X_1^0，X_2^0，...，X_n^0 处展开，其展开式为：

$$Z=f(X_1^0,\ X_2^0,\ \ldots,\ X_n^0)+\left(\frac{\partial f}{\partial X_1}\right)_0(X_1-X_1^0)+\left(\frac{\partial f}{\partial X_2}\right)_0(X_2-X_2^0)+\ldots,+\left(\frac{\partial f}{\partial X_n}\right)_0(X_n-X_n^0)+(\text{二次以上各项}) \tag{5-24}$$

在(5-24)式中，$\left(\frac{\partial f}{\partial X_i}\right)_0$ 是函数对各个变量所取的偏导数，并以近似值 X_i^0 代入所算得的数值，它们都是常数，当 X^0 与 X 非常接近时，(5-24)式中的二次以上各项很微小，故可以略去。因此可以将(5-24)式改写成：

$$Z=\left(\frac{\partial f}{\partial X_1}\right)_0 X_1+\left(\frac{\partial f}{\partial X_2}\right)_0 X_2+\ldots,+\left(\frac{\partial f}{\partial X_n}\right)_0 X_n+f(X_1^0,X_2^0,\ldots,X_n^0)-\sum_{i=1}^{n}\left(\frac{\partial f}{\partial X_i}\right)_0 X_i^0 \qquad (5\text{-}25)$$

令：

$$K=[k_1,\ k_2,\ \ldots,\ k_n]=\left[\left(\frac{\partial f}{\partial X_1}\right)_0,\ \left(\frac{\partial f}{\partial X_2}\right)_0,\ \ldots,\ \left(\frac{\partial f}{\partial X_n}\right)_0\right]$$

$$K^0=f(X_1^0,X_2^0,\ldots,X_n^0)-\sum_{i=1}^{n}\left(\frac{\partial f}{\partial X_i}\right)_0 X_i^0 \qquad (5\text{-}26)$$

则：

$$Z=k_1X_1+k_2X_2+\ldots+k_nX_n+K^0=KX_{n\times 1}+K^0 \qquad (5\text{-}27)$$

这样，就将(5-23)式的非线性函数式化成了(5-27)式的线性函数式，它与(5-22)式的线性函数式完全相同，故可以按(5-21)式求得 Z 的方差 D_{ZZ} 为：

$$D_{ZZ}=KD_{XX}K^T \qquad (5\text{-}28)$$

如果令：

$$\begin{aligned} dX_i&=X_i-X_i^0\\ dX&=(dX_1,\ dX_2,\ \ldots,\ dX_n)^T\\ dZ&=Z-Z^0=Z-f(X_1^0,\ X_2^0,\ \ldots,\ X_n^0)\end{aligned} \qquad (5\text{-}29)$$

则(5-25)式可以写为：

$$dZ=\left(\frac{\partial f}{\partial X_1}\right)_0 dX_1+\left(\frac{\partial f}{\partial X_2}\right)_0 dX_2+\ldots,\ +\left(\frac{\partial f}{\partial X_n}\right)_0 dX_n=KdX \qquad (5\text{-}30)$$

易知(5-30)式是非线性函数(5-23)式的全微分。因为根据(5-27)式应用协方差传播率(5-21)式求 D_{ZZ}时，只要求知道(5-30)式的系数矩阵 K，所以，为了求非线性函数的方差，只要对它先求全微分将非线性函数化成线性函数形式，再按协方差传播定律就可求得该函数的方差。

第四节 权与定权的常用方法

方差是表示精度的一个绝对数字特征，一定的观测条件就对应着一定的误差分布，而一定的误差分布就对应着一个确定的方差。为了比较各观测值之间的精度，除了可以应用方差外，还可以通过方差之间的比例关系来衡量观测值之间的精度高低，这种表示各观测值之间比例关系的数字特征称之为权。所以，权是表示精度的相对数字特征，在平差计算中起着很重要的作用。

在平差计算之前，精度的绝对数字特征往往是不知道的，而精度的相对的数字特征(权)却可以根据事先给定的条件予以确定，然后根据平差的结果估算出表示精度的绝对的数字特征(方差)。

一、权的基本概念

设有观测值 L_i ($i=1, 2, ..., n$)，它们的方差为 σ_i^2 ($i=1, 2, ..., n$)，选定任一常数为 σ_0，则定义观测值的权为：

$$p_i=\frac{\sigma_0^2}{\sigma_i^2} \tag{5-31}$$

并称 p_i 为观测值 L_i 的权。

由权的定义式(5-31)可以表示出各观测值的权之间的比例关系为：

$$p_1:p_2:\ldots:p_n=\frac{\sigma_0^2}{\sigma_1^2}:\frac{\sigma_0^2}{\sigma_2^2}:\ldots:\frac{\sigma_0^2}{\sigma_n^2}=\frac{1}{\sigma_1^2}:\frac{1}{\sigma_2^2}:\ldots:\frac{1}{\sigma_n^2} \tag{5-32}$$

可见，对于一组观测值，其权之比等于相应方差的倒数之比，这就表明，方差(或中误差)愈小，其权愈大。因此，权可以作为比较观测值之间精度高低的一种指标。

式(5-32)中，σ_i^2 可以是同一个量的观测值方差，也可以是不同量的观测值的方差，也就是说用权来比较各观测值之间的精度高低，不限于是对同一个量的观测值，同样也适用于不同量的观测值。

而 σ_0 是可以任意选定的常数，例如在图 5-2 所示的水准网中，各条水准路线的距离在图中已经标出。在该水准网中，如果我们并不知道每千米高差观测中误差的具体数值，而只知道每千米观测高差的精度相同，此时若假定每千米观测高差的中误差为 σ_{km}，则根据协方差传播定律可得各段水准路线观测高差的中误差为：

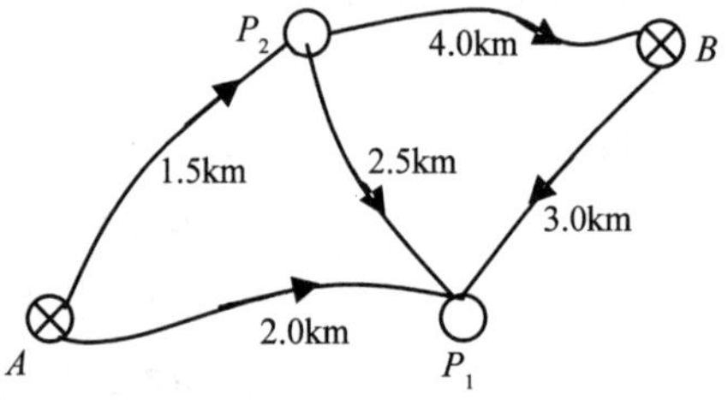

图 5-2

$$\sigma_{AP_1}=\sqrt{2}\sigma_{km};\ \sigma_{AP_2}=\sqrt{1.5}\sigma_{km};\ \sigma_{P_2B}=\sqrt{4}\sigma_{km}$$

$$\sigma_{BP_1}=\sqrt{3}\sigma_{km};\ \sigma_{P_2P_1}=\sqrt{2.5}\sigma_{km}$$

如果令 $\sigma_0=\sigma_{BP_1}=\sqrt{3}\sigma_{km}$，代如(5-31)式可得：

$$p_{AP_1}=1.5;\ p_{AP_2}=2;\ p_{P_2B}=0.75;\ p_{BP_1}=1;\ p_{P_2P_1}=1.2$$

可以看出，在上述事先给定的条件下(即每公里观测高差的精度相同，各段水准路线的距离不等)，由于 $\sigma_i=\sqrt{S_i}\sigma_{km}$，其中 σ_{km}是一个定值，S_i 为第 i 条水准路线的的公里数，当 S_i 愈小时，则 σ_i 愈小，而其对应的权愈大，反之亦然。所以，通过权的大小可以反映各观测高差的精度高低。

若取 $\sigma_0=\sigma_{AP_2}=\sqrt{1.5}\sigma_{km}$，则得：

$$p_{AP_1}=0.75;\ p_{AP_2}=1;\ p_{P_2B}=0.375;\ p_{BP_1}=0.5;\ p_{P_2P_1}=0.6$$

这一组权由于所选择的 σ_0 的大小不同，使得与前一组权的大小不同，但是各条水准路线的权之比相同，它们同样反映了各观测高差的精度高低。

由以上的事例可知，对于一组已知中误差的观测值而言，有如下结论：

1. 给定 σ_0，即有一组对应的权，或者说，有一组权，必有一个对应的 σ_0 值；

2. 一组观测值的权，其大小是随 σ_0 的不同而异，但不论选用何值，权之间的比例关系始终不变；

3. 为了使权能起到比较精度高低的作用，在同一问题中只能选定一个 σ_0 值，不能选取几个不同的 σ_0 值，否则就破坏了权之间的比例关系；

4. 只要事先给定一定的观测条件，就可以确定出观测值权的数值；

5. 权是用来比较各观测值相互之间精度的高低，权的意义不在于它们本身数值的大小，重要的是它们之间所存在的比例关系。

二、单位权方差

从以上所述来看，σ_0 只起着一个比例常数的作用，但 σ_0 的值一经确定，它还有着具体的含义。在图 5-2 所示水准网的前一组权中，因为令 $\sigma_0=\sigma_{BP_1}$，实际上就是以水准路线为 S_{BP_1} 的观测高差的精度作为标准，其它观测高差的精度都是和它进行比较的，因此，h_{BP_1} 的权为 1，而其它观测高差的权则是以 p_{BP_1} 作为单位而确定出来的。同样，在后一组权中，因令 $\sigma_0=\sigma_{AP_2}$，故 $p_{AP_2}=1$，其它观测高差的权则是以 p_{AP_2} 作为单位而确定出来的。由此可见，凡是中误差等于 σ_0 的观测值，其权必然为 1，或者说权为 1 的观测值的中误差必然等于 σ_0。因此通常将 σ_0 称为单位权中误差，将权等于 1 的观测值的方差称为单位权方差，权等于 1 的观测值称为单位权观测值。

在确定一组同量纲的观测值的权时，所选取的单位权方差的单位与观测值方差的单位相同，在这种情况下权是一组无量纲的数值。在确定不同量纲的观测值的权时，所选取的单位权方差的单位一般与其中一类观测值方差的单位相同，在这种情况下，权就不完全是一组无量纲的数值。例如，对于包含有角度元素和长度元素的两类观测值定权时，它们的方差的单位分别为“秒^2”和“毫米^2”，可选单位权方差与角度元素的方差单位相同，在这种情况下，各个角度观测值的权是无单位的，而长度元素的权是有单位的。

三、测量中常用定权方法

在测量的实际工作中，往往是要根据事先给定的条件，首先确定出各观测值的权，也就是先确定它们精度的相对数字指标，然后通过平差计算，一方面求出各观测值的最可靠值，另一方面求出它们精度的绝对数字指标。下面从权的定义出发，介绍测量中经常用到的几种定权的方法

(一) 距离观测值的权

设单位长度(例如一千米)的距离观测值的方差为 σ^2，则全长为 S 千米的距离观测值的方差为 $\sigma_S^2=S\sigma^2$。取长度为 C 千米的距离观测值方差为单位权方差，即：$\sigma_0^2=C\sigma^2$。则距离观测值的权为：

$$P_S=\frac{\sigma_0^2}{\sigma_S^2}=\frac{C}{S} \tag{5-33}$$

从(5-33)式可以知道距离观测值的权与观测距离的长度成反比关系，观测的距离越长，其权就越小，反之则反是。

(二) 水准测量的权

在一水准网中，有 n 条水准路线，设每一测站观测高差的精度相同，其方差均为 $\sigma_{站}^2$，

第 i 条水准线路的观测高差为 h_i，测站数为 N_i，则第 i 条水准线路（观测高差）的方差为：$\sigma_i^2 = N_i\sigma_{站}^2$。取测站数为 C 的高差观测值为单位权方差 $\sigma_0^2 = C\sigma_{站}^2$。则第 i 条水准线路（观测高差）的权为：

$$P_i = \frac{\sigma_0^2}{\sigma_i^2} = \frac{C}{N_i} \tag{5-34}$$

则有：

$$P_1 : P_2 : \ldots : P_n = \frac{1}{N_1} : \frac{1}{N_2} : \ldots : \frac{1}{N_n} \tag{5-35}$$

即当各测站的观测高差为同精度时，各水准路线高差观测值的权与测站数成反比，测站数越多，其权就越小，反之则反是。

在水准测量中，如果已知每千米的观测高差的方差均相等，设为 $\sigma_{千米}^2$，第 i 条水准线路的观测高差为 h_i，水准路线长度为 S_i 千米。则第 i 条水准线路（观测高差）的方差为：$\sigma_i^2 = S_i\sigma_{千米}^2$。取水准路线长度为 C 千米的观测高差的方差为单位权方差：$\sigma_0^2 = C\sigma_{千米}^2$。则水准线路长度为 S_i 千米的观测高差的权为：

$$P_i = \frac{\sigma_0^2}{\sigma_i^2} = \frac{C}{S_i} \tag{5-36}$$

即当每公里观测高差为同精度时，各水准路线高差观测值的权与水准路线长度成反比，水准路线长度越长，其权就越小，反之则反是。

在水准测量中，究竟是用水准路线的距离 S 定权，还是用测站数 N 定权，还要视具体情况而定。一般说来，在地势情况较为平坦的地区，每千米的测站数大致相同，则可按水准路线的距离定权，而在地势情况起伏较大的地区，每千米测站数相差较大，则按测站数定权。

（三）同精度观测值的算术平均值的权

设有 L_1：L_2：…：L_n，它们分别是 N_1：N_2：…：N_n 次同精度观测值的平均值，若每次观测的方差均为 σ^2，则根据协方差传播率可知 L_i 的方差为：

$$\sigma_i^2 = \frac{\sigma^2}{N_i} \tag{5-37}$$

取 $\sigma_0^2 = \frac{\sigma^2}{C}$。则由权的定义可知观测值 L_i 的权 P_i 为：

$$P_i = \frac{N_i}{C} \tag{5-38}$$

即由不同次数的同精度观测值所得的算术平均值，其权与观测次数成正比。

以上几种常用的定权方法的共同特点是，虽然他们都是以权的定义式（5-31）式为依据的，但是在实际定权时，并不需要知道各观测值方差的具体数字，而只要应用测站数、千米数等就可以定权了。需要强调的是，在用这些方法定权时，必须注意它们的前提条件，例如在用测站数来确定观测高差的权时，必须满足“每测站观测高差的精度相等”这一前提条件，否则，就不能应用这个定权公式。

【本章参考书目】

[1]武汉大学测绘学院测量平差学科组．误差理论与测量平差基础[M]．武汉：武汉大学出版社，2003

[2]李庆海，陶本藻．概率统计原理和在测量中的应用[M]．第二版．北京：测绘出版社，1992

[3]刘大杰，陶本藻．实用测量数据处理方法[M]．北京：测绘出版社，2000

【复习思考题】

1. 观测条件是由哪些因素构成的？它与观测结果的质量有什么联系？

2. 观测误差分为哪几类？它们各自是怎样定义的？对观测结果有什么影响？试举例说明。

3. 在水准测量中，有下列几种情况使水准尺读数有误差，试判断误差的性质及符号：

(1)视准轴与水准轴不平行；(2)仪器下沉；(3)读数不准确；(4)水准尺下沉。

4. 何谓多余观测？测量中为什么要进行多余观测？

5. 已知两段距离的长度及中误差分别为 300.465m ± 4.5cm 及 660.894m ± 4.5cm，试说明这两段距离的真误差是否相等？他们的精度是否相等？

6. 下列各式中的 L_i ($i=1, 2, 3$)均为等精度独立观测值，其中误差为 σ，试求 X 的中误差：

(1) $X=\frac{1}{2}(L_1+L_2)+L_3$；(2) $X=\frac{L_1L_2}{L_3}$

7. 在水准测量中，设每站观测高差的中误差均为1mm，今要求从已知点推算待定点的高程中误差不大于5cm，问可以设多少站？

8. 有一角度测 4 个测回，得中误差为 0.42″，问再增加多少个测回其中误差为 0.28″？

9. 以相同观测精度 $\angle A$ 和 $\angle B$，其权分别为 $P_A=\frac{1}{4}$，$P_B=\frac{1}{2}$，已知 $\sigma_B=8''$，试求单位权中误差 σ_0 和 $\angle A$ 的中误差 σ_A。

10. 在相同观测条件下，应用水准测量测定了三角点 A，B，C 之间的高差，设三角形的边长分别为 $S_1=10$km，$S_2=8$km，$S_3=4$km，令 40km 的高差观测值权为单位权观测，试求各段观测高差之权及单位权中误差。

第六章　小地区控制测量

【本章提要】

按照空间信息获取的基本原则："在程序上先控制后碎部"，控制测量分为平面控制测量和高程控制测量，由于所要求的精度不同而采用不同的仪器和方法。本章主要介绍控制测量概念、导线测量、三边网测量、GPS 控制测量和高程控制测量及数据处理。

第一节　控制测量概述

前面已经叙述了由于观测条件的限制(主要是仪器的不完善、人为因素和外界条件的影响)，使得在测量过程中，不可避免地会产生误差，因此必须采取正确的测量程序和方法，即遵循"由高级到低级，自整体到局部，先控制后碎部"的原则进行测量作业，以防止误差的积累并加快测量作业的速度。例如在地形图的测绘过程中，需要测定构成地物、地貌的许多特征点，如果采用从第一点测量第二点，再从第二点测量第三点，如此持续进行到最后一点的方法，这样，虽然也可以测得各特征点的位置，但会使误差越积越大、以致很快达到不能允许的程度。因此、可先在测区内选择若干有控制意义的点作为控制点，如图 6-1 中的 A、B、C、D、E、F 等点组成一定的几何图形，形成测区的骨架，称为控制网，控制网的点位，使用精度较高的仪器和方法测定。在其精度完全合乎要求后，再根据这些控制点，测定附近的碎部点的位置(如 a、b、c、d 等点)，前者起着控制作用，故称为控制测量，后者称为碎部测量。由于控制点数量少，并且使用较精密的仪器和方法测定，所以易于保证较高的精度。而碎部点测量的精度虽较控制点低，但由于各碎部点是根据较高精度的控制点测定的，它们之间是独立的，因此误差不会积累，其精度也可保证。同时，由于控制测量在先期进行，控制点已较均匀地覆盖了整个作业区，便于多个作业组以同一控制基准同时分开作业，进行碎部测量，加快了测量任务的完成。

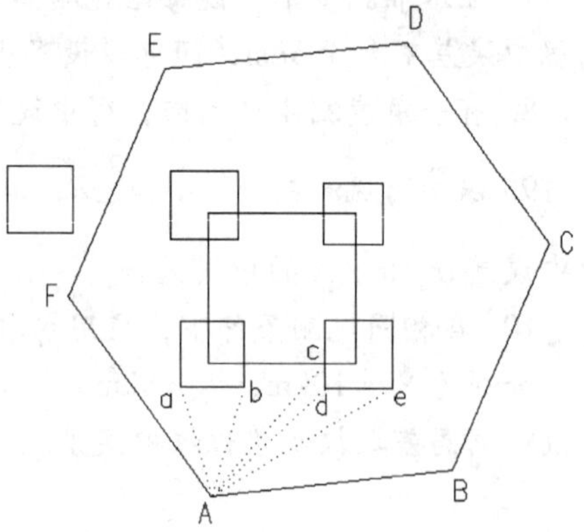

图 6-1　控制点与碎部点关系

控制测量分为高程控制测量和平面控制测量。高程控制测量的目的是为了测定高程控制点的高程，建立高程控制网，其测量方法采用水准测量和三角高程测量；平面控制测量的目的是为了测定平面控制点的平面位置，建立平面控制网，其测量方法主要采用导线测量、三角测量和 GPS 测量。高程控制网和平面控制网一般是独立布设的，但它们的点也可以共用，即一个点既可以是高程控制点，同时也可以是平面控制点。

一、国家基本控制网

为了统一全国各地区的测量工作，必须进行全国性的控制测量，以建立国家控制网，供整个国民经济规划和国防建设等使用。国家控制网，同样分为平面控制网和高程控制网。

(一) 国家平面控制网

传统的国家平面控制网主要是采用三角测量方法建立的，即在全国范围内将控制点组成一系列的三角形，通过测定所有三角形的内角，推算出各控制点的坐标(图 6-2)。国家控制网也是按照“由高级到低级、由整体到局部”的原则布设的。国家平面控制网按其精度可分为一、二、三、四等四个等级。一等三角网是国家控制网的骨干，它的作用主要是控制二等以下各级三角测量，并为研究地球的形状和大小提供依据，而控制测图不是它的主要任务。因此，一等三角网主要考虑精度问题，沿经纬度布设纵横交叉的骨干三角锁，在锁的交叉处设置了基线并测定天文点和天文方位角，每个锁段的长度为 200km 左右，平均边长约为 25km。二等三角网以 13km 左右的边长布设在一等三角锁环内，构成全面的三角网。二等三角网作为一等三角网的加密网，是扩展三、四等三角网的基础。三、四等三角网的边长分别为 8km 和 4km 左右，是二等三角网的进一步加密网，以插网或插点的方式布设。全国总共有各级天文大地点 4 万多个。各级三角测量的精度要求和边长规定参见表 6-1。

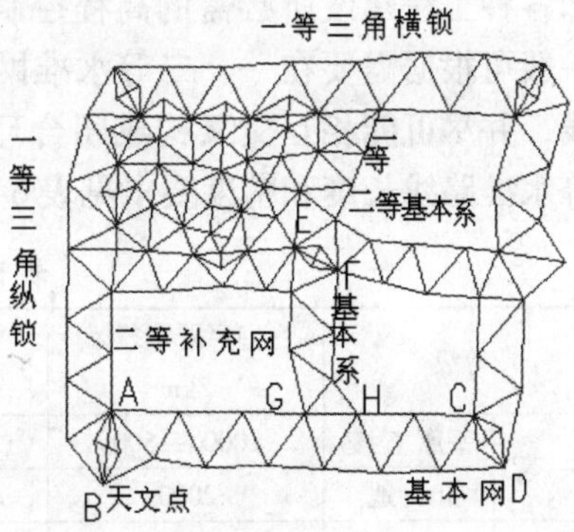

图 6-2 国家三角网

表 6-1 三角测量的精度要求

等级	平均边长	测角中误差	三角形最大闭合差	起始边相对中误差
一	一般情况下为 20 ~ 25km 特殊情况下为 15 ~ 45km	±0.7″	±2.5″	1:350000
二	一般情况下为 13km 左右	±1.0″	±3.5″	1:350000
三	一般情况下为 8km 左右	±1.8″	±7.0″	1:150000
四	一般情况下为 4km 左右	±2.6″	±9.0″	1:80000

在通视条件不好的地区，三、四等三角网也可用相应的精密导线代替，即以一、二等网点为基础，将三、四等控制点连接成闭合形或附合形的折线，测量各边的夹角和长度，来推算控制点的坐标，导线测量布网灵活，对通视条件要求不高，适用于城市等地区。

(二) 国家高程控制网

前已讲述，我国的高程系统是以 1956 年由青岛验潮站测出的“黄海平均海水面”作为起算高程的基准面，并在青岛市内观象山设置了水准原点，该点的高程为 72.289m。20 世纪 80 年代初又重新测定水准原点的高程为 72.260m。全国性高程控制测量是从青岛原点出发，用精密的水准测量方法测定了数以万计的水准点，组成国家高程控制网。

国家高程控制网的建立，也是按照“由高级到低级、由整体到局部”的原则进行的。按其精度的不同也分为一、二、三、四等四个等级。图 6-3 为部分国家高程控制网的示意图。每一条路线都是由许多水准点联系起来组成的。

一、二等水准路线，是国家高程控制网的骨干，同时也是研究地壳和地面垂直运动及有关科学问题的主要依据。因此，它沿地质构造稳定、交通不太繁忙、路线平缓的交通线布设成网状。三、四等水准测量是直接提供地形测图和各种工程建设所必需的高程控制点，三、四等水准路线一般可根据需要在一、二等水准网内加密，布设成附合路线，并尽可能相互交叉构成闭合环。国家一、二、三、四等水准路线长度和精度要求见表 6-2。

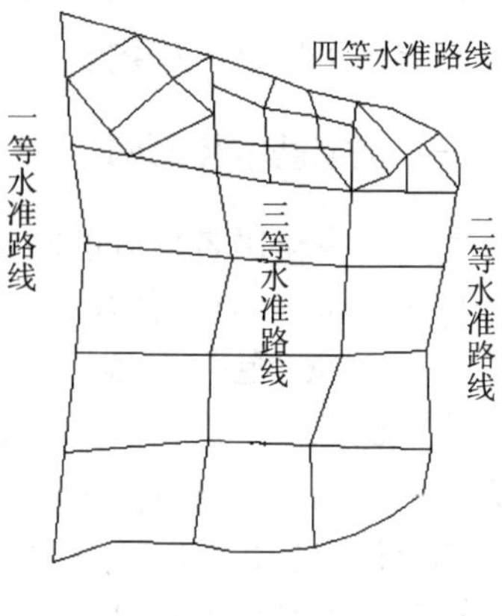

图 6-3　国家水准网

表 6-2　水准路线长度和精度要求

等级		环线周长 /km	附合路线长 /km	每公里中误差 M△/mm	往返较差附合或环线闭合差/mm
一等	平原 丘陵	1000 - 1500	—	≤ ±0.5	$\pm 2\sqrt{L}$
	山　地	2000	—		
二等		500 - 700	—	≤ ±1.0	$\pm 4\sqrt{L}$
三等		300	200	≤ ±3.0	$\pm 12\sqrt{L}$
四等		—	80	≤ ±5.0	$\pm 20\sqrt{L}$

注：式中 L 是水准路线长度，单位是千米。

（三）国家 GPS 控制网

从 1991 年 5 月至 1992 年 5 月，我国建立了高精度的全国 A 级 GPS 控制网 44 个点；“2000 国家 GPS 控制网”由国家测绘局布设的高精度 GPSA、B 级网，总参测绘局布设的 GPS 一、二级网，中国地震局、总参测绘局、中国科学院、国家测绘局共建的中国地壳运动观测网组成。该控制网整合了上述三个大型的 GPS 观测网的成果，共 2609 个点。通过联合处理将其归算于同一坐标参考框架，可满足现代测绘技术对地心坐标的需求，同时为建立我国新一代地心坐标系统打下了坚实的基础。GPS 永久性跟踪站达到 100 个。

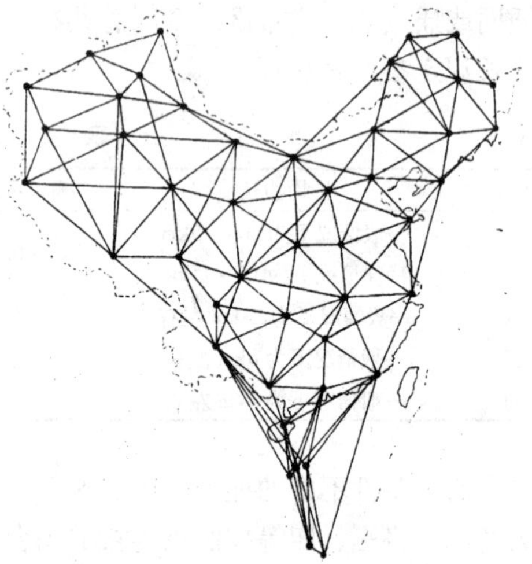

图 6-4　全国 A 级 GPS 网略图

二、图根控制测量

在城市或厂矿等地区，一般应在国家控制点的基础上，根据测区的大小、城市规划和施工测量的要求，布设不同等级的城市平面控制网，以供地形测图和施工放样使用。直接供地形测图使用的控制点，称为图根控制点，简称图根点。测定图根点位置的工作，称为图根控制测量。图根点的密度(包括高级点)，取决于测图比例尺和地物、地貌的复杂程度。至于布设哪一级控制作为首级控制，应根据城市或厂矿的规模而定。现在一般以GPSC级网作为首级控制网。面积在15km以内的小城镇，可用GPSD、E级网或一级导线网作为首级控制。面积在0.5km以下的测区，图根控制网可作为首级控制。厂区可布设建筑方格网。

第二节 导线测量

一、导线测量概述

(一)导线测量定义

在地面上选择一些点相互连接成连续的折线，称为导线，这些点称为导线点，测量折线间的夹角和导线的边长，根据起始边的已知方位角和起始点的坐标，推算其他点的坐标，这个工作过程就叫做导线测量。根据导线边长获取方法的不同，可分为经纬仪导线、电磁波导线、视差导线和视距导线等。

(二)导线测量的等级及技术要求

导线测量的等级及技术要求如表6-3和表6-4所示。

表6-3 经纬仪导线的主要技术要求

等级	测图比例尺	附合导线长度/m	平均边长/m	往返丈量相对中误差	测角中误差/″	导线全长相对闭合差	测回数		方位角闭合差/″
							DJ_2	DJ_6	
一级		2 500	250	≤1/20 000	≤ ±5	≤1/10 000	2	4	≤ $\pm 10\sqrt{n}$
二级		1 800	180	≤1/15 000	≤ ±8	≤1/7 000	1	3	≤ $\pm 16\sqrt{n}$
三级		1 200	120	≤1/10 000	≤ ±12	≤1/5 000	1	2	≤ $\pm 24\sqrt{n}$
图根	1∶500	500	75						
	1∶1 000	1 000	110			≤1/2 000		1	≤ $\pm 60\sqrt{n}$
	1∶2 000	2 000	180						

注：n为测站数。

表6-4 光电测距导线的主要技术要求

等级	测图比例尺	附合导线长度/m	平均边长/m	测距中误差/mm	测角中误差/″	导线全长相对闭合差	测回数		方位角闭合差/″
							DJ2	DJ6	
一级		3 600	300	≤ ±15	≤ ±5	≤1/14 000	2	4	≤ $\pm 10\sqrt{n}$
二级		2 400	200	≤ ±15	≤ ±8	≤1/10 000	1	3	≤ $\pm 16\sqrt{n}$
三级		1 500	120	≤ ±15	≤ ±12	≤1/6 000	1	2	≤ $\pm\sqrt{n}$
图根	1∶500	900	80						
	1∶1 000	1 800	150			≤1/4000		1	≤ $\pm 40\sqrt{n}$
	1∶2 000	3 000	250						

注：n为测站数。

(三)导线布设形式

1. 闭合导线

从某一已知点出发，经过若干点的连续折线仍回至原来一点，形成一个闭合多边形，这种导线就叫做闭合导线(图6-5)。

2. 附合导线

自某一高级控制点出发，经过若干点的连续折线后再附合到另一个高一级控制点上，这种导线就叫做附合导线(图6-6)。

3. 支导线

从已知控制点出发，经过若干点，既不附合到另一控制点，也不闭合到原控制点。支导线支出点的个数不能超过2个(图6-7)所示。

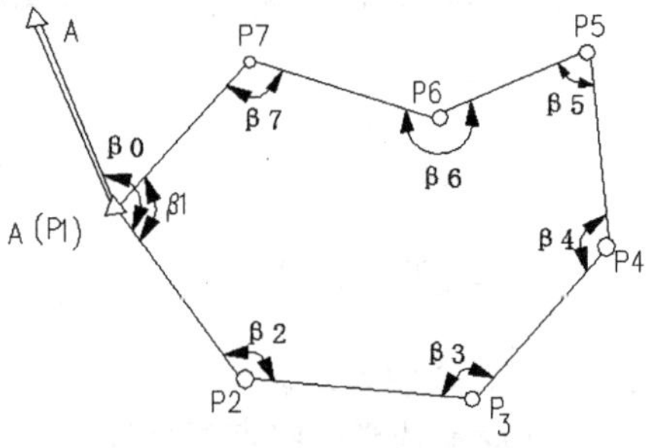

图6-5 闭合导线

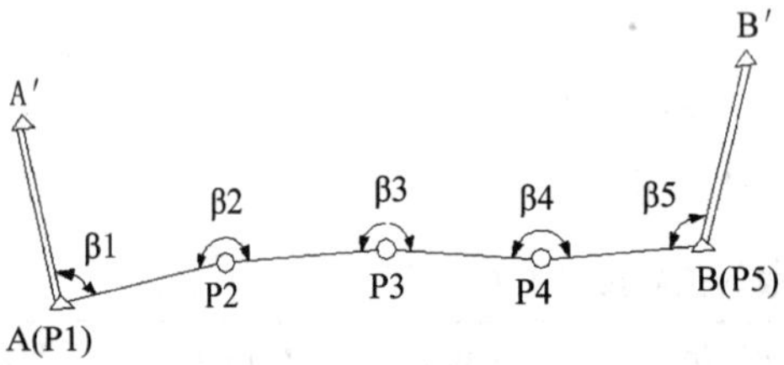

图6-6 附合导线

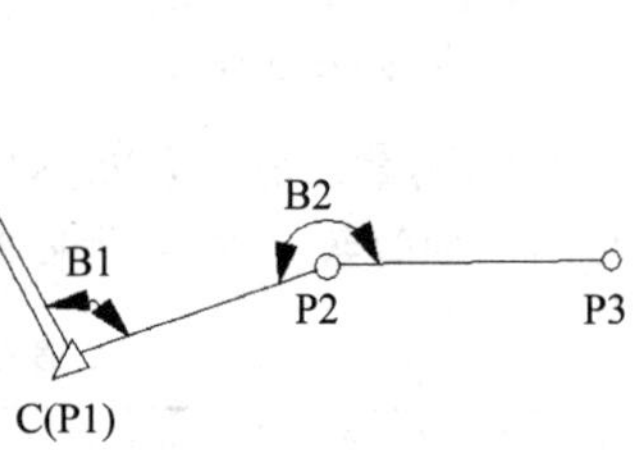

图6-7 支导线

二、经纬仪导线测量的外业工作

经纬仪导线测量的外业工作包括踏勘、选点、埋设标志、测角、测边、测定方向。

(一)踏勘

目的是了解测区范围、地形及控制点情况，根据精度要求确定导线的布设形式和编制技术方案。

(二)选点

选点原则和要求：

1. 相邻点互相通视，视野开阔，能控制较多范围；

2. 边长适宜且大致相等，相邻边长长度比不应超过3∶1，以免测角时带来较大的误差。边长与比例尺关系如表6-5；

3. 密度足够、分布均匀，有效地控制整个测区；

表6-5 边长与比例尺关系的要求

测图比例尺	边长(m)	平均边长(m)
1∶500	40~50	75
1∶1000	80~250	110
1∶2000	100~300	180

4. 导线点选在不易被破坏，土质坚实，便于安置仪器的地方；

5. 为便于寻找，应现场量出导线点与附近明显地物的距离，绘制点之记图，注明尺寸（图 6-8）；

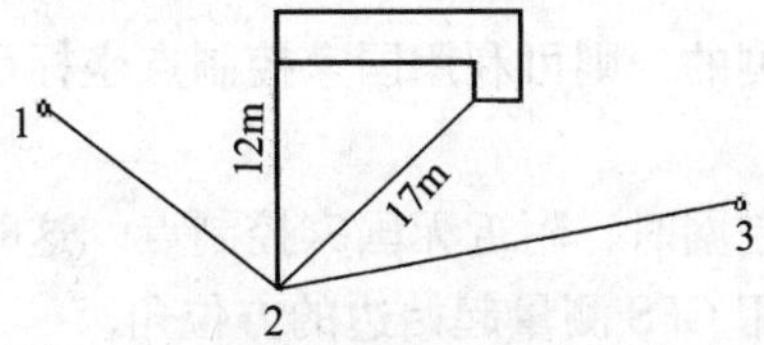

图 6-8 点之记图

6. 选点完成后应绘制导线点略图，编写选点技术总结报告。

（三）埋设标志

选点完成后应及时在现场埋设标志，标志有临时性和永久性两种（图 6-9），视工程需要而定。

1. 木桩，如图 6-9（a）；

2. 混凝土标石，如图 6-9（b）。

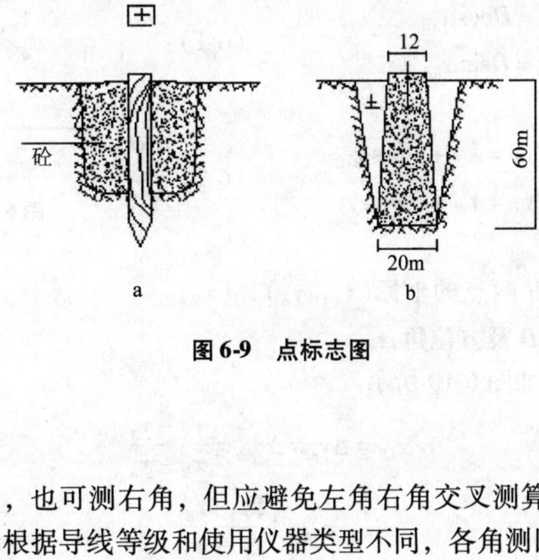

图 6-9 点标志图

（四）测角

导线折角可测左角，也可测右角，但应避免左角右角交叉测算，附合导线一般观测左角，闭合导线测内角。根据导线等级和使用仪器类型不同，各角测回数也不同，其精度要求见表 6-6

表 6-6 导线转折角观测和限差

比例尺	仪器	测回数	测角中误差	半测回差	测回差	角度闭合差
1∶500 ~ 1∶2000	DJ2	1	±30″	±18″		$\pm 60''\sqrt{n}$
	DJ6	2			±24″	
1∶5000 ~ 1∶10000	DJ2	1	±20″	±18″		$\pm 40''\sqrt{n}$
	DJ6	2			±24″	

（五）测边

测定导线边边长可用钢尺量距，用经过检定的钢尺直接丈量各相邻导线点之间的水平距离，往返丈量的相对中误差一般不得超过1/2000，在特殊困难地区也不得超过1/1000。现在一般都是用电磁波测距。

(六)定向

1. 与国家控制点连测推算

如导线是与国家控制点联测的，则可利用国家控制点坐标反算出起始边的方位角。

2. 罗盘仪测磁方位

如在独立地区建立导线控制网时，附近无国家控制点，这时可罗盘仪测定一条边的磁方位作为起始边的方位角，也可用GPS测量起始边的方位角。

三、导线测量的内业计算

(一)坐标正算反算

1. 坐标正算

(1)定义：设已知点A的坐标为(x_A、y_A)，测得AB之间的距离D及方位角α_{AB}，推求待定点B的坐标(x_B、y_B)。

(2)坐标正算公式：如图6-10所示。

$$\begin{cases}\triangle x = D\cos\alpha_{AB} \\ \triangle y = D\sin\alpha_{AB}\end{cases} \tag{6-1}$$

则：

$$\begin{cases}X_B = X_A + \triangle x = X_A + D\cos\alpha_{AB} \\ Y_B = Y_A + \triangle y = Y_B + D\sin\alpha_{AB}\end{cases} \tag{6-2}$$

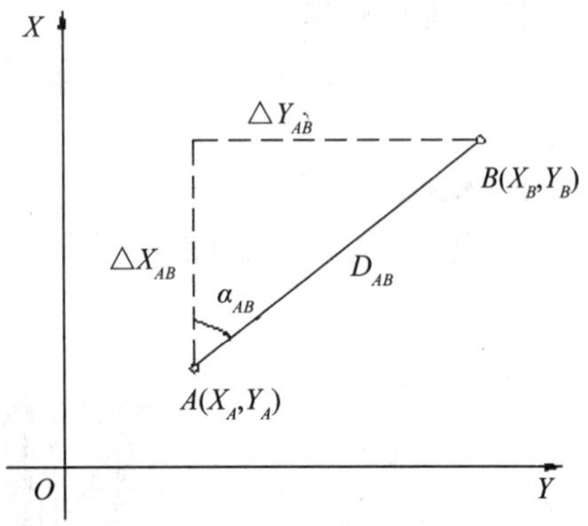

图6-10　坐标正算

2. 坐标反算

(1)定义：已知A、B两点的坐标(x_A，y_A)，(x_B，y_B)，计算两点间的距离D及方位角α_{AB}。

(2)坐标反算公式：如图6-10所示

$$tg\alpha_{AB} = \Delta y_{AB}/\Delta x_{AB} = \frac{y_B - y_A}{x_B - x_A} \tag{6-3}$$

则：

$$\alpha_{AB} = tg^{-1}\frac{Y_B - Y_A}{X_B - X_A} \tag{6-4}$$

$$D = \Delta y_{AB}/\sin\alpha_{AB} = \Delta x_{AB}/\cos\alpha_{AB} \tag{6-5}$$

或

$$D = \sqrt{\triangle x_{AB}^2 + \triangle y_{AB}^2} = \sqrt{(x_B - x_A)^2 + (y_B - y_A)^2} \tag{6-6}$$

(二)闭合导线的内业计算

1. 角度闭合差的计算和调整

(1)角度闭合差f_β计算

闭合导线内角观测值之和$\Sigma\beta_{测}$与理论值$\Sigma\beta_{理}$之差，称为闭合导线角度闭合差，用f_β表示。

则：

$$f_\beta = \Sigma\beta_{测} - \Sigma\beta_{理} = \Sigma\beta_{测} - (n-2)108° \tag{6-7}$$

(2)计算角度闭合差容许值$f_{\beta容}$

按导线转折角观测值和限差表的规定计算。

(3)判断精度：当$f_\beta \leqslant f_{\beta容}$时，符合精度要求，当$f_\beta \geqslant f_{\beta容}$时，表示超限，应查明原因返工重测。

(4)计算角度改正数

分配的原则：闭合差按相反符号平均分配到各角上，即$v_i = -\dfrac{f_\beta}{n}$；当$f_\beta$不能整除时，余数分配给短边所夹的角。校核：$\sum v = -f_\beta$，即改正数之和等于闭合差，但符号相反。

2. 导线边方位角的计算

根据第一条边的已知方位角和调整后的内角(左角)，推算其它各边的方位角，其公式为：

$$\alpha_{前} = \alpha_{后} + 180° + \beta_{左} \tag{6-8}$$

$\beta_{左}$ 为改正后的左角。

当采用上式算得的α值超过360°时，应减去360°，不够减时应加360°。由最后一边的方位角推算而得的第一边方位角，其值应等于它的起始值，如不相等表明计算有错误。

3. 坐标增量计算及坐标增量闭合差的调整

(1)坐标增量的计算

按坐标正算公式计算各边的坐标增量，其公式如下：

$$\begin{cases} \triangle x_i = D_i \cos\alpha_{i(i+1)} \\ \triangle y_i = D_i \sin\alpha_{i(i+1)} \end{cases} (其中，i=1、2、\cdots n) \tag{6-9}$$

计算时小数位取到厘米。

(2)坐标增量闭合差的计算

坐标增量闭合差理论值：

$$\begin{cases} \sum \triangle X_{理} = 0 \\ \sum \triangle Y_{理} = 0 \end{cases} \tag{6-10}$$

当不等于0时便存在纵坐标增量闭合差f_x和横坐标增量闭合差f_y：

$$\begin{cases} f_x = \sum \triangle X_{测} \\ f_y = \sum \triangle Y_{测} \end{cases} \tag{6-11}$$

(3)导线全长绝对闭合差的计算

由于f_x、f_y的存在，使得导线不闭合，便产生导线全长绝对闭合差f。

$$f = \sqrt{fx^2 + fy^2} \tag{6-12}$$

(4)导线测量相对闭合差

绝对闭合差f不能表达导线测量的精度，因为它与导线的长度相关，所以规范中都是以相对闭合差K来表示。

$$K = \frac{f}{\sum D} = \frac{1}{\sum D/f} = \frac{1}{N} \tag{6-13}$$

K值的限值如表6-5和表6-6所示。

(5)计算坐标增量改正值

如果K值符合规范要求，可进行坐标增量闭合差的调整，调整的原则是将f_x、f_y改变符

号按边长成比例分配给各坐标增量，即

$$\begin{cases}\delta_{x_i}=\dfrac{f_x}{\sum D}D_i\\ \delta_{y_i}=\dfrac{f_y}{\sum D}D_i\end{cases}\tag{6-14}$$

δx_i、δy_i 为第 i 条边纵、横坐标增量改正值，D_i 为第 i 条边的边长。计算完后还要进行验算，即

$$\begin{cases}\sum\delta_x=-f_x\\ \sum\delta_y=-f_y\end{cases}\tag{6-15}$$

(6)计算改正后坐标增量

坐标增量计算值$\begin{cases}\triangle x_i\\ \triangle y_i\end{cases}$加坐标增量改正值$\begin{cases}\delta_{x_i}\\ \delta_{y_i}\end{cases}$便得改正后坐标增量$\begin{cases}(\triangle x_i)\\ (\triangle y_i)\end{cases}$，即

$$\begin{cases}(\triangle x_i)=\triangle x_i+\delta x_i\\ (\triangle y_i)=\triangle y_i+\delta y_i\end{cases}\tag{6-16}$$

计算完后仍然要进行验算，即

$$\begin{cases}\sum(\triangle x_i)=0\\ \sum(\triangle y_i)=0\end{cases}\tag{6-17}$$

(7)计算导线点的坐标

根据起始点的已知坐标及改正后的坐标增量，逐一推算各点的坐标。算完最后一点，还要再推算起点的坐标，推算得出的坐标应等于已知坐标。即

$$\begin{cases}X_i=X_{i-1}+(\triangle X_{(i-1)i})\\ Y_i=Y_{i-1}+(\triangle Y_{(i-1)i})\end{cases}\tag{6-18}$$

(8)闭合导线的内业计算算例见表6-7。

表6-7 闭合导线计算表

测站	折角(β) 观测值 °′″	折角(β) 改正后角值 °′″	方位角(α) °′″	边长(D)(m)	增量计算值 Δx(m)	增量计算值 Δy(m)	改正后增量 (Δx)(m)	改正后增量 (Δy)(m)	坐标 x(m)	坐标 y(m)
1	2	3	4	5	6	7	8	9	10	11
A	−12 1212800	1212748	965136	201.58	−4 −24.08	+4 +200.14	−24.12	+200.18	100.00	100.00
B	−12 1082700	1082648	251824	263.41	−6 +238.13	+5 +112.60	+238.07	+112.65	75.88	300.18
C	−12 841030	841018	2892842	241.00	−6 +80.36	+5 −227.21	+80.30	−227.16	313.95	412.83
D	−12 1354800	1354748	2451630	200.44	−4 −83.84	+4 −182.06	−83.88	−182.02	394.25	185.67
E	−12 901257	901257	1552348	231.32	−5 −210.32	+4 +96.31	−210.37	+96.35	310.37	3.65
A		(1212748)							100.00	100.00

（续）

Σ	5400100　5400000 $\sum\beta_{测}=540°01'00''$ $\sum\beta_{理}=(n-2)\times180°$ $=540°$ $f_\beta=+01'00''$ $f_{\beta容}=\pm60\sqrt{n}$ $=\pm134''=\pm02'14''$	（915136）　1137.75	$fx=+0.25$ $fy=-0.22$ $f=\pm\sqrt{(0.25)^2+(-0.22)^2}$ $=\pm0.33$ $K=0.33/1137.75$ $=1/3400$ $<1/2000$	$\sum(\Delta x)=0$ $\sum(\Delta y)=0$	

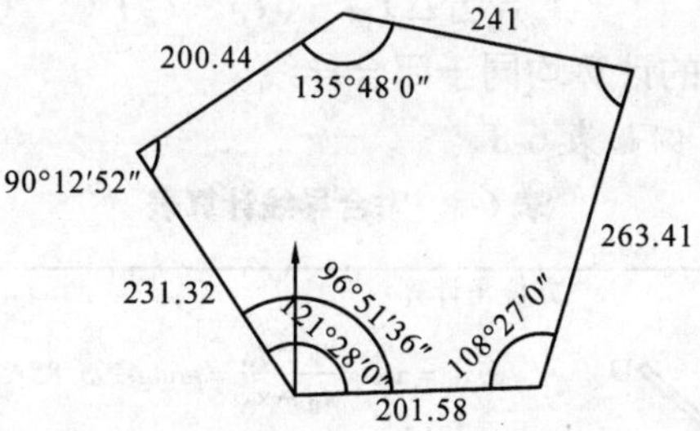

（三）附合导线的内业计算

图 6-11 为一附合导线，它的起点 1 和终点 n 分别与高一级的控制点 B 和 C 连接，后者的坐标为已知，可按坐标反算公式计算起始边和终了边的方位角，即：

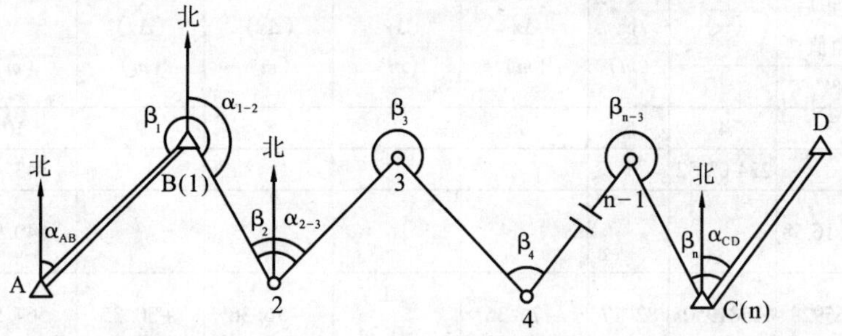

图 6-11　附合导线计算图

$$\alpha_{AB}=arctg\frac{y_B-y_A}{x_B-x_A} \tag{6-19}$$

$$\alpha_{CD}=arctg\frac{y_D-y_C}{x_D-x_C} \tag{6-20}$$

附合导线与闭合导线的计算步骤基本相同，但几何条件不同，角度闭合差和坐标增量闭合差的计算就有所不同。

1. 角度闭合差的计算

根据导线两端方向已知的特点，可由导线起始边的方位角 α_{AB} 和左角 β_i，推算得终了边的方位角 α'_{CD}，即：$\alpha'_{CD}=\alpha_{AB}-n\times180°+\sum\beta$。由于角度测量时存在误差，使得推算终了边的方位角 α'_{CD} 与其已知方位角 α_{CD} 不一致，这就存在附合导线的角度闭合差，即

$$f_\beta=\alpha'_{CD}-\alpha_{CD} \tag{6-21}$$

角度闭合差的分配原则和方法同闭合导线。

2. 坐标增量闭合差的计算

附合导线两个附合点的坐标是已知的，则这两点间的坐标增量理论值为：

$$\begin{cases}\triangle X_{BC理}=X_C-X_B\\ \triangle Y_{BC理}=Y_C-Y_B\end{cases}\tag{6-22}$$

由于角度、边长测量的误差，使得计算出来纵横坐标增量总和不等于理论值，便产生附合导线坐标增量闭合差为

$$\begin{cases}f_x=\sum\triangle X_{测}-(X_C-X_B)\\ f_y=\sum\triangle Y_{测}-(Y_C-Y_B)\end{cases}\tag{6-23}$$

附合导线其它各项内容的计算均同于闭合导线。

3. 附合导线内业计算算例如表6-8。

表6-8　附合导线计算表

略图

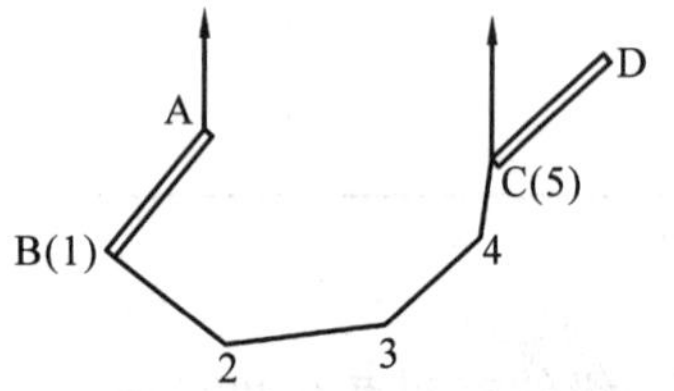

方位角计算：

$\alpha_{AB}=\text{arctg}\dfrac{y_B-y_A}{x_B-x_A}=\text{arctg}-195.85/-202.4$

则 $\alpha_{AB}=224°02'52''$

$\alpha_{CD}=\text{arctg}\dfrac{y_D-y_C}{x_D-x_C}=\text{arctg}91.32/203.64$

则 $\alpha_{CD}=24°09'12''$

测站	左角(β) 角度观测值 °′″	左角(β) 改正后角值 °′″	方位角(α) °′″	边长(m)	增量计算值 Δx (m)	增量计算值 Δy (m)	改正后增量 (Δx) (m)	改正后增量 (Δy) (m)	坐标 x (m)	坐标 y (m)
1	2	3	4	5	6	7	8	9	10	11
A			224 02 52						843.40	1264.29
B (1)	−2 114 17 00	114 16 58							640.93	1068.44
2	−2 1465930	1465928	1581950	82.17	−76.36	+1 +30.34	−76.36	+30.35	564.57	1098.79
3	−2 1351130	1351128	1251918	77.28	−44.68	+1 +63.05	−44.68	+63.06	519.89	1161.85
4	−2 1453830	1453828	803046	89.64	+14.77	+2 +88.41	+14.77	+2 +88.43	534.66	1250.28
C (5)	−2 1580000	1575958	460914	79.84	+55.31	+1 +57.58	+55.31	+1 +57.59	589.97	1307.87
D			240912						793.61	1399.19
Σ	7000630	70006		328.93	−50.96 +239.38		−50.96 +239.43			

$\alpha'_{CD}=224°02'52''+5\times180+700°06'30''-5\times360=24°09'22''$

$f_\beta=\alpha'_{CD}-\alpha_{CD}=+10''<f_{\beta容}=\pm134''$　　$fx=\sum\Delta x 测-(x_C-x_B)=0$

$f_y=\sum\Delta y 测-(y_C-y_B)=-0.05$　　$f=\pm0.05$　　$K=0.05/328.93=1/6600<1/2000$

前面讲述的是导线内业计算的原理和方法，这是测量平差计算的基础，但随着计算机科学和计算科学的发展，现在导线的内业计算都采用计算机编程或平差软件来进行数据处理，既方便、快捷，又提高精度。同学们也可自编程序进行计算。

第三节　三边网测量及平差

一、三边网测量概述

现在，全站仪测距可达到 $1+1\times10^{-6}\times D$ 的精度，测边精度优于测角精度，而且方便快捷，即使两点间不通视，可用对边测量方法求得边长，从而使测距不受地形条件的限制，这样控制网可组成测边网，然后按测边网原理进行数据处理。如果网的精度要求较高，可边长、角度同时测出组成边角网，然后进行边角网联合平差。对于单一导线测量时，可利用全站仪机内程序自动进行三维坐标平差。

单纯测量边长的平面控制网称为测边网，因这样的控制网通常是由三边形组成，故亦叫做三边网。三边网的基本图形有三角形、大地四边形、中点多边形、扇形等，如图 6-12—图 6-15 所示。

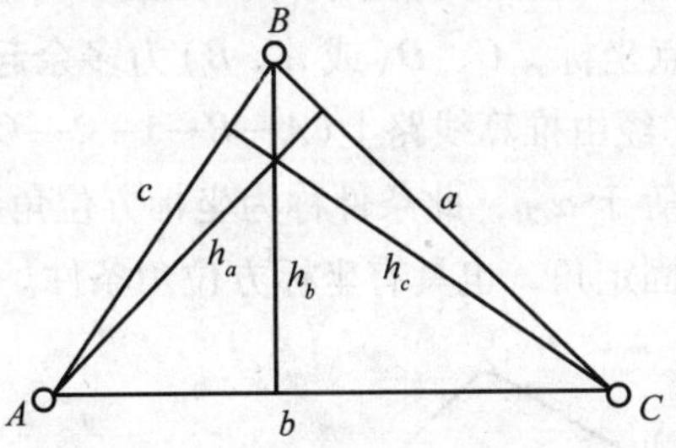

图 6-12　三角形

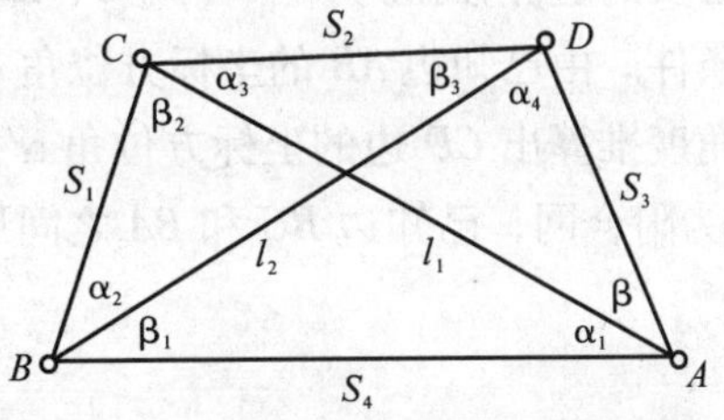

图 6-13　大地四边形

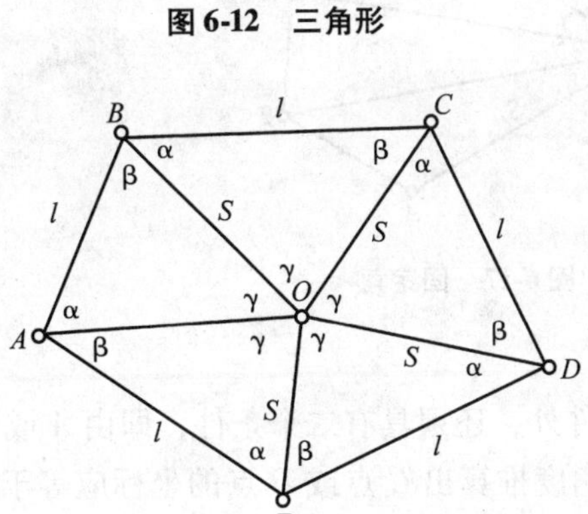

图 6-14　中点心多边形

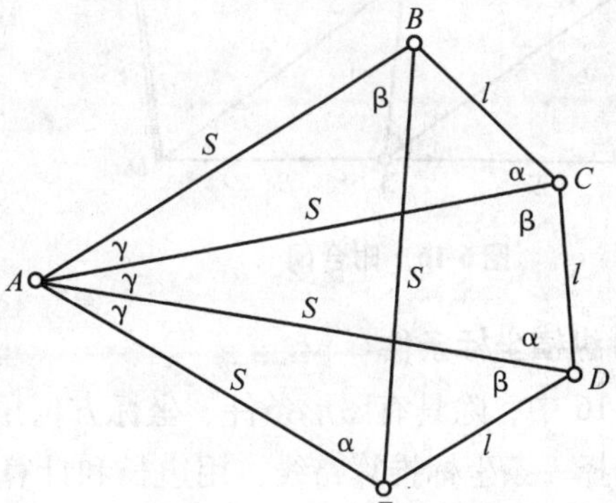

图 6-15　扇形

在平差计算时，三边网必要的起始数据是三个，即一个点的纵、横坐标和一条边的坐标方位角。三边网如果只具有必要的三个起始数据，称为独立三边网；如果多余必要的起始数据，则称为非独立三边网或附合三边网。三边网采用条件平差或间接平差，对于独立三边网或虽非独立网但多余起始数据不多时，可选用条件平差法，因其条件方程式较少，解算法方程工作量不大，但列立条件方程式时较复杂。如果起始数据较多，则选用间接平差法，因相比之下，误差方程式的列立较简单和有规律，但在平差中需要计算所有待定点的近似坐标，因而中间计算工作量较大，不过现在都是采用电算编程计算，间接平差法具有明显的优点。

二、三边网条件方程的类型

(一)图形条件

对于三角形，要确定三顶点的相对位置时，必须测定三条边长，可见测边三角形中不存在多余观测，因而不存在条件，这与三角测量完全不同。

如图6-13所示的大地四边形，假若略去其中任一条对角线，这时变成两个单三角形，因单三角形不产生图形条件，故大地四边形只有一个多余观测，仅有一个条件。

如图6-14所示的中心多边形及有公共顶点的图6-15扇形，也只有一个多余观测，即只有一个条件。

上述图形所产生的条件是为了满足图形的几何条件要求，故称为图形条件。在独立三边网中只有图形条件，因此又称为独立网条件。

(二)坐标方位角条件

对于非独立网(附合网)除具有图形条件外，还具有坐标方位角条件。如图6-16所示，此为附合网，必要的起算数据为A、B(或C、D)两点坐标，C、D(或A、B)为多余起算数据，因而产生条件。由已知边AB的坐标方位角α_{AB}，经由推算线路上(A—B—1—2—C—D)用边长计算的角度推算出CD边的坐标方位角α'_{CD}应等于α_{CD}，此条件称为坐标方位角条件。

图6-17也为附合网，已知边BC和BA之间形成固定角，也具有坐标方位角条件。

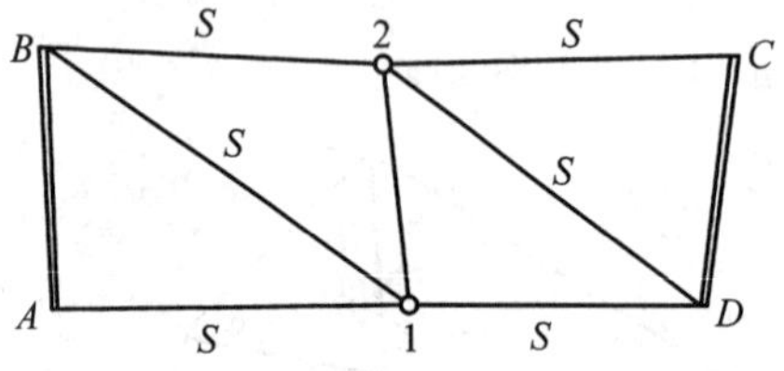

图6-16 附合网

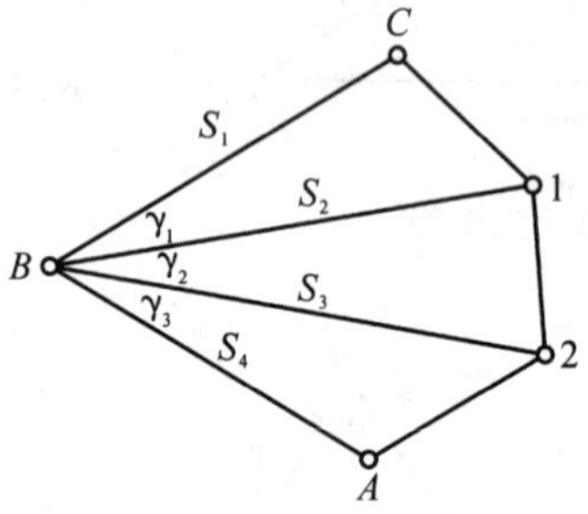

图6-17 固定角

(三)纵横坐标条件

图6-16中，除具有图形条件、坐标方位角条件外，还须具有二个条件，即由A或B点开始，选择一条坐标推算路线，用边长和计算的角度推算出C点或D点的坐标应等于它的已知坐标，此条件称为纵横坐标条件。

坐标方位角条件和坐标条件都是由多余起算数据产生的，故统称为起算数据条件或附合条件。

三、三边网条件数目的确定

(一)独立三边网条件数目的确定

在独立三边网中，条件数为

$$\gamma = n-2p+3 \tag{6-24}$$

式中：n—三边网总边数，其中包括已知边。

P—三边网总点数，其中包括已知点。

因为独立三边网是由三角形、大地四边形、中点多边形等基本图形构成的，而三角形不产生条件，一个大地四边形或中点多边形产生一个条件，因此，在独立三边网中，其条件数就等于网中所含的四边形和中点多边形的个数。

如图6-18所示的三边网，总边数 $n=9$，总点数 $p=5$，则条件数为

$$\gamma = n-2p+3 = 9-2 5+3 = 2$$

显然，该网由一个大地四边形($B123$)和一个中点多边形($1—A2B$ 或 $1—A23B$)组成，有两个图形条件。

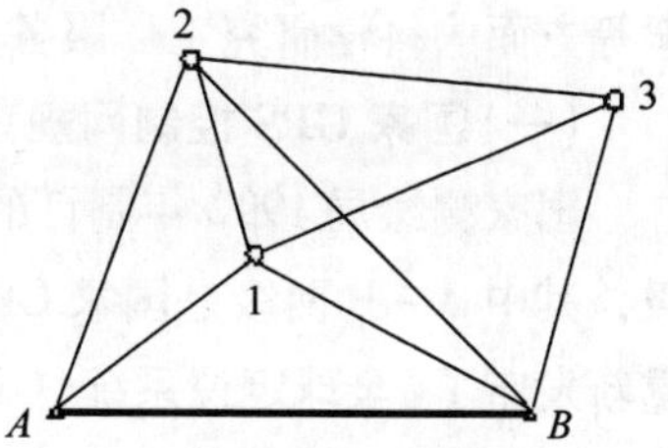

图 6-18　独立三边网

(二)附合三边网条件数目的确定

在附合网中，条件数为

$$\gamma = n' - 2p' \tag{6-25}$$

式中：n'—观测边的数目，不包括已知边。

p'—待定点数。

图6-19为附合三边网，AB、CD 为已知边，A、B、C、D 为已知点，观测边数 $n'=15$，待定点 $p'=5$，则

$$\gamma = n'-2p' = 15-2\times 5 = 5$$

由图可知，该网有两个图形条件，一个坐标方位角条件，一对纵横坐标条件。

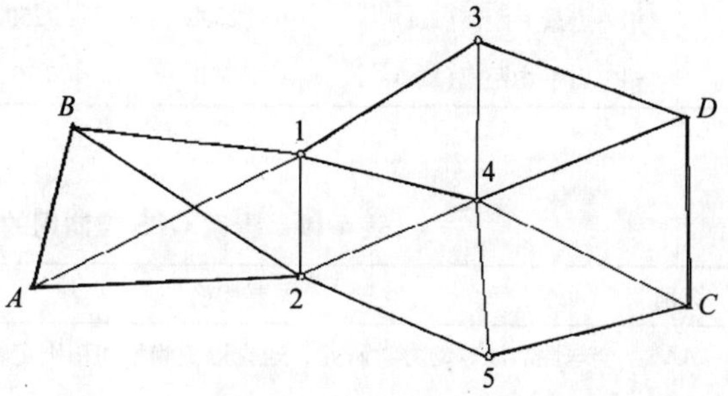

图 6-19　附合三边网

四、观测边长权的确定

按照第五章定权原则，在三边网平差之前应确定各观测边长的权，然后再平差计算，权的定义式为：

$$P_{D_{i(i+1)}} = \frac{\mu^2}{m^2_{D_{i(i+1)}}} \tag{6-26}$$

式中：μ—单位权中误差，可以设定。

$m_{Di(i+1)}$—观测边长的中误差，由式(6-27)计算，计算时采用仪器检定时的实际精度。

$$m_D = a + b \cdot D \tag{6-27}$$

第四节　GPS 控制测量

一、GPS 控制测量概述

由于 GPS 技术的成熟，GPS 测量具有其他测量方法不可比拟的众多优点，现在 GPS 控制测量已完全替代了传统的三角控制测量。

用 GPS 卫星定位技术建立的测量控制网称为 GPS 控制网。目前，GPS 控制网大致分为两大类：一类是国家或区域性的高精度 GPS 控制网，这类 GPS 控制网中相邻点的距离通常从几百公里至数千公里，其主要任务是作为高精度三维国家大地测量控制，以求定国家大地坐标系与世界大地坐标系的转换参数，用 GPS 点成果平差原大地点成果，为地学和空间科学等方面的科学研究工作服务；或用以研究地区性的板块运动及地壳形变规律等问题。

(一)国家 GPS 控制网规范

国家测绘局 1992 年制订的我国第一部《GPS 测量规范》将 GPS 的测量精度分为 A ~ E 五级，其中 A ~ B 两级是国家 GPS 控制网(表 6-9)。2001 年国家质量技术监督局经过修订后，重新发布了《全球定位系统(GPS)测量规范》(表 6-10)。

表 6-9　国家 GPS 控制网的主要技术要求(1992 年规范)

项目	A 级	B 级	C 级	D 级	E 级
固定误差 α(mm)	≤5	≤8	≤10	≤10	≤10
比例误差系数 b(10^{-6})	≤0. 1	≤1	≤5	≤10	≤20
相邻点最小距离(km)	100	15	≤5	≤2	≤1
相邻点最大距离(km)	2000	250	40	15	10
相邻点平均距离(km)	300	70	15 ~ 10	10 ~ 5	5 ~ 2

表 6-10　国家 GPS 控制网的主要技术要求(2001 年规范)

级别	主要用途	固定误差 α(mm)	比例误差 $b(10^{-6} \cdot D)$
AA	全球性的地球动力学研究、地壳形变测量和精确定轨	≤3	≤0. 01
A	区域性的地球动力学研究和地壳形变测量	≤5	≤0. 1
B	局部形变监测和各种精密工程测量	≤8	≤1
C	大、中城市及工程测量基本控制网	≤10	≤5
D，E	中、小城市及测图、物探，建筑施工等控制测量	≤10	≤10 ~ 20

(二)行业 GPS 测量标准

另一类是局域性的 GPS 控制网，它包括城市和矿区控制网及各类工程控制网，其主要任务就是直接为城市建设或工程建设服务。这类 GPS 控制网按相邻点的平均距离和精度划分为二、三、四等和一、二级，表 6-11 是中华人民共和国行业标准《全球定位系统城市测量技术规程——CJJ73—97》。

表 6-11　全球定位系统城市测量技术规程

等级	平均距离(km)	a(mm)	b(10^{-6})	最弱边相对中误差

二等	9	≤10	≤2	1/120000
三等	5	≤10	≤5	1/80000
四等	2	≤10	≤10	1/45000
一级	1	≤10	≤10	1/20000
二级	<1	≤15	≤20	1/10000

注：当边长小于200m时，边长中误差应小于20mm。

（三）美国GPS相对定位精度标准

表6-12是美国联邦大地测量分管委员会（Federal Geodetic Control Subcommittee—FGCS）于1988年公布的GPS相对定位精度标准。

表6-12 美国GPS相对定位精度标准

测量类型	等/级	（95%置信度）（最小几何精度标准）	
		基线误差（cm）	距离相对误差（10^{-6}）
全球的和区域的地球动力学测量；形变测量	AA	0.3	0.01
国家大地参考系一等网；区域的和地方的地球动力学；形变测量	A	0.5	0.1
国家大地参考系二等网；与一等网的联测；局部地球动力学；形变测量；高精度工程测量	B	0.8	1
国家大地参考系（地面测量）；为满足测图、土地信息、地籍和工程要求进行的有关控制测量	C		
	一等	1.0	10
	二等/Ⅰ级	2.0	20
	二等/Ⅱ级	3.0	50
	三等	5.0	100

二、GPS控制网的技术设计

为了获得可靠的GPS观测成果，GPS控制测量必须有科学的技术设计、严谨的作业管理和工作作风，并且必须遵循统一的规范。GPS控制测量按其工作性质可以分为外业工作和内业工作两大部分。外业工作主要包括选点、建立测站标志、野外观测作业等；内业工作主要包括GPS控制网的技术设计、数据处理和技术总结等。

（一）GPS控制技术设计的依据

1、GPS测量规范（规程）；

2、测量任务书：

测量任务书或测量合同是测量施工单位上级主管部门或甲方下达的技术要求文件。这种技术文件是指令性的，它规定了测量任务的范围、目的、精度和密度要求，提交项目成果资料的时间，完成任务的经济指标等。

在GPS技术方案设计时，首先根据任务书提出的GPS网的精度、密度和经济指标，再结合规范（规程）规定，并到现场踏勘后确定各点间的连接方法，各点设站观测次数、观测时段长短等内容。

(二)技术设计的一般原则

局域GPS控制网是满足城市建设和工程建设的需要，保证GPS成果质量的可靠性是关键，GPS网技术设计的一般原则包括以下几个方面：

1. 充分考虑建立GPS控制网的应用范围

对于工程建设GPS网，应该既考虑勘测设计阶段的需要，又要考虑施工放样阶段的需要。对于城市GPS控制网，既要考虑近期建设和规划的需要，又要考虑远期发展的需要，还可以根据具体情况扩展GPS控制网的功能。例如，因为GPS测量具有高精度和不要求通视的优点，有的城市已经考虑将城市GPS网建成为兼有监测三维形变功能的控制网。这样既可以为城市建设提供发现隐患、预防灾害的极有价值的信息，也有利于充分发挥GPS网和测绘工作在城市建设中的作用。这样，在考虑常规测量方法加密时的实用，每个GPS点应有一个以上通视方向。

2. 采用分级布网方案

适当地分级布设GPS网，有利于根据测区的近期需要和远期发展分阶段布设，而且可以使全网的结构呈长短边相结合的形式，与全网均由短边构成的全面网相比，可以减少网的边缘处误差的累积，也便于GPS网的数据处理和成果检核分阶段进行。分级布网可以逐级布设，越级布设或布设同级全面网，根据测区大小、用途来设计网的等级和精度指标。

各等级GPS网相邻点间弦长精度应按下式计算检核：

$$\sigma = \sqrt{a^2 + (bd)^2} \tag{6-62}$$

式中 σ—标准差(基线向量的弦长中误差mm)；a—固定误差(mm)；b—比例误差系数(10^{-6})；d—相邻点间的距离(km)。

为提高GPS网的可靠性，各级GPS网必须布设成由独立的GPS基线向量边构成的闭合图形网，闭合图形可以是三边形、四边形或多边形，也可包含一些附合路线，但不允许存在支线。各等级GPS网中每个闭合环或附合线路中的边数应符合表6-13的规定。

表6-13 GPS闭合环或附合线路边数的规定

等级	二等	三等	四等	一级	二级
闭合环或附合线路的边数(条)	≤6	≤8	≤10	≤10	≤10

3. 坐标系统和起算数据

GPS测量得到的是GPS基线向量，属于WGS—84坐标系的三维坐标差，而实用上需要得到属于国家坐标系或地方独立坐标系的坐标。为此，在GPS的技术设计中，必须说明GPS网的成果所采用的坐标系统和起算数据，即GPS网所采用的坐标基准，或者称之为GPS网的基准设计。

当GPS网转换成地方独立坐标时，一般应了解以下几个参数：

(1)所采用的参考椭球体，一般是以国家坐标系的参考椭球体为基础；

(2)坐标系的中央子午线经度值；

(3)纵横坐标的加常数；

(4)坐标系的投影面高程及测区平均高程异常值；

(5)起算点的坐标。

GPS 网的位置基准通常都是由给定的起算点坐标确定；方位基准可以通过给定起算方位角值确定，也可以由 GPS 基线向量的方位作为方位基准；尺度基准可以由地面的电磁波测距边确定，或由两个以上的起算点之间的距离确定，也可以由 GPS 基线向量的距离确定。

4. GPS 点的高程

为了得到 GPS 点的正常高，应使一定数量的 GPS 点与水准点重合，或对部分 GPS 点联测水准。

高程联测应采用不低于四等水准测量或与其精度相当的方法进行。要求平原地区高程联测点不宜少于 5 个点，并应均匀分布于网中；丘陵或山区高程联测点应根据测区地形特征，适当增加高程联测点，其点数不宜少于 10 个点。

GPS 点高程（正常高）的精度一般可达到五等水准测量的精度，经过计算分析后，符合精度要求的可供测图或一般工程测量使用。

（三）GPS 控制网的图形设计

GPS 控制网的图形较常规控制网有较大的灵活性，因此 GPS 控制网的图形设计要根据网的用途和用户要求，侧重考虑如何保证和检核 GPS 数据质量；同时还要考虑接收机类型、数量、经费、时间、人力及后勤保障条件等因素，以期在满足要求的前提条件下，取得最佳的效益。

根据 GPS 测量的不同用途，GPS 网的几何图形结构有以下几种形式：

1. 三角形网

如图 6-20 所示，网中各三角形边是由非同步观测的独立边所组成。这种网的几何图形结构强，具有良好的自检能力，能有效地发现观测成果的粗差，确保网的可靠性。经平差后网中相邻点间基线向量的精度分布均匀。

这种网的主要缺点是观测工作量大，尤其当接收机的数量较少时，将使观测工作的时间大为延长。因此，通常只有当网的可靠性和精度要求较高时，才单独采用这种图形结构的网。

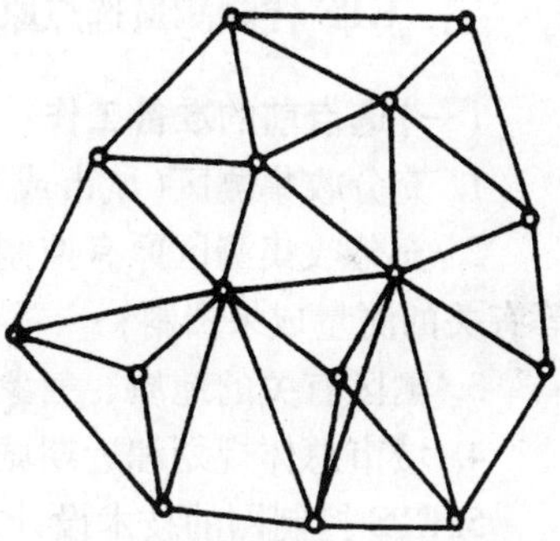

图 6-20　GPS 三角网

2. 环形网

由若干个含有多条独立观测边的闭合环所组成的网，称为环形网（图 6-27）。这种网的图形结构强度较三角网差，其优点是观测工作量小，具有较好的自检性和可靠性。其缺点主要是非直接观测的基线边（或称间接边）精度较直接观测边低，相邻点间的基线精度分布不均匀。由于环形网的自检能力和可靠性与闭合环中所含基线边的数量有关，所以，一般根据网的精度要求，规定闭合环中包含的基线边的数量。

三角网和环形网是大地测量和精密工程测量普遍采用的两种基本图形。通常，根据实际情况往往采用上述两种图形的混合图形。

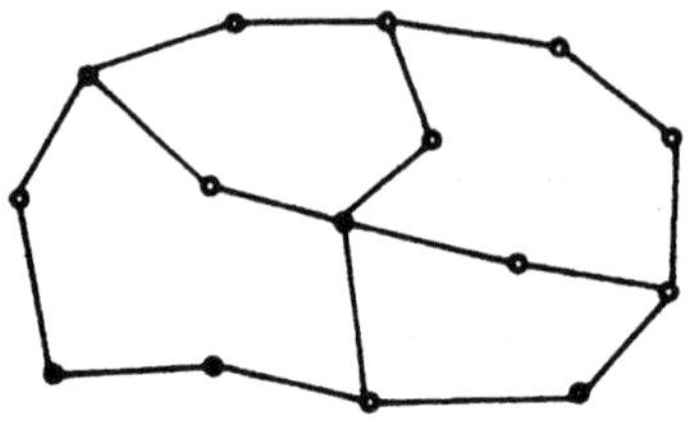

图 6-21　GPS 环形网

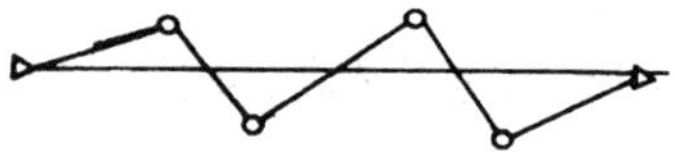

图 6-22　附合线路

3. 附合线路

在 GPS 高级网中需进一步加密控制点时，可采用附合线路(图 6-22)。为保证可靠性和精度，附合线路所包含的边数也不能超过一定限制。这种网在线路勘测设计中比较适用。

4. 星形网

星形网的几何图形如图 6-23 所示。其图形简单，直接观测边之间不构成任何闭合图形，所以检验和发现粗差的能力差。这种图形的主要优点是观测时只需两台 GPS 接收机。作业简单。因此在快速静态定位和准动态定位等快速作业模式中，大都采用这种图形，也广泛应用于工程测量、边界测量、地籍测量和碎部测量等方面。

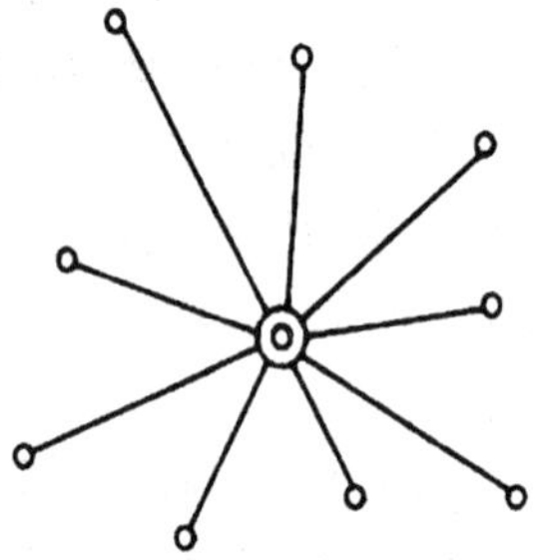

图 6-23　星形网

三、GPS 控制测量选点原则与要求

(一)选点前的准备工作：

1. 充分收集测区(城市或工程)1∶1 万～1∶10 万地形图；

2. 充分收集测区原有控制测量资料，包括点的平面坐标、高程、坐标系统、技术总结等有关的测量成果资料；

3. 测区有关的地质、气象、交通、通讯等方面的资料；

4. 城市总体规划和近期城市建设发展方面的资料；

5. GPS 控制网的技术设计方案。

(二)GPS 选点的基本原则：

1. 点位的选择应符合技术设计要求，并有利于其他测量手段进行扩展和联测；

2. 点位的基础应坚实稳定，易于长期保存，并应有利于安全作业；

3. 点位应便于安置 GPS 接收机和操作，视野开阔，被测卫星的地平高度角应大于 15°；

4. 点位应远离大功率无线电发射源(如电视台、微波站等)，其距离不得小于 200m，并应远离高压输电线，其距离不得小于 50m，以避免周围磁场对信号的干扰；

5. 附近不应有强烈干扰接收卫星信号的物体，以减弱多路径效应的影响；

6. 交通方便，以提高作业效率；

7. 充分利用符合要求的旧有控制点及其标石和觇标；

8. GPS 点点名可取村名、山名、地名、单位名，当利用原有旧点时，点名不宜更改。点号编排(码)应适应于计算机计算；

9. 点位选定后，不论新点或旧点，均应按规定绘制点之记，点之记的内容如图 6-24；

10. 选点工作结束后，要绘制 GPS 网的选点网图，编写选点工作总结。

点名		点号		类级		概略位置	
所在地						最近住所及距离	
最近邮电设施						供电情况	
地类		土质		冻土深度		解冻深度	
本点交通情况（至本点通路与最近车站、码头名称及距离）						交通线路图	
选点情况						点位略图	
单位							
选点员		日期					
是否需联测坐标与高程							
建议联测等级与方法							
起始水准点及距离							

图 6-24　GPS 点之记

（三）建立点位标志

为了能较长时间保存点位，GPS 控制点一般应设置具有中心标志的标石，以精确标志点位。点的标石和标志必须稳定、坚固。各等级 GPS 点的标石及标志规格要求应符合图 6-25 ~ 图 6-30 的规定。

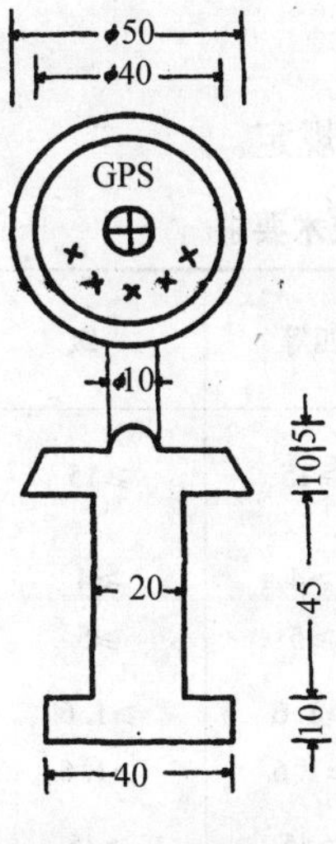

图 6-25　金属标志图

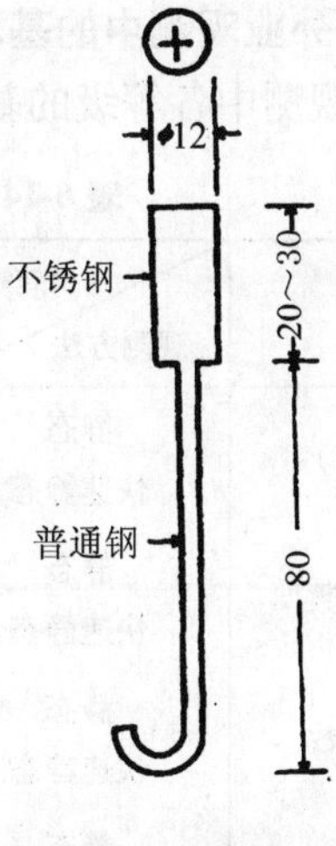

图 6-26　不锈钢标志图

注：① 金属标志制作材料为铸铁或其他金属品；
② 不锈钢标志可采用直径 φ12—φ16 ㎜，长度为 20 ~ 30mm 不锈钢材料。下部采用普通钢筋焊接而成；
③ 图中“ × × × × × ”处为测量单位名称。

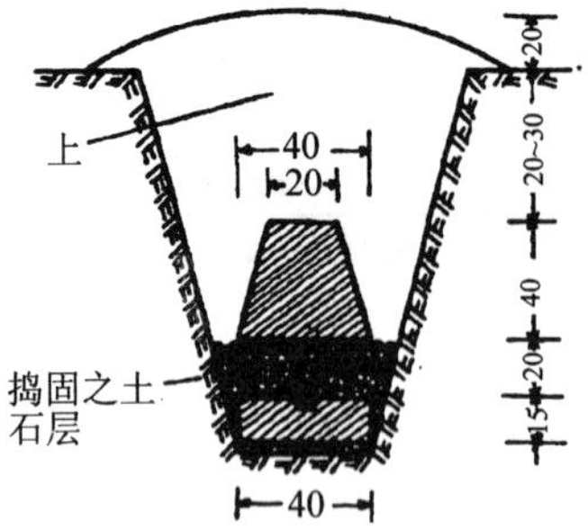

图 6-27　二、三等点标石埋设图(单位：cm)

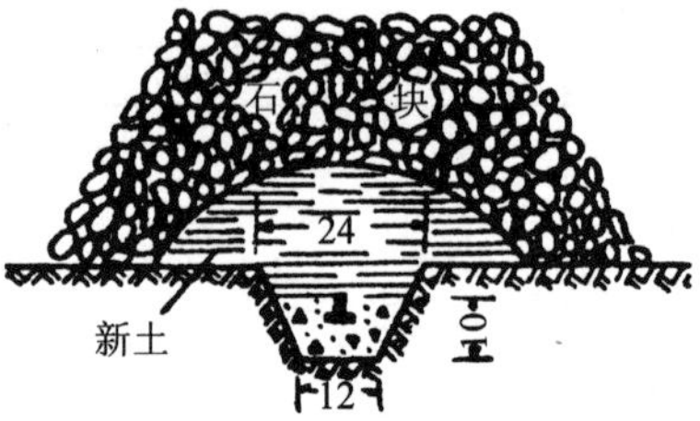

图 6-28　岩石地区各等级 GPS 点标石埋设图(单位：cm)

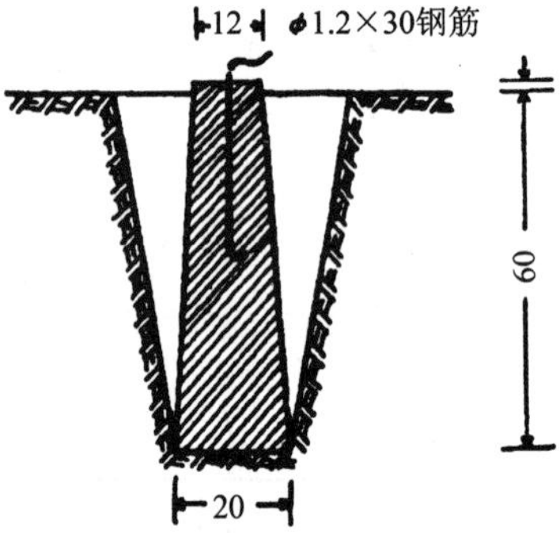

图 6-29　四等一、二级 GPS 点标石埋设图(单位：cm)

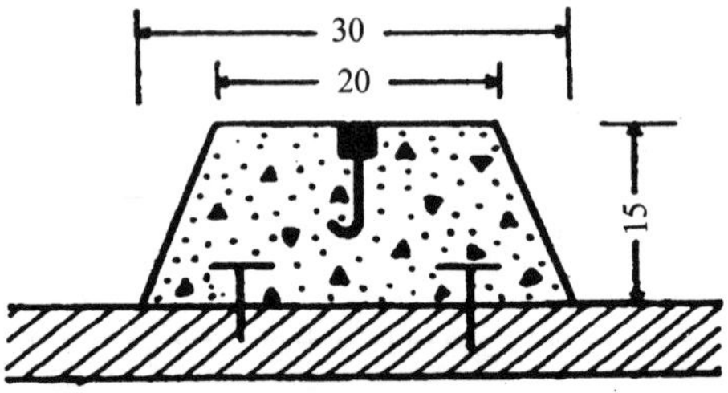

图 6-30　建筑物上各等级 GPS 点标石埋设图(单位：cm)

四、GPS 测量的外业工作

(一) GPS 外业观测中的基本技术要求

GPS 外业观测中各等级的基本技术要求应符合表 6-14 的规定。

表 6-14　GPS 测量各等级的作业的基本技术要求

项目	等级 观测方法	二等	三等	四等	一级	二级
卫星高度角(°)	静态 快速静态	≥15	≥15	≥15	≥15	≥15
有效观测卫星数	静态 快速静态	≥4 —	≥4 ≥5	≥4 ≥5	≥4 ≥5	≥4 ≥5
平均重复设站数	静态 快速静态	≥2 —	≥2 ≥2	≥1.6 ≥1.6	≥1.6 ≥1.6	≥1.6 ≥1.6
时段长度(min)	静态 快速静态	≥90 —	≥60 ≥20	≥45 ≥15	≥45 ≥15	≥45 ≥15
数据采样间隔(s)	静态 快速静态	10～60	10～60	10～60	10～60	10～60

注：当采用双频机进行快速静态观测时，时间长度可缩短为 10min。

GPS 接收机的选择应符合表 6-15 的规定。

表 6-15 接收机的选择

项目＼等级	二	三	四	一级	二级
接收机类型	双频或单频	双频或单频	双频或单频	双频或单频	双频或单频
标称精度	≤10 +2ppm	≤10 +5ppm	≤10 +5ppm	≤10 +5ppm	≤10 +5ppm
观测量	载波相位	载波相位	载波相位	载波相位	载波相位
同步观测接收机数	≥3	≥3	≥2	≥2	≥2

(二) GPS 外业观测调度计划

在进入测区前，根据 GPS 网的点位、接收机数量、以及交通条件，编制 GPS 外业观测调度计划，按计划对各作业组下达相应的调度指令。作业调度表的内容包括观测时间、测站号、测站名及接收机号等项目(表 6-16)。

表 6-16 GPS 测量作业调度表

时段编号	观测时间	测站号、名 接收机号	测站号、名 接收机号	测站号、名 接收机号	测站号、名 接收机号	测站号、名 接收机号	测站号、名 接收机号
1							
2							
3							
4							
5							
6							
7							
8							

(三) GPS 外业观测工作

GPS 外业观测工作包括天线安置、观测作业、外业成果记录和野外观测数据的检查等内容(以 Trimble4600LS 为例)。

1. 观测前的准备工作和天线安置注意事项

(1) 每天出发前应检查电池容量是否充足，接收机内存或磁盘容量是否充足，仪器及其附件应携带齐全；野外记录本、作业调度表及有关用具是否配全；

(2) 天线可用脚架直接安置在测量标志中心的垂线方向上，对中误差应≤3mm。利用基座上的圆气泡将天线整平；

(3) 需在觇标的基板上安置天线时，为防止对信号的干扰，应将觇标顶司光台拆除，并将标志中心投影到基板上，依投影点安置天线；

(4) 当点上建有寻常标时，若测站间的距离不超过 10km，可以在觇标下安置天线，但应适当延长观测时间；

(5)天线定向标志应指向正北(图6-31)，并顾及当地磁偏角的影响，定向误差不大于±5°。对于定向标志不明显的接收机天线，可预先设置标记，每次应按此标安置仪器；

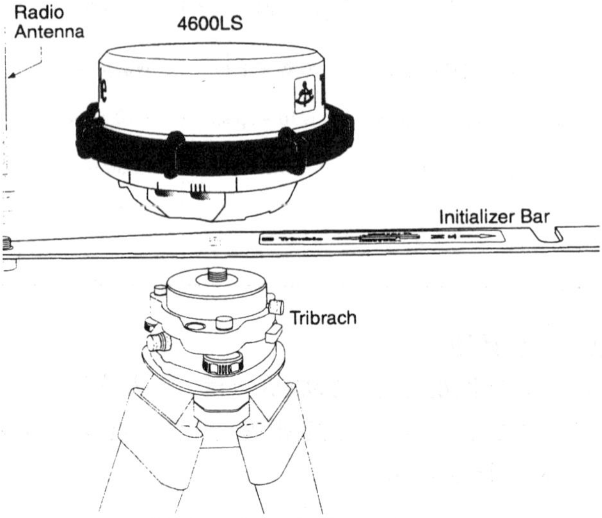

图6-31　天线定向标志及天线定向

(6)雷雨天气安置天线时，应注意将其底盘接地，以防雷击。

(7)天线安置好后让其处于静置状态；并在各观测时段的前后各量取天线高一次，两次量高之差不应大于3mm，取平均值作为最后的天线高。若互差超限，应查明原因，提出处理意见，记入观测记录。

天线高，是指观测时天线平均相位中心至测站中心标志面的高度，分为上、下两段：上段是从相位中心至天线底面的高度，这是常数，由厂家给出；下段是从天线底面至测站中心标志面的高度，由作业员现场量取。天线高的最后取值为上、下两段之和。具体量取方法，依天线安置方法和类型的不同分为直接测量和斜距测量两种，如 Trimble 4600 LS 是使用专用尺测量天线上挂钩的斜距(图6-32)，在内业进行数据处理时，它将自动换算。

2. 观测作业及要求

观测作业的主要任务，是捕获 GPS 卫星信号对其进行跟踪、接收和处理，以获取所需的定位和观测数据。现在，接收机操作的自动化程度高，其具体的操作方法和步骤因接收机的类型和作业模式不同而异，在随机的操作手册中都有详细介绍。如 Trimble4600LS 接收机只要安置好后，按规定开机时间按一下电源开关键，打开电源，就能自动工作，中间没有任何其他操作，当约定关机时间一到，再次按一下开关键，关闭电源，该时段的观测作业算已完成，极其简单。但在观测作业过程中，应符合下列要求：

(1)各观测组接收机应严格按调度表规定的时间进行作业，确保同步观测同一组卫星。当情况有变化需要修改调度计划时，应经作业队负责人同意，并将调整后的调度计划公告各观测组，观测组不得擅自更改计划；

(2)仪器工作正常后，作业员应及时逐项填写测量手薄中的各项内容。

(3)在一个时段观测过程中，接收机不得关闭又重新启动；不准改变天线位置；不准阻挡卫星信号；观测员不准擅自离开测站，以防仪器受震动或被移动，防止人或其他物体靠近

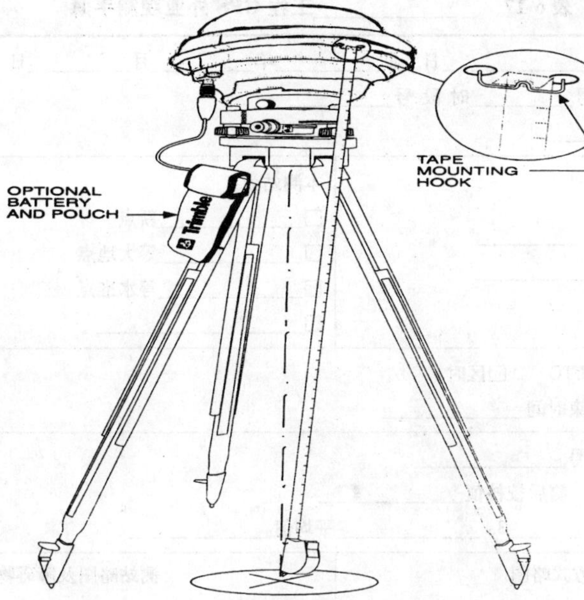

图 6-32　量取挂钩斜距高示意图

天线；

(4) 在观测过程中，不应在接收机近旁使用对讲机；在雷雨过境时应暂时关机停测，并卸下天线以防雷击；

(5) 观测中应保证接收机工作正常，数据记录正确，经检查所有作业项目均按规定完成并符合要求，方可迁站；

(6) 每天观测结束后，应及时将数据转存到计算机硬、软盘上，确保观测数据不丢失。

3. 外业观测记录

现在，大多数 GPS 接收机都能将观测数据自动形成记录，并自动记录在存储介质(如磁卡或记忆卡)上，其内容有：载波相位观测值，伪距观测值，相应的 GPS 时间，GPS 卫星星历及卫星钟差参数等。需要手工记录的内容有：

(1) 测站名、测点号；

(2) 观测年、月、日、天气状况、时段号；

(3) 观测时间应包括开机时间和关机时间，填写至时、分；

(4) 接收机设备应包括接收机类型、号码、天线号码；

(5) 近似位置应包括测站的近似经、纬度与近似高程，经、纬度应取至 1′，高程应取至 0.1m；

(6) 天线高包括开机前、关机后量得的高度及其平均值，均取至 0.001m；

(7) 观测状况应包括电池、故障情况等；

(8) 原始观测值和记事项目，应按规格现场记录，字迹清楚、整齐、美观，不得涂改、转抄，记录格式如表 6-17；各时段观测结束后，应及时将每天外业观测记录录入计算机硬盘或软盘；接收机数据文件下载到外存介质后，不得进行任何剔除或删改，不得调用任何对数据实施重新加工组合的操作指令。

表 6-17　______工程 GPS 外业观测手薄

<table>
<tr><td colspan="2">观测者姓名______日　期______年______月______日
测　站　名______测 站 号______时 段 号______
天 气 状 况______</td></tr>
<tr><td>测站近似坐标：
经度：E ______°______′
纬度：N ______°______′
高程：______(m)</td><td>本测站为：
□______新点
□______等大地点
□______等水准点
□______</td></tr>
<tr><td colspan="2">记录时间：□北京时间　□UTC　□区时
开录时间：______结束时间______</td></tr>
<tr><td colspan="2">接收机号______天线号______
天线高：(m)　　测后校核值______
1. ______2. ______3. ______平均值______</td></tr>
<tr><td>天线高量取方式略图</td><td>测站略图及障碍物情况</td></tr>
<tr><td colspan="2">观测状况记录
1. 电池电压______(块条)
2. 接收卫星号______
3. 信噪比(SUR)______
4. 故障情况______
______
5. 备　注______</td></tr>
</table>

五、GPS 控制网的数据处理

GPS 控制网数据处理的目的，是将 GPS 接收机在外业观测时接收到的 GPS 卫星信息下载到计算机里，通过处理后解算各个点的坐标和高程。数据处理必须在专用的 GPS 处理软件中进行，一般的数据处理可在 GPS 随机软件或正式鉴定的软件中进行，对于高精度的 GPS 网成果处理可选用 GAMIT/GLOBK、BERMESE、GIPSY、GFZ 等国际著名软件。GPS 数据处理的基本流程如图 6-33 所示。

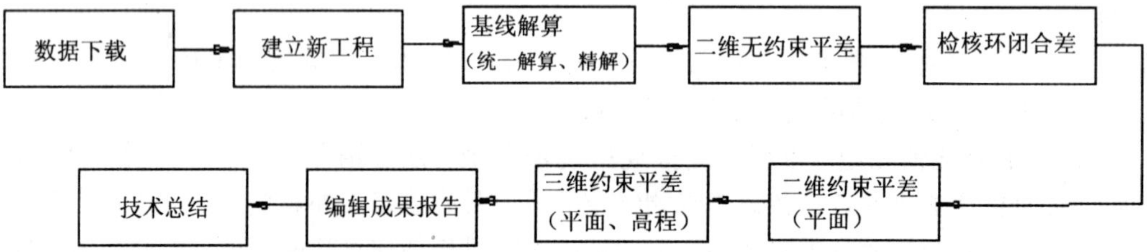

图 6-33　GPS 数据处理基本流程

第五节　高程控制测量

我国已在全国范围内建立了统一的国家高程控制网，国家高程控制网是用精密水准测量方法建立的，所以又称国家水准网。国家水准网的布设遵循从整体到局部，由高级到低级，分级布设、逐级控制的原则，分为一、二、三、四等，低一级的控制网在高一级控制网的基础上建立。一、二等水准网是国家高程控制的基础，一般沿铁路、公路或河流布设成闭合或附合的形式，用精密水准测量的方法测定其高程。三、四等水准路线加密于一、二等水准网内，作为地形测量和工程测量的高程控制，可布设成闭合或附合的形式。

目前高程控制测量的方法有水准测量、三角高程测量、GPS 高程测量等。

一、三、四等水准测量

(一)三、四等水准测量的技术要求(表6-18)

表 6-18　三、四等水准测量的技术要求

项目 / 等级	使用仪器	高差闭合差限差（mm）	视线长度（m）	前后视距离差（m）	前后视距累积差（m）	黑红面读数差（mm）	黑红面所测高差之差（mm）
三	DS3	$\pm12\sqrt{L}$	≤75	≤2	≤5	2	3
四	DS3	$\pm20\sqrt{L}$	≤100	≤3	≤10	3	5

(二)三、四等水准测量观测方法

三、四等水准测量主要采用双面水准尺观测法，除各种限差有所区别外，观测方法基本相同。现以三等水准测量的观测方法为例加以说明。

每一测站上，首先安置仪器，调整圆水准器使气泡居中，分别瞄准后、前视尺、估读视距，使前后视距离差不超过2m。如超限，则需移动前视尺或水准仪，以满足要求。然后按下列顺序进行观测，并记于手簿中(表6-19)：

1. 读取后视尺黑面读数：下丝(1)，上丝(2)，中丝(3)
2. 读取前视尺黑面读数：下丝(4)，上丝(5)，中丝(6)
3. 读取前视尺红面读数：中丝(7)
4. 读取后视尺红面读数：中丝(8)

(三)三、四等水准测量计算与校核

分为视距部分和高差部分：

1. 视距部分

后距(9)=[(1)-(2)]100

前距(10)=[(4)-(5)]100

后、前视距离差(11)=[(9)-(10)]，绝对值不超过2m。

后、前视距离累积差(12)=本站的(11)+前站的(12)，绝对值不应超过5m。

表 6-19　三、四等水准测量手簿　　K1 = 4.787，K2 = 4.687

测站编号	点号	后尺 下丝 下丝 后距(m) 前后视距离差(m)	前尺 下丝 下丝 前距(m) 累积差	方向及尺号	水准尺读数(m) 黑色面	水准尺读数(m) 红色面	K + 黑减红(mm)	高差中数(m)
		(1) (2) (9) (11)	(4) (5) (10) (12)	后前 后-前	(3) (6) (16)	(8) (7) (17)	(13) (14) (15)	(18)
1	Ⅲ-TP1	1.614 1.156 45.8 +1.0	0.774 0.326 44.8 +1.0	后 1 前 2 后-前	1.384 0.551 +0.833	6.171 5.239 +0.932	0 -1 +1	+0.8325
2	TP1-TP2	2.188 1.682 50.6 +1.2	2.252 1.758 49.4 +2.2	后 2 前 1 后-前	1.934 2.008 -0.074	6.622 6.796 -0.174	-1 -1 0	-0.0740
3	TP2-TP3	1.922 1.529 39.3 -0.5	2.066 1.668 39.8 +1.7	后 1 前 2 后-前	1.726 1.866 -0.140	6.512 6.554 -0.042	+1 -1 +2	-0.1410
4	TP3-BM6	2.041 1.622 41.9 -1.1	2.220 1.790 43.0 +0.6	后 2 前 1 后-前	1.832 2.007 -0.175	6.520 6.793 -0.273	-1 +1 -2	-0.1740
校核		Σ(9) = 177.6 Σ(10) = 177.0 (12)末站 = +0.6 总距离 = 354.6			Σ(3) = 6.876 Σ(6) = 6.432 Σ(16) = +0.444 Σ(8) = 25.825 Σ(7) = 25.382 Σ(17) = +0.443 1/2[Σ(16) + Σ(17)] = +0.4435 = Σ(18)			Σ(18) = +0.4435

2. 高差部分

后视尺黑、红面读数差(13) = K_1 + (3)-(8)，绝对值不应超过 2mm。

前视尺黑、红面读数差(14) = K_2 + (6)-(7)，绝对值不应超过 2mm。

上两式中的 K_1、K_2 分别为两水准尺的黑、红面的零点差，又称尺常数。

黑面高差(16) = (3)-(6)

红面高差(17) = (8)-(7)

黑红面高差之差(15) = [(16)-((17) ± 0.100)] = [(13)-(14)]，绝对值不应超过 3mm。

高差中数(18) = 1/2[(16) + (17) ±0.100]作为该两点测得的高差。

当整个水准路线测量完毕，应逐页校核计算有无错误，校核方法是：

分别计算∑(3)、∑(6)、∑(7)、∑(8)、∑(9)、∑(10)、∑(16)、∑(17)、∑(18)，而后用下式校核。

∑(9)-∑(10)=(12)末站

1/2[∑(16)+∑(17)±0.100]=∑(18)——当测站总数为奇数时。

1/2[∑(16)+∑(17)]=∑(18)——当测站总数为偶数时

最后算出水准路线总长度 L=∑(9)+∑(10)

(四)三、四等水准测量的成果整理

按三、四等水准测量高差闭合差的精度要求进行评定，若高差闭合差在允许范围内，则按第二章水准测量的闭合差的调整及高程计算方法，计算各水准点的高程。

二、三角高程测量

由于电磁波测距的精度高，故采用全站仪三角高程测量或似水准法代替水准测量来测定两点间的高差，从而推算各点的高程，可达到四等水准测量的精度，并且不受地形条件限制，使用方便，在工程建设中广泛应用。

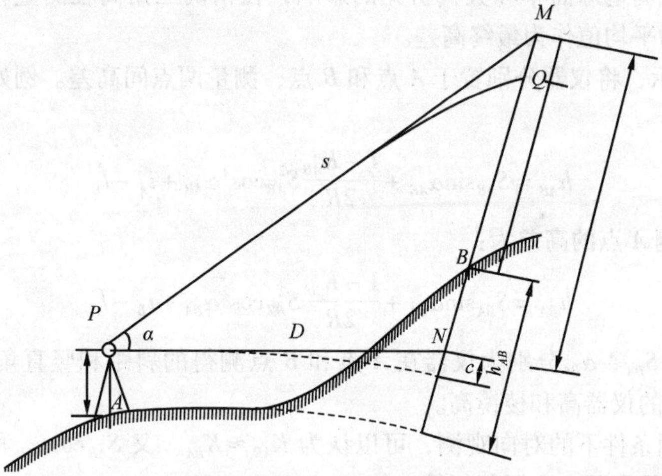

图 6-34　三角高程测量单向观测原理

(一)三角高程测量原理

1. 单向观测计算高差的公式

如图6-34 所示，已知 A 点的高程 H_A，欲测定 B 的高程 H_B，则在 A 点安置全站仪，量取仪器高 i，在 B 点设置棱镜，量取棱镜高为 l。用望远镜瞄准棱镜 M 点，测出则 A、B 两点间的斜距 S 和垂直角 α，则 A、B 两点间的高差 h_{AB} 为：

$$h_{AB}=h'+c+i-r-l \tag{6-28}$$

由于 A、B 两点间的距离与地球半径之比值很小，故可认为 $\angle PNM=90°$，在 $\triangle PNM$ 中

$$h'=S\sin\alpha \tag{6-29}$$

c 和 r 分别为地球曲率和大气折光的影响：

$$c=\frac{D^2}{2R}=\frac{S^2}{2R}\cos^2\alpha \tag{6-30}$$

$$r=\frac{D^2}{2R'}=\frac{S^2}{2R'}\cos^2\alpha \tag{6-31}$$

式中 R 为地球半径，R'为光程曲线 PQ 的曲率半径，设 $K=\frac{R}{R'}$，称为大气折光系数，则

$$r=\frac{S^2}{2R'}\cos^2\alpha=\frac{S^2}{2\frac{R}{K}}\cos^2\alpha=\frac{KS^2}{2R}\cos^2\alpha \tag{6-32}$$

将式(6-29)、(6-30)、(6-31)代入式(6-28)，则有

$$\begin{aligned}h&=S\sin\alpha+\frac{S^2}{2R}\cos^2\alpha-\frac{KS^2}{2R}\cos^2\alpha+i-l\\&=S\sin\alpha+\frac{1-K}{2R}S^2\cos^2\alpha+i-l\end{aligned} \tag{6-33}$$

此式乃单向观测计算高差的基本公式。则 B 点的高程 H_B 为：

$$H_B=H_A+S\sin\alpha+\frac{1-K}{2R}S^2\cos^2\alpha+i-l \tag{6-34}$$

2. 对向观测计算高差的公式

为了消除或减弱地球曲率和大气折光的影响，在精确三角高程测量时一般采用对向观测，取两次高差的平均值作为最终高差。

如图 6-34 所示，将仪器分别置于 A 点和 B 点，测量两点间高差。例如由 A 点观测 B 点的高差为：

$$h_{AB}=S_{AB}\sin\alpha_{AB}+\frac{1-K_{AB}}{2R}S_{AB}^2\cos^2\alpha_{AB}+i_A-l_B \tag{6-35}$$

则由 B 点观测 A 点的高差为：

$$h_{BA}=S_{BA}\sin\alpha_{BA}+\frac{1-K_{BA}}{2R}S_{BZ}^2\cos^2\alpha_{BA}+i_B-l_A \tag{6-36}$$

式中：S_{AB}、α_{AB}和 S_{BA}、α_{BA}分别为仪器在 A 点和 B 点测得的斜距和竖直角；i_A、l_A 和 i_B、l_B 分别为 A、B 两点的仪器高和棱镜高。

如果是在相同条件下的对向观测，可以认为 $K_{AB}\approx K_{BA}$。又 $S_{AB}\cos\alpha_{AB}$和 $S_{BA}\cos\alpha_{BA}$为对向观测 A、B 两点间的平距，也近似相等，故

$$\frac{1-K_{AB}}{2R}S_{AB}^2\cos^2\alpha_{AB}\approx\frac{1-K_{BA}}{2R}S_{BA}^2\cos^2\alpha_{BA} \tag{6-37}$$

将式(6-35)与(6-36)相减除以 2，得

$$h_{AB(\text{平均})}=\frac{1}{2}(S_{AB}\sin\alpha_{AB}-S_{BA}\cos\alpha_{BA})+\frac{1}{2}(i_A+l_A)-\frac{1}{2}(i_B+l_B) \tag{6-38}$$

式(6-38)即对向观测计算高差的基本公式。公式表明：对向观测可抵消地球曲率和大气折光的影响。

(二)三角高程控制测量

当用三角高程测量方法测定平面控制点的高程时，应组成闭合或附合的三角高程路线，每条边均要进行对向观测。用对向观测所得高差平均值，计算闭合或附合路线的高差闭合差。

$$f_h=h_{AB}+h_{BA} \tag{6-39}$$

高差闭合差的容许值依据误差理论和观测资料统计分析，用下式计算：

$$f_{h容} = \pm 0.1S \tag{6-40}$$

式中$f_{h容}$的单位为 m，S 是路线的总长度，单位为 km。

当$f_h \leqslant f_{h容}$时，则按与边长成正比原则，将f_h 反符号分配到个高差之中，然后用改正后的高差，从起算点开始推算各点高程。

试验结果显示，全站仪三角高程测量对向观测时，当竖直角观测精度 $m_\alpha \leqslant 2''$，测距精度不低于$(5+5\times10^{-6}D)$mm，边长在 2km 范围内时可达到四等水准测量的限差要求。如果边长控制在 700m 之内，则可满足三等水准测量的限差要求。

三、GPS 高程测量

(一)高程系统

GPS 常用的高程系统有大地高系统、正高系统和正常高系统。

1. 大地高系统

大地高系统是以参考椭球面为基准面，地面点沿通过该点的椭球法线到椭球面的距离，称为该点的大地高，也称为椭球高，用符号 H 表示。大地高是一个纯几何量，不具有物理意义，同一个点，在不同的基准下，具有不同的大地高。

2. 正高系统

以大地水准面为基准面，地面点沿铅垂线至大地水准面的距离，称为该点的正高，用 H_g 表示。正高具有明确的物理意义。大地水准面是一族重力等位面(水准面)中的一个，由于水准面间不平行，故铅垂线实际是一条曲线，H_g 与 H 的关系：

$$H_g = \frac{1}{gm}\int^{H_g} g dH \tag{6-41}$$

式中：g_m 为由地面点沿铅垂线至大地水准面的平均加速度，它无法直接测定，严格地说，正高是不能精确确定的。

3. 正常高系统

正常高系统是以似大地水准面为基准面，某点的正常高是通过该点的铅垂线到似大地水准面之间的垂直距离，正常高用 H_r 表示。

4. 高程系统之间的转换关系

如图 6-35，大地水准面到参考椭球面的距离，称为大地水准面差距，记为 h_g。大地高与正高之间的关系可以表示为：

$$H = H_g + h_g \tag{6-42}$$

似大地水准面到参考椭球面的距离，称为高程异常，记为 ζ。大地高与正常高之间的关系可以表示为：

$$H = H_r + \zeta \tag{6-43}$$

(二)GPS 高程

用 GPS 观测所得到高程是 WGS—84 椭球上的大地高，为了确定出正高或正常高，需要有大地水准面与椭球面的差距或当地高程异常数据，对于一般的 GPS 高程确定可采用 GPS 几何曲面拟合高程的方法，其思路是：将高程异常近似地看作是一定范围内各点坐标的曲面函数，认为高程异常在此范围内变化平缓，可用已联测水准的 GPS 点的高程异常来拟合这

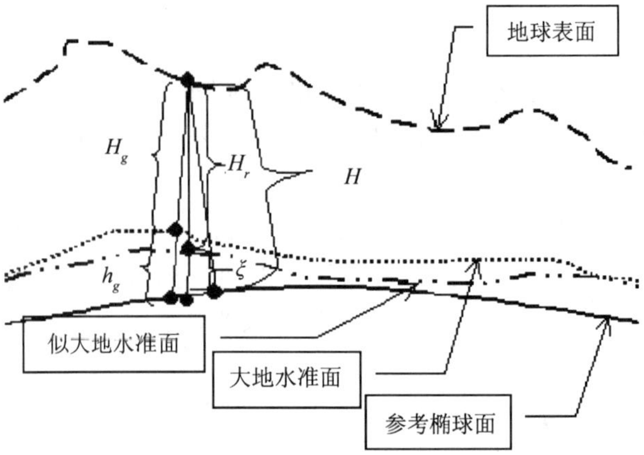

图 6-35　高程系统间的相互关系

一函数，在求得函数的拟合系数之后，可利用这一拟合函数来计算其他 GPS 点的高程异常和正常高，由此得到的高程就叫做拟合高程。主要的方法有：

1. 等值线图法

从高程异常图或大地水准面差距图分别查出各点的高程异常 ζ 或大地水准面差距 h_g，然后分别采用下面两式可计算出正常高 H_r 和正高 H_g。

正常高：$H_r = H - \zeta$

正高：$H_g = H - h_g$

在采用等值线图法确定点的正常高和正高时要注意以下几个问题：

(1)注意等值线图所适用的坐标系统，在求解正常高或正高时，要采用相应坐标系统的大地高数据。

(2)采用等值线图法确定正常高或正高，其结果的精度在很大程度上取决于等值线图的精度。

2. 地球模型法

地球模型法本质上是一种数字化的等值线图，目前国际上较常采用的地球模型有 OSU91A 等。但这些模型均不适合于我国。

3. 高程拟合法

将高程异常表示为下面多项式的形式：

零次多项式：$\zeta = a_0$

一次多项式：$\zeta = a_0 + a_1 \cdot dB + a_2 \cdot dL$

二次多项式：$\zeta = a_0 + a_1 \cdot dB + a_2 \cdot dL + a_3 \cdot dB^2 + a_4 \cdot dL^2 + a_5 \cdot dB \cdot dL$

其中：

$dB = B - B_0$;

$dL = L - L_0$;

$B_0 = \frac{1}{n}\sum B$;

$L_0 = \frac{1}{n}\sum L$;

n 为 GPS 网的点数。

利用公共点上 GPS 测定的大地高和水准测量测定的正常高计算出该点上的高程异常 ζ，存在一个这样的公共点，就可以依据上式列出一个方程：

$$\zeta_i = a_0 + a_1 \cdot dB_i + a_2 \cdot dL_i + a_3 \cdot dB_i{}^2 + a_4 \cdot dL_i{}^2 + a_5 \cdot dB_i \cdot dL_i$$

若共存在 m 个这样的公共点，则可列出 m 个方程。

$$\zeta_1 = a_0 + a_1 \cdot dB_1 + a_2 \cdot dL_1 + a_3 \cdot dB_1{}^2 + a_4 \cdot dL_1{}^2 + a_5 \cdot dB_1 \cdot dL_1$$

$$\zeta_2 = a_0 + a_1 \cdot dB_2 + a_2 \cdot dL_2 + a_3 \cdot dB_2{}^2 + a_4 \cdot dL_2{}^2 + a_5 \cdot dB_2 \cdot dL_2$$

……

$$\zeta_1 = a_0 + a_1 \cdot dB_m + a_2 \cdot dL_m + a_3 \cdot dB_m{}^2 + a_4 \cdot dL_m{}^2 + a_5 \cdot dB_m \cdot dL_m$$

即有：

$V = Ax + L$

其中：

$$A = \begin{bmatrix} 1 & dB_1 & dL_1 & dB_1{}^2 & dL_1{}^2 & dB_1 \cdot dL_1 \\ 1 & dB_2 & dL_2 & dB_2{}^2 & dL_2{}^2 & dB_2 \cdot dL_2 \\ \cdots\cdots & & & & & \\ 1 & dB_m & dL_m & dB_m{}^2 & dL_m{}^2 & dB_m \cdot dL_m \end{bmatrix}$$

$x = [a_0 \quad a_1 \quad a_2 \quad a_3 \quad a_4 \quad a_5]^T$

$V = [\zeta_1 \quad \zeta_2 \quad \cdots \quad \zeta_m]^T$

通过最小二乘法可以求解出多项式的系数：

$$x = -(A^TPA)^{-1}(A^TPL)$$

其中：P 为权阵，它可以根据水准高程和 GPS 所测得的大地高的精度来加以确定。

上面介绍的高程拟合的方法，是一种纯几何的方法，因此，对于高程异常变化较为平缓的地区(如平原地区)，其拟合精度可达到一分米以内。对于高程异常变化剧烈的地区(如山区)，高程异常的已知点很难将高程异常的特征表示出来，这种方法的精度有限，因此，在这些地区要增加高程异常已知点的数量。

高程异常的已知点数量尽量的多，若要用零次多项式进行高程拟合时，要确定 1 个参数，因此，需要 1 个以上的已知点；若要采用一次多项式进行高程拟合，要确定 3 个参数，需要 3 个以上的已知点；若要采用二次多项式进行高程拟合，要确定 6 个参数，则需要 6 个以上的已知点。已知点应均匀分布测区，最好能够将整个 GPS 网包围起来。若拟合区域较大，可按地形类型分区进行拟合，即将整个 GPS 网划分为若干区域，利用位于各区域中的已知点分别拟合出区域中其他各点的高程异常值，从而计算出它们的正常高。如图 6-36 是一个分区拟合的示意图，拟合分两个区域进行，以虚线为界，位于虚线上的已知点两个区域都采用。

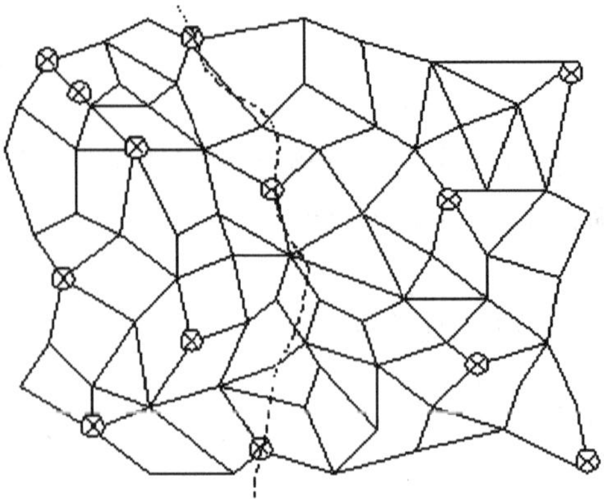

图 6-36　分区拟合的示意图

【本章参考书目】

[1]北京测绘处主编．城市测量规范(CJJ8-55)[S]．北京：中国建筑工业出版社．1986
[2]冯仲科，邓融，李军等编．测量学通用教程[M]．北京：测绘出版社．1996
[3]李青岳主编．工程测量学[M]．北京：测绘出版社．1984

【复习思考题】

1. 闭合导线的内业计算分哪几步？有哪些闭合差？

2. 简述四等水准测量(双面尺)一个测站的观测程序。

3. 导线布置的形式有哪几种？

4. 在三角高程测量中，已知 $H_A=78.29$ 米，$D_{AB}=624.42$ 米，$\alpha_{AB}=+2°38'07''$，$i_A=1.42$ 米，$l_B=3.50$ 米，从 B 点向 A 点观测时 $\alpha_{AB}=-2°23'15''$，$i_B=1.51$ 米，$l_A=2.26$ 米，试计算 B 点高程。

5. 如图 6-21 所示，已知 $X_0=1000.000$，$Y_0=1000.000$，$\alpha_0A=30°00'00''$，各边观测值如表 1。请求算各点的坐标。

表 1　各边观测值表

边长				计算角		
S_i(m)	改正数(*mm*)	l_i(*m*)	改正数(*mm*)		γ_i(° ′ ″)	改正数(″)
178.437		270.100		A		
269.072		375.585		B		
367.068		429.491		C		
325.990		300.015		D		
308.872		335.480		E		

$W_\gamma=$

6. 三边网条件方程有哪些条件？

7. GPS 控制网的技术设计包括哪些内容？

8. 导线测量选点时有什么要求？

9. GPS 控制测量选点的基本原则有哪些？

10. GPS 外业观测时有哪些注意事项？

11. GPS 拟合变程的思路是什么？

第七章　全球定位系统(GPS)概述

【本章提要】

本章主要介绍多系统全球导航定位系统的发展概况，GPS的构成和特点，GPS测量的基本原理和作业模式，GPS内业数据处理，GPS测量误差来源及处理措施。

第一节　全球导航定位系统概述

一、“3G”简介

目前世界上的卫星导航定位系统有美国的GPS系统、俄罗斯的GLONASS系统、欧洲空间局的Galileo系统、中国的CASP(“北斗星”双星导航定位系统)等。这些系统基本上都是由三大组成部分组成，即由卫星星座组成的空间部分、由地面主控站及监测注入站组成地面支撑部分、用户设备部分——用户接收机组成。这些系统的主要功能是在各个领域全天候、全球性，实时、连续的精密三维导航、定位和授时，有的兼有通讯功能。

(一)GPS(Navigation Timingand Global Positioning System)系统

GPS是由美国国防部耗资200多亿美元，于1994年全面建成，该系统研建的初衷是在海陆空领域进行精确导航和定位，但由于其功能强大，现在民用方面的应用亦十分广泛。目前，第三代GPS卫星正在部署并部分投入使用，L2C信号将在BlockIIR-M和IIF卫星上广播，增强了L2载波上信号发射的能力，L5民用信号将在BlockIIF卫星上广播，这样GPS接收机将同时能接收3个频段信号，作业环境的限制大大减少，城市、峡谷、森林中都能接收到良好的信号。其主要功能是定位、导航、授时。

(二)GLONASS(Global Navigation Satellite System)系统

GLONASS是由前苏联建立，为俄罗斯继续发展的军民两用的全球导航卫星定位系统，该系统是在总结第一代卫星导航系统CICADA的基础上，吸收了美国GPS系统的部分经验，自1982年10月12日开始发射的第二代导航卫星系统，于1996年1月18日完成设计卫星数(24颗)，并开始整体运行。现在GLONASS也在不断完善，其主要功能是定位、导航、授时。

(三)Galileo系统

继GPS和GLONASS之后，欧洲空间局(ESA—European Space Agency)提出了一种以民用为主的卫星定位系统，简称伽俐略计划。欧盟从1994年开始对伽俐略(Galileo)GNSS系统进行方案论证。2002年3月26日欧盟25国交通部长一致同意，通过了GNSS系统的建设，计划投资34亿欧元，我国也投资2亿欧元加入了这个计划。GNSS系统由30颗卫星(27颗工作卫星、3颗备用卫星)组成，有3个中高度圆轨道面，轨道高度23616km，倾角56度，星座对地面覆盖良好。2005 年 2 月开始进行卫星发射布网，在欧洲建立两个控制中心，系统整体调试，计划 2010 年全部建成并投入使用。Galileo 系统主要由全球设施部分、区域设施部分、当地设施部分、用户接收机及终端 4 部分组成，其主要功能亦是定位、导航、授时和通讯。

(四)中国的“北斗一号”双星导航定位系统 CASP

双星导航定位系统是我国独立研制和建设的导航定位系统，由两颗工作卫星和一颗备用星组成。工作卫星于 2000 年 10 月 31 日和 12 月 21 日发射升空，备用星于 2003 年 5 月 25 日发射，与地面中心站和用户一起构成了双星导航定位系统(北斗一号)。二颗卫星定点在东经 80°、140°的赤道平面上空，高度 36000km，有 L、S 两个波段。北斗一号服务区域在东经 70—145°，北纬 5—55°范围。定位精度：平面：±20m，高程：±10m。其主要功能是导航、定位、授时与通讯。2007 年 2 月 3 日零时 28 分第四颗北斗星升空，2007 年 4 月 14 日凌晨第五颗北斗星升空。在未来几年里，中国将陆续发射系列北斗导航卫星，计划 2008 年左右进行系统组网和试验，“十一五”计划扩展为全球卫星导航定位系统。

这些卫星导航定位系统集成了现代多学科的成果，是现代人类的重大科技结晶，他们相互间不会干扰各自的服务、信号，系统能协同工作，信息具有良好的兼容性和共享性，共同提高定位精度，具有全天候全球性覆盖、实时连续的精密三维导航、精确定位和授时能力，数据完好性、可用性和可靠性好、适应性强、经济效益高。

二、GPS 系统的组成

GPS 系统由空间星座部分、地面控制部分、用户接收机设备 3 部分组成(图 7-1)。

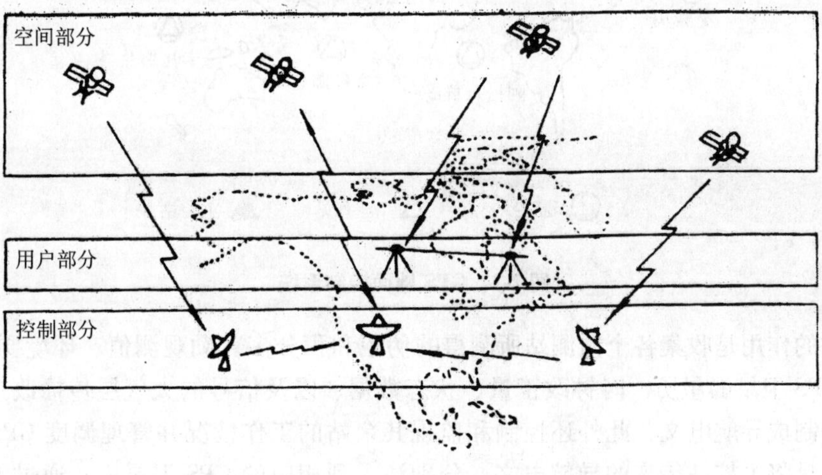

图 7-1　GPS 系统的组成

(一)空间星座部分

GPS 空间星座由 24 颗卫星构成，这些卫星均匀分布在倾角为 55°的 6 个轨道面上，每个轨道上分布有 4 颗卫星(图 7-2)。各轨道面升交点的赤经相差 60°，相邻轨道之间的卫星还彼此叉开 30°，轨道平均高度约为 20180km，卫星运行周期为 11h58m(恒星时 12h)。因此，在同一观测站上，每天出现的卫星分布图形相同，每颗卫星每天约有 5h 在地平线以上，而且位于地平线以上的卫星数目是随时间和地点而异，最少为 6 颗、最多可达 11 颗。3 颗备用卫星可在必要时根据指令代替发生故障的卫星，以保证GPS空间部分正常高效地工作。每颗卫星以两个L波段频率发射无线电定位信息，采用PRN(伪随机噪声码)编号系统来识别卫星。

GPS卫星的作用是：向广大用户连续不断地发送导航定位信号，用导航电文报告卫星的在轨位置；并在飞越注入站上空时，接受注入站用S波段发送的导航电文、调度命令和其它有关信息，供实时转发给地面上广大用户。

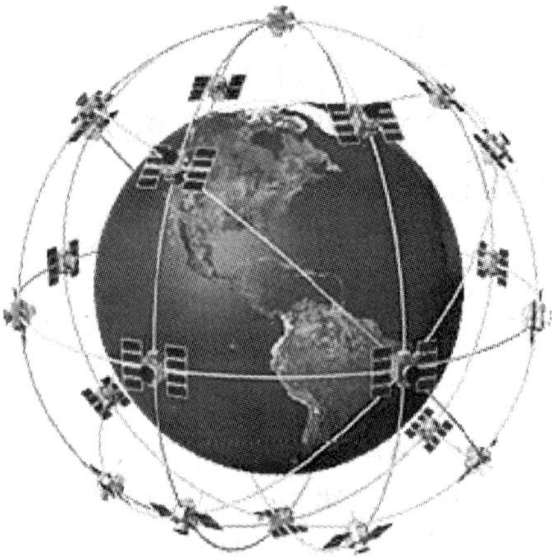

图7-2 GPS卫星星座

(二)地面控制部分

地面控制部分有一个主控站：设在科罗拉多(Colorado Springs)。三个注入站：分别设在迭哥加西亚岛、阿松森岛、卡瓦加兰。五个监测站：前面的主控站、注入站同时又是监测站，并在夏威夷还设有一个监测站(图7-3)。

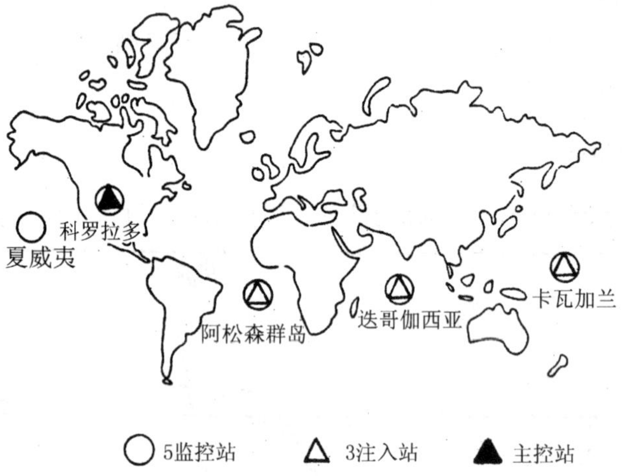

图7-3 GPS地面控制系统

主控站的作用是收集各个监测站所测得的伪距和积分多普勒观测值、环境要素等数据，计算每颗GPS卫星的星历、时钟改正量、状态数据、以及信号的大气层传播改正，并按一定的形式编制成导航电文，此外还控制和监视其余站的工作情况并管理调度GPS卫星。注入站的作用是将主控站传来的导航电文，分别注入到相应的GPS卫星中，通过卫星将导航电文传递给地面上的广大用户。监测站的主要任务是为主控站采集编算导航电文的原始观测数据。每个监测站上都有GPS信号接收机对所见卫星作伪距测量和积分多普勒观测，采集环境要素等数据，经初步处理后发往主控站。主控站是整个GPS系统的控制中心。整个GPS地面监控系统除主控站外均无人值守，各站间采用现代化的通讯网络联系，在原子钟和计算机的精确控制下，各项工作实现高度的自动化和标准化。

(三)用户接收机设备

用户的目的是接收GPS卫星发射的无线电信号，以获得导航和定位的必要观测量，并经数据处理后获得观测时刻接收机天线相位中心的位置坐标。

用户设备包括：GPS 接收机硬件、机内软件、数据后处理软件包。

接收机的任务：对捕获到的 GPS 卫星进行连续跟踪，并将 GPS 信号进行变换、放大和处理，测量出星机间的传播时间，解译出 GPS 卫星所发送的导航电文，计算出测站的三维位置，或三维速度和时间。

根据其跟踪、处理的 GPS 卫星信号频率的数量分为：

单频接收机：接收 GPS 卫星的导航电文、C/A 码伪距、L_1 载波。

双频接收机：接收 GPS 卫星的导航电文、C/A 码伪距、P 码伪距、L_1 载波相位、L_2 载波相位。

根据 GPS 用户的要求不同，接收设备又分为导航型、测量型和授时型等。

(四) GPS 定位技术的特点

GPS 是一种被动系统，就是说卫星信号总是源源不断地向地球上任何地方发送，信用度和抗干扰力强，所以它能为地球上任何地点、任意多个用户同时提供全天候、高精度、连续、实时的三维定位、三维测速和时间基准，并具有速度快、功能多、易移动、价格低、使用灵活方便等特点。因此，GPS 技术的应用只是受到人们想象力的限制，这是 GPS 业界的一句名言。意思是说 GPS 应用范围极其广泛，有些应用领域我们还没有想象到，其前景无可限量。

第二节 GPS 定位的基本原理

用户 GPS 接收机在某一时刻同时接收三颗以上的 GPS 卫星信号，解算出接收机天线相位中心至 GPS 卫星的距离和该时刻 GPS 卫星的空间坐标，以同一时刻卫星的瞬时位置为圆心，以卫星至接收机天线的距离为半径进行距离交会，即可解算出测站点的坐标，这便是 GPS 卫星定位的基本原理。依据测距原理和所采用的观测值，其方法有：伪距测量、载波相位测量；根据定位模式可分为：绝对定位(单点定位)、相对定位、差分定位；根据定位时接收机的运动状态可分为：动态定位、静态定位。

一、伪距测量原理

GPS 卫星按照星载时钟发射一种调制码，称为测距码信号(C/A 码、P 码)，该信号从卫星发射经时间Δt后，到达接收机天线，Δt 由接收机利用相位差原理测定，再用Δt乘以电磁波在真空中的传播速度 C 便得到星机间的距离，即

$$\rho = \Delta t \cdot c \qquad (7\text{-}1)$$

由于所测距离中含有星钟误差、星历误差、信号传播误差、接收机钟差等影响，故其并非星机间真正的几何距离，习惯上称之为“伪距”，用ρ'表示。ρ 与 ρ'的关系是：

$$\rho = \rho' + \delta\rho_1 + \delta\rho_2 + c\delta t_k - c\delta t^j \qquad (7\text{-}2)$$

式中，$\delta\rho_1$、$\delta\rho_2$ 分别为电离层和对流层的改正项，δt_k 的下标 k 表示接收机号、δt_j 的上标 j 表示卫星号。

二、载波相位测量原理

载波相位测量是测定 GPS 载波信号在传播路程上的相位变化值，以确定信号传播的距

离。

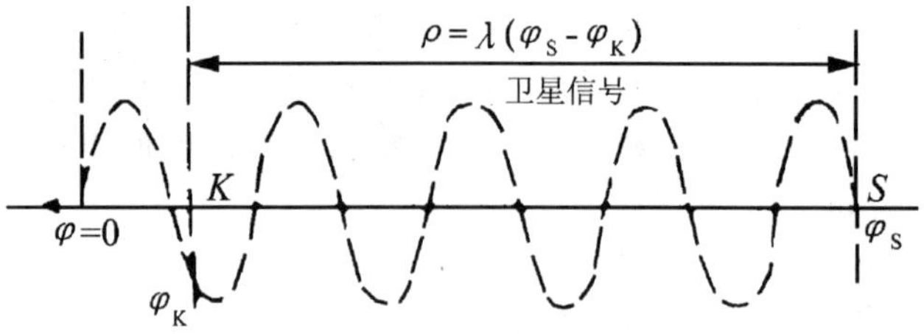

图 7-4　载波相位测量原理

如图 7-4 所示，卫星 S 发出一个载波信号，在任一时刻 t 其在卫星 S 处的相位为 φ_s，而此时经距离 ρ 传播到收机 K 处的信号，其相位为 φ_k，则由 S 至 K 的相位变化为$(\varphi_s-\varphi_k)$。$(\varphi_s-\varphi_k)$包括了整周数和不足一周的小数部分。为方便计算，载波相位均以周数为单位。如果能测定$(\varphi_s-\varphi_k)$，则卫星 S 至接收机 K 的距离 ρ 即为

$$\rho=\lambda(\varphi_s-\varphi_k)=\lambda(N_0+\triangle\varphi) \tag{7-3}$$

式中：N_0——载波相位$(\varphi_s-\varphi_k)$的(t 时刻)整周数部分；

$\Delta\varphi$——不足一周的小数部分；

λ——载波的波长，为已知值。

伪随机码测定伪距，其量测精度大约是一码元宽度的 1/100，P 码约为 30cm，C/A 码约为 3m。由于载波频率高($L_1=1575.42$MHz、$L_2=1227.6$MHz)，波长短($\lambda_1=19.05$cm，$\lambda_2=24.45$cm)，所以，载波相位测量可以达到很高的定位精度。目前，测地型 GPS 接收机的载波相位测量精度一般为 1～2mm。采用载波相位测量相对定位，在几公里以下的短边相对定位精度可达 mm 级；在 100～500km 中等边长的定位精度可达 $10^{-6}\sim10^{-7}$；在 1000km 左右的长边，其定位精度可达 10^{-8}。所以，在高精度 GPS 测量时，都是采用载波相位测量定位方法。另外，由于它直接测量载波相位，可不受 P 码保密的限制。

载波相位测量的观测量是接收机(天线)和卫星位置的函数，只有获得它们之间的函数关系，才能从观测量中求解接收机(或卫星)的位置。接收机 k 对卫星 j 的载波相位测量的观测方程为：

$$\Phi_k^j=\frac{f}{c}\rho+f\delta t_a-f\delta t_b-\frac{f}{c}\delta\rho_1-\frac{f}{c}\delta\rho_2+N_k^j \tag{7-4}$$

式中：f 为信号频率，c 为电磁波传播速度，ρ 为卫星至接收机之间的几何距离，$\delta\rho_1$ 为电离层的影响，$\delta\rho_2$ 为对流层的影响，N_k^j 为载波相位整周数。δt_a 为卫星钟差，δt_b 为接收机钟差。

第三节　GPS 定位基本模式

GPS 定位模式主要有：绝对定位(单点定位)、相对定位、差分定位。

一、GPS 绝对定位(单点定位)

GPS 绝对定位(单点定位)是指由 GPS 接收机在某一时刻同时测出到 4 颗以上 GPS 卫星的伪距以及已知的卫星位置，采用距离交会的方法求出接收机天线所在点的三维坐标(图 7-5)。

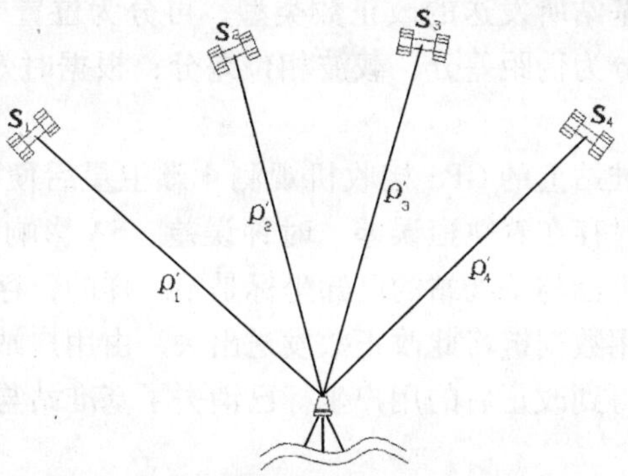

图 7-5 伪距测量原理

伪距测量的基本方程是：

$$\rho_k^j = [(X^j - X_k)^2 + (Y^j - Y_k)^2 + (Z^j - Z_k)^2]^{1/2} + c\delta t_k - c\delta t^j \tag{7-5}$$

式中，未知参数为待定点坐标(X_k、Y_k、Z_k)和接收机钟差参数 δt_k；卫星 S_j 的坐标(X^j，Y^j，Z^j)和钟差 δt^j 由广播星历按 $t_j^s = t_k - \rho_k^j / c$ 求得；伪距 ρ_k^j 为观测量。显然，当观测卫星个数 $j \geqslant 4$，即可求得 4 个未知参数。这是将接收机钟差参数 δt_k 作为一个未知参数来求解，因此在一点三维定位中，至少需要 4 个观测量才能定位。这样处理的意义是对接收机时钟要求不高，能降低接收机成本。另外，在定位的同时，还定了时。所以，实质上是 4 维定位。

二、GPS 相对定位

相对定位是用两台接收机分别安置在基线的两端，同步观测相同的 GPS 卫星，以确定基线端点的相对位置或基线向量。同样，多台接收机安置的若干条基线的端点，通过同步观测 GPS 卫星可以确定多条基线向量。

在同步观测卫星的情况下，卫星的轨道误差、星机钟差、电离层和对流层的折射误差等对观测量的影响具有一定的相关性，利用这些观测量的不同组合(求差)进行相对定位，可以有效地消除或减弱相关误差的影响，从而提高相对定位的精度。

三、差分 GPS 定位

在 GPS 定位中存在三部分误差：一是多台接收机公有的误差：如卫星钟差、星历误差；二是信号传播延迟误差：如电离层误差、对流层误差；三是接收机固有误差，如：内部噪声、通道延迟、多路径效应。

RTKGPS 定位测量时，将一个(或多个)基站设在已知点上，连续观测所见卫星测量基站的三维坐标，然后根据基站已知精密坐标，计算出基站到卫星的距离改正数，并由基站通过无线电台实时将这一数据发送出去。另外的一个(或多个)移动站则设在要测定或放样点上，接收机也同时进行 GPS 观测，并还接收到基准站发来的改正数，对其定位结果进行改正，接收机上的载波相位数据经过接收机内嵌软件解算后，便得到移动站的三维坐标或基线向量值。基站的作用距离依 GPS 接收机的型号、基站位置的高度、电台天线的高度和发射功率强弱，以及差分方式的不同而定，可为几千米到上千千米。

差分 GPS 定位时，根据工作原理和差分模型，可分为单基准站差分、多基准站局域差分、广域差分三类；根据基站所发送的改正数类型，可分为位置差分（坐标差分）、距离差分；根据观测值类型：可分为伪距差分、载波相位差分；根据时效性：又可分为实时差分、事后差分。

位置差分：安装在基准站上的 GPS 接收机观测 4 颗卫星后便可进行三维定位，解算出基准站的坐标。由于观测时存在着轨道误差、时钟误差、SA 影响、大气影响、多路径效应以及其他误差，解算出的坐标与基准站的已知坐标是不一样的，存在误差 ΔX、ΔY、ΔZ，称为坐标改正数，基准站利用数据链将此改正数发送出去，由用户站接收，并且对其解算的用户站坐标进行改正，最后得到改正后的用户坐标已消去了基准站与用户站的共同误差，提高了定位精度。

伪距差分：在基准站上，观测所有卫星，根据基准站已知坐标和各卫星的坐标，求出每颗卫星每一时刻到基准站的真实距离。再与测得的伪距比较，得出伪距改正数，将其传输给移动站的接收机进行改正，提高定位精度。

载波相位差分：载波相位差分是实时处理两个测站载波相位观测量的差分方法。即是将基准站采集的载波相位发给用户接收机，进行求差解算坐标。

第四节　GPS 定位技术

GPS 定位技术是该系统的基本功能，根据定位精度要求不同，分别采用不同精度的 GPS 接收机和测量方法。例如 eTrex 小博士手持 GPS 接收机或 Mio168GPS/PDA 的定位精度为 ±5 ~15m，Geo-X 系列手持 GPS 接收机可达到分米级的定位精度，RTKGPS 测量可达到厘米级的定位精度，静态相对定位可达到毫米级或亚毫米级的定位精度。可根据工作要求来选定相应的定位方法和接收机的类型。

一、eTrex 小博士 GPS 接收机定位

手持 GPS 接收机型号很多，图 7-6、图 7-7、图 7-8 是几款常用的型号。

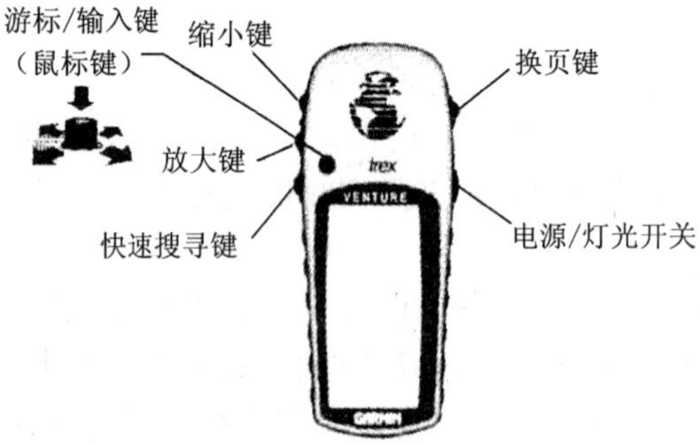

图 7-6　eTrex 小博士 GPS 接收机

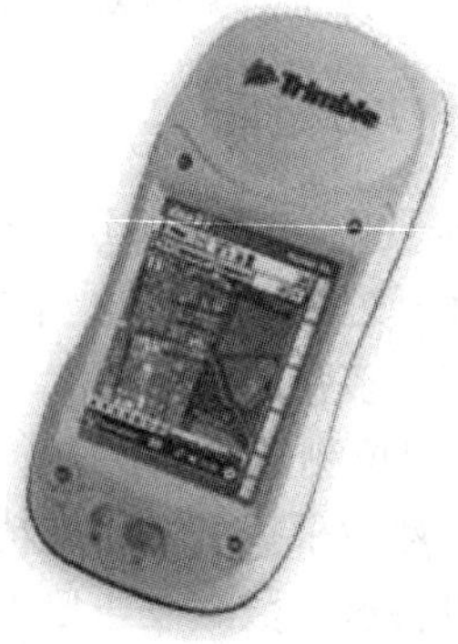

图 7-7　*Geo-XM*GPS 接收机

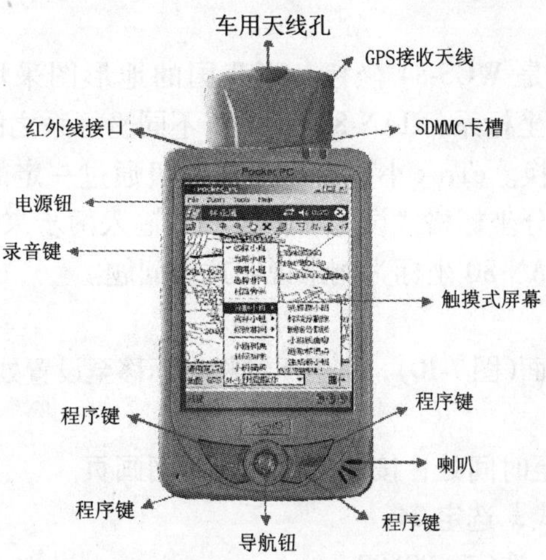

图7-8 Mio168GPS/PDA接收机

(一)eTrex小博士GPS接收机的构造如图7-6。

(二)eTrex小博士GPS接收机的按键及功能:

鼠标键:

按下后放开:对所选择菜单或选项确认。

按下并保持:把当前位置标定为航路点。

上下/左右移动:1. 移动到选项或菜单。

2. 移动到屏幕上的按键、图标。
3. 输入中文和数据。
4. 移动地图页面箭头。

翻页键: 按下后放开——循环显示各个页面。

电源键: 按下并保持——开机或关机,按下后放开——背景灯光开/关。

缩放键: 按下并保持——当在地图页面时缩放比例尺,按下并保持——当在卫星页面时调节屏幕对比度。

查找键: 按下后放开——访问查找菜单。

(三)主页页面转换

eTrex小博士GPS接收机主页页面共有五个:即卫星页面、地图页面、导航页面、旅行计算机页面、主菜单页面(图7-9)。按翻页键可以相互切换。

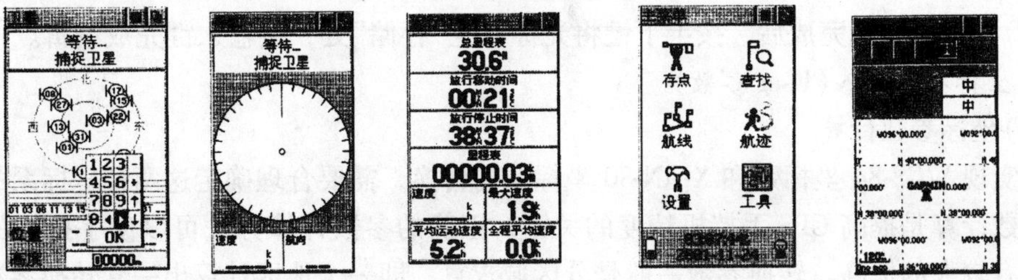

卫星页面　导航页面　旅行计算机页面　主菜单页面　地图页面

图7-9 主页页面

(四)坐标转换

GPS 测量成果默认的是 WGS-84 坐标，而我国的地形图采用的是 1954 年北京坐标系(Bejing54)或 1980 年西安坐标系(XIAN-80)，由于不同坐标系之间存在着坐标平移和旋转关系，因此必须进行坐标转换。eTrex 小博士 GPS 接收机通过一定的设置，可以进行 106 种坐标系统的转换。坐标转换分坐标格式设置和转换参数输入两步来完成。现以 WGS-84 坐标转换成 XIAN-80 坐标为例来说明这个问题。

1. 时间设置

(1)按翻页键至菜单页面(图 7-10)，按上下键将光标移至设置处，按输入键进入设置页面。

(2)按下键将光标移至时间处，按输入键进入时间画页。

(3)移光标至时间格式，选定 24。

(4)移光标至时偏差，选定 +08:00。

(5)按翻页键返回。

图 7-10

2. 坐标格式设置(UserGrid)

(1)按翻页键至菜单页面，按上下键将光标移至设置处，按输入键进入设置页面。

(2)按上下键将光标移至单位处，按输入键进入单位页面。

(3)移动光标选中“位置格式”。按输入键进入坐标格式选择栏，将光标移至“UserGrid”处，按输入键进入 User UTM Grid 页面(用户自定义格式)。

(4)按上下键将光标移至 LONGITUDE ORIGIN 处，按输入键进入该项编辑状态，按上下键将光标移至所需编辑位置处，按输入键进入数字(字母)选择栏，然后按上下键选择所需的数字(字母)后，按输入键确认。其他项目的编辑以此类推。

LONGITUDE ORIGIN 项为当地所在的三度带或六度带的中央子午线经度，其中“E”代表东经。

三度带或六度带的中央子午线经度按式 7-6、式 7-7 计算：

$$L_0^3 = [INT(\frac{L-1.5°}{3°}+1)] \times 3° \tag{7-6}$$

$$L_0^6 = [INT(\frac{L}{6°}+1)] \times 6° - 3° \tag{7-7}$$

SCALE 为比例参数，输入数字：1.000 000 0；

FALSEE 为东偏值，输入数字：500 000.0；

FALSEN 为北偏值，输入数字：0.0。

(5)各数值编辑完成后，按上下键将光标移至“存储”处，按输入键完成编辑。

3. 坐标参数输入(User 参数)

(1)坐标参数计算

要实现 WGS-84 坐标系和 XIAN-80 坐标系的转换，需要合理确定这两种坐标系的转换参数。参数计算是提高 GPS 手持机精度的关键，正确的参数计算方法可以使手持机的稳定性和精度有较大的提高。转换参数一般是分区域求算，即一个地区计算出一套转换参数，具体方法和步骤如下：

根据测区国家三角点的情况，选取 3 个以上有 XIAN-80 坐标数据的点，并现地用 GPS

接收机测量这些点的 WGS-84 坐标。

计算转换参数 DX、DY、DZ、DA、DF：

根据国家三角点的 WGS-84 坐标 B84、L84、H84 值，及 XIAN-80 坐标系 B80、L80、H80 值(B、L、H 分别为大地坐标系中的大地纬度、大地经度及大地高程)，计算转换参数 DX、DY、DZ、DA、DF，具体分以下几步来做：

A 不同坐标系三维直角坐标值计算公式如下：

$X84 = (N84 + H84)\cos B84 \cos L84 \qquad X80 = (N80 + H80)\cos B80 \cos L80$

$Y84 = (N84 + H84)\cos B84 \sin L84 \qquad Y80 = (N80 + H80)\cos B80 \sin L80$

$Z84 = [N84(1-e^2 84) + H84]\sin B84 \qquad Z80 = [N80(1-e^2 80) + H80]\sin B80$

式中：X、Y、Z 为大地坐标系中的三维直角坐标；a 为大地坐标系对应椭球之长半轴；e^2 为大地坐标系对应椭球第一偏心率；f 为对应椭球之扁率；N 为该点的卯酉圈曲率半径，$N = a/(1-e^2)1/2$。不同坐标系对应椭球的有关常数详见表 7-1：

表 7-1 不同坐标系对应椭球常数

坐标系	a	e^2	f	N
WGS-84	6378137m	0.00669437999013	1/298.257223563	6399593.626
XIAN-80	6378140	0.006694385	1/298.257	6399596.652

B 计算 DX、DY、DZ、DA、DF

$$DX = X84 - X80$$

$$DY = Y84 - Y80$$

$$DZ = Z84 - Z80$$

$$DA = a84 - a80 = -3(\text{常数})$$

$$DF = f84 - f80 = 0.0000000(\text{常数})$$

C 重复 A、B 两步计算其他三角点 DX、DY、DZ 值，转换参数至少应有 3 个点才能保证精度。

D 如无异常情况(WGS-84 和 XIAN-80 坐标相差 3′以上，计算结果差别太大)，以算术平均求算最终 DX、DY、DZ 值，如有异常，则舍弃异常点后计算。

(2)坐标参数输入

坐标参数输入是指将上一步计算出的转换参数 DX、DY、DZ、DA、DF 输入到相应的 GPS 设置中，具体输入方法如下：

按翻页键到菜单页面，按上下光标键到“设置”处，按输入键进入设置页面(图 7-10)。

按上下光标键到“单位”处，按输入键进入单位页面(图 7-11)。

按下键到“地图基准”，按输入键进入坐标格式选择栏(图 7-12)。按上下光标键到“User”处，按输入键进入 WGS84-Local。

按下键到 DX 处，按输入键进入编辑数字页面，按上下光标键将光标移至所要编辑的位置，按输入键进入数字选择栏，按下键选择需要的数字，按输入键确认。(注：只有第一位有负号)。

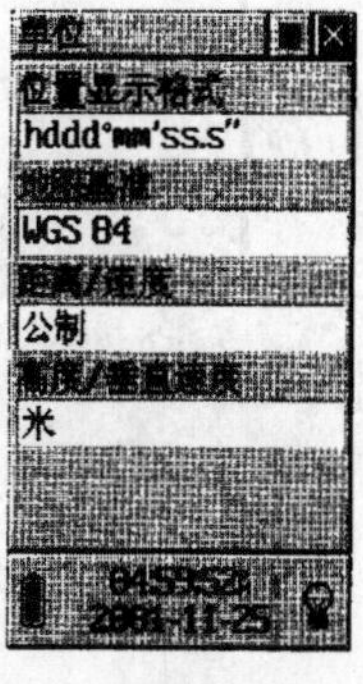

图 7-11

图 7-12

DY、DZ、DA、DF 的输入方法依此类推。

各数值编辑完成后，按上下键将光标移至“存储”处，按输入键完成编辑。

设置成 XIAN-80 坐标后，如要转换成 WGS-84 坐标，只需在“菜单画页”——“设置”——“单位”处，将“位置格式”设为 hddd°mm′ss. s″，将“地图基准”设为 WGS-84 即可。

通过以上操作，即可实现 eTrex 在 WGS-84 和 X1AN-80 坐标系之间自由转换。

(五)定位方法

eTrex 小博士 GPS 接收机是采用伪距单机绝对定位模式确定一个点的位置，有两种坐标显示格式：

1. 显示该点的的经度、纬度和高度：

当按下电源开关键后，eTrex 小博士 GPS 接收机即进入了卫星页面，等待锁定了 4 颗以上的卫星时，屏幕下方即显示该点的经纬度(E、N)和高度(大地高)及估计定位精度(图 7-13)。

图 7-13

2. 显示该点的平面直角坐标：

当要显示该点的平面直角坐标时，只要按前面第四步骤完成后，按下电源开关键，eTrex 小博士 GPS 接收机即进入了卫星页面，等待锁定了 4 颗以上的卫星时，屏幕下方即显示该点的 XIAN-80 平面直角坐标(X、Y)和海拔(H)，及估计定位精度。

二、RTKGPS 实时动态定位

当定位精度要求达到厘米级时，例如加密控制点、精确定位、坐标转换参数的求算、境界线、道路网精确勘测、精确面积测量等，可采用 RTKGPS 定位方式进行定位。

下面以天王星 9800RTKGPS 接收机为例介绍实时动态定位的步骤与方法。

(一)基站的设备与连接

基站的设备有：接收机主机、GPS 接收天线、控制器、电台发射天线、电池等，其连接方式如图 7-14(a)、(b)。

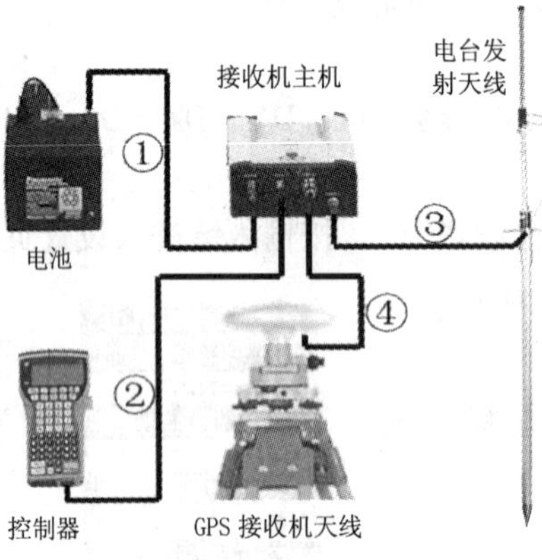

(a)

(b)

图 7-14　基站设备与连接

(二)基站设置

当各种设备安置连接好后，利用控制器：

1、在交换界面“M/”的盘符下输入 b，进入软件。

2、当状态显示“single”，锁定卫星在 5 颗以上时，即可进入“设置”菜单，设置“差分数据频率”和“天线高”，“差分数据频率”默认值为 1，并按要求设置基站相关的各种参数。

3、启动基准站。

(三)移动站设置

1、在交换界面“M/”的盘符下输入 r，进入软件。

2、设置测量椭球，定义中央子午线，确认四参数和七参数已经关闭。

3、选择设置菜单下的“使用点”，输入 0，如图 7-15 所示：

4、选择设置菜单下的“点坐标”，输入基准站的已知平面坐标(图 7-16)。此时 Index = 0，天线高一定要输入实际值。

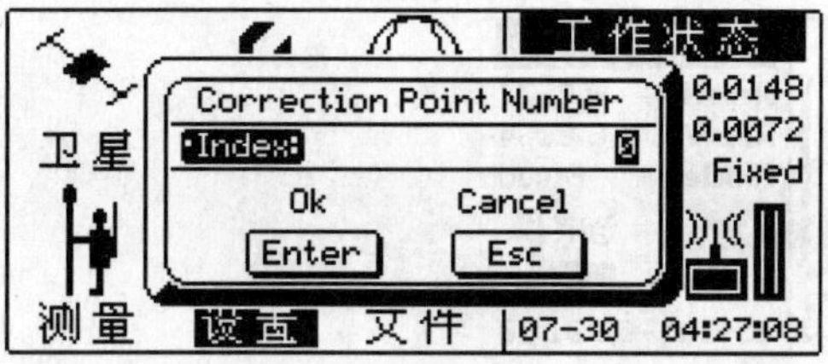

图 7-15

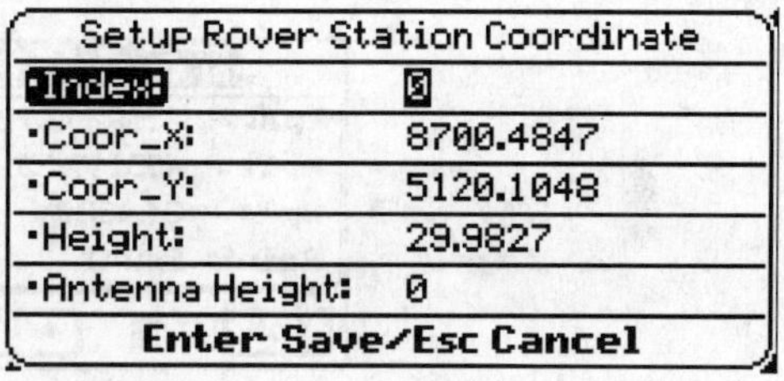

图 7-16

5、当移动站达到“FIXED”状态以后，选择测量菜单下“目标点测量”即可开始测量，测量时，直接按“—>”校正，弹出对话框提示是否校正，按“yes”确认后就可开始测量(图 7-17)。

若用户测量的是地方坐标，在上述步骤完成之后(即在“点坐标”输入基准站坐标后)，还需要输入另外一个移动站已知点坐标(图 7-18)。操作时重复第三、四、五三个步骤即可。

注意：此时 Index = 1，若用三个点做参数，Index = 2，以此类推。基准站只能设在已知点上。

图 7-17

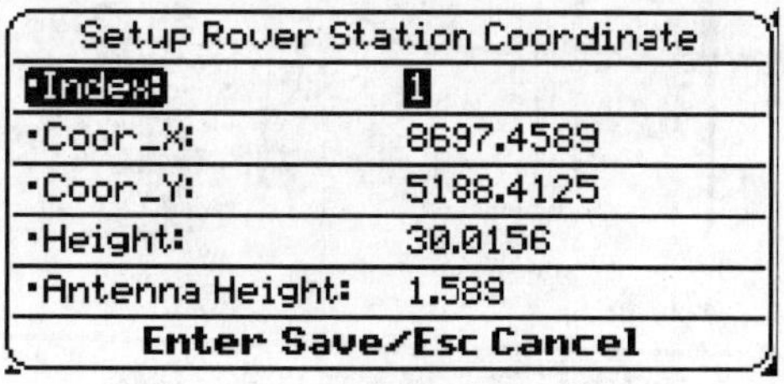

图 7-18

(四)定位方法

将移动站的天线对中杆垂直(对中杆上的园水准气泡居中)立在要定位的点上，如图 7-19(a)、(b)、(c)，2 秒钟后在控制器上即显示该点的坐标(图 7-20)，定位精度为厘米级。按 Tab 键完成测点坐标保存。

（a）　　（b）　　（c）

图 7-19

图 7-20

由于 GPS 技术发展和更新速度十分迅速，目前 RTKGPS 均采用高度集成技术，一体化设计，蓝牙接口，GPRS/CDMA 网络数据传输技术，GPRS/CDMA/UHF 一键切换，无缝连接城市参考站系统(CORS)，一台移动台即可实现 RTK 作业，U 盘式文件管理模式，作用距离已不受限制，使用简单，能为地形图的精确定向、定位、面积测量提供了十分方便的条件，图 7-21 是几种类型的 RTKGPS 接收机。

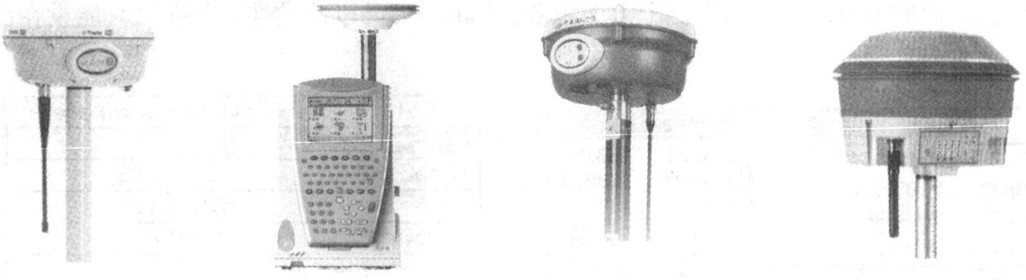

TrimbleR8　　Leica 1200　　中海达 V8　　SOKKIA GSI2700

图 7-21　RTKGPS 接收机

三、静态定位

当点位精度要求很高，如基准设置、控制测量等，则应按 GPS 控制测量的原则和要求进行静态定位。

GPS 测量的作业模式：为了保证 GPS 测量的精度，在测量上通常采用载波相位相对定位的方法。GPS 载波相位相对定位的作业模式与 GPS 接收设备的硬件和软件有关。主要有静态相对定位模式、快速静态相对定位模式、准动态相对定位模式和动态相对定位模式等。

(一)静态相对定位模式

静态相对定位模式的作业方法是：将两台或两台以上的 GPS 接收设备分别安置在几个点上进行同步观测，观测时间依规范而定。这种作业模式所观测的独立基线边，应构成某种闭合环图形，以利于观测成果的检核，增强网的强度，提高成果的可靠性和精确度。

(二)快速静态相对定位模式

快速静态相对定位模式的作业方法与静态相对定位模式的作业方法相同，仅仅是同步观测的时间缩短，应用双频接收机只需要同步观测 5～10min，应用单频接收机观测 15min 左右。因为这种“快速”功能，是依靠计算方法的改进和相应的软件来完成的，所以，快速静态相对定位模式只能在具有相应的软件时才能采用。一般来说，大多 GPS 数据处理软件均具有这种功能，当测站间的距离少于 15km 时，均可采用这种作业模式。

(三)准动态相对定位模式

准动态相对定位模式的作业方法是：选择一基准站，在其上安置一台 GPS 接收机，连续跟踪所有的可见卫星，置另一台流动的接收机于初始点(1 号点)上，观测若干分钟，在保持对所测卫星连续跟踪的情况下(即不关机)，将流动接收机搬到 2，3，…各流动点上各观测若干时间，

如图 7-22，流动点与基准站之间的距离不超过 15km。当采用快速定位的计算方法时，流动站在 1 号点上只需要观测 1～2min，其他点只需观测数秒钟。这种模式得到的 GPS 基线长度中误差可达 1～2cm。对于该作业模式，在观测过程中流动接收机对测卫星信号不能失锁，一旦发生失锁现象时，应在失锁后的流动点上，将观测时间延长至数分钟。

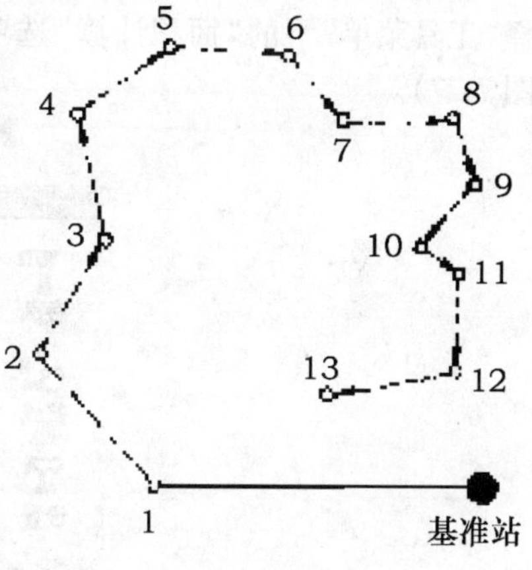

图 7-22　准动态相对定位模式

(四)动态相对定位模式

其作业方法是：在一个基准站上安置一台接收机，连续跟踪可见卫星进行观测，另一台接收机置于运动的载体上(如汽车、飞机、船只等)，在出发点按静态定位模式(或快速静态定位模式)观测 1～2min，运动的接收机从出发点开始，在运动过程中按预定的时间间隔自动观测(图 7-23)。如果通过数据链(通讯设备)将基准的数据实时传送给流动站，就可以实时地得到流动点的位置，那就是实时动态相对定位法。

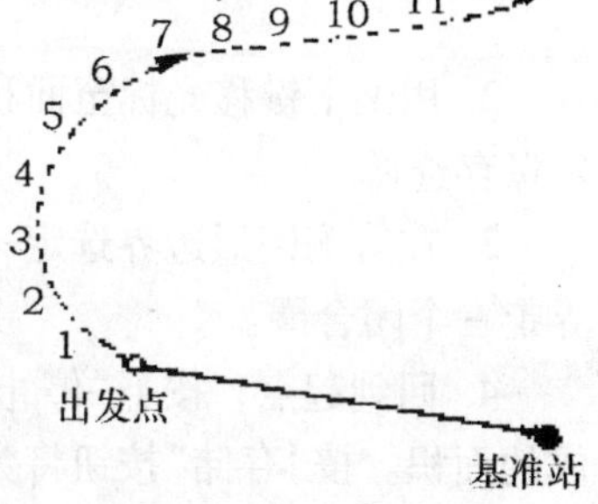

图 7-23　动态相对定位模式

在建立 GPS 控制网时，为了保证得到高精度的成果，一般都采用静态相对定位或快速静态相对定位模式。当测站间的距离较长，且交通条件较差时，采用快速静态定位法提高工效不明显。因此，通常对于测站间距离超过 5～8km 时，采用静态相对定位模式；对于距离小于 5km，或者 1km 左右的

加密网，宜采用快速静态相对定位模式。

第五节　GPS 测量面积

应用 GPS 测量不同地类的面积时，具有方便和实时显示成果等特点，下面仍以 eTrex 小博士 GPS 接收机和 9800RTKGPS 接收机为例介绍 GPS 面积测量的方法。

一、eTrex 小博士 GPS 接收机测量面积

eTrex 小博士 GPS 接收机测量面积有两种模式：

(一)测量某条航线所围成的面积

1. 在航线页面状态下，选择某条航线页面顶部的选项菜单(图 7-24)。

2. 选定“面积计算”选项，按鼠标键确认，就可以自动计算出该条航线的面积(即由该航线的航路点为顶点所构成的闭合多边形的面积)(图 7-25)。

(二)测量航迹所围成区域的面积

1. 在定位状态下，翻到“主页页面”，选择“工具菜单”下的“面积计算”选项(图 7-26、图 7-27)。

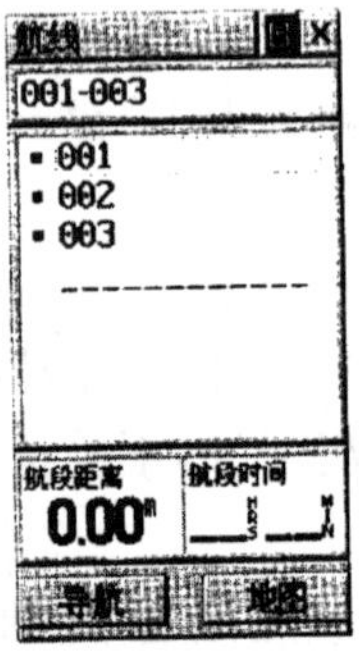

图 7-24

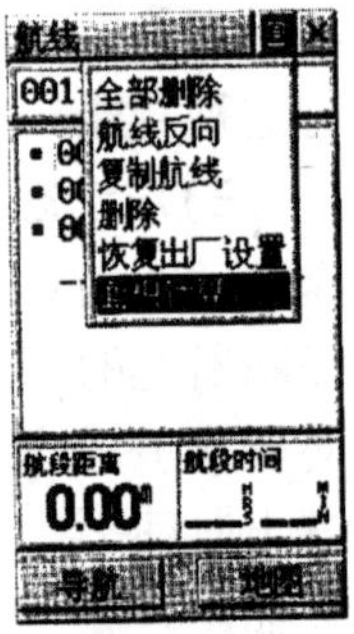

图 7-25

图 7-26

图 7-27

2. 用上下键移光标至面积计算处，进入后用上下键移光标至 SQ 可选择面积单位，按确定保存选择。

3. 在待测图形边界选定一起点，按下“开始”按钮(图 7-28)，然后沿着要测量区域的边界走一个闭合圈。

4. 回到起点，按下“停止”按钮确认(图 7-29)，仪器将自动计算出你所走的闭合航线围成的面积。按“存储”按钮将数据存储(图 7-30)。

5. 如果你未走完闭合曲线就选择了“停止”按钮，仪器会自动把你的停止点与起点连接

起来，求出已走过的航迹与这条连线所围成的面积。

注：每次测面积之前应删除以前的航迹。为提高测定精度，在测定过程中应保持均匀速度；可用累加方式测面积，即在拐弯处，按一次确定键，再继续行走，直至回到出发点；面积较小时，应测定多次求平均。eTrex 小博士 GPS 接收机测量面积时，面积越大，量测精度越高。

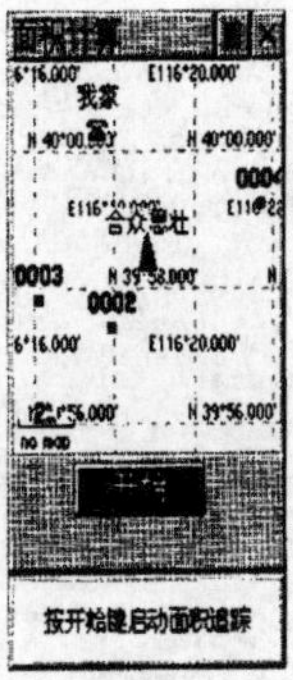

图 7-28

图 7-29

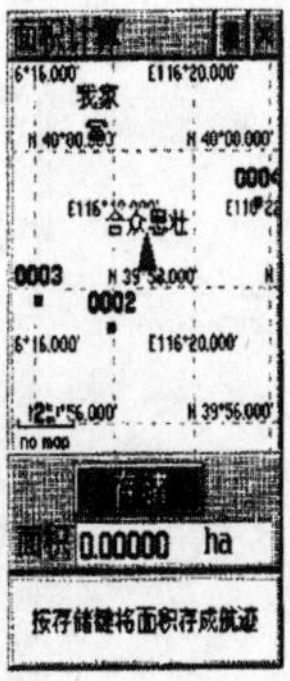

图 7-30

(三)数据处理

数据处理是把 eTrex 小博士 GPS 接收机在野外采集的数据传输到计算机里，经过分析、编辑后打印成所需的表格或图纸。下面介绍数据处理的步骤与方法。

1. 软件安装

将 MapSource 软件安装到计算机里。该软件打开后是一幅世界电子地图，主要显示主要的公路、铁路、河流、机场、城市、乡镇、国界、湖泊、海洋等，可以任意缩小放大，并且具有强大的编辑功能(图 7-31、图 7-32)。

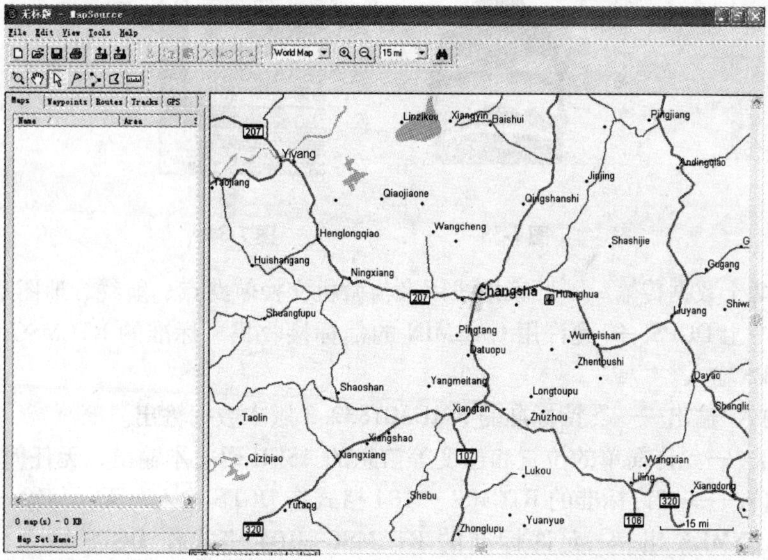

图 7-31

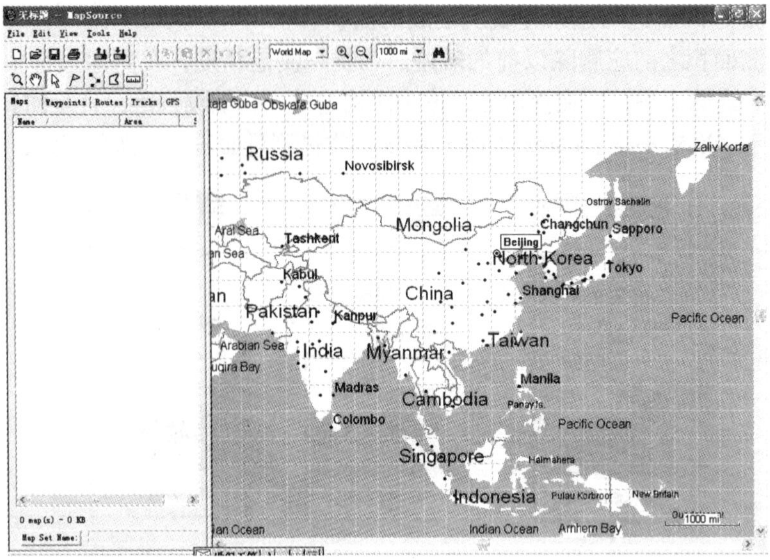

图 7-32

2. 数据下载

利用专用数据通讯线，通过接口使 eTrex 小博士 GPS 接收机与计算机设备之间建立连接，进行数据下载(图 7-33)。仪器设置了 7 种不同的输入/输出串行数据格式(图 7-34)。

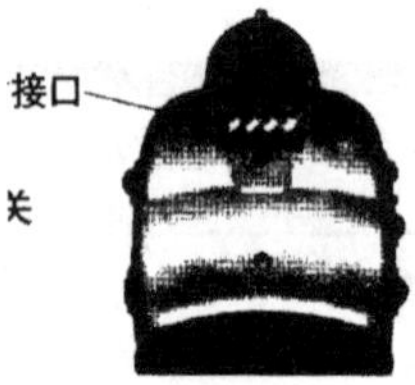

图 7-33

图 7-34

eTrex 小博士数据传输——厂家格式用来与微机交换航路点、航线、地图基准信息。

eTrex 小博士 DGPS——允许用 GARMIN 的信标接收机、标准的 RTCMSC—104 和 DGPS 调整等作 DGPS 输入。

NMEA 输入/输出——支持标准的 NMEA01832. 3 版本数据输出。

文本输出——允许简单的位置和速度等信息的 ASCII 码文本输出，无任何输入能力。

RTCM 输入——允许标准的 RTCMSC—104 格式作 DGPS 输入，无任何输出能力。

RTCM 入/NMEA 出——允许标准的 RTCMSC—104 格式作 DGPS 输入，支持标准的 NMEA01832. 3 版本数据输出。

RTCM 入/文本出——允许标准的 RTCMSC—104 格式作 DGPS 输入，及简单的位置和速度等信息的 ASCII 码文本输出。选择数据传输项，并按下鼠标键确认，同时点击 OpenFromDevice 图标或在 File 下拉菜单中点击 OpenFromDevice 项，数据即便下载，在右边的电子地图上显示所测量地块的图形位置、形状、测量的时间等内容，左边框中则详细地显示其每个节点的测量时间、经纬度、节点间的边长、方位角、图形周长、面积等数据(图 7-35、图 7-36、图 7-37)。该成果可以存入相应 GIS 数据库中，也可以打印成图纸和表格保存、建档。

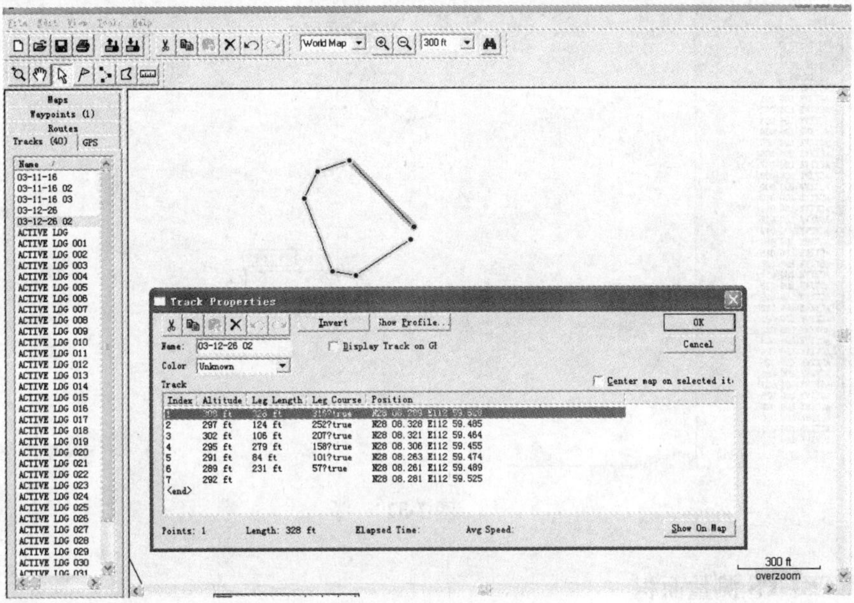

图 7-35

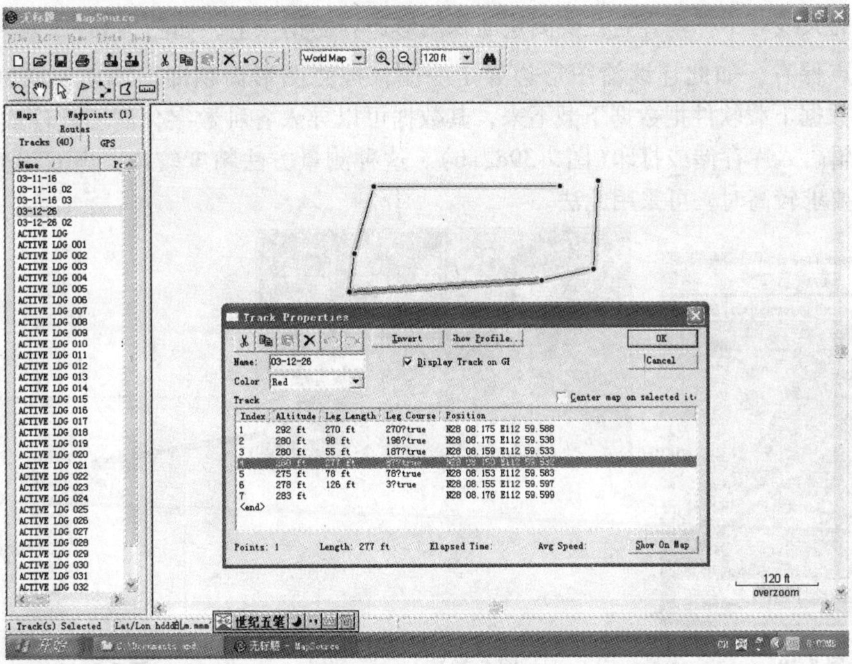

图 7-36

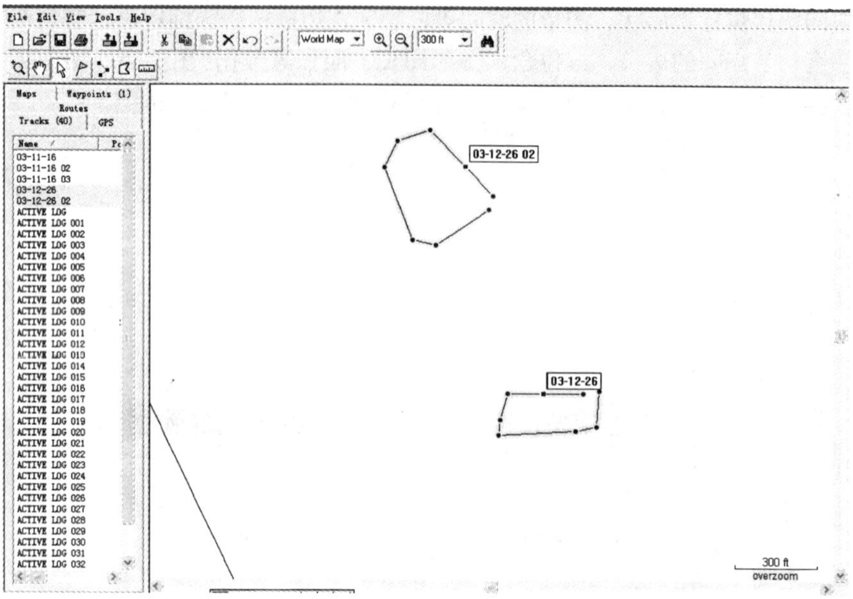

图 7-37

二、RTKGPS 测量面积

用 RTKGPS 测量面积的步骤与方法类同如定位点测量，待基站连接、安置、设定好后，将移动站的天线对中杆垂直立在要测量面积图形边界的拐点上，如图 7-38，2 秒钟后按 Tab 键完成测点保存，如此连续沿图形边界走一圈，被测图形面积即已测定。回到室内利用 9800RTK 数据下载软件把数据下载下来，其数据可以导入各种数字化测图软件或 GIS 软件，再进行编辑、入库存储或打印(图 7-39a、b)。这种测量方法精度较高，当面积测量任务较大和精度要求较高时，可采用此法。

图 7-38

图 7-39(a)

图 7-39(b)

第六节　GPS 导航

导航—引导航行的意思，即引导航行体以某种速度、指定一定的方向、在什么时刻到达预定目的地的意思，在航行过程中还要确定航行体瞬时的精确速度、时间、位置、姿态等参数。所以，导航实质是一种广义的动态定位。GPS 导航是该系统的主要功能，广泛应用于陆地(汽车、物流、科考)、海洋(远洋、进港引导)、空间(飞机、低轨道卫星、导弹发射)的各个领域，只要持有一种能够接收、跟踪、变换和测量 GPS 信号的接收机，就可以全天候全球性地测量运动载体的七维状态参数(三维坐标、三维速度、时间)和三维姿态参数。GPS 导航的特点是：用户多样、速度多变、定位实时、数据和精度多变。

例如，当要进入林区、人迹稀少的原始森林、雪山峡谷或者大沙漠、荒漠中进行科学考察、调查、探险、旅游等项目时，由于道路环境不熟悉，甚至根本无路可走，难以辨别方向，当要返回时也需确定方向，以前往往借助于指南针，现在只要配带手持 GPS 接收机就可以实时确定自己所处地理位置、指示到达目的地的方向。GPS 接收机是你最忠实的向导。可以随时知道你所在的位置及行走速度和方向，使你不会迷失路途。下面仍然以 eTrex 小博士 GPS 接收机为例介绍导航的方法和步骤。eTrex 小博士 GPS 接收机提供 4 种导航模式，能详细显示你到达目的地的名称、方向、距离、时间等多种导航数据。

一、出发点、途经航路点、目的地的位置数据录入仪器内

在导航页面(图 7-40)，将现在的出发点、途经航路点、目的地的名称(数字或个性化的中文)、位置数据(经纬度或平面直角坐标)手动输入仪器内(图 7-41)，仪器上的电子地图上随即显示出输入点的名称和位置，并以折线连成航线(图 7-42)。

图 7-40

当在地图页面时，可在地图的任意位置创建航路点：启动移动光标功能，在地图上移动箭头到你需要的位置按一下鼠标键，此时出现存点页面，并在地图上自动给航路点指定一个编号。

还可以在地图上用拖拽的方法移动航路点到新位置(图 7-43)。

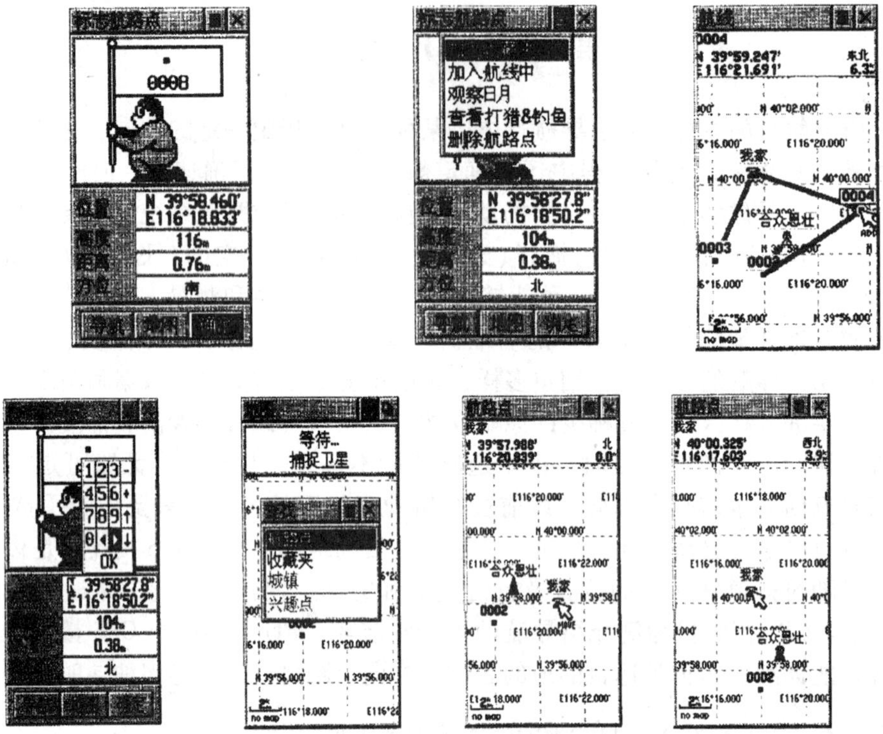

图 7-43

二、导航模式

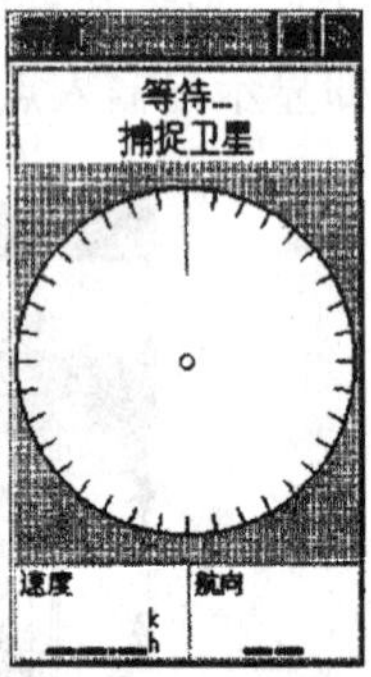

图 7-44

（一）导航——在导航页面上有一个电子罗盘指示器，页面顶部的状态窗口显示你到达目的地的名称、距离及到达所用的时间，不管你现在在什么位置，方向指示器总是指向你欲达目的地的正确方向（图 7-44）。但 eTrex 没有磁力线罗盘的功能，静止不动时它是不知道方向的。只有动起来，它才能知道自己的运动方向。注意 eTrex 导航画面提供的前进方向、导向图形指示并不十分准确，也不太稳定，只能作为参考，导航时主要参照距离来判断航向正确与否。也可根据地形图、日出日落方位来确定北向后再按照 GPS 提供的方位角确定正确的航向。当距离在 10m 以内波动时，即是 GPS 给我们指引的终点到了。

（二）航迹——已存储的曾经行进过的路线，在地图页面上沿着你行走过的线路画出一条轨迹，并包含了沿途所有点的时间、位置、距离等详细的信息，为便于看清楚，图 7-45 是一条下载到 MapSource 中的航迹图，你可以重复原有路线或利用存储的航迹返回功能沿原路返回到起点，此时不再需要标志任何航路点，eTrex 小博士 GPS 接收机带你沿原航迹返回。

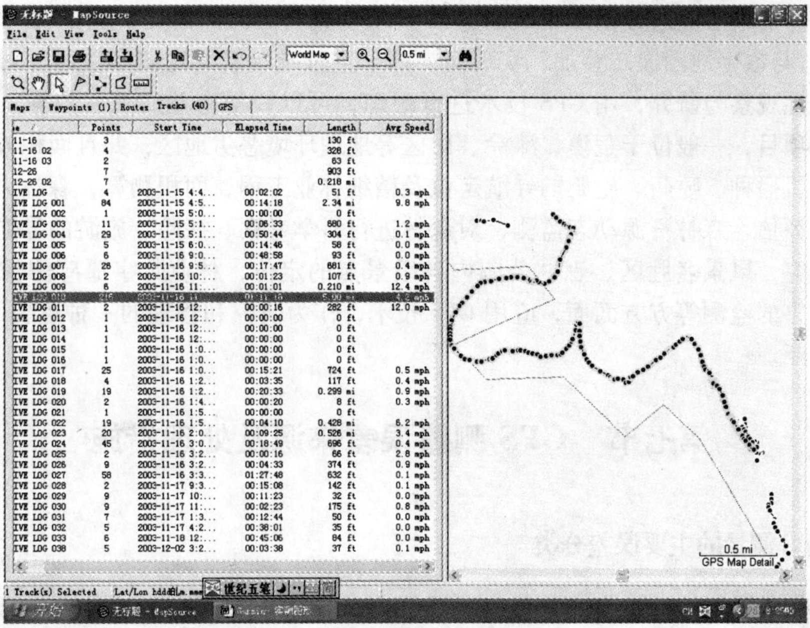

图 7-45

(三)航线——一条包括沿路路标的到达目的地的路线。

eTrex 小博士 GPS 接收机可以存储 20 条航线，每条航线可以包括 50 个航路点。航线的创建和编辑有两种方法：

1. 利用 eTrex 小博士 GPS 接收机编辑

在“航线”页面中，用鼠标键选择“新的”按键进入航线设置页面，在带有下划线的空行处按一下鼠标键显示查找菜单，再从某一类别中选择一个航路点，按“确定”键即可将此点放到航线中，如此重复直至你需要的航线编辑完成。必要时还可以任意进行增加或删除修改。

2: 利用 MapSource 软件编辑

对于比较复杂的航线，可以预先在计算机中用 MapSource 程序创建，然后再传输到 eTrex 小博士 GPS 接收机中，同样可以任意修改航线。

利用航线导航时可以用地图页或导航页。地图页则显示你的运动、航线、航线上的航路点，任何时刻你在地图上的当前位置、高程、时间、速度、距离等详细信息。导航页则显示你到达下一个航路点的电子罗盘和方向指针。在航线页面上还可以提供航点距离，航段方向、航段距离、航段时间，航点时刻、航点时间、航点日出、航点日落时间，方向批示器等信息。

(四)对无目的的导航——只要打开仪器并接收到卫星信号，它就可以在经纬网格上实时显示你的行进路线(图 7-46)。

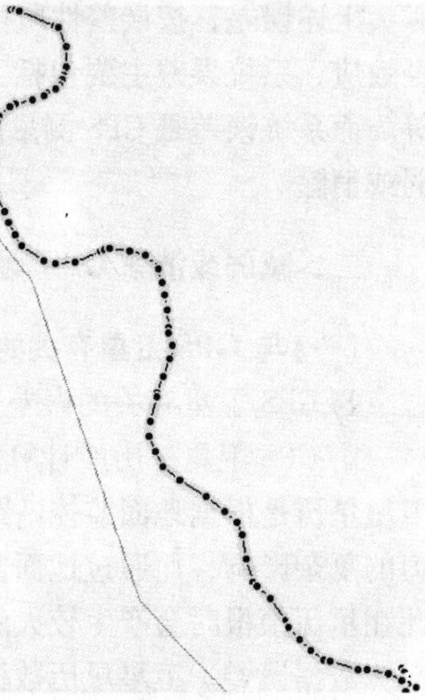

图 7-46

GPS 的应用除了上述方面外，还有许多应用领域和巨大的潜力，例如与 RS、GIS 集成为 3S 技术，与数字地图模二叠加，实现海、陆、空三维导航、定位和授时。对珍稀野生动物的生活习性观察与研究，用 GPS 技术进行跟踪，可以获得有益的观察数据。林业工程和地质勘探等项目，一般位于荒漠、滩涂、山区等地理环境恶劣地区，并且面积较大、范围广泛，诸如飞机播种、喷药、施肥的导航定位及精细林业工程、面积测算，森林火灾和病虫害灾情定位及评估，森林资源动态监测，对森林进行科学考察、探险、旅游的导航定位、珍稀名木定位研究，风景名胜区、森林公园内各级景点的定位，林业数字遥感图像的几何精校正，地质灾害的监测等方方面面，应用 GPS 技术，作为研究和管理的一种重要手段和工具，应用非常广泛。

第七节　GPS 测量误差来源及处理措施

一、GPS 测量的主要误差分类

GPS 测量是通过地面接收设备接收 GPS 卫星传送的信息来确定地面点的三维坐标。测量结果的误差主要来源于 GPS 卫星、卫星信号的传播过程和地面接收设备。在高精度的 GPS 测量中，还应注意到与地球整体运动有关的地球潮汐、负荷潮及相对论效应等的影响。表 7-2 给出了 GPS 测量的误差分类及各项误差对距离测量的影响。

表 7-2　GPS 测量误差的分类及对距离测量的影响

误差来源		对距离测量的影响(m)
卫星部分	星历误差；钟误差；相对论效应	1.5 ~ 15
信号传播	电离层；对流层；多路径效应	1.5 ~ 15
信号接收	钟误差；位置误差；天线相位中心变化	1.5 ~ 5
其他影响	地球潮汐；负荷潮	1.0

上述误差，按误差性质可分为系统误差和偶然误差两类。偶然误差主要包括信号的多路径效应，系统误差主要包括卫星的星历误差、卫星钟差、接收机钟差以及大气折射的误差等。而系统误差是 GPS 测量的主要误差源，根据系统误差特性，可采取一定的措施加以减弱或消除。

二、减弱或消除 GPS 测量误差的主要措施和方法

(一) 与 GPS 卫星有关的误差

与 GPS 卫星有关的误差主要有星历误差、钟误差、相对论效应等。

由 GPS 卫星星历所计算出来的卫星的空间位置与其实际位置之差称为卫星星历误差。卫星星历是根据地面监控站跟踪监测卫星的数据来求定的，由于卫星运行中要受到多种摄动力的复杂影响，而通过地面监控站又难以充分可靠地测定这些作用力或掌握其作用规律，因此在星历预报时会产生较大的误差。在一个观测时间段内，星历误差属于系统误差，是一种起算数据误差。卫星星历数据有广播星历和实测星历两类。广播星历误差对测站坐标的影响一般可达数米、数十米甚至上百米。

消除方法：

1. 建立独立的卫星跟踪网独立定轨；

2. 用轨道松弛法平差模型进行纠正；

3. 在两个或多个测站上，对同一卫星的同步观测值求差，可消除两站间的公共误差，以减弱卫星星历误差和钟误差的影响。

(二)与 GPS 卫星信号传播误差

与卫星信号有关的误差主要包括电离层折射误差、对流层折射误差和多路径效应。

所谓电离层，指地球上空距地面高度在 50～1000km 的大气层，对流层是指高度为 40km 以下的大气底层。GPS 卫星信号通过电离层和对流层时，将受到这一介质弥散特性的影响，使其信号的传播路径发生弯曲，从而使测量距离产生偏差。

减弱电离层、对流层影响的措施：

1. 采用双频接收机进行观测。

2. 利用电离层模型加以修正。

3. 利用同步观测值求差。

多路径效应亦称多路径误差，是指接收机天线除直接收到卫星发射的信号外，还可能收到经天线周围地物一次或多次反射的卫星信号，信号叠加将会引起测量参考点(相位中心点)位置的变化，从而使观测量产生误差，而且这种误差随天线周围反射面的性质而异，难以控制。消弱多路径误差的方法主要是选择合适的站址和在天线中设置抑径板。

(三)与 GPS 接收设备有关的误差

与 GPS 接收机设备有关的误差主要包括：接收机钟差，接收机位置误差、天线相位中心误差和 GPS 卫星位置几何图形强度误差。

消除方法：

1. 在数据处理中把接收机钟差当作一个未知数与测站的位置参数一并求解。

2. 建立钟差模型，将接收机钟差表示为时间多项式，在观测量的平差计算中求解多项式系数。

3. 通过在卫星间求一次差来消除接收机的钟差。

4. 在观测时仔细整平、精确对中、在高精度的测量和变形监测中采用强制对中装置的观测墩，严格定向，改进天线设计制造技术。

【本章参考书目】

[1]徐绍铨，张华海，杨志强，王泽民编著. GPS 测量原理及应用(修正版)[M]. 武汉：武汉大学出版社，2003. 1

[2]张勤，李家权编著. GPS 测量原理及应用[M]. 北京：北京科学出版社，2006. 1

[3]李星照. 地形图与 3S 技术[M]. 北京：中国林业出版，2008. 10

【复习思考题】

1. 目前全世界的卫星导航定位系统有哪些？各有何特点？

2. GPS 系统的主要功能有哪些？

3. GPS 定位系统由哪几部分组成？各自作用是什么？
4. GPS 卫星星座是如何构成的，这种构成有何意义？
5. GPS 接收机按用途分为哪几类、按接收 GPS 卫星信号频率可分为哪几类？
6. GPS 技术应用于哪些方面？GPS 测量相对传统测量来说有何优点？
7. 伪距定位的原理是什么？载波相位测量基本原理是什么？
8. 何谓 GPS 相对定位？GPS 相对定位有何优点？
9. 什么叫做差分 GPS 定位？它有何优点？
10. GPS 测量定位的方式和类型有哪些？

第八章　地球空间要素的表述与采集

【本章提要】

本章主要介绍地面空间要素表达的原理和方法，对4D测绘产品的获取方法等内容亦进行了详细论述。

第一节　概述

地形是地物和地貌的总称。地面上各种天然和人为的附着物如植物、河流、道路、建筑物等称为地物。地球表面高低起伏的形态，称为地貌，如山、丘陵、谷地、平原、盆地等。地形图是地球表面的地物和地貌在平面图纸上的缩影，要把地面上这些形形色色的地物和千变万化的地貌描绘到图纸上，形象地说明他们的性质和精确的位置，是按照国家测绘总局颁发的《地形图图式》规定的符号表示在图上的。

国家测绘总局颁发的《地形图图式》是根据国民经济建设各部门的共性要求制订并发行。各个行业可以以国家出版发行的图式为基础，结合各自系统测绘和规划设计工作的共性要求，制订并发行行业地图图式，例如《林业地图图式》《地籍图图式》等。

一、地物在地形图上的表示方法

地物在地形图上表示的原则是：对于那些能依比例表示的地物，则将其水平投影位置的几何形状按比例相似地描绘在地形图上，如房屋、河流、运动场等。或是将它们的边界位置表示在图上，边界内再绘上相应的面积符号，如森林、草地、沙漠等。对于那些不能依比例表示的地物，在地形图上是以相应的地物符号表示在地物的中心位置上，如水塔、烟囱、纪念碑、单线道路、单线河流等。

(一)地物符号的分类

1. 地物符号按地图要素分类

(1)测量控制点；

(2)居民地；

(3)独立地物；

(4)道路；

(5)境界、管线和栅栏；

(6)水系；

(7)土质植被；

(8)注记；

(9)图廓整饰。

这种分类法跟图式的内容一致，便于绘图、用图时从图式中查找。

2. 按地物符号与实地要素比例关系分类

(1)依比例符号——面状或带状符号：这类符号用轮廓线表示其范围，轮廓形状与实地平面图形相似，缩小程度与成图比例尺一致，轮廓内用一定符号(填充符号或说明符号)或色彩表示这一范围内地物的性质。

(2)半依比例符号——线状符号：例如：各种境界、电力线以及宽度不能依比例表示的道路、河流、境界、管线和栅栏等，即用此种符号表示。符号延伸方向的长度和位置可按比例尺缩绘，而宽度不能按比例表示，只能按《地形图图式》的规定表示。

(3)非比例符号——独立符号：一些面积甚小的独立地物，例如控制点、电杆、独立树、亭子、塔等，其形状和大小不能按比例表示时，但它们的位置和性质很重要，则用一定形式与一定尺寸的符号表示，称为非比例符号。

表 8-1 为上述三种地物符号表示地物的形式。

表 8-1　地物符号的分类表示方法

类别 \ 名称	居民地	道路	灌木	河流
依比例				
不依比例				
半依比例				

由表 8-1 可知，同一要素可能有不同的表示方式。例如同样是居民地，面积较大时能依比例表示，较小时用半依比例或非比例符号表示。又如同一地物，在地形图比例尺较大时用比例符号表示，而比例尺较小时只能用半依比例或非比例符号表示。这种分类法指出了符号与地形图比例尺的关系。

地形图上用文字和数字对地名、高程、楼房层数、水流方向加以说明者，称为注记符号。1∶500(1000)、1∶2000 地形图图式所规定的常见地物符号见表 8-2。

表 8-2　1∶500(1000)、1∶2000 常见的地物符号

编号	符号名称	图例	编号	符号名称	图例
1	坚固房屋 4——房屋层数	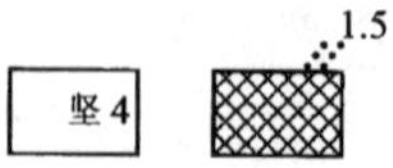	5	花圃	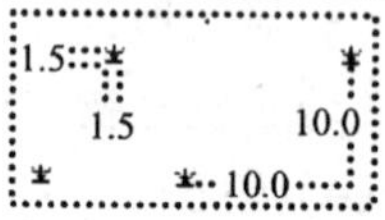
2	普通房屋 2——房屋层数	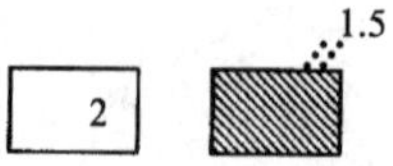	6	草地	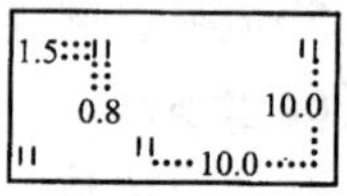

（续）

编号	符号名称	图例	编号	符号名称	图例
3	窑洞 1. 住人的 2. 不住人的 3. 地面下的	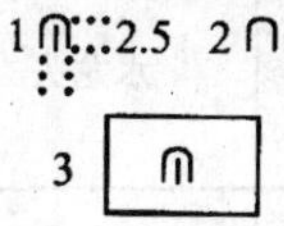	7	经济作物地	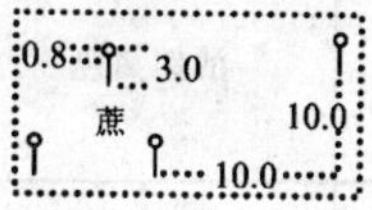
4	台阶	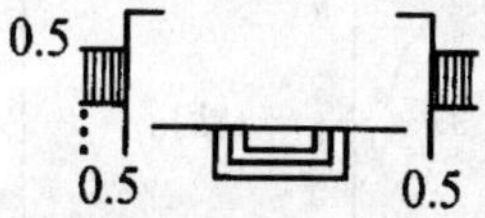	8	水生经济作物地	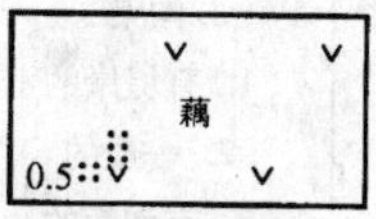
9	水稻田	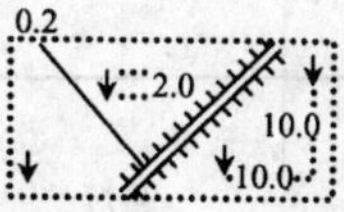	24	简易公路	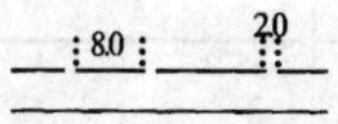
10	旱地	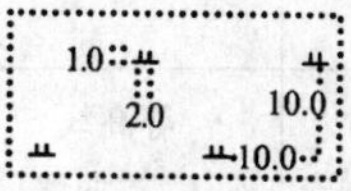	25	大车路	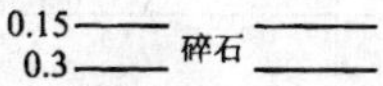
11	灌木林	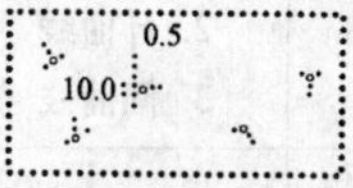	26	小路	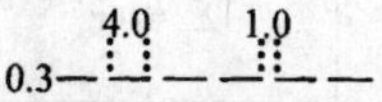
12	菜地	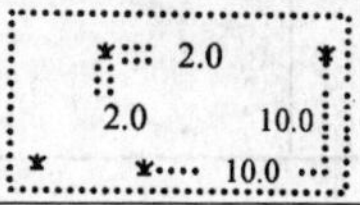	27	三角点 凤凰山—点名 394. 468 高程	
13	高压线	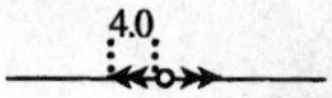	28	图根点 1. 埋石的 2. 不埋石的	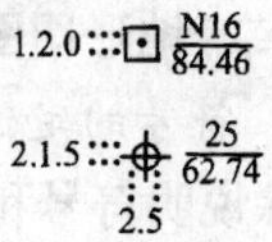
14	低压线	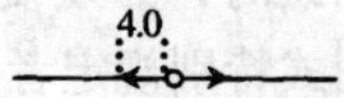	29	水准点	
15	电杆	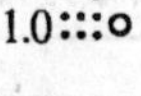	30	旗杆	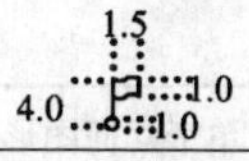
16	电线架		31	水塔	
17	砖、石及混凝土围墙	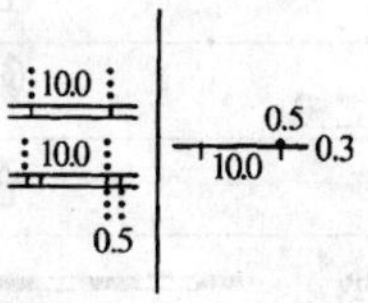	32	烟囱	
18	土围墙		33	气象站（台）	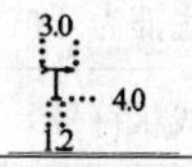
19	栅栏、栏杆	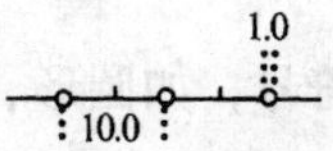	34	消火栓	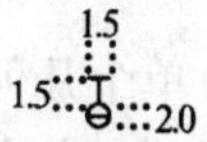
20	篱笆	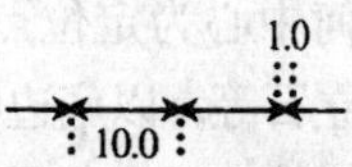	35	阀门	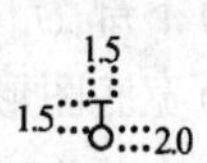

（续）

编号	符号名称	图例	编号	符号名称	图例
21	活树篱笆	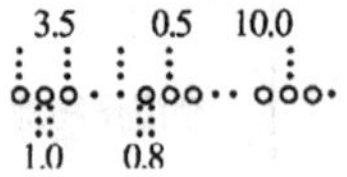	36	水龙头	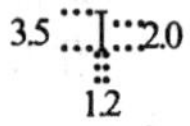
22	沟渠 1. 有堤岸的 2. 一般的 3. 有沟堑的	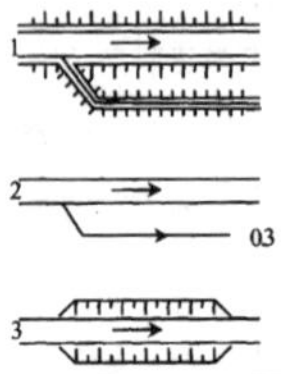	37	钻孔	
23	公路	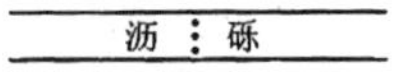	38	路灯	
39	独立树 1. 阔叶 2. 针叶	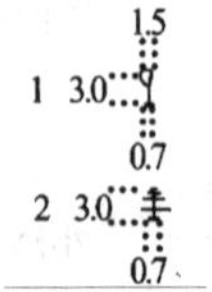	41	等高线 1. 首曲线 2. 计曲线 3. 间曲线	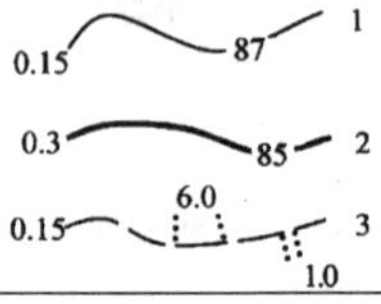
40	岗亭、岗楼	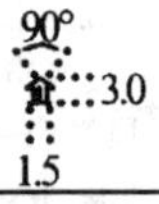			

(二)地形图图式表示的基本原则

1. 符号的定位

除说明符号和填绘符号外，各类符号都规定有一个点或一条线代表相应地面要素的中心位置。这个点或线称为符号的定位点或定位线。描绘时，必须使符号定位点(线)与相应要素的图上位置重合。符号定位点(线)的确定，除图式特别规定者外，一般规则如表8-3。

表8-3 非比例符号的定位与描绘方向

a	单个几何图形	水准点	三角点	水力发电站
b	下部为几何图形	塔形建筑物	变电所	无线电杆
c	宽底图形	宝塔	碑	孤峰
d	底部为直角形	路标	独立树	加油站
e	底部为开口	窑	亭	山洞
f	线状符号	单线河	铁路	城墙

(1)单个几何图形的符号或中部为几何图形的符号，如圆形、矩形、三角形等，其几何中心为定位点(表8-3a)。

(2)下部为几何图形的符号，以下部图形的几何中心为定位点(表8-3b)。

(3)宽底图形的符号，如蒙古包、宝塔、烟囱独立石等，以底边中心为定位点(表8-3c)。

(4)底部为直角形的符号，如风车、路标、独立树等，以直角顶点为定位点(表8-3d)。

(5)底部为开口的符号，如亭子、窑、山洞等，以其下方两端点连线的中心为定位点(表8-3e)，如果这个符号的中心位置标有一点，则此点为定位点。

(6)线状符号，如道路、河流、堤、境界等，以符号中心线或主轴线为定位线(表8-3f)，单线河与铁路符号的中心线代表实地中心线位置，城墙符号以主轴线(粗线)作为实地中心线的位置；依比例表示时，在两侧线的中心。

(7)不依比例表示的其他符号，如桥梁、水闸、栏水坝、溶斗等，定位点在符号中心。

(8)几种图形组成的符号，如气象站、雷达站、无线电杆等，定位点在其下方图形中心或交叉点上。

2. 符号描绘方向

符号的描绘方向，是指符号方向与相应地面要素方向的关系。对于依比例符号和半依比例符号，都应按真方向绘出，即符号方向与相应地面要素方向一致。对非比例符号的描绘方向，按以下规定处理。

(1)独立地物符号除简要说明的外，一律按直立方向与南图廓边垂直。

(2)采用俯视平面图形作为符号图案的(或构成符号的基部)，则应按真方向描绘，如独立房屋、桥梁、变电所等。

(3)土质和植被符号的配置：

整列式：如苗圃、草地、稻田等，按一定行列配置；

散列式：如有林地、灌木林、石块地等，不一定按行列配置；

相应式：如疏林、散树、独立树等，按实地疏密或位置配置。

土质或植被面积较大时，其符号间隔可放大1~3倍；在能表示清楚的原则下，也可采用注记的方法表示；还可将图中最多的一种省绘符号，图外加附注说明，但一幅图或一批图应统一。

(4)以虚实线表示的符号，如大车道、乡村路等，是按光影法则描绘，其虚线绘在光辉部，实线绘在暗影部，一般在居民地、桥梁、渡口、徒涉场、山洞、涵洞、隧道或道路相交处变换虚实线方向。

3. 线粗、点大的规定

(1)符号旁数字的标注均以mm为单位。

(2)一般情况下，图式中的符号线粗为0.15mm，点大为0.3mm，符号非主要部分的线长0.6mm(不同比例尺的图式，其规定不尽相同)。

(3)以虚线表示的线段，凡未注明尺寸的，其实部为2mm，虚部为1mm；组合图形部分未注明尺寸的，一般以图式为准，但楼梯、台阶线、斜坡与陡坎的长短线，其间隔可视图形的大小放大或缩小。其他参照表8-3图式中符号样图描绘。

第二节　地貌在地形图上的表示方法

地貌是指地球表面高低起伏、凹凸不平的自然形态。地球表面的形态，主要是由地球本身内部的内营力(地震、火山活动、地壳运动等)和外部的外营力(流水、冰川、风、海潮等)相互作用、不断变化的结果而形成的。这些地球表面的自然形态具有一定的规律性，研究这种规律性，然后采用恰当的符号，简单、明显、准确和科学地将它表示在图纸上。

一、地貌的基本类型及其名称

地球表面上山脉蜿蜒起伏，河流交错如织，这些千姿百态的地貌，虽然很复杂，但一般可归纳为下面几种基本类型。

（一）山：较四周显著凸起的高地称为山，大者叫山岳，小者（比高低于200m）叫山丘。山的最高点叫山顶，尖峭的山顶叫山峰。山的侧面叫山坡（斜坡）。山坡的倾斜度在6°～25°的叫山地，山坡的倾斜度在25°～45°的叫陡坡，几乎成竖直形态的叫峭壁（陡壁、绝壁），上部突出下部凹入的峭壁叫悬崖，山坡与平地相交处叫山脚（图8-1）。

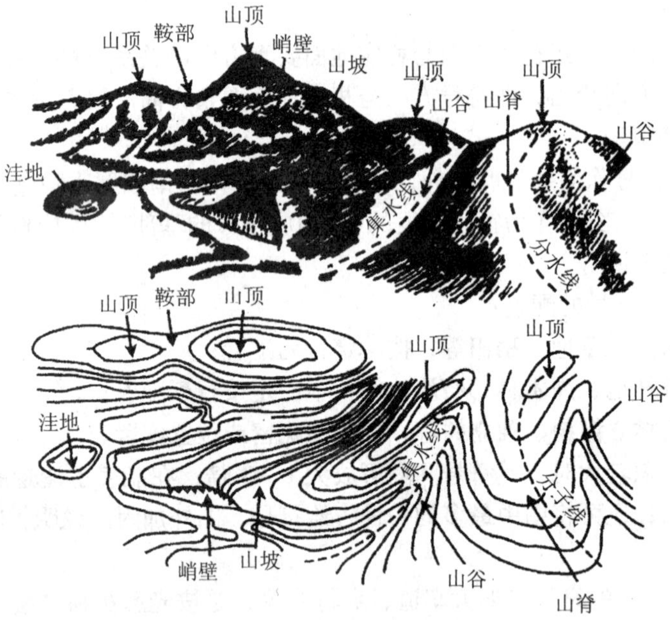

图8-1　地貌的类型及等高线

（二）山脊：沿一个方向延伸的高地叫山岭，山岭的凸棱由山顶延伸至山脚者叫山脊。山脊最高的棱线称山脊线（或分水线）。

（三）山谷：两山脊之间的凹部称为山谷。山谷两侧称谷坡。两谷坡相交部分叫谷底。谷底最低点连线称山谷线（又称集水线或合水线）。向一个方向倾斜下降延伸的凹地叫谷地，谷地与平地相交处称谷口，深而窄、且有岩石陡坡的谷地叫狭谷，山坡或谷坡地上被雨水急流蚀而形成的深窄沟壑叫冲沟。

（四）鞍部：相邻两个山顶之间低洼的山脊处，形状像马鞍形的地方，称为鞍部（垭口）。

（五）丘陵：地表面起伏复杂、冈丘园浑、错综连绵、谷宽岭低，地面坡度在2°～6°之间，高差在20～200m的地区，称为丘陵地。

（六）平原：地面平坦宽广、地貌无显著变化、地面坡度一般不超过2°，海拔在200m以下，高差不超过20m，这样的地区叫做平原。

（七）盆地（洼地）：四周高中间低的地形叫盆地。最低处称盆底，盆地没有泄水，水都停滞在盆地中最低处，湖泊实际上是汇集有水的盆地，盆壁陡峭而倾斜度大致相等的盆地称为漏斗盆地。

地球表面的形状，虽有千差万别，但实际上都可看作是一个个不规则的曲面。这些曲面是由不同方向和不同倾斜的平面所组成，两相邻倾斜面相交处即为棱线，这些棱线称为地貌特征线（地性线）。山脊和山谷都是棱线，如果将这些棱线端点的高程和平面位置测出，则棱线的方向和坡度也就确定。

在地面坡度变化的地方，比较显著的有：山顶点、盆地中心点、鞍部最低点、谷口点、山脚点、山坡坡度变换点等，这些称为地貌特征点。这些特征点和特征线就构成了地貌的骨骼。

二、地貌符号——等高线

在地形图上，表示地貌的符号很多，用等高线表示，能够真实地反映出地貌形态和地面高低起伏的特征。对于特殊地貌需采用特殊符号表示。

（一）等高线的概念

地面上相邻等高的各点连成的闭合曲线叫做等高线，也就是水平面与地表面相交的曲线。

（二）等高线表示地貌的原理

为了进一步说明等高线的意义（图 8-2），设想湖中有一座小山，其山头恰好整个被水淹没，设当时的水面高程是 100m。后来水面降落了 5m，山头的一部分就露了水面，这时水涯线与小山的交线便形成一条闭合曲线，曲线的形状随小山与水面相交的位置而定，曲线上各点的高程显然是相等的，均是 95m 的等高线。如水面继续下落 5m，又可得到 90m 的等高线。如此继续下去，可得到 85m、80m 等一系列的等高线。很明显，这些等高线都应该是闭合曲线，曲线的形状决定于山头的形状。将这些水涯线垂直投影到水平面上，并按一定的比例尺缩绘到图纸上，在图纸上便形成了一系列的闭合曲线，每一条曲线上各点的高程相等。这样，就将小山用等高线表示在地形图上了。这些等高线的形状和高程，客观地显示了小山的空间形态，与实地形状完全相似。

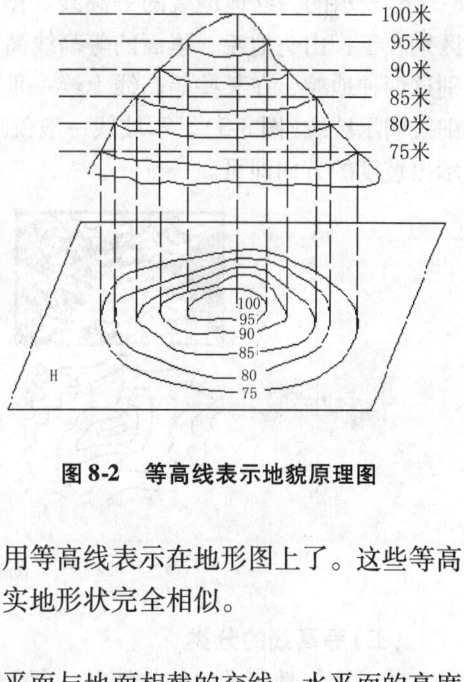

图 8-2 等高线表示地貌原理图

（三）等高距及等高线平距

从以上表述中可以知道，等高线是一定高度的水平面与地面相截的交线。水平面的高度不同，等高线表示地面的高程也不同，相邻两条等高线之间的高差称为等高距，相邻两条等高线之间的水平距离，称为等高线平距。由地形图了解实际地貌的形状，是通过等高线的形状和等高线平距的变化来实现的。在同一幅地形图上，等高距是一个常数。而等高线的平距随地形的陡缓而变化，地势越平缓，平距越大，等高线越稀疏。反之，平距越小，等高线越密，地势越陡。因此，由等高线的疏密可以判断地势的陡缓。而地貌的形状，也可以通过等高线的形状看出来。在同一比例尺地形图中，等高距愈小，图上等高线愈密，地貌显示就愈详细、确切。等高距愈大，图上等高线就愈稀，地貌显示就愈粗略。但不能由此得出结论：等高距愈小愈好。因此，等高距的选择必须根据地形高低起伏程度，测图比例尺大小和使用地形图的目的等因素来决定。一般基本等高距的标准见表8-4。必须指出，在同一幅地形图上不能有两种不同的等高距，每一条等高线的高程必须是基本等高距的整倍数。

表8-4　基本等高距表　　单位：m

比例尺	平坦地区 0°～2°	丘陵地区 2°～6°	山地 6°～15°	高山地 15°以上
1∶500	0.5	0.5	0.5(或1.0)	1.0
1∶1000	0.5	0.5(或1.0)	1.0	1.0(或2.0)
1∶2000	0.5(或1.0)	1.0	2.0	2.0(或2.5)
1∶5000	1.0	2.0(或2.5)	5.0	5.0
1∶10000	1.0	2.5	5.0	10.0
1∶25000～100000	2.5	2.5	5.0	10.0

(四)示坡线

用等高线表示地貌时，会发现盆地的等高线和山头的等高线在外形上非常相似。如图8-3(a)表示的为盆地地貌的等高线。图8-3(b)所表示的为山头地貌的等高线。它们之间的区别在于：山头地貌，里面的等高线高程大；盆地地貌，里面的等高线高程小。为了便于区别这两种地貌，在某些等高线上绘一垂直于等高线的短细线来指示坡度降落的方向，这种短细线叫示坡线(图8-3)。示坡线一般仅选择在最高、最低的两条等高线上绘出，能明显地表示出坡度的方向即可。

a　　b

图8-3　示坡线的表示

(五)等高线的分类

为了更好地表示地貌的特征，便于识图用图和满足某些工程的需要，地形图上主要采用下列4种等高线(图8-4)。

1. 首曲线(又称基本等高线)：即按规范规定的等高距(基本等高距)勾绘的等高线。用宽度为0.15mm的细实线表示，其上不注记高程。

2. 计曲线(又称加粗等高线)：为了读图方便，凡是高程能被5倍基本等高距整除的等高线用宽度为0.3mm的细实线加粗描绘，称为计曲线(即相邻两条计曲线之间的高差为5倍基本等高距)。计曲线增加了地形图的立体感，同时，由于在计曲线上注记高程，使地形图清晰，使用方便。

3. 间曲线(又称半等高距等高线)：是按1/2基本等高距勾绘的等高线，以虚线表示。用以显示首曲线不能显示的地貌特征。在局部范围内，为了适应工程需要，将地貌表示得更细致、更真实。在平地当首曲线间距过稀时，可加绘间曲线，间曲线可不闭合，但一般应对称。

4. 助曲线：助曲线是按 1/4 基本等高距勾绘的，也是以虚线表示。

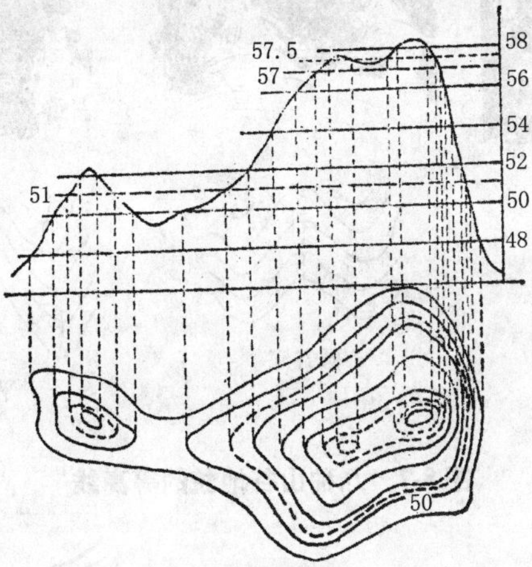

图 8-4　等高线的分类

(六)典型地貌的等高线

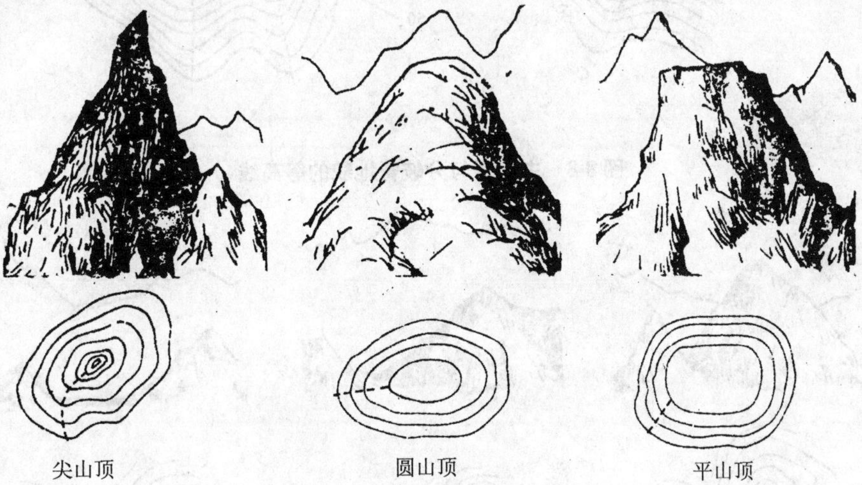

图 8-5　几种山顶地貌的等高线

图 8-6　几种山脊地貌的等高线

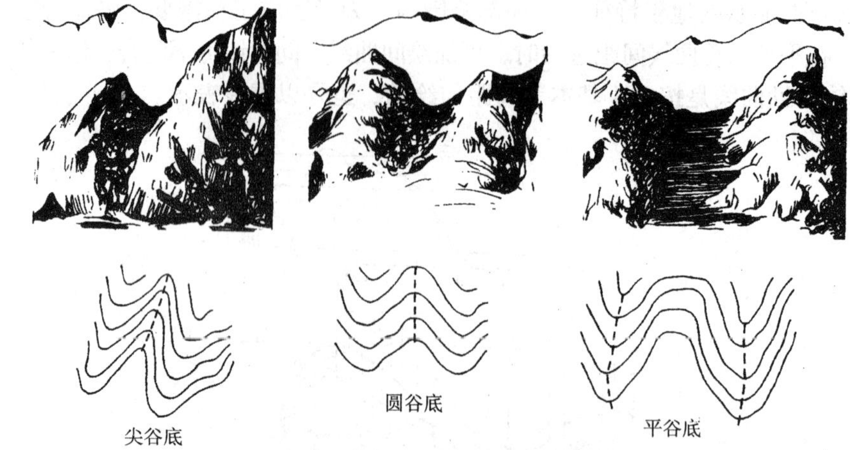

图 8-7　几种山谷地貌的等高线

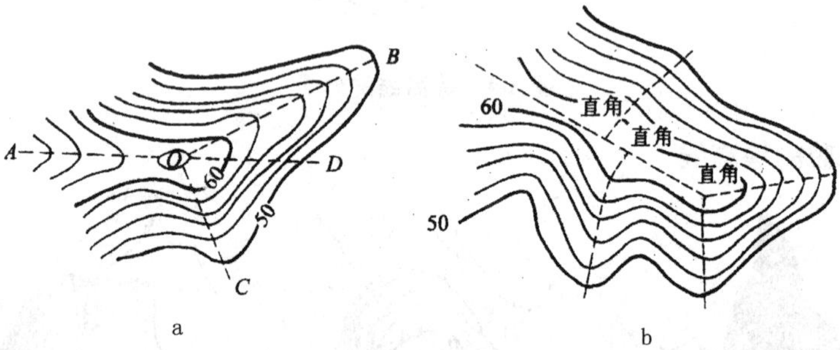

图 8-8　主山脊与分岐脊地貌的等高线

图 8-9　几种鞍部地貌的等高线

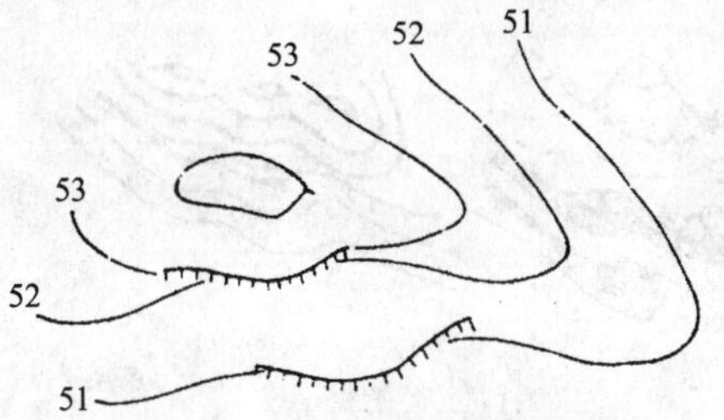

图 8-10　梯田坎与等高线配合表示的地貌

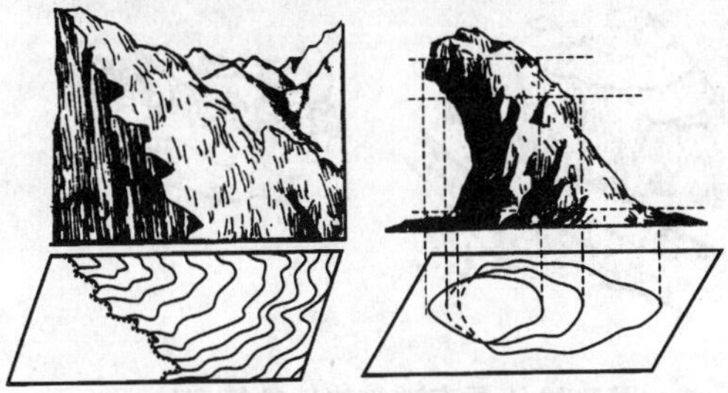

图 8-11　陡壁与悬崖地貌的等高线

图 8-12　孤峰地貌等高线

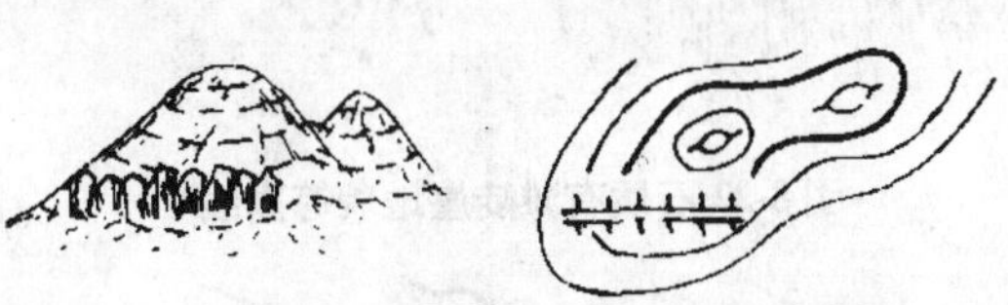

图 8-13　岩墙地貌等高线

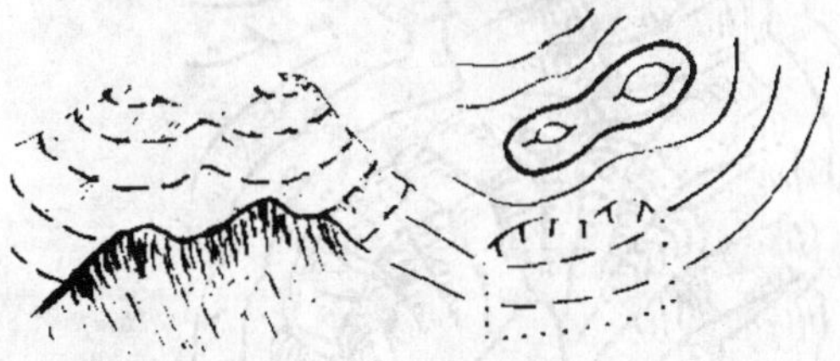

图 8-14　滑坡地貌等高线

图 8-15　岩石地貌等高线

图 8-16　石质陡崖地貌等高线

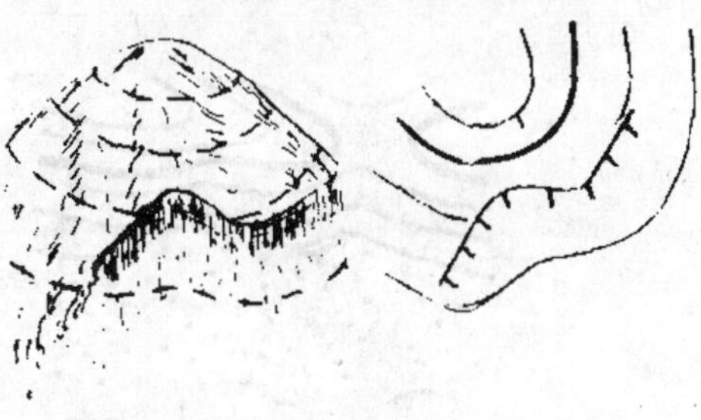

图 8-17　土质陡崖地貌等高线

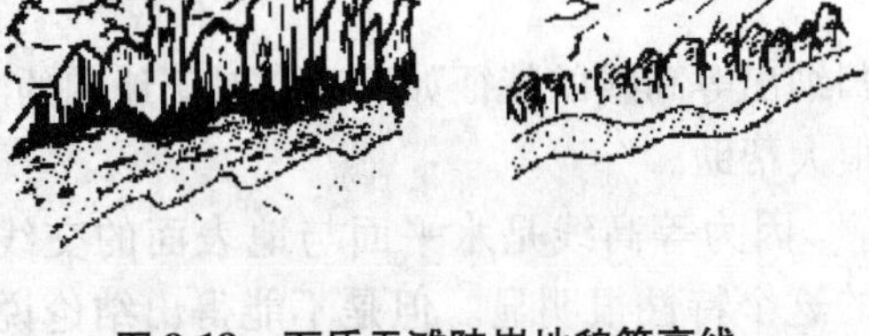

图 8-18　石质无滩陡崖地貌等高线

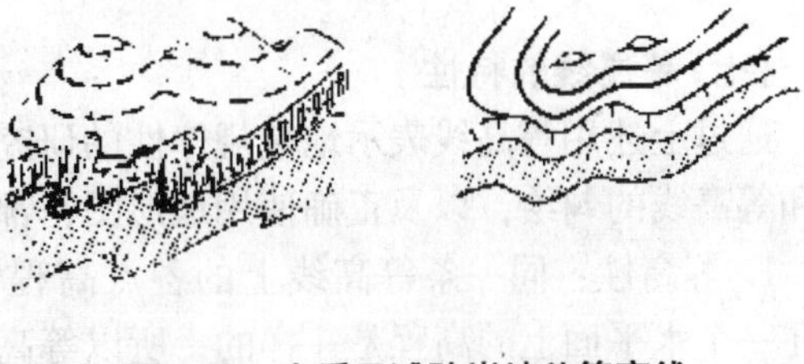

图 8-19　土质无滩陡崖地貌等高线

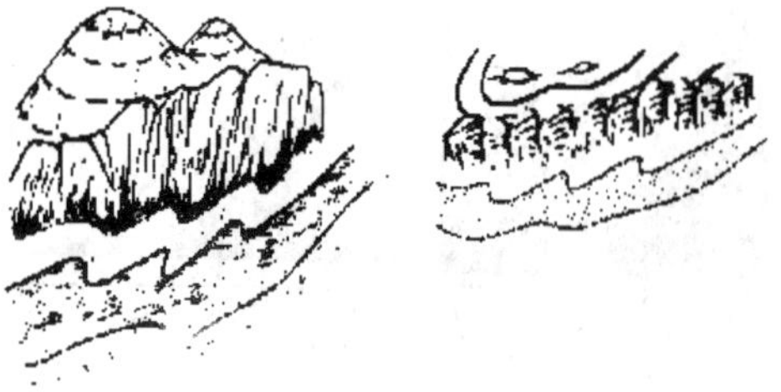

图 8-20 石质有滩陡崖地貌等高线

图 8-21　土质有滩陡崖地貌等高线

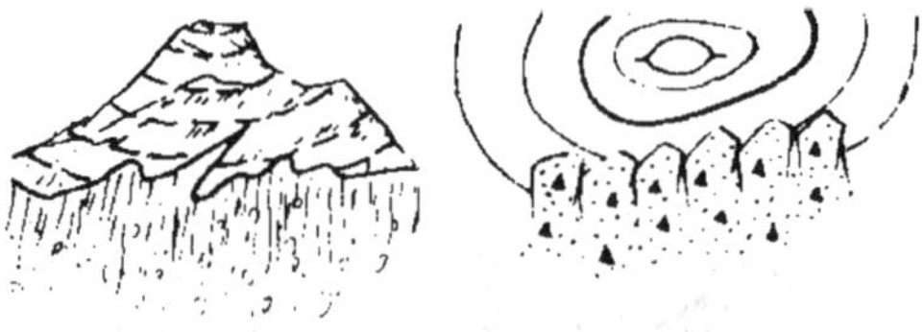

图 8-22 石质有滩陡崖地貌等高线

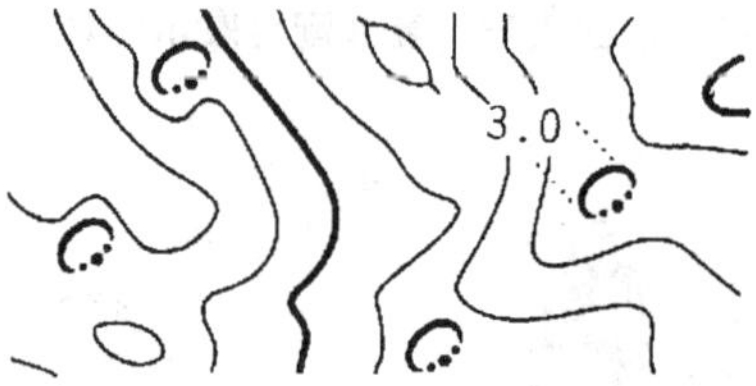

图 8-23　喀斯特漏斗地貌等高线

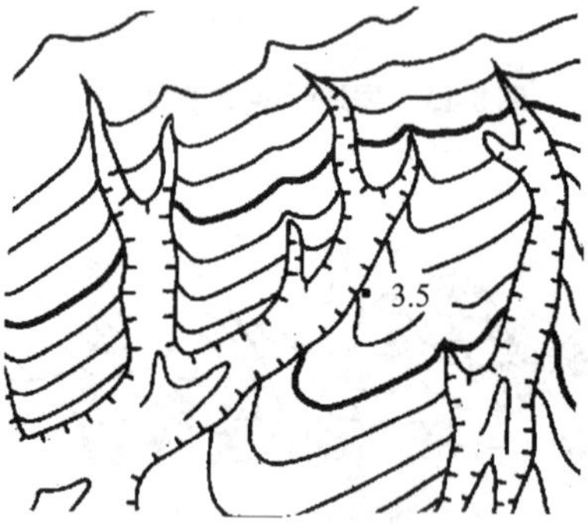

图 8-24 冲沟地貌等高线

图 8-25　陡石山、露岩地地貌等高线和符号

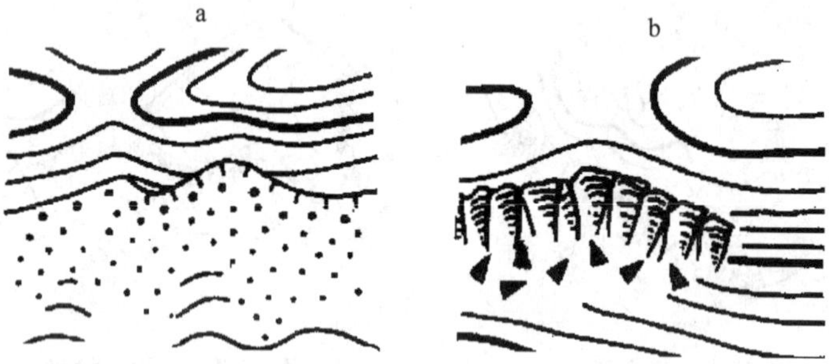

图 8-26　沙、土、石质崩崖地貌等高线和符号

（七）等高线的特性

通过上述用等高线表示地貌规律性的研究，归纳出等高线的特征如下，它对于地貌的测绘和等高线的勾绘，以及正确使用地形图，都有很大帮助。

1. 等高性：同一条等高线上的各点高程相等。因为等高线是水平面与地表面的交线，而在一个水平面上的高程是一样的，所以等高线的这个特性很明显。但是不能得出结论说：凡高程相等的点一定在同一条等高线上。当水平面和两个山头相交时，会得出同样高程的两条等高线。

2. 闭合性：等高线是连续闭合的曲线。一个无限伸展的水平面和地表面相交，构成的交线必然是一条闭合曲线。但由于一幅地形图的范围是有限的，所以，等高线若不在同一幅图内闭合，也会跨越一幅或多幅图幅闭合。按此特性，等高线除遇有房屋、公路、某些工业设施及数字注记等地物符号时，为了使图面清晰需要中间断开外，其他地方不能中断。但间曲线可以在不需要表示的地方中断，因为它是辅助首曲线表示地貌，且只在局部地区使用。

3. 非交性：不同高程的等高线不能相交。因为不同高程的水平面是不会相交的。所以，它们和地表面的交线也不会相交。但是一些特殊地貌，如陡壁、陡坎的等高线就会重叠在一起，这些地貌必须加用陡壁、陡坎符号表示。通过悬崖的等高线才可能相交。

4. 正交性：等高线与山脊线(分水线)、山谷线(合水线)正交。由于等高线在水平方向上始终沿着同高的地面延伸着，因此等高线在经过山脊或山谷时，几何对称地在另一山坡上延伸，这样就形成了等高线与山脊线及山谷线在相交处成正交(图8-27)。

5. 密稀陡缓性：等高线间平距的大小与地面坡度的大小成反比。在同一等高距的情况下，如果地面坡度愈小，等高线在图上的平距愈大，反之，如果地面坡度愈大，则等高线在图上的平距愈小。换句话说，坡度陡的地方，等高线就密，坡度缓的地方，等高线就稀，坡度一致，等高线稀密均匀，倾斜平面的等高线是一组间距相等的平行直线。

6、过河折向性：由于河流地形特殊，穿过河流的等高线，必然在接近河岸处逐渐折向上游，与河岸线相交后中断，再从对岸起逐渐折向下游(图8-28)。

等高线的这些特性是互相联系的，都是由等高线的定义所导出，其中最本质的是第一个特性，其他的特性是由第一个特性所推导出来的。

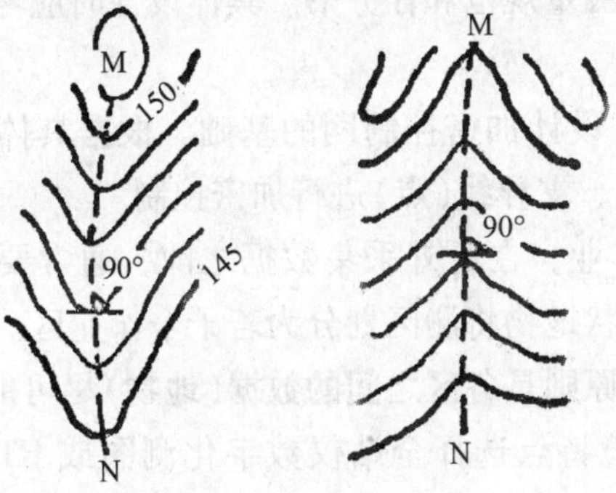

图8-27　等高线正交性

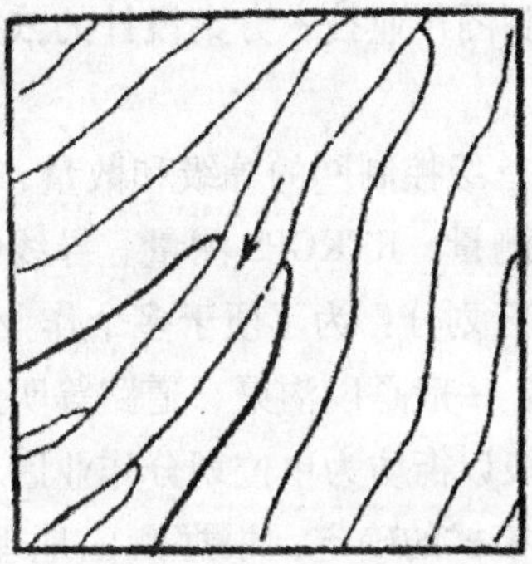

图8-28　过河折向性

第三节　数字线划图(DLG)概述

第一章已经介绍了数字线划地图(DLG)是与现有地形图基本一致的各地图要素的矢量数据集，其数据量小，便于分层，可随机地进行数据选取和显示，具有方便地快速放大、漫游、查询、检查、量测、叠加功能，且保存各要素间的空间关系和相关的属性信息，全面地描述地表目标，目视效果与同比例尺一致但色彩更为丰富的图，地图地理内容、分幅、投影、精度、坐标系统与同比例尺地形图一致，图形输出为矢量格式，任意缩放均不变形。能快速的生成各种专题地图，所以又称为矢量专题信息DTI(Digital Thematic Information)。此数据能满足地理信息系统进行各种空间分析要求，视为带有智能的数据。

目前数字线划地图(DLG)生产形式主要有：大比例尺数字化测图、原地图扫描矢量数字化、航测数字测图等。

一、数字化测图

大比例尺数字化测图是直接使用全站、RTKGPS 接收机在野外采集地面上的地貌、地物特征点要素的三维坐标以及描述其性质与相互关系的信息，然后导入计算机，借助计算机绘图系统处理、显示、输出与传统地形图形式相同的地形图。其流程如图 8-29 所示。

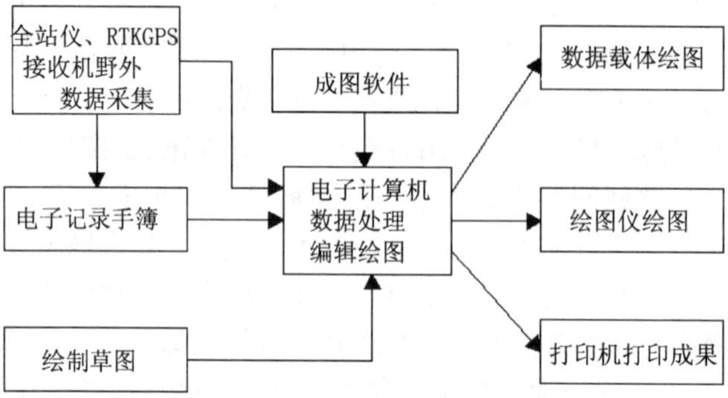

图 8-29 数字化测图作业流程

(一)数字化测图作业技术方案设计

数字化测图作业技术方案设计的依据是测量规范和任务书。具体设计时应考虑下面一些内容：

1. 测区首级控制网的等级和数量，这是设计加密控制网的基础。根据具体情况确定选择静态 GPS 测量、RTKGPS 测量、导线(网)、支导线(点)进行加密控制。

2. 作业区划分：为了便于多个作业组作业，在野外采集数据之前，通常要对测区进行作业区划分。一般是以沟渠、道路等明显线状地物将测区划分为若干个作业区。对于地籍测量来说，一般以街坊为单位划分作业区，其原则是各区之间的数据(地物)尽可能地独立。

3. 施测模式的确定：根据测区地理环境特点选择全站仪数字化测图或 RTKGPS 测图。采用简码作业模式或绘草图作业模式。

(1)简码作业模式：

简码作业模式是观测员给每一个碎部测点赋予一个自定义的简单编码，并依据这种自定义简单编码编绘成图。其作业流程如图 8-30：

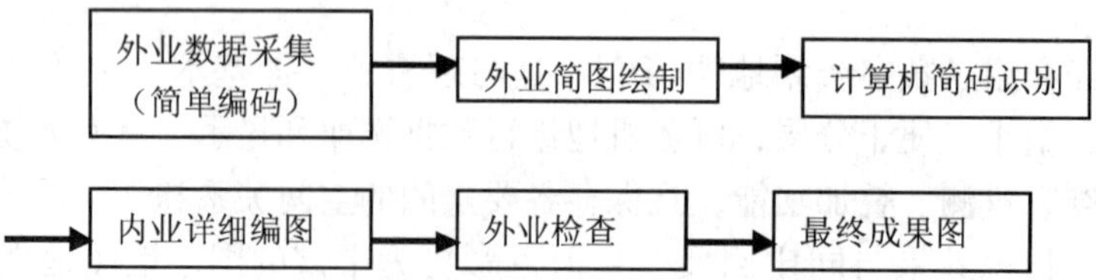

图 8-30 简码作业模式流程图

(2)绘草图作业模式：

这种作业模式与简单编码法测图基本相同，但在外业数据采集时不要记录测点编码，而以人工现场绘制测点的草图来描述测点的属性和相互关系，草图上需标注测点的自然编号(流水号，即测点数据通讯至计算后，测点数据文件中的自然顺号)。这种作业模式流程如图 8-31：

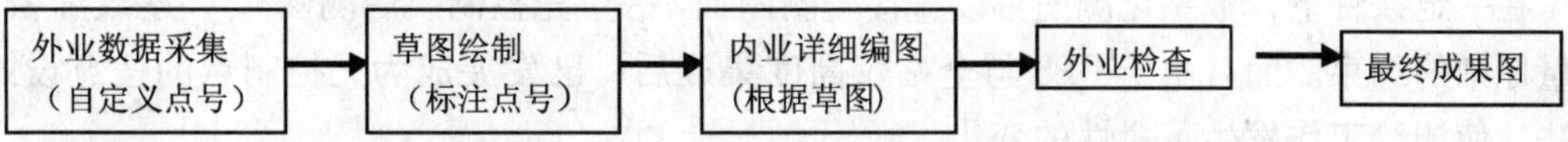

图 8-31　绘草图作业模式流程图

草图最好用旧地形图、平面图的晒蓝图或复印件，也可用航片放大的影像图，这样既能提高外业数据采集速度，又能明了测点间的相互关系，减少内业编图时的错误。

4. 成图软件选取：

数据处理是指对野外采集的点位三维坐标信息和属性信息在电子计算机上进行编辑处理，这就需要一个成图软件系统。目前，市场使用的数字测图软件主要有南方公司的 CASS 系列、北京威远图的 SV300 系列、广州开思的 SCS 系列、武汉地大的 mapgis 系列、清华三维系列等，其功能大体上可以分为数据输入、编辑处理、成图输出三大块，其中主要部分是各类地形图元素编辑处理工具，他们都应用了数据库管理技术并具有 GIS 前端数据采集功能，其生成的数字地图可以多种格式文件输出并可以供 GIS 软件读取。

5. 设备检校、人员配置、规范规程制订、后勤保障措施的落实等。

(二)全站仪数字化测图操作流程(一个测站)

1. 人员分工

每组 3 ~ 4 人，全站仪操作员一人，草图绘制、记录员一人，持镜员 1 ~ 2 人。各施其职，协调配合。

2. 仪器安置

在测站上安置全站仪，包括对中、整平、量仪高、定向、参数设置。

步骤 1：在测站上安置仪器，对中，整平，量取仪器高；

步骤 2：打开电源开关，建立文件名，然后建站(在建站过程中，需输入点号、测站点名、仪器高、后视点名，若是进行坐标测量，在提示输入测站坐标及后视坐标时将其相应的坐标输入)，瞄准后视点置零；

步骤 3：用照准仪瞄准定向点上的棱镜，按测量键测出其三维坐标，再与原输入的该点坐标比较，若误差在允许范围内，则定向完成。

3. 地面空间点数据采集

全站仪选择测量模式，瞄准棱镜后按测量键，此时被测点的三维坐标数据、方位角、距离将自动存储在仪器中。然后再进行下一个碎部点测量，直到测完本站可观测到的所有碎部点，就可搬到下一站。

4. 注意事项及检核

持镜者应尽量将棱镜立在地貌地物的特征点上，并及时报告立镜点的属性；草图绘制员与仪器操作员经常核对测点点号；草图的绘制要遵循清晰、易读、相对位置准确，比例大致相同的原则；对于实在测不到的点可利用皮尺或钢尺量距，但要记清其相互关系；在一个测站上所有的碎部点测完后，还要找一个已知点重测，以检查施测过程中是否存在因误操作，仪器碰动或出故障等原因造成的错误。检查确定无误后，关机、搬站。到下一测站，重新按上述采集方法、步骤进行施测。

在一定条件下，数字化测图可以直接先测图而不受“先控制、后测图”、“逐级加密”等测量原则的约束。而且由于 GPS 与全站仪高度集成后，已发展成为无控制点的任意设站测图法，使测绘工作发生革命性的变化。

(三)RTKGPS 数字化测图

对于风景园林设计而言，高山上往往是自然景观、气象景观、天象景观、地貌景观的最佳观赏点，这些地方一般都要进行旅游开发建设，需要测绘 1:500 或 1:1000 的 DLG 图。由于植物具有垂直分布特性，在海拔 800～1000m 以上的孤山顶或山脊上一般只生长些矮化的灌木或草甸植被(图 8-32)；另外，在城市空旷地区，建筑物不太稠密的城市郊区，视野开阔，能良好地接收 GPS 卫星的信号，这时选用 RTKGPS 数字化测图就显现出更多的优越性。只要选择好基准站的位置就能控制几十平方千米至上千平方千米范围内的测图，移动站不需与基准站通视，也无需建立图根控制网，而且基准站与流动可以互换使用，移动站天线高可根据树木或构筑物高度在 1.3～5.0m 范围内任意调节，能灵活地在山脊、山坡、山谷等任意需要测量的微型地貌点上设点测量，并可多台移动站同时作业，因此 RTKGPS 测量能方便、快捷地测绘反映真实地貌的 DLG 图，显著提高工效，节省成本，满足规划设计的要求。

图 8-32　丘陵区、山顶地貌形态

RTKGPS 数字化测图的作业流程如图 8-33 所示。

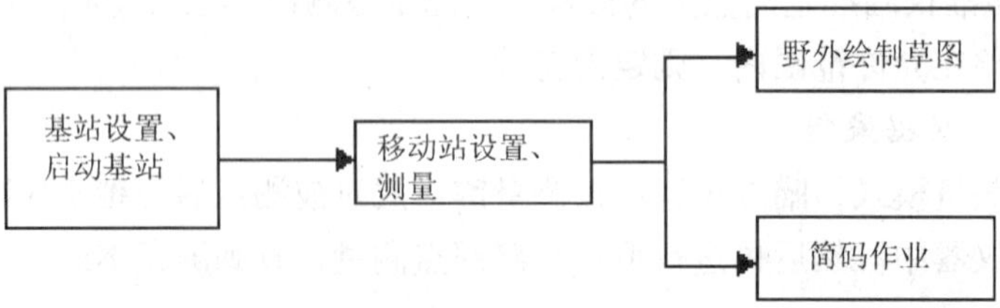

图 8-33　RTKGPS 测量流程图

1. 基准站设置：以 Trimble5700 为例。

如图 8-34，进入 TSC1V7.7 手簿后，在左边菜单选择测量，右边选择基站设置进入图 8-35，选择左下角的设置进入图 8-36。

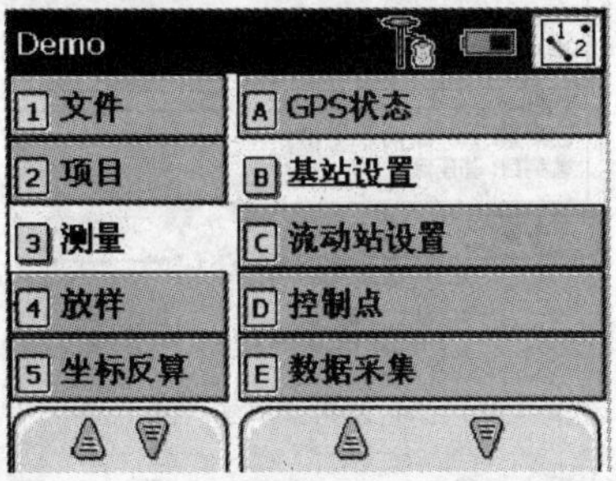

图 8-34

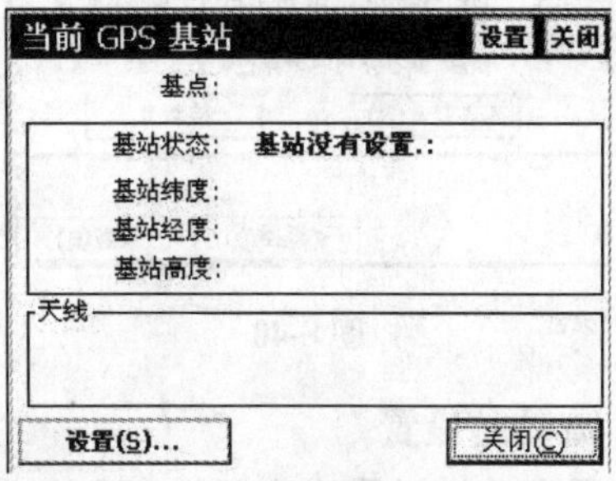

图 8-35

在基站建立对话框中的基点给一个基站点的名字，在基站设置首先要设置天线高。选择设置天线高进入图 8-37。选择天线类型、基站量取方式(斜高或垂高)，然后输入天线高度。

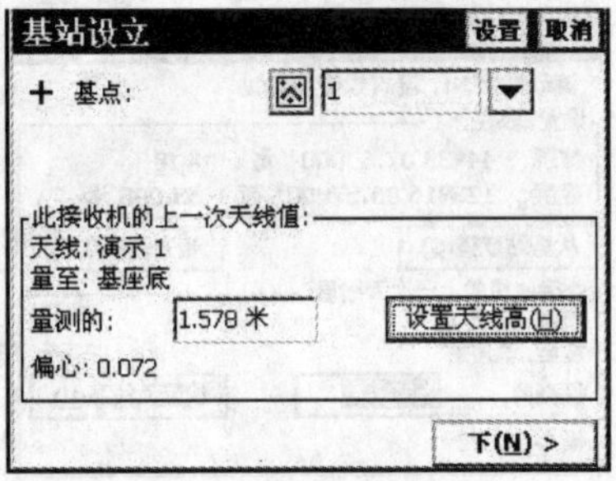

图 8-36

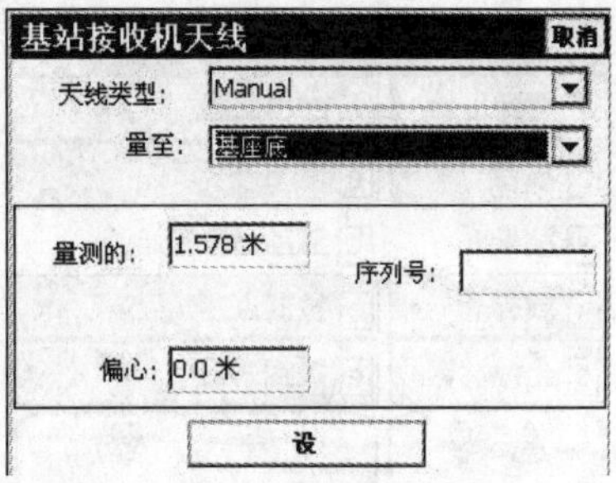

图 8-37

点设置好之后，重新回到图 8-35，点下一步进入图 8-38，然后选择从接收机取得位置，获取基准站的 WGS-84 坐标(图 8-39)。

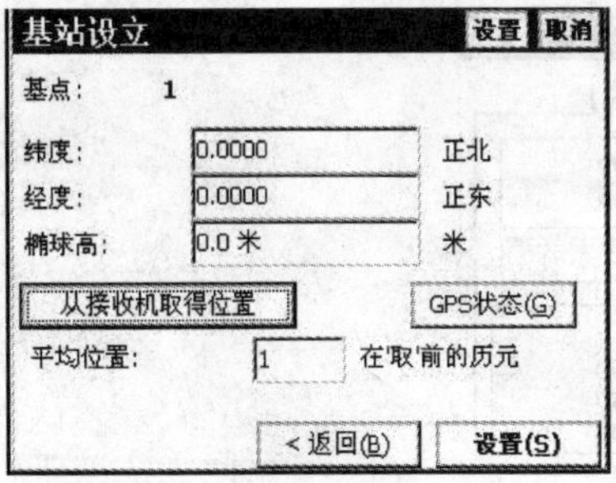

图 8-38

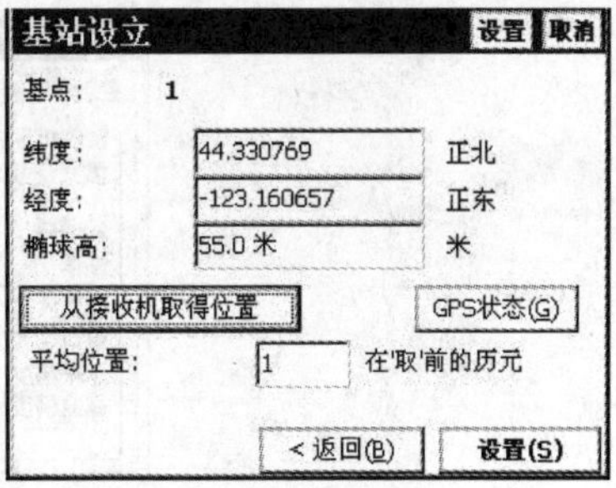

图 8-39

获取 84 坐标以后，选择设置进入图 8-40，点设置以后出现一个对话框，如果进行单点转换，选择现在解算，如果不是选择控制点，进入图 8-41，基准站设好之后，界面如图 8-41 所示，然后点关闭。至此基准站设置完毕。进入流动站设置，把控制器移到流动站上，同时检查基准站是否发射信号。

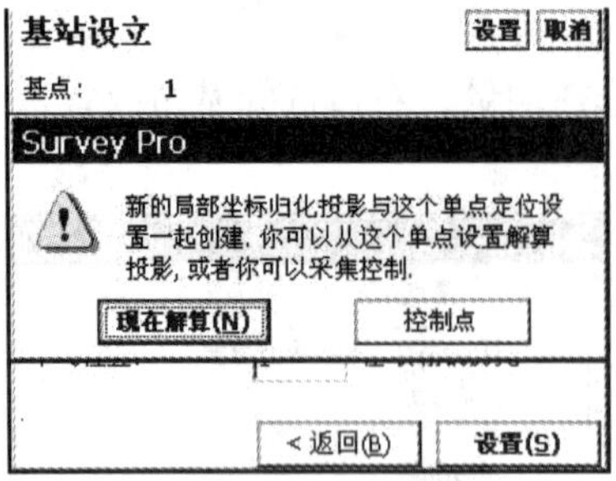

图 8-40

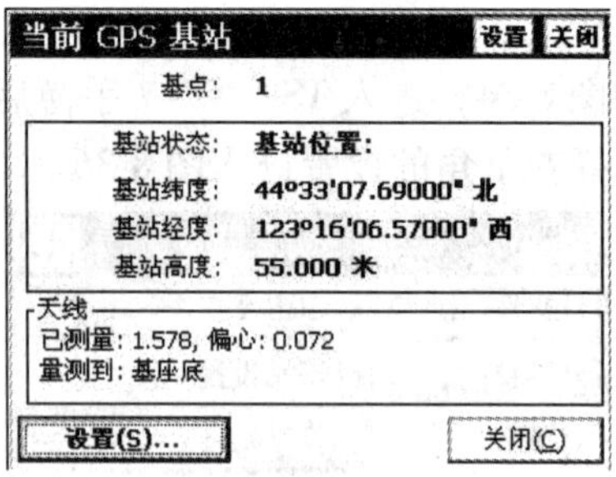

图 8-41

2. **流动站设置**

选择流动站设置进入图 8-42，首先仍是设置天线高，如图 8-43，方法与基站相同。一般选择设置流动站，也可以选择从基站获得来设置流动站。

从基站获得可以在几公里外重新设置基准站与流动站。流动站设好之后，回到 GPS 状态里面查看初始化情况(图 8-44)。

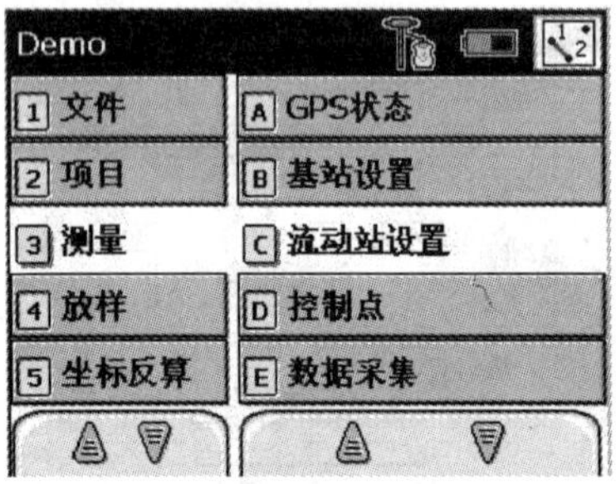

图 8-42

图 8-43

这里面可以查看接收机的模式与解算情况、卫星情况、与位置精度因子。如果要查看卫星资料要切换到星空与卫星资料菜单。

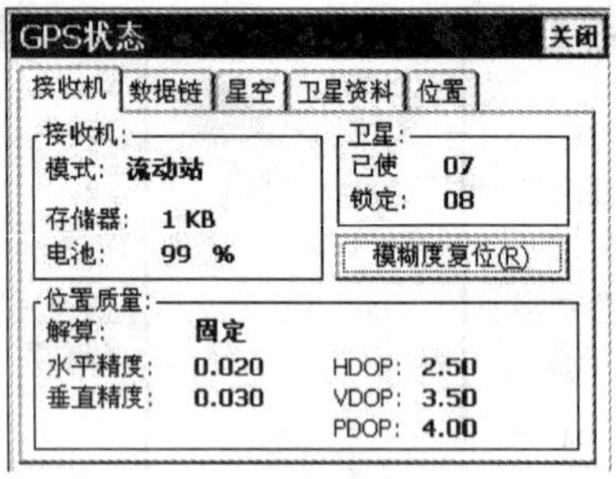

图 8-44

3. 数据采集

点击图 8-45 进入数据采集界面图 8-46，将移动站立在待测点上(图 8-47)，输入一个碎部点的名字和描述特性，然后选择点进入图 8-48，能自动显示碎部点的三维坐标和测量精度及其他信息。点接受即将该点数据自动保存，并可进行下一个碎部点的测量。

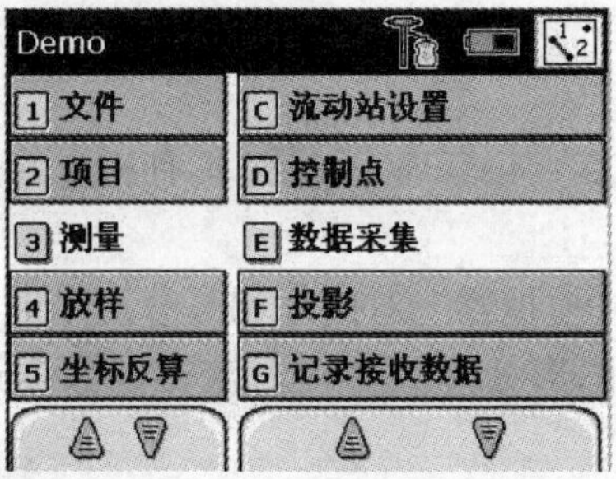

图 8-45

图 8-46

图 8-47

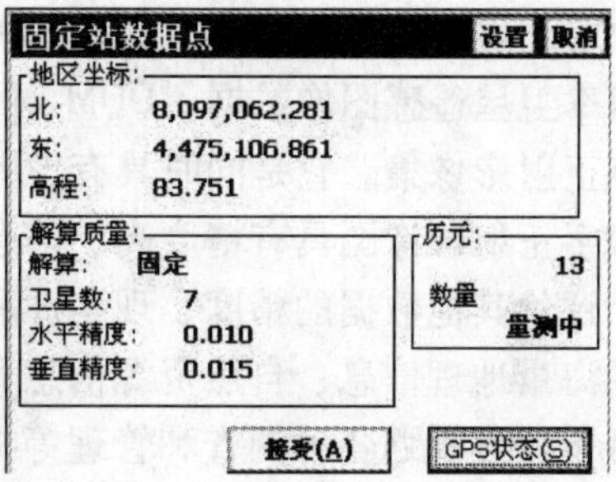

图 8-48

(四)内业数据处理(绘图)

内业数据处理(绘图)流程如图 8-49 所示。

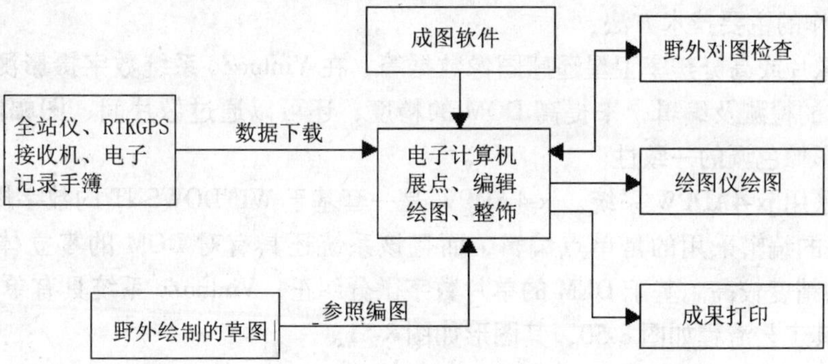

图 8-49　内业数据处理流程图

二、扫描矢量化

将现有地形图通过扫描，保存为 bmp 或 tiff 格式的图形，运用矢量化软件或 GIS 软件，以人机交互形式，将扫描影像要素进行矢量化后生成点线面矢量数据，生成 DLG 图，同时转入相应的系统中。

三、数字摄影测量、三维跟踪立体测图

目前，国产的数字摄影测量软件 VintuoZo 系统和 JX－4ADPW 系统都具有相应的矢量图系统，而且精度指标都较高。从而生成 DLG 图。

解析或机助数字化测图这种方法是在解析测图仪或模拟器上对航片和高分辨率卫片进行立体测图，来获得 DLG 数据。再使用 GIS 或 CAD 等图形处理软件，对获得的数据进行编辑，最终产生成果数据。

第四节　数字正射影像图(DOM)

数字正射影像图(Digital Orthophoto Map—DOM)是利用经扫描处理的数字化航空像片或高分辨率卫星遥感图像数据，DOM 对像元进行几何改正和镶嵌，按一定图幅范围裁剪生成的数字正射影像集。它是同时具有地图几何精度和影像特征的图像。

数字正射影像图具有精度高、信息丰富、直观真实、获取快捷等优点，可作为背景控制信息，评价其他数据的精度、现实性和完整性都很优良；可从中提取数字城市所需要的各种类别的海量地理信息、自然资源信息和社会经济发展信息，为城市现代化建设、防治灾害和公共城市建设规划各种调查和管理等提供可靠依据；还可从中提取和派生新的信息，实现地图的修测更新。

DOM 的基本特点：

与传统的符号化线划图相比，DOM 所表达的信息更为丰富、直观，具有更大的开发应用价值。由于是数字的，在计算机上可局部开发放大，具有良好的判读性能与量测性能和管理性能等，如农村土地发证，指认宗界地界并数字化其点位坐标、土地利用调查等等。DOM 可作为独立的背景层与地名注名，图廓线、公里格网及其它要素层复合，制作各种专题图。

DOM 制作的主要技术方法：

将航空像片或高分辨率卫星遥感图像数据等，在 VintuoZo 系统数字摄影测量工作站上，利用对 DEM 的检测及编辑，来提高 DOM 的精度，还可以通过像片间、图幅间进行灰度接边，以保证影像色调的一致性。

另外，采用 jx-4ADPW 系统。jx-4ADPW 是一套基于 WINDOWSNT 的数字摄影测量系统。因其对 DEM 的编辑采用的是单点编辑，而且该系统还具有对 DOM 的零立体检查的功能，故其 DOM 的精度较高。基于 DEM 的单片数字微分纠正，VintuoZo 系统具有单片数字微分纠正的模块，其工艺流程如图 8-50，其图形如图 8-51。

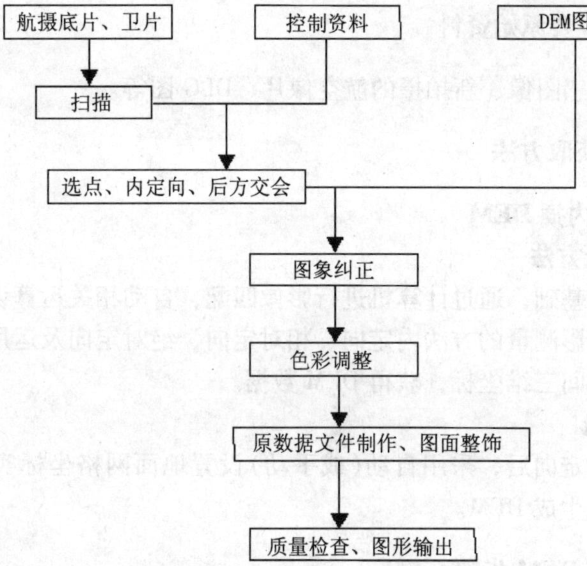

图 8-50　DOM 生产工艺流程图

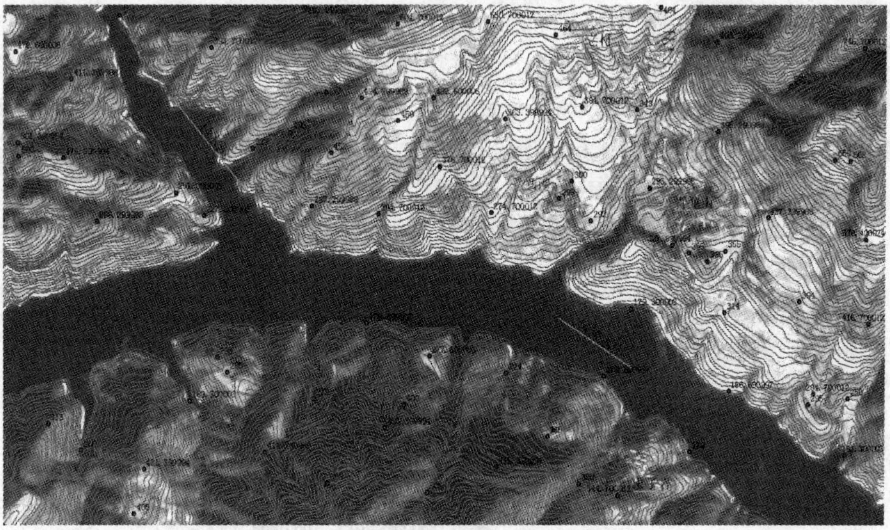

图 8-51　DOM 图样

第五节　数字高程模型(DEM)

数字高程模型(DigitalElevationModel—DEM)是在特定投影平面上规则的空间水平间隔的高程值矩阵。DEM 的水平间隔是随地貌类型的不同而改变的，为控制地表形态，可配套提供离散的高程点数据，换句话说，即为具有不同坐标的不同地面分布点上的不同高度数据，组织集合构成对地表形态变化的控制。

一、DEM使用的主要原始资料

高分辨率的数字遥感图像、新拍摄的航空像片、DLG图等。

二、DEM的几种获取方法

(一)利用DLG图内插DEM

(二)数字摄影测量方法

以数字遥感影像为基础，通过计算机进行影像匹配，自动相关运算识别同名像点得其像点坐标，再运用解析摄影测量的方法内定向、相对定向、绝对定向及运用核线重排技术，自动采集所拍摄物体的空间三维坐标，获得DEM数据。

(三)解析摄影测量

这种方法是在像对定向后，采用自动(或手动)设置地面网格坐标实测其高程，或实测数字化等高线，再内插生成DEM。

三、Arcgis中生成DEM步骤

(一)tin模型的生成

将.dwg格式CAD高程数据添加到Arcgis中，将其中的Polyline线形数据导出为.shapefile格式文件，命名为TERLIN。

打开Arcsence将导出的TERLIN.shapefile格式文件添加进来，打开3DAnalyst分析工具，Create/ModifyTIN下面Create TIN from features…对话框，选择将要转换的图层即在TERLIN上打钩(图8-52)。确定后生成TIN模型。

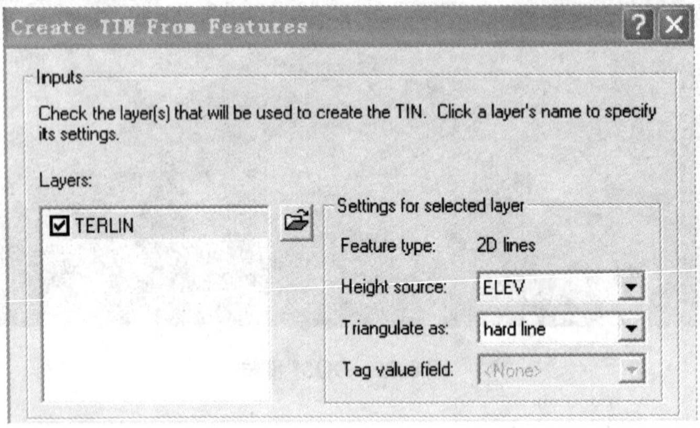

图8-52

(二)出图

在Arcgis中添加生成的TIN模型，在图层属性中对数据进行修改(图8-53)，修改Color Ramp及Classes，调整到合适状态。

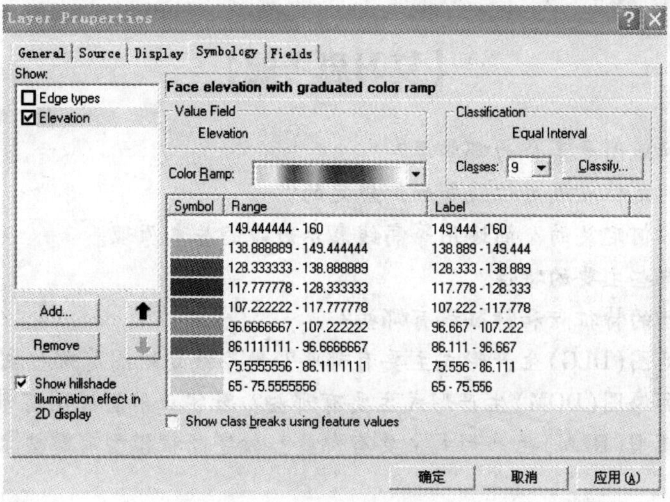

图 8-53

选择出图模式，给图像添加标题、图例、文本、指南针等要素，最后出图成果如图 8-54 所示。

图 8-54　DEM 图样

DEM 应用可转换为等高线图、透视图、断面图以及专题图等各种图解产品，或者按照用户的需求计算出体积、空间距离、表面覆盖面积等工程数据和统计数据。

【本章参考书目】

[1]李星照．地形图与 3S 技术[M]．北京：中国林业出版，2008.10
[2]祝国瑞等．地图设计与编绘[M]．武汉：武汉大学出版社，2001.10

【复习思考题】

1. 地物符号按地图要素分为哪些类?
2. 地物符号的定位点或定位线是如何规定的?
3. 等高线是如何定义的? 简述用等高线表示地貌的基本原理。
4. 等高线有哪些主要的特性?
5. 地貌、地物的特征点和特征线有哪些?
6. 数字线划地图(DLG)生产形式主要有哪些? 数字线划地图有哪些主要特性?
7. 数字正射影像图(DOM)生产形式主要有哪些? 数字正射影像图有哪些主要特性?
8. 数字高程模型(DEM)生产形式主要有哪些? 数字高程模型有哪些主要特性?

第九章　地形图的分幅与编号

【本章提要】

本章主要介绍地形图分幅编号的方法、国家基本比例尺地形图新的分幅与编号的特点、地形图分幅编号的历史沿革、相邻图幅编号的关系等内容。

为了便于测绘、查询、使用和保管地形图，地形图必须有一个统一的规则进行分幅和编号。地形图的分幅，即将一个测区按规定的图幅大小，按一定规则进行单位划分，每一个单位为一个图幅。为了区分不同的图幅，按从左到右、从上到下的规则给每幅图一个编号，称为地形图的图幅编号。地形图的分幅方法有两种：梯形分幅法和矩形分幅法。前者用于国家基本比例尺地形图的分幅，后者则用于工程上常用的大比例尺地形图的分幅。

国家基本比例尺地形图是指 1∶100 万、1∶50 万、1∶25 万(1∶20 万)、1∶10 万、1∶5 万、1∶2.5 万、1∶1 万及 1∶5000 八种，其分幅体系如图 9-1 所示。

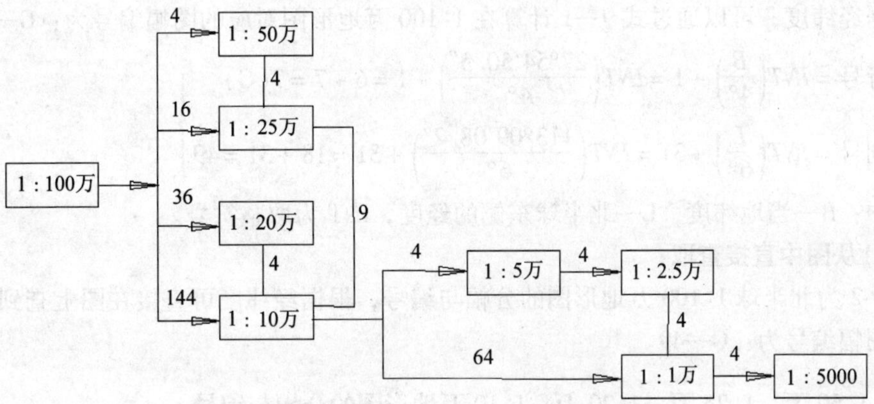

图 9-1　我国基本比例尺地形图的分幅体系

第一节　梯形分幅法

1891 年在瑞士伯尔尼召开的第五届国际地理学会议上，奥地利的彭克教授提出了编制百万分之一世界地图的建议，获得了各国与会代表原则上的同意。1909 年 11 月在伦敦召开的 1∶100 万地图国际会议上通过了 1∶100 万地图的基本章程，之后又进一步确定了地图的投影分幅、统一编号、以及地图整饰等具体规范；1913 年在巴黎又召开了第二届国际1∶100万世界地图会议，会议决定了全球 1∶100 万世界地图的统一分幅和编号方法。所以，梯形分幅法又称为国际分幅法。

一、国际梯形分幅法

梯形分幅法是以一定经纬差的梯形划分图幅，由经纬线构成每幅地形图图廓。按国际上规定，全球1:100万地形图实行统一的分幅与编号。1:100万地形图的标准分幅是以经差6°、纬差4°，自赤道起，向南、北两极每隔纬度4°为一横行，到南北纬88°止，将南北半球各分为22个横列，依次以拉丁字母A、B、C、…、V表示；纬度88°以上，以极点为圆心的圆单独为一幅，用Z表示；由经度180°起算，自西向东，将整个地球表面用子午线分成60纵行，每一纵行经差为6°，依次以阿拉伯数字1、2、3、…、60表示（北半球在英文字母前加N，南半球加S。我国国土在北半球，故省去字母N）。另外，由于经线向两极收敛，随着纬度的升高而每幅地图面积迅速缩小，所以规定在纬度60°~76°每幅1:100万地图的经差为12°，纬差为4°。规定在纬度76°~88°每幅1:100万地图的经差为24°，纬差为4°。(图9-2)，其每一梯形小格为一幅1:100万地形图，1:100万图幅的编号是由该图所在的横行字母和纵行阿拉伯数字组成，例如长沙所在1:100万地形图的编号为G—49。对于高纬度地区的双幅、四幅合并时，其图号也合并写出，如：NP—33，34，NT—25，26，27，28。

若已知某地的经纬度，可以用下面两种方法获得图幅的编号。

例如，某点的地理坐标为东经113°09′08.2″，北纬27°54′50.5″，求在1:100万地形图的图幅编号：

(一)计算：

根据经纬度，可以通过式9—1计算在1:100万地形图对应的图幅编号为：G—49。

$$\left.\begin{aligned}\text{横行号} &= INT\left(\frac{B}{4°}\right)+1=INT\left(\frac{27°54'50.5''}{4°}\right)+1=6+7=7(G)\\ \text{纵列号} &= INT\left(\frac{L}{6°}\right)+31=INT\left(\frac{113°09'08.2''}{6°}\right)+31=18+31=49\end{aligned}\right\} \quad (9-1)$$

式中：B—当地纬度，L—北半球东侧的经度，INT为取整符号。

(二)从图中直接查取：

图9-2为北半球1:100万地形图的分幅与编号，根据经纬度可直接在图上查到梯形方格对应的图幅编号为：G—49。

二、1:50万、1:25万、1:20万、1:10万地形图的分幅与编号

(一)分幅编号规定

这4种比例尺的地形图图幅是在1:100万图幅基础上划分的，其编号是在1:100万地形图的编号后分别加上对应的代号所成，如图9-3。

1. 1:50万地形图的分幅是按经差3°、纬差2°，将一幅1:100万地形图图幅划分为4幅1:50万地形图，其编号是在1:100万地形图的编号后分别加上A、B、C、D代号，如G—49—B。

2. 1:25万地形图的分幅是按经差1°30′，纬差1°将一幅1:100万地形图分为16幅1:25万地形图，其编号是在1:100万地形图的图号后加上带方括号的阿拉伯数字[1]、[2]、[3]、…、[16]，如G—49—[4]。1979年以前国家基本比例尺地形图没有1:25万这一种。

3. 1:20万地形图分幅是以经差1°、纬差40′，将一幅1:100万地形图划分为36幅1:20

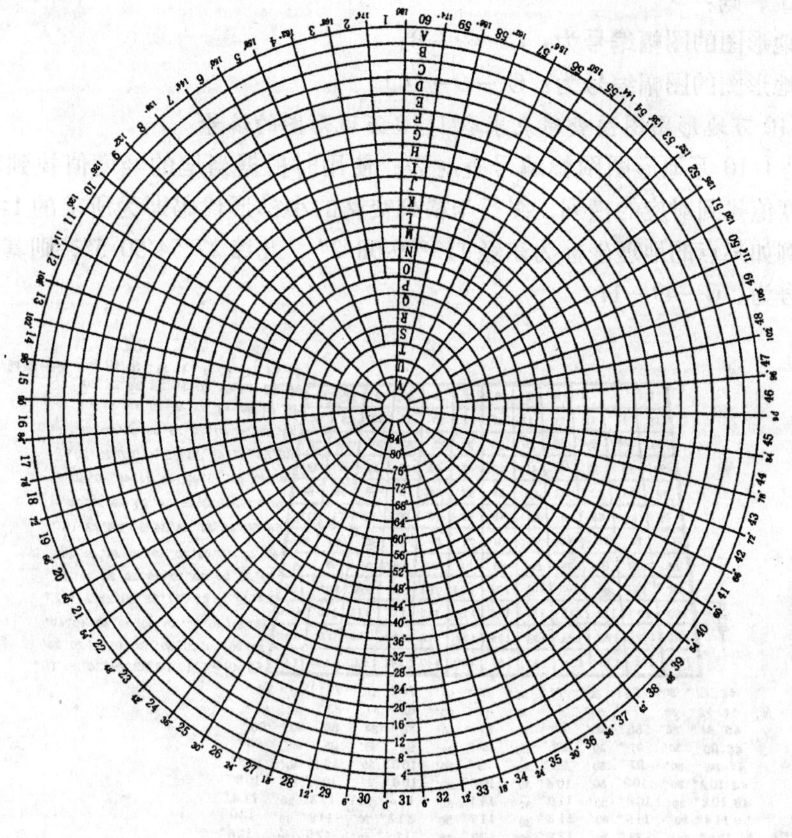

图 9-2　北半球 1:100 万地图的国际分幅

万地形图，其编号是在 1:100 万地形图的图号后面加上带圆括号的阿拉伯数字（1）、(2)、(3)、…、(36)，如 G—49—(6)。1979 年以后国家基本比例尺地形图取消 1:20 万这一种。

4. 1:10 万地形图是按经差 30′、纬差 20′，将一幅 1:100 万地形图分为 12 行 12 列，故一幅 1:100 万地形图包括 144 幅 1:10 万地形图，图幅编号是在 1:100 万地形图图幅编号后面用一横短线分别连接 1、2、3、…、144，如 G—49—11。

（二）编号的获取

1. 图解法

首先，画一梯形略图，在四个角点（也可省略一个角点）分别标注依据当地的经纬度求出的 1:100 万图幅的经纬度值。

然后，按相应比例尺与 1:100 万图幅的数量关系划分图幅，并标注对应经纬度值，同时从上到下、自左至右的顺序标注规定的编号代码。

求取对应比例尺的编号代码时，根据当地的经纬度值找到交叉的小梯形，其代码即为所求的编号（图 9-3）。

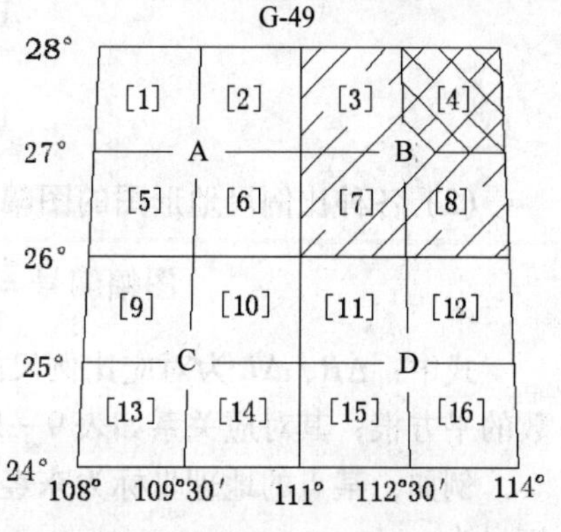

图 9-3　1:50 万、1:25 万地形图分幅与编号查对表

例如，某点的地理坐标为东经 113°09′08.2″，北

纬 27°54′50. 5″，则：

1∶50 万地形图的图幅编号为：G—49—B；

1∶25 万地形图的图幅编号为：G—49—[4]。

2. 用 1∶10 万地形图图幅查对表求取 1∶10 万地形图的编号

图 9-4 是 1∶10 万地形图图幅编号查对表，使用时根据当地的经度值找到对应的纵行，再根据其纬度值找到对应的横列，纵行与横列交叉的小梯形代码即为所求的 1∶10 万地形图图幅编号。例如某点的地理坐标为东经 113°09′08. 2″，北纬 27°54′50. 5″，则其 1∶10 万地形图图幅的编号为：G—49—11。

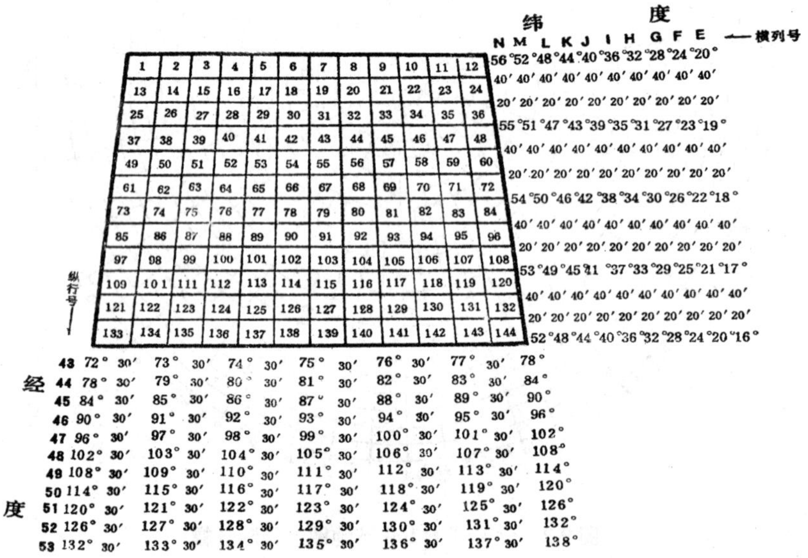

图 9-4　1∶10 万地形图图幅编号查对表

3. 计算

(1) 根据当地的经度 L、纬度 B，按式 9—2 求出其所在 1∶100 万图幅左上角的经纬度 B_0、L_0。

$$\left.\begin{aligned} B_0 &= \left[INT\left(\frac{B}{4°}\right)+1\right]\times 4° \\ L_0 &= \left[INT\left(\frac{L}{6°}\right)\times 6°\right] \end{aligned}\right\} \tag{9-2}$$

(2) 各种比例尺地形图的图幅编号按式 9—3 计算：

$$图幅编号 = INT\left(\frac{B_0 - B}{\Delta B}\right)\times W + INT\left(\frac{L-L_0}{\Delta L}\right)+1 \tag{9-3}$$

式中：ΔB、ΔL 为对应比例尺的纬差、经差，W——由一幅 1∶100 万图幅所划分的图幅数的平方根，其对应关系如表 9—1 所示。

例如，某点的地理坐标为东经 113°09′08. 2″，北纬 27°54′50. 5″，计算 1∶10 万地形图图幅号为：

$$图幅编号 = INT\left(\frac{28° - 27°54'50.5''}{20'}\right)\times 12 + INT\left(\frac{113°09'08.2'' - 108°}{30'}\right)+1$$

=0×12+10+1

=11

则图幅编号是：G—49—11。

表 9-1 1:100 万图幅与其他比例尺图幅数关系表

比例尺	1:100 万	1:50 万	1:25 万	1:10 万	1:5 万	1:2.5 万	1:1 万	1:5000
行列数	1×1	2×2	4×4	12×12	24×24	48×48	96×96	192×192
图幅数	1	4	16	144	576	2304	9216	36864
经差	6°	3°	1°30′	30′	15′	7′30″	3′45″	1′52.5″
纬差	4°	2°	1°	20′	10′	5′	2′30″	1′15″

依据以上分析可知：每幅1:50 万地形图包括4 幅1:25 万地形图、36 幅1:10 万地形图；每幅1:25 万地形图包括9 幅1:10 万地形图，但它们的图号间是没有直接联系的。

三、1:5 万、1:2.5 万、1:1 万地形图的分幅与编号

1:5 万和1:1 万地形图分幅是在1:10 万地形图的基础上延伸出来的，其图幅号是在1:10万地形图后加上各自的代号组成。

例如，某点的地理坐标为东经113°09′08.2″，北纬27°54′50.5″，其分幅编号如图9-5所示。

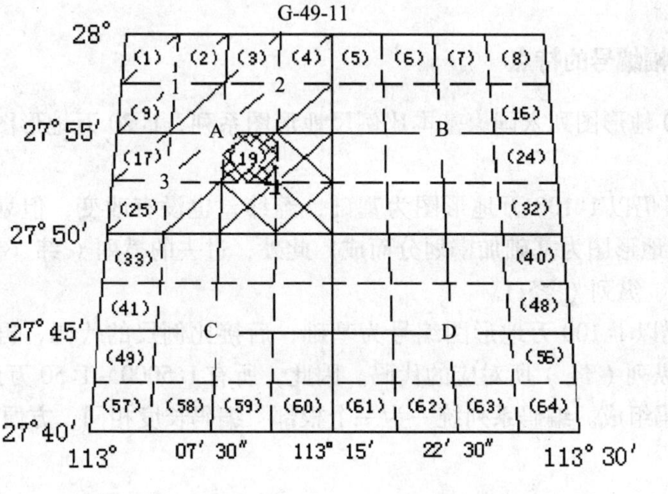

图9-5 1:5 万、1:2.5 万和1:1 万地形图分幅与编号

1. 1:5 万地形图编号：

由一幅1:10 万地形图按经差15′，纬差10′，分割为4 幅1:5 万地形图，其代号是在1:10 万的代号后分别连接A、B、C、D 表示，如G—49—11—A；

2. 1:2.5 万地形图编号：

由一幅1:5 万地形图按经差7′30″、纬差5′分为4 幅1:2.5 万地形图，分别用1、2、3、4 表示，1:2.5 万地形图的编号是在1:5 万地形图图幅编号后面用一短横线连接1、2、3、4，如G—49—11—A—4；

3. 1∶1 万地形图编号：

由一幅 1∶10 万地形图按经差 3′45″，纬差 2′30″，直接分成 8 行、8 列，共分 64 幅 1∶1 万地形图，其编号是在 1∶10 万地形图图幅编号后面用一短横线分别连接（1）、（2）、（3）、…、（64），如 G—49—11—(19)。

四、1∶5000 地形图的分幅与编号

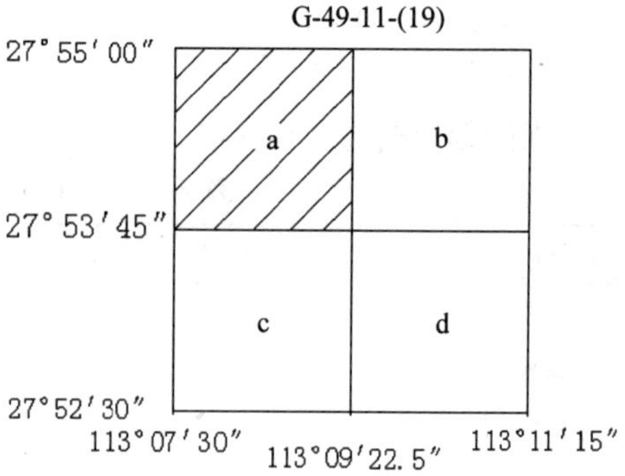

图 9-6　1∶5 千地形图分幅与编号

1∶5000 比例尺的地形图是在 1∶1 万地形图的基础上进行分幅编号。每幅 1∶1 万地形图是以经差 1′52.5″、纬差 1′15″分成四幅 1∶5000 地形图，其编号是在 1∶1 万地形图的编号后加上小写拉丁字母 a、b、c、d，如图 9-6 所示，为 G—49—11—(19)—a。

第二节　国家基本比例尺地形图新的分幅与编号方法

我国 1992 年 12 月发布了《国家基本比例尺地形图新的分幅与编号 GB/T13989—1992》新的国家标准，自 1993 年 3 月起实施。新测和更新的基本比例尺地形图，均必须按照此标准进行分幅和编号。

一、新的分幅编号的特点

（一）1∶5000 地形图列入国家基本比例尺地形图系列，1∶20 万地形图未列入国家基本比例尺地形图。

（二）分幅虽仍以 1∶100 万地形图为基础，经纬差也没有改变，但划分的方法不同，即全部以 1∶100 万地形图为基础加密划分而成；此外，过去的横列（纬）、纵行（经），现在改称横行（纬）、纵列（经）。

（三）编号仍以 1∶100 万地形图编号为基础，后接比例尺的代码，再接相应比例尺图幅的横行（纬）、纵列（经）所对应的代码。因此，所有 1∶5000～1∶50 万地形图的图号均由 5 个元素 10 位代码组成。编码系列统一为一个根部，编码长度相同，方便计算机处理和识别。

二、分幅

1∶100 万地形图的分幅按照国际 1∶100 万地形图分幅的标准进行，其他比例尺地形图以 1∶100 万地形图为基础分幅，1 幅 1∶100 万的地形图分成其他比例尺的地形图的图幅数关系如表 9-1 所示。

三、编号

1∶100 万地形图的编号，与国际分幅编号一致，只是行和列的称谓相反，1∶100 万地形图的图号是由该图所在的行号（字符码，A～V）和列号（数字码，1～60）组合而成，中间不再加连字符。如某点所在 1∶100 万地形图的图号为 G49。

1∶50 万—1∶5000 比例尺地形图的编号均由 5 个元素(5 节)10 位代码构成，即 1∶100 万地形图的行号（第一行字符码 1 位)，列号(第二节数字码 2 位)，比例尺代码(第三节字符码 1 位，对应比例尺代码分别为：B、C、D、E、F、G、H），该图幅的行号(第四节数字码 3 位，001～192)，列号(第五节数字码 3 位，001～192)，共 10 位(表 9-2)。

表 9-2　10 位代码的构成表

字符码 1 位	数字码 2 位	字符码 1 位	数字码 3 位	数字码 3 位
英文字符	2 位阿拉伯数字	英文字符	3 位阿拉伯数字	3 位阿拉伯数字
纬行代码	经列代码	比例尺代码	行代码	列代码

例如，某点的地理坐标为东经 113°09′08. 2″，北纬 27°54′50. 5″，则其 1∶50 万地形图图幅的编号为：G49B001002，如图 9-7 所示；1∶25 万地形图图幅的编号为：G49C001004(图 9-8)。

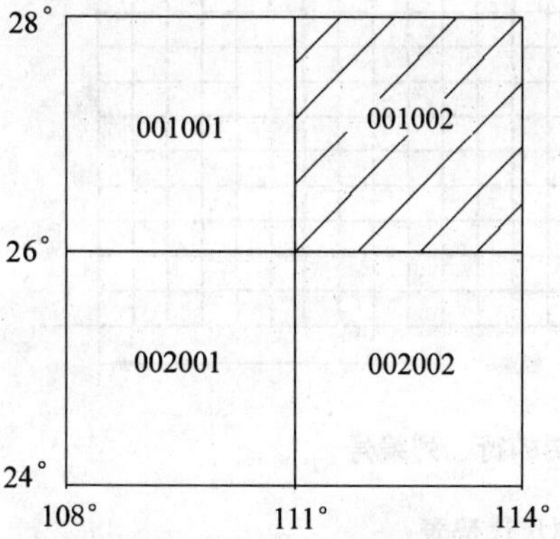

图 9-7　1∶50 万图幅编号

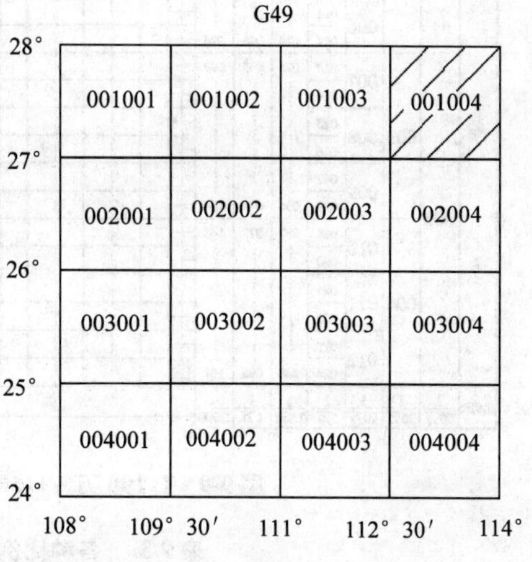

图 9-8　1∶25 万图幅编号

1∶100 万～1∶5000 地形图各种比例尺的行、列编号如图 9-9 所示。

四、图幅编号的计算

手工计算时，根据当地的经度 L、纬度 B，按下面的步骤进行计算：

(一)按式 9—4 式可计算出第一节字符码和第二节数字码(即所在 1∶100 万图幅的编号)。

$$\left.\begin{aligned}\text{行代码} &= INT\left(\frac{B}{4°}\right)+1\\ \text{列代码} &= INT\left(\frac{L}{6°}\right)+31\end{aligned}\right\}\qquad(9-4)$$

(二)按表 9-3 选择第三节比例尺的代码，并根据比例尺从表 9-1 中查得与比例尺相应图幅的纬差 ΔB 和经差 ΔL。

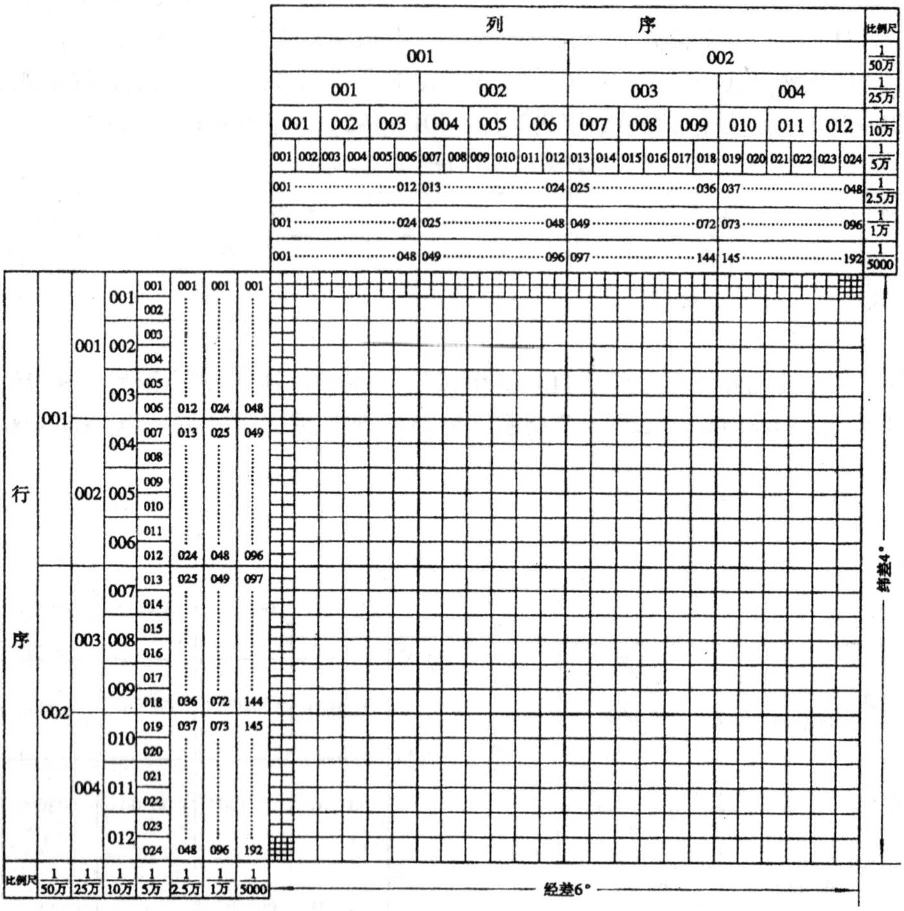

图 9-9　1:100 万～1:5000 地形图的行、列编号

表 9-3　各种比例尺的比例尺代码表

比例尺	1:50 万	1:25 万	1:10 万	1:5 万	1:2.5 万	1:1 万	1:5000
比例尺代码	B	C	D	E	F	G	H

(三)按式 9—5 计算与比例尺相应的第四节行代码，应有 3 位数，不足 3 位时向前补零到 3 位数。

$$c = \frac{4^\circ}{\Delta B} - INT\left[\left(\frac{B}{4^\circ}\right) \div \Delta B\right] \quad (9-5)$$

式中：C——所求比例尺地形图在 1:100 万地形图图号后的行号，(　　)——表示商取余
。

四、按式 9—6 计算与比例尺相应的第五节列代码，应有 3 位数，不足 3 位时向前补零到 3 位数。

$$d = INT\left[\left(\frac{L}{6^\circ}\right) \div \Delta L\right] + 1 \quad (9-6)$$

式中：d——所求比例尺地形图在 1:100 万图号后的列号，(　　)——表示商取余 。

例如，某点的地理坐标为东经113°09′08.2″，北纬27°54′50.5″，计算其1∶1万地形图图幅的编号：

$$c=\frac{4°}{\Delta B}-INT[(\frac{B}{4°})\div\Delta B]=\frac{4°}{2'30''}-INT[(\frac{27°54'50.5''}{4°})\div2'30'']=96-93=3$$

$$d=INT[(\frac{L}{6°})\div\Delta L]+1=INT[(\frac{113°09'08.2''}{6°})\div3'45'']+1=82+1=83$$

即1∶1万地形图图幅的编号为：G49G003083。其他比例尺地形图的编号仿照此计算方法便可求得。

第三节　地形图分幅编号的历史沿革

我国地形图的分幅编号经历了几个历史变更时期，目前各个历史时期的各种比例尺地形图仍在继续使用，下面简要介绍各个历史时期地形图的分幅编号方法，有助于相互比对。

从新中国成立初期至1967年生产的地形图中部分比例尺的代码使用俄文字母АБВГ或абвг；从1967年至1979年生产的地形图中部分比例尺的代码使用中文甲乙丙丁；从1979年至1992年生产的地形图中部分比例尺的代码使用拉丁字母ABCD或abcd；1993年以后采用国家基本比例尺地形图的分幅与编号方法。

例如，某点经度L=113°09′08.2″，纬度B=27°54′50.5″，其各期的分幅编号如表9—4所示。

表9-4　地形图分幅编号对照表

比例尺	类别	1967年以前	1967年~1979年	1979年~1993年3月	1993年3月后
1∶100万	代号	A、B、…、V	A、B、…、V	A、B、…、V	A、B、…、V
	例	G—49	G—49	G—49	G49
1∶50万	代号	АБВГ	甲乙丙丁	A B C D	
	例	G-49-Б	G-49-乙	G-49-B	G49B001002
1∶25万	代号			[1]—[16]	
	例			G-49-[1]	G49C001004
1∶10万	代号	1—144	1—144	1—144	
	例	G—49—11	G—49—11	G—49—11	G49D001011
1∶5万	代号	АБВГ	甲乙丙丁	A B C D	
	例	G—49—11—A	G—49—11—甲	G—49—11—A	G49E001021
1∶2.5万	代号	абвг	1 2 3 4	1 2 3 4	
	例	G-49-11-A-г	G—49—11—甲—4	G—49—11—A—4	G49F002042
1∶1万	代号	1 2 3 4	1 2 3 4	(1)—(64)	
	例	G-49-11-A-г-1	G-49-11-甲-4 -1	G—49—11—(19)	G49G003083
1∶5000	代号			a b c d	
	例			G-49-11-(19)-a	G49H005168

第四节　相邻图幅编号的关系

一、四邻图幅编号的关系(指在同一幅较小比例尺图幅内)

(一) 在 1∶100 万内 1∶10 万图幅四邻关系，如图 9-10 所示：

	G-49-11	
G-49-22	G-49-23	G-49-24
	G-49-35	

左邻图幅序号减 1；
右邻图幅序号加 1；
上邻图幅序号减 12；
下邻图幅序号加 12。

图 9-10

(二) 在 1∶10 万内 1∶1 万图幅四邻关系，如图 9-11 所示：

左邻图幅序号减 1；
右邻图幅序号加 1；
上邻图幅序号减 8；
下邻图幅序号加 8。

	G-49-23-(11)	
G-49-23-(18)	G-49-23-(19)	G-49- 23-(20)
	G-49-23-(27)	

图 9-11

二、边缘图幅编号的关系(指在同一比例尺图幅内)

(一)1∶100 万左右相邻 1∶10 万图幅的关系，如图 9-12 所示：
按右邻图幅编号求左邻图幅编号时：

G-48-12	G-49-1
G-48-24	G-49-13
G-48-36	G-49-25
G-48-48	G-49-37

1∶100 万图幅纵列号减 1；
1∶10 万图幅序号加 11。
按左邻图幅编号求右邻图幅编号时：
1∶100 万图幅纵列号加 1；
1∶10 万图幅序号减 11。

图 9-12

(二)1∶100 万上下相邻 1∶10 万图幅的关系，如图 9-13 所示：

按上邻图幅编号求下邻图幅编号时：
1∶100 万图幅横行号减 1；1∶10 万图幅序号

H-49-133	H-49-134	H-49-135
G-49-1	G-49-2	G-49-3

图 9-13

减132。

按下邻图幅编号求上邻图幅编号时：

1∶100万图幅横行号加1；1∶10万图幅序号加132。

第五节　矩形分幅法

一、矩形或正方形分幅方法

当测区范围较小，测图比例尺较大时，通常采用矩形或正方形分幅的方法。它是以直角坐标的整千米数或整百米数的坐标线来划分图幅，其中正方形分幅最常用。分幅一般是一分为四(图9-14)。一幅40cm×40cm的1∶5000地形图分成四幅50 cm×50 cm的1∶2000地形图，再将一幅1∶2000地形图分成四幅1∶1000地形图，以此类推；一幅1∶1000的地形图又可分成四幅1∶500的地形图，图中划斜线部分已明确表示出相应的分幅。因此，一幅1∶5000地形图分成4幅1∶2000地形图，16幅1∶1000地形图和64幅1∶500地形图。

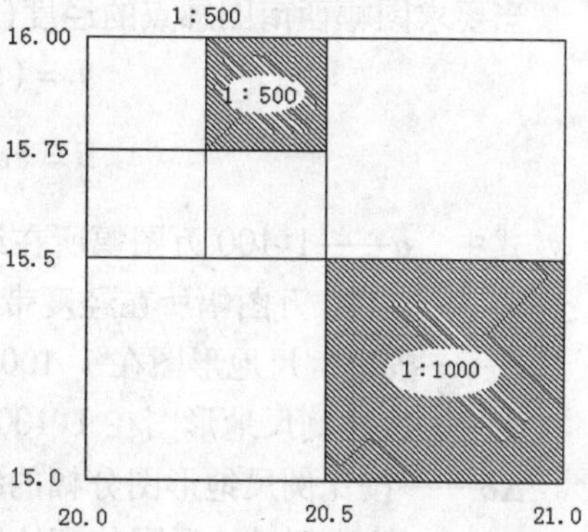

图9-14　矩形分幅法

二、矩形或正方形分幅图廓规格

各比例尺矩形及正方形分幅的图幅规格见表9-5所示。

矩形或正方形的图幅编号，一般采用该图幅西南角的坐标值来表示：如图9-14所示的1∶2000比例尺图幅，该西南角顶点坐标为X = 15.0 km，Y = 20.0km，所以其编号为15.0—20.0。编号时，1∶5000地形图，坐标取至1km；1∶2000、1∶1000地形图坐标取至0.1km；1∶500地形图坐标取至0.01km。

表9-5　矩形及正方形分幅的图幅规格表

比例尺	矩形分幅		正方形分幅		
	图幅大小（cm×cm）	实地面积（km^2）	图幅大小（cm×cm）	实地面积（km^2）	一幅1∶5000图所含幅数
1∶5000	50×40	5	40×40	4	1
1∶2000	50×40	0.8	50×50	1	4
1∶1000	50×40	0.2	50×50	0.25	16
1∶500	50×40	0.05	50×50	0.0625	64

某些测区根据用户要求，需测绘几种不同比例尺的地形图。为了方便测绘、管理、拼接、编绘、应用地形图，应以最小比例尺的正方形或矩形地形图为基础，进行分幅与编号。例如，测区内要分别测绘1∶500、1∶1000、1∶2000和1∶5000比例尺的地形图（可能不重合

），应以1∶5000比例尺的地形图为基础，进行分幅与编号。

第六节　图幅编号的应用

前面已经详细论述了根据某地的经、纬度求算各种比例尺图幅号的理论、原则和方法。反过来，也可根据图幅的统一划分和编号方法，求出该图幅的地理坐标。

一、求图幅西南图廓点的经、纬度

当要求图幅西南图廓点的经度(L)、纬度(B)时，按式9—7和式9—8进行计算。

$$L=(b-31)\times 6°+(d-1)\times \Delta L \tag{9-7}$$

$$B=(a-1)\times 4°+(\frac{4°}{\Delta B}-c)\times \Delta B \tag{9-8}$$

式中：a——1∶100万图幅所在纬度带的字符对应的数字码；

b——1∶100万图幅所在经度带的字符对应的数字码；

c——按比例尺地形图在1∶100万地形图编号后的行号；

d——按比例尺地形图在1∶100万地形图编号后的列号；

ΔB——按比例尺地形图分幅的纬差；

ΔL——按比例尺地形图分幅的经差。

例1：已知某图幅图号为G49B001002，求其图幅西南图廓点的经、纬度。

依：$a=7$，$b=49$，$c=001$，$d=002$，$\Delta B=2°$，$\Delta L=3°$

得：$L=(49-31)\times 6°+(2-1)\times 3°=111°$

$B=(7-1)\times 4°+\left(\frac{4°}{2°}-c\right)\times 2°=26°$

即该图幅西南图廓点的经、纬度分别为111°、26°。

例2：已知某图幅图号为G49D001011，求其图幅西南图廓点的经、纬度。

依：$a=7$，$b=49$，$c=001$，$d=011$，$\Delta B=20'$，$\Delta L=30'$

得：$L=(49-31)\times 6°+(11-1)\times 30'=113°00'$

$B=(7-1)\times 4°+\left(\frac{4°}{20'}-c\right)\times 20'=27°40'$

即该图幅西南图廓点的经、纬度分别为113°00′、27°40′。

二、不同比例尺地形图编号的换算

（一）由较小比例尺地形图编号计算为较大比例尺地形图编号

由小比例尺地形图编号中的行、列代码，计算为大比例尺地形图编号中的行、列代码时，只要计算最西北角和最东南角图幅编号中的行、列代码即可进行阵列。

最西北角图幅编号中的行、列代码按式9—9、式9—10计算：

$$c_{大}=\frac{\Delta B_{小}}{\Delta B_{大}}\times(c_{小}-1)+1 \tag{9-9}$$

$$d_{大}=\frac{\Delta B_{小}}{\Delta B_{大}}\times(d_{小}-1)+1 \tag{9-10}$$

最东南角图幅编号中的行、列代码按式 5—11、式 5—12 计算：

$$c_{大} = c_{小} \times \frac{\Delta B_{小}}{\Delta B_{大}} \tag{9-11}$$

$$d_{大} = d_{小} \times \frac{\Delta B_{小}}{\Delta B_{大}} \tag{9-12}$$

式中：$c_{大}$——较大比例尺地形图在 1∶100 万地形图编号后的行号；

$d_{大}$——较大比例尺地形图在 1∶100 万地形图编号后的列号；

$c_{小}$——较小比例尺地形图在 1∶100 万地形图编号后的行号；

$d_{小}$——较小比例尺地形图在 1∶100 万地形图编号后的列号；

$\Delta B_{大}$——大比例尺地形图分幅的纬差；

$\Delta B_{小}$——小比例尺地形图分幅的纬差。

例：1∶10 万地形图编号中的行、列代码为 001011，求所包含的 1∶1 万地形图编号的行、列代码。

由于：$c_{小} = 001$，$d_{小} = 011$，$\Delta B_{小} = 20'$，$\Delta B_{大} = 2'30''$

则：最西北角图幅编号的行、列代码：

$$c_{大} = \frac{20'}{2'30''} \times (1-1) + 1 = 0 + 1 = 001$$

$$d_{大} = \frac{20'}{2'30''} \times (11-1) + 1 = 80 + 1 = 081$$

最东南角图幅编号的行、列代码：

$$c_{大} = 1 \times \frac{20'}{2'30''} = 008$$

$$d_{大} = 11 \times \frac{20'}{2'30''} = 088$$

则所包含的 1∶1 万地形图编号的行、列代码为：

001081	001082	001083	001084	001085	001086	001087	001088
002081	002082	002083	002084	002085	002086	002087	002088
003081	003082	003083	003084	003085	003086	003087	003088
004081	004082	004083	004084	004085	004086	004087	004088
005081	005082	005083	005084	005085	005086	005087	005088
006081	006082	006083	006084	006085	006086	006087	006088
007081	007082	007083	007084	007085	007086	007087	007088
008081	008082	008083	008084	008085	008086	008087	008088

（二）由较大比例尺地形图编号计算为较小比例尺地形图编号

由大比例尺地形图编号中的行、列代码，计算为小比例尺地形图编号中的行、列代码时，按式 9—13、式 9—14 进行：

$$c_{小} = INT \frac{c_{大}}{\left(\frac{\Delta B_{小}}{\Delta B_{大}}\right)} + 1 \tag{9-13}$$

$$d_{小} = INT \frac{d_{大}}{(\frac{\Delta B_{小}}{\Delta B_{大}})} + 1 \tag{9-14}$$

式中：INT——表示商取整；

$c_{大}$——较大比例尺地形图在1∶100万地形图编号后的行号；

$d_{大}$——较大比例尺地形图在1∶100万地形图编号后的列号；

$c_{小}$——较小比例尺地形图在1∶100万地形图编号后的行号；

$d_{小}$——较小比例尺地形图在1∶100万地形图编号后的列号；

$\Delta B_{大}$——大比例尺地形图分幅的纬差；

$\Delta B_{小}$——小比例尺地形图分幅的纬差。

例：1∶1万地形图编号中的行、列代码分别为001083，求所包含的1∶10万地形图编号的行、列代码。

由于：$c_{大} = 001$，$d_{大} = 083$，$\Delta B_{小} = 20'$，$\Delta B_{大} = 2'30''$

则：$c_{小} = INT \frac{1}{\left(\frac{20'}{2'30''}\right)} + 1 = 001$

$d_{小} = INT \frac{83}{\left(\frac{20'}{2'30''}\right)} + 1 = 10 + 1 = 011$

因此，包含行、列代码为001083的1∶1万地形图的1∶10万地形图编号的行、列代码001011。

【本章参考书目】

1. 李星照. 地形图与3S技术[M]. 北京：中国林业出版，2008. 10

2. 王耀强. 测量学[M]. 北京：中国农业出版，2000. 11

【复习思考题】

1. 梯形分幅法为何又称为国际分幅法？

2. 已知某点的地理坐标为北纬31°28′31″、东经103°34′46″，请分别计算出国家基本比例尺地形图的各种图幅编号。

3. 已知某图幅图号为G49D023034，求其图幅西南图廓点的经、纬度。

第十章　地形图的阅读与量测

【本章提要】

地形图是国民经济建设和国防建设的重要图面资料，它信息丰富、逼真直观，是各项规划设计必备的基础资料，从某种程度上说，风景园林规划设计离开地形图(特别是线划地形图)将很难得以顺利完成。因此，如何正确阅读线划地形图，如何在地形图上进行一些基本地理要素的量测，对于风景园林规划设计者而言具有重要的意义。

本章主要介绍地形图上的图边要素、地物要素和地貌要素等含义及这些要素的阅读方法及注意事项，同时详细叙述了地形图上点的坐标、点的高程、两点间距离、直线方向、坡度以及图上面积等的多种量测方法，对 DLG、DOM 的特点及应用进行了介绍。

在第一章已介绍了地形图的定义，一般来说，标准地形图上的内容归纳起来大致可以分为以下三个层面：

数学要素(它包括地图投影、坐标网、比例尺、控制点等)，它是保证地图数学精确性的基础。

地理要素(即水系、地貌、土质、植被、居民地、交通线、境界线等各种自然和社会经济内容)，是地图最为主要的内容。

图边要素(即辅助要素，它包括图名、图号、图例、图廓、分度带、比例尺、坡度尺、成图时间和单位、有关资料说明等)，它有助于读图和用图，也是地图不可缺少的一部分。

第一节　地形图的阅读

一、图边要素的判读

图边要素即辅助要素。包括图名、图号、图例、图廓、接图表、经纬度、比例尺、三北方向图、坡度尺等。

(一)图名与图号

图名是指本图幅的名称，一般以本图幅内最著名的地名、居民地或者主要的单位名称命名，注记在图廓外上方中央，如图 10-1 中的“大王庄”。

图号，即图的分幅编号，一般注记在图名下方，如图 10-1 中的“3420. 0—521. 0”。

(二)图例

图例，即地图符号表及必要的说明，包括地图上用的全部符号。通过图例，可以了解地

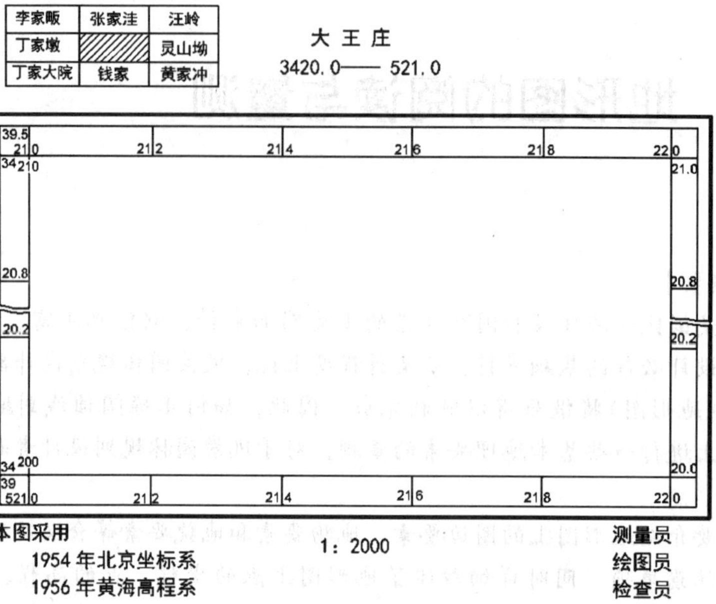

图 10-1　地形图图边要素

图上表示的各种地理要素的内涵。

图例通常位于图边（我国地形图的图例位于东图廓外）或图廓内的空白处。

（三）图廓

图廓是地形图的范围线。通常有内、外图廓之分。在地形图中，内图廓为经纬线，外图廓为本图幅制图主体内容的外界装饰线，通常以 0.5mm 的粗实线描绘。内外图廓一般相距 12mm（图 10-2）。

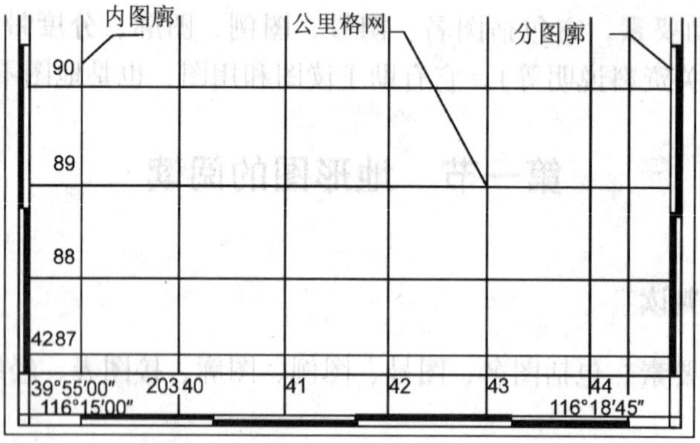

图 10-2　梯形分幅法中的内外图廓

（四）接图表

为了说明本图幅与相邻图幅之间的关系，同时也为了便于查找、使用相邻图幅，通常在图幅外北图廓的左上方给出与之相邻图幅间关系的图幅接图表，用于说明本图幅与相邻八个方向图幅位置的相邻关系，中间一格画有斜线的表示本图幅（图 10-1）。利用接图表可以方便地进行地形图的拼接。

(五)图廓外其他文字说明

在南图廓的左下方，还应该注有测图方法及日期、坐标系统、高程系统以及地形图图式版本等；

在南图廓的下方中央，注写有比例尺；

在南图廓的右下方，注有测量、绘图和检查人员签名；

在西图廓南侧，注明测绘单位名称(图 10-1)。

(六)比例尺

地形图上除注出数字比例尺(如 1：10000)外，中小比例尺图上还配置有图解比例尺(图 10-3)。图解比例尺是供地图上量测距离用的，它一般配置在地形图南图廓外或图廓内的空白处(小比例尺地图，通常与图例等配置在一起)。

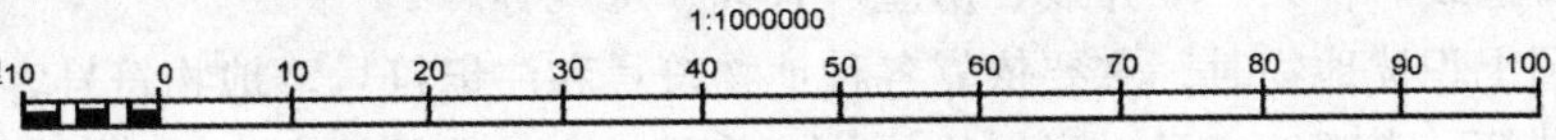

图 10-3 我国地形图上的图解比例尺及数字比例尺

(七)三北方向图

地形图上的方向包括：真北(地理北)、磁北、坐标北方向。

在中、小比例尺地形图上都附有“三北”方向图，说明“三北”方向的相互关系，利用三北方向图，可以对图上任一方向的真方位角、磁方位角和坐标北方位角进行换算。图 10-4 是某地形图上的三北方向图，一般配置在南图廓外。

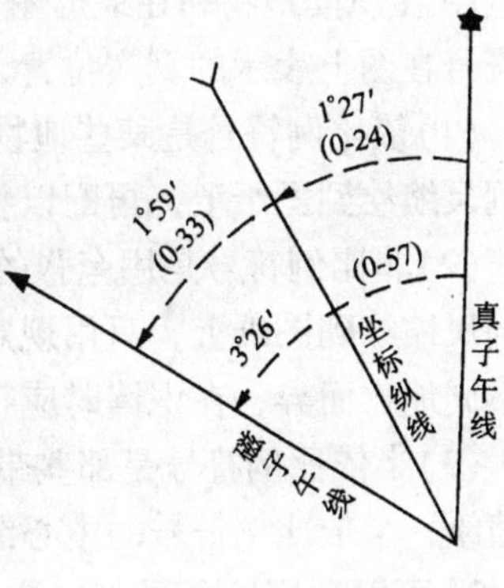

图 10-4 三北方向图

(八)坡度尺

为了便于在地形图上量测坡度，中、小比例尺地形图南图廓外还绘有图解坡度尺(图 10-5)。坡度尺水平底线下边有两行数字，上行是用角度表示的坡度，下行是对应的倾斜百分率表示的坡度。

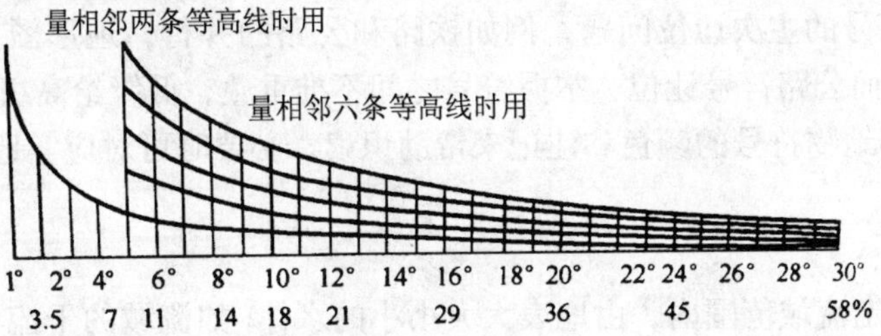

图 10-5 坡度尺

(九)公里格网

国家基本图上按照一定的整公里数绘出平行于直角坐标轴的纵横网线，这些线被称为方里网，也叫公里格网(表 10-1、图 10-2)。

表 10-1　千米格网间隔

地形图比例尺	千米格网图上间隔/cm	相应实地距离/km
1:10000	10	1
1:25000	4	1
1:50000	2	1
1:100000	2	2
1:250000	4	10

二、地物识读

地物可以分为自然地物和人工地物(社会经济要素)。前者如河流、湖泊、池塘、植被等；后者如交通线、桥梁、境界线、房屋、管线、水渠等。

在地形图上识读地物时，主要依靠各种地物符号和注记符号。地物符号客观地反映出了地物的外形特征，直观地表示出了地物的分布情况。这些符号的大小、颜色、意义在国家测绘总局颁布的“地形图图式”中都有具体的规定，在识图和用图时，对照地形图上注明的相应图式版本便可识读清楚。

在识读时需要注意以下几点：

1. 在识读地物和在地形图上量测地物间的距离、地物本身的面积时，必须知道各种地物符号在图上表示的真实位置，这样才能对地形进行正确的识读和应用。

(1)依比例符号是某些地物的轮廓较大，如房屋、运动场、湖泊等，其形状和大小可按比例尺缩绘到图纸上，再配以特定的符号说明，其位置识读比较简单；

(2)非比例符号是用夸张的手法将地物表示在图上的，这些地物无法将其形状和大小按比例尺缩绘到图纸上，只用规定的符号表示。符号的中心位置与实际地物中心位置的关系也随不同地物而异，在识读时应特别注意；

(3)半依比例符号是那些带状延伸的地物，其长度可按比例尺缩绘，而宽度无法按比例尺缩绘，半依比例符号的中心线即是地物的中心线。

2. 可以利用地形图上的注记和地物之间及地物与地貌之间的相对逻辑关系进行识读，如有桥跨越的双线是河流。

3. 注意地物符号的主次让位问题，例如铁路和公路的并行，地形图上是以铁路中心位置绘制铁路符号，而公路符号让位，掌握符号之间不准重叠，低级给高级让位的原则。

4. 还可以利用地物符号的颜色和注记来帮助识读，必要时可对应实地进行识读。

(一)自然地物

1. 水系要素

水系是指在一定流域范围内，由地表大大小小的水体(如流域的干流、若干级支流及流域内的湖泊、水库、池塘、井泉)构成的脉络相通的系统，有时亦称河网或河系。

水系不但在地理环境中起着重要的作用，而且在人类社会经济生活中的作用更为明显，同时它在空中、地面判定方位时还可以作为一个重要的参照目标，它是地图内容的重要控制骨架。因此，在地图阅读中，水系识读是一项非常重要的内容。

在大比例尺地形图上阅读水系的主要对象是陆地水系，如河流、湖泊、水库、池塘等，其中河流最为重要，主要识读河流的性质、流向、河宽、河深、流速、跌水、瀑布、沙洲、浅滩、牛轭湖等内容。在比例尺比较小、包括区域方位比较大的地图上，可以阅读分析河系分布状况及干支流从属关系；河系的类型如辐射状、树枝状、扇状、网状等及与地形结构的关系；河网的分布密度等。

2. 植被要素

普通地图上的植被是指地表植物覆盖的总称，包括人工植被和天然植被两大类。天然植被主要包括森林、幼林、疏林、灌木林、竹林、草本植物等；人工植被包括经济作物地、果园、菜地和稻田，以及有方位意义的旱田等。

3. 土质要素

普通地图上表示的土质是指地表覆盖层的性质，如山区的裸岩、冰川，平原区的沙地、盐碱地、沼泽等。根据通行情况和植被生长情况，分为以下几类：

沼泽——指地表过于潮湿，生长喜湿或喜水植物或有泥炭堆积的洼地，在图上用沼泽符号表示的地段。

沙地——指地面完全为厚薄不一的沙层说覆盖，缺乏流水，气候干旱，植被稀少的地段。它还可以分为一般沙地、沙砾地、戈壁滩、石块地等。以上这些不同覆盖类型，都有相应符号表示。

盐碱地——指地势低洼、蒸发强烈、地表盐分过分聚集、草木极少或无植被生长的地段。

小草丘地——指沼泽、草原和荒漠地区长有草类或灌木的小丘成群分布的状况。

残丘地——指由风蚀或其它原因形成的石质或土质小丘。

(二)人工地物(社会经济要素)

社会经济要素也是地形图上重要内容之一，社会经济要素一般包含：居民地、交通网、境界线、重要管线（如通讯线、高压电线、输油管线）等等。

1. 居民地

要了解居民地的位置、名称、类型（城乡）、行政级别和人口数量，以及分布密度的差异情况。居民地情况及分布特点对地区的自然条件、经济、社会、政治和文化发展程度有密切的关系。

2. 交通网

道路网在地形图上分成铁路、高速公路、国道、省道、等级公路、普通公路、主要土路、乡村路和人行小路、立交桥、附属设施等等。要了解各类交通线的分布与密度，交通线与居民地的联系以及与地形的关系。交通线的等级、密度也是地区经济文化发展现状和水平的标志之一。

3. 境界线

境界线有两类，一是国家内部各行政区域的划分；二是国境线、境界线。了解各行政区的范围以及国防的边界，最重要的是国界。各级行政界线一般分为三级：省、市、县（自治区、自治州、自治县），均以相应的境界符号表示在地形图上，符号两边各注以相应的名称，如四川省、湖北省等。阅读境界线的目的在于明确各级行政区包括的范围、相互位置及面积对比，注意各级境界线的表示方法。

4. 重要管线

各种线路或重要经济管道，在地形图上均有相应符号表示。通过了解地形图上的输电线、通信线等管线的布设，使读图者能很快地了解到该地居民的照明、通信、能源、供给等情况。

在阅读过程中，有些情况在图上能迅速了解到，如城镇、水库、电站、工厂等的分布等。但由于图上不可能反映详尽，有些情况在图上较难读出，如人口数量、生活水平、人的职业、道路现状等。因此，在阅读地形图时，一定要把握相关要素的相互联系，从宏观到微观，进行认真分析，或根据要求，就某些方面，重点阅读地形图的某些内容，这样就可以找出规律性的东西，甚至根据你的想象力，还能挖掘出地形图的潜在功能。

三、地貌识读

在国家基本比例尺地形图上是用等高线表示地貌的，地貌识读就是根据图内等高线判明实地的地势形态，根据等高线的特性和各种典型地貌的等高线形态，找出地貌的规律。

在进行地貌识读时，首先在图上找出地性线。地性线主要是指山脊线、山谷线、山脚线、坡度变换线。从山脊线就可以看出山脉连绵，由山谷线便可找出水系分布；由山峰、鞍部、洼地和特殊地貌，就可以看出地貌变化。要想从曲折致密、看似纷乱的等高线中识读整个地貌形态，一般先分析它的水系，就是在图上根据河流的位置找出最大的集水线，称一级集水线；在一级集水线的两侧可以找出二级集水线，同样也可以找出三级集水线……。不同等级的集水线便形成了树枝状相互联系的水系网络。俗话说“无脊不成谷”，在两条集水线之间肯定有明显或不明显的山脊线，这些如树枝状的山脊线网脉必定在山头汇集，故山头是山脊线的发源点。两山头之间沿山脊线走向最低点叫做鞍部，鞍部是山谷线的源头。山脊线与集水线相互对应，互不相交。根据这些地性线便构成了地貌的骨架，再与各种地貌形态联系起来，例如通过等高线疏密程度及图形特征能确定大的地貌类型——山地、平原、丘陵等的分布。如山地等高线数量多而且密集；丘陵等高线间距较大，且多呈闭合图形；平原等高线平直、稀疏；盆地等高线多呈闭合图形，外面高，中间低。同时仔细研究山脊和山谷的形态特征，山坡的坡形和坡度等。最后分析地形起伏的特征及分布规律。这样对实地地貌就有了一个比较完整的了解，而不致被复杂的等高线图所迷惑。

其次，要熟练地识读地形图，除应懂得图上各地物符号和地貌符号的含义外，还应注意读图的顺序，一般是先了解图幅内整体概况，即先判明图内地势形态的基本类型，如图内主要山脉的走向，主要河流、水系的分布、流向，居民点的分布及主要交通情况等。在此基础上，再根据用图的要求，对局部内容作详细观察、分析，弄清地物之间的位置关系及与其有关的地势变化。必要时，还可在图上量测一些数据，使读图更加具体、详细。另外，在进行地形图识读时，不能将地物和地貌的识读完全分开，不能将不同地物孤立识读，不能将各个山丘分开来看，即要有整体识读的概念。应将图内所有识读到的信息综合起来，根据地物、地貌识读的结果进行社会经济要素的识读，因为好多社会经济要素是隐含在地物和地貌符号以及注记中的。如根据地形图上居民点的大小及分布情况、居民点间交通情况、管线分布情况、地面坡度情况等可判断该地区的经济情况。

再次，要熟练地识读地形图，还必须懂得地形图的综合取舍问题。地形图上表示的地物地貌是经过综合取舍的，地形图综合取舍的主要依据是：比例尺、图的用途、测区的地理特点。

四、识读实例

图 10-6 是某地区一幅 1: 2000 地形图的西南角部分，通过阅读，我们可以获得以下信息：高家庄位于图的东南部，庄北有清水河，由西北向东南流，近于正北中部斜穿东图边中部。对岸东图边的农机厂内，有高大的烟囱，沿河铁路在厂南通过，沿路低压线从中接人高家庄，再接通河南面沿河低压线。铁路之上有公路，至厂前转向南行，穿过铁路下堤后平行而去；公路两旁均有行道树。铁路堤下与河岸线之间，上游为旱地，下游是菜地。公路中部的路堑山坡上，有测量 7 号埋石图根点。

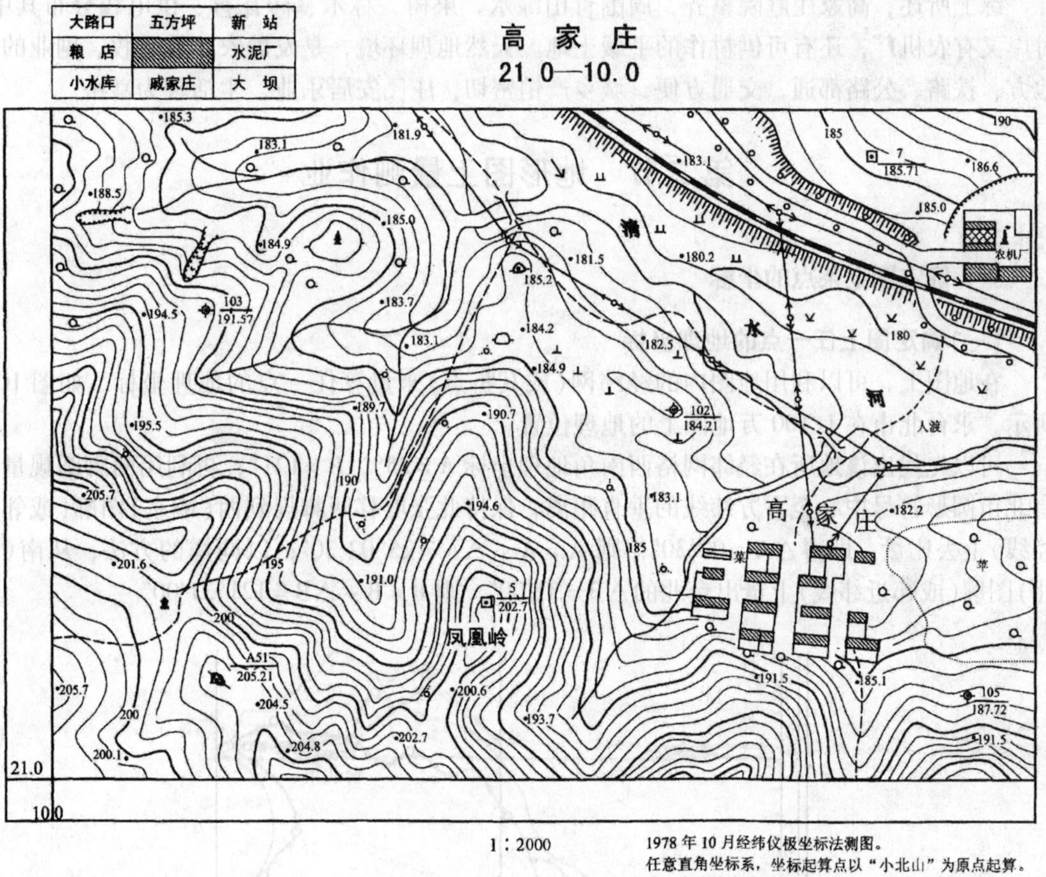

图 10-6 地形图识读例图

厂和庄的小路及人渡过庄后南行后山，庄西小溪在菜窖旁转向庄前流入清水河，溪上有拱桥通接沿河小路。西图边的山脊伸向古塔堡，两面各地的小溪汇合于堡下流人清水河，其上有石桥继续沿河通行。石桥向河下流附近有分路口，南行沿溪而上，再转向西上至鞍部分路，一条西行，另一条南行。鞍部北面有土地庙，南面山堡上有 A51 三角点，凤凰岭上有 5 号埋石点，其余庄前、庄后和古塔山脊的坡地上有 102、105、103 三个图根点。102 点南有砖瓦窑，西有坟地。高家庄周围有护庄树，庄东为苹果园；凤凰岭周围有灌木林，古塔堡周围有疏林。

从地势上看，本图西南部山岭较高，最高处在南图廓边上，可从等高线查出207m高程；清水河最低处高程不到180m。由此可见，图中最大高差不超过28m。山岭走向约与清水河平行，岭中有比较明显的鞍部，南面凤凰岭山脊向北延伸，四面山脊向东北延伸至古塔堡下，其中都有不明显的鞍部，其余还有不明显的山脊。故清水河南面地形变化较大，形成三条较大山谷，谷中均有小溪，古塔堡西北的小溪，源头上有两处冲沟。山岭、山脊坡度较陡，溪河附近较缓，高家庄坐落在较大的平缓地带。根据等高线平距d和等高距h的关系，计算出地面坡度在5°~25°，属浅丘地貌。河北面山坡无明显变化，东北角最高高程不到181m，最大高差不超过11m，地面坡度均匀，一般约在5°~8°。

综上所述，高家庄庭院整齐，周围青山绿水，果树、林木、砖瓦窖、供电线分布其中，对岸又有农机厂，还有可供耕作的平缓土地。天然地理环境，是发展农、林、牧、副业的好地方，铁路、公路都通，交通方便，城乡产销密切，庄民安居乐业，生活较为富裕。

第二节　地形图上量测作业

一、确定图上某点的坐标

(一)确定图上任一点的地理坐标

在地图上，可以利用地图内的经纬网(或其折点)来量算任一点的地理坐标。如图10-7所示，求台北市在1∶100万地图上的地理位置。

可以先找出该地所在经纬网格西南角地理坐标A=25°，B=121°；再利用两脚圆规量取台北市圆形符号中心至下方纬线的垂直距离，保持此张度移两脚规到西(或东)图廓(或邻近经线)上去比量，即得△A=02′30″，则A=A+△A=25°02′30″；以同样的方法，从南(或北)图廓(或邻近纬线)上量出台北的△B=31′00″，则B=B+△B=121°31′00″。

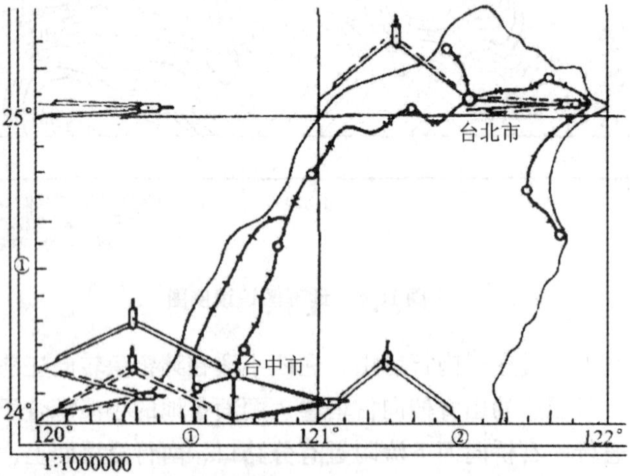

图10-7　中小比例尺地形图上地理坐标量算

(二)确定图上任一点的平面直角坐标

欲确定地形图上任一点的平面直角坐标，可以根据千米格网用图解法求得。如图 10-8 所示，欲求图上 A 点的平面坐标，首先画出 A 点所在的小方格，并用直线连接成小正方形 abcd，其西南角的 a 点坐标为 x_a，y_a，再量取 ag 长度和 ae 的长度，即可获得 A 点的坐标：

$$\left.\begin{aligned} x_A &= x_a + ag \cdot M \\ y_A &= y_a + ae \cdot M \end{aligned}\right\} \qquad (10-1)$$

有时候由于图纸受到温度影响而产生伸缩变形，会影响坐标量算的精确度，故可以用以下方法进行校核，量取 ab 和 ad 的长度，按(10-2)式计算 A 点的坐标：

$$\left.\begin{aligned} x_A &= x_a + \frac{10}{ab} \cdot ag \cdot M \\ y_A &= y_a + \frac{10}{ad} \cdot ae \cdot M \end{aligned}\right\} \qquad (10-2)$$

式中 ag、ae、ab、ad——图上长度，量至 0.1mm；M——比例尺分母。

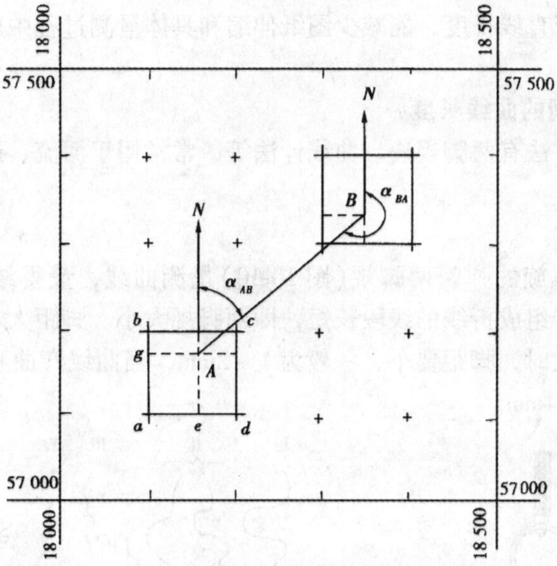

图 10-8 确定图上某点的平面直角坐标

二、求图上某点的高程

在地形图上求任一点的高程，可以通过内插法来完成计算。如图 10-9 所示，所求 P 点恰好在某一条等高线上，则该点高程即为此等高线的高程。如果所求点位于两条等高线之间，如图中的 k 点，这时可以过 k 作一条大致垂直于两相邻等高线的垂线 mn，从图上量取平距 mn = d，mk = d_1。则 k 的高程

$$H_k = H_m + \frac{d_1}{d} \cdot h \qquad (10-3)$$

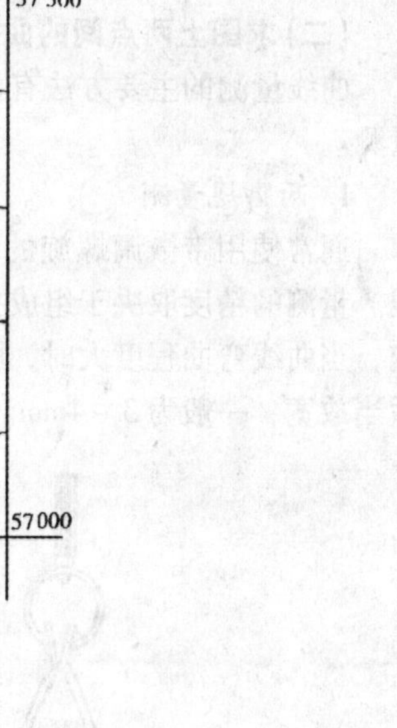

图 10-9 确定地面点高程

式中 H_m 为 m 点的高程，h 为等高距。

三、求图上两点间的距离

(一)求图上两点间的直线距离

直线长度量测可以通过以下两种方法完成：

1. 图解法

即用两脚规量比直线长度。用两脚规在图上截取两点之间的距离，然后移至地形图图幅下方的直线比例尺上量比，使分规的一脚对准尺身上的一个大分划，另一脚对准尺头上的小分划，即可读出两点间的距离或相应地物的直线长度。

2. 解析法

即依两点坐标值计算直线长度。如图 10-8 所示，先按式(10-2)求出 A、B 两点的坐标值(x_A、y_A)和(x_B、y_B)，然后按下式计算：

$$D_{AB}=\sqrt{(x_B-x_A)^2+(y_B-y_A)^2} \tag{10-4}$$

用两点坐标值计算直线长度，能减少图纸伸缩和具体量测过程中所造成的误差，可以得到精确的长度数据。

(二)求图上两点间的曲线长度

曲线量测的主要方法有两脚规法、曲线计法等，常常用于河流、道路、海岸线等长度的量测。

1. 两脚规量测

通常使用带微调螺旋的弹簧两脚规(图 10-10)量测曲线，量得结果是近似于曲线的折线。量测的精度取决于组成折线的线段长短，即两脚规大小。脚距大小依据曲线弯曲程度而定，当曲线弯曲程度大时，脚距要小，一般为 1～2mm，当曲线弯曲程度小时，则脚距可以适当放宽，一般为 3～4mm。

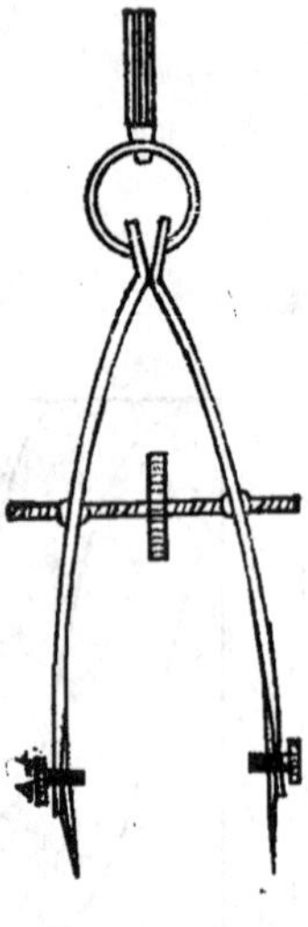

图 10-10　弹簧两脚规

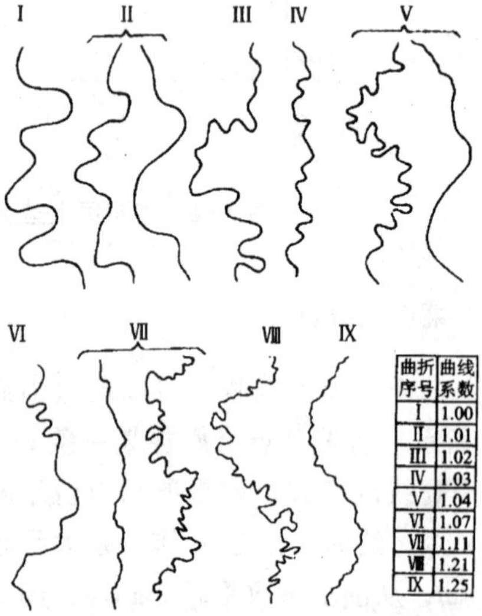

曲折序号	曲线系数
I	1.00
II	1.01
III	1.02
IV	1.03
V	1.04
VI	1.07
VII	1.11
VIII	1.21
IX	1.25

图 10-11　曲线类型与曲线系数标准

具体操作为，沿着某一曲线往返测量，取两脚规两次截取次数的平均值，按下式计算长度：

$$D = N_p \cdot d \cdot M \tag{10-5}$$

式中，D 为曲线长；N_p 为往返量测次数的平均值；d 为两脚规脚距；M 为比例尺分母。

用该法量取的曲线长，一般会小于实际长度。为减少误差，可以将量算结果乘以曲线弯曲系数 k 进行修正，即 $D = N_p \cdot d \cdot M \cdot k$。确定 k 的方法是将量测曲线与标准曲线类型（图 10-11）对照，选用其中一种；亦可将曲线分为几段分别量测，选用不同的弯曲系数。

2. 曲线计量测

曲线计是量测曲线长度的简便仪器，它由测轮、字盘和指针组成。字盘上注记有不同比例尺的分划值，每一分划相当于一千米（图 10-12）。测量时，先转动测轮使指针归零，并对准欲量测的曲线端点，然后使曲线计沿曲线垂直于图面滚动，直到终点，指针所指的实际数据即为曲线长度。为准确起见，一般应往返测量几次，然后取平均值。

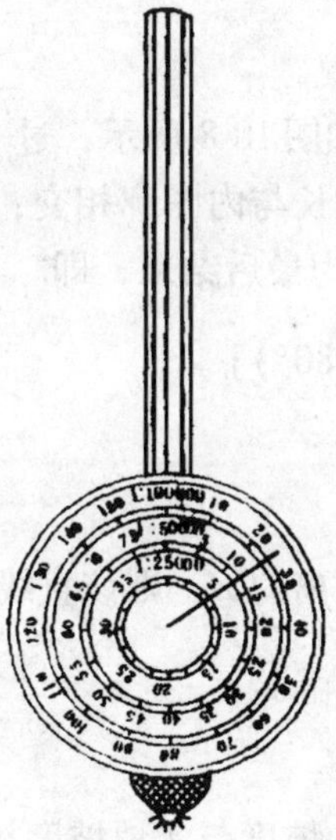

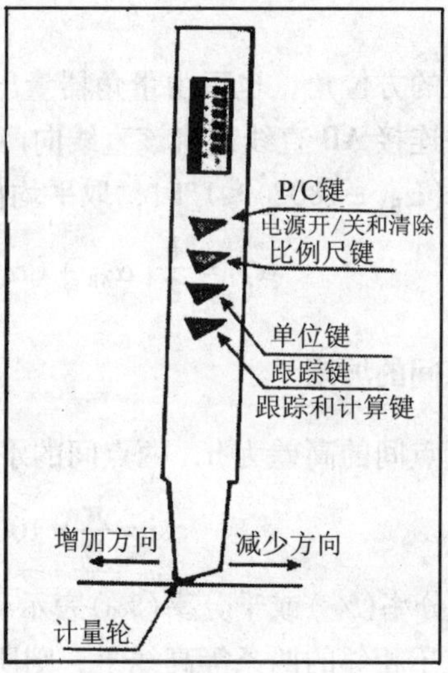

图 10-12 曲线计

四、求图上直线的方向

（一）解析法

地形图上某线段的方位角，是指从指北方向线开始，顺时针量至某一线段的夹角。可由线段端点的直角坐标算出。如图 10-13 所示，按以下步骤量算：

首先，应用本节直角坐标量算的方法求出线段两端点 A、B 的直角坐标值（x_A、y_A）和（x_B、y_B）。然后根据线段两端点的坐标计算其方位角和边长。反算坐标方位角 α_{AB} 的公式为：

$$\tan\alpha_{AB} = \frac{y_B - y_A}{x_B - x_A} = \frac{\Delta y_{AB}}{\Delta x_{AB}} \tag{10-6}$$

则
$$\alpha_{AB} = arctan\frac{y_B - y_A}{x_B - x_A} = arctan\frac{\Delta y_{AB}}{\Delta x_{AB}} \tag{10-7}$$

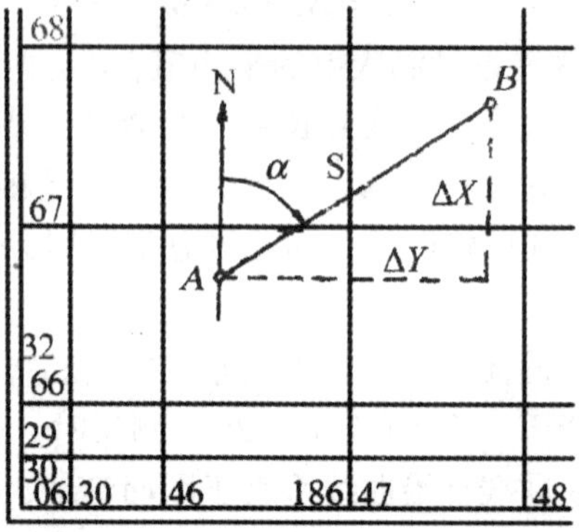

图 10-13 由直角坐标计算方位角

(二)图解法

地形图上某线段的方位角，也可由量角器量出。如图10-8所示，过A、B两点分别作坐标纵轴的平行线，并连接AB直线或将该直线向两端延长与内图廓相交；然后用量角器量出α_{AB}和α_{BA}，当$\alpha_{AB}+(\alpha_{BA}\pm180°)\leqslant1°$时，取平均值作为最后结果，即

$$\alpha_{AB}=\frac{1}{2}[\alpha_{AB}+(\alpha_{BA}\pm180°)] \tag{10-8}$$

五、求图上两点间的坡度

设图上直线两端点间的高差为h，两点间的水平距离为D，则该直线上地面的坡度为

$$i=\frac{h}{D}\times100\% \tag{10-9}$$

坡度i通常用百分率(%)或千分率(‰)表示。

如果直线两端位于相邻的两条等高线上，则所求的坡度与实地坡度相符。如果直线跨越多条等高线，且相邻等高线之间的平距不等时，则所求的坡度是两点间的平均坡度。

如果地形图上附有“坡度尺”，则也可用坡度尺进行量测，根据相邻两点间的平距，求得相应的地面坡度。

第三节 地形图上量算面积

在规划设计中，常常需要在地形图上量取一定轮廓范围内图形的面积，如场地平整时的填挖面积，某一场所、某一单位的占地面积等等。

在图上量算面积的方法很多，根据数据资料的来源及使用仪器，大致可以分为图解法和解析法两大类。图解法是根据已有的地形图，采用不同的量测工具，在图纸上求得面积值。图解法量算面积的方法主要有几何图形法、方格法、方里网法、平行线法(又称梯形法)、求积仪法、权重法、电子计算机法和光电扫描仪等。解析法是根据实地测量的坐标数据，通过计算公式求得面积值。

一、图解法

(一)几何图形法

当需要量算面积的区域有一个或多个几何图形(如三角形、梯形、圆形、矩形等)组成时，可分别从图上量取各几何图形的几何要素，如角度、边长等，按数学中的几何公式求得相应的图形面积，再将图上面积转换成实地面积，即

$$P_{实} = P_{图} \cdot M^2 \qquad (10-10)$$

式中：M——地形图比例尺分母。

(二)透明方格法

如图 10-14 所示，在透明模片上绘制边长为 1mm 或 2mm 的正方形网格，然后将之覆盖在待测的地形图上。首先读出图形内的整方格数，对于不完整的方格采取估算凑成完整的方格数，最后累加出图形轮廓线内的总方格数。用总方格数乘以每一方格代表的实地面积，即得欲测图形的总面积，即

$$P_{总} = n \cdot P_{方格} \cdot M^2 \qquad (10-11)$$

式中：n—方格总数；P 方格—小方格的面积；M—地形图比例尺分母。

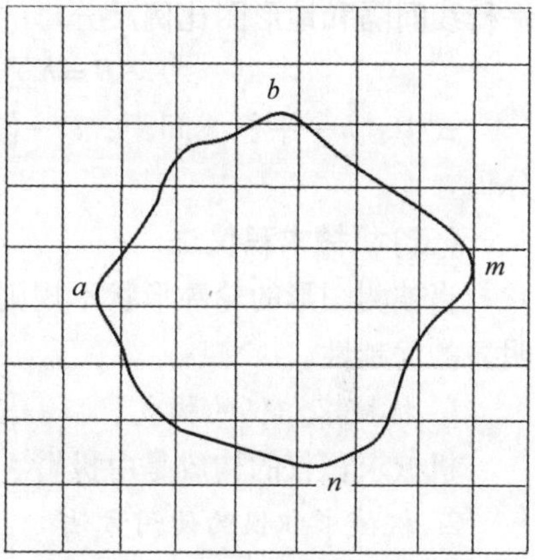

图 10-14　透明方格法量算面积

(三)网点法

如图 10-15 所示，在透明聚脂模片上印出行列等距的点子阵，通常两点间距为 1 ~ 2mm。然后将模片蒙在欲测图形上，读取图形轮廓上的网点数 L，再读取图形内部网点数 N，则可用以下公式计算图形面积 P。

$$P = \left[N + \frac{L}{2}\right] M^2 d^2 \qquad (10-12)$$

式中：M——地形图比例尺分母；d——为网点间距。

例题：在图 10-15 中，位于图形内的网点数为 41，位于图形边界上的共 10 点，网点间距为 4mm，测图的比例尺为 1：25000，试求所测图形面积。

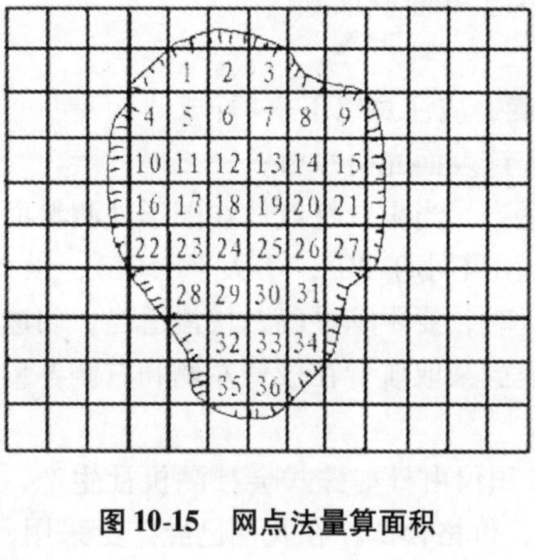

图 10-15　网点法量算面积

$$P=\left[N+\frac{L}{2}\right]M^2d^2=(41+10/2)\times25000^2\times4^2=4.5\times10^{10}(mm^2)=4.5\times10^4(m^2)$$

为了提高量测面积的精度，应任意移动网点板，对同一图形需测 2～3 次，并取各次点数的平均值作为最后结果。

（四）平行线法

平行线法又称为梯形法。将绘有一组间隔相等的平行线透明模片蒙在要测的地形图上，使图形的南北端位于二平行线中间（图 10-16），然后量取图形所截的各段平行线长度总和，再乘以平行线间隔和地形图比例尺分母的平方，即得图形实地面积。

$$P=h\sum l_iM^2 \qquad (10-13)$$

式中：h—平行线间距；l_i—各段平行线长；M—地图比例尺分母。

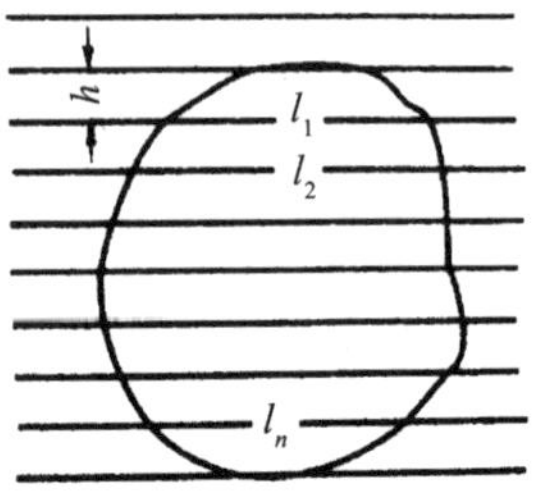

图 10-16　平行线法量算面积

（五）机械求积仪法

当被测图形的轮廓形状不规则时，使用求积仪求面积，具有明显的优越性。

1. 机械求积仪的构成

机械求积仪的构成是由极臂、航臂和计数机件三部分组成（图 10-17）。

2. 机械求积仪的使用方法

其中计数机件由测轮、游标和计数盘所组成（图 10-18）。当航针移动时，与图面平行的测轮随着移动。测轮转动一周，计数盘转动一格。读数盘从 0～9 共分 10 格。测轮分为 10 等分，每一等分又分成 10 小格，测轮盘附有游标，可以直接读出测轮上 1 小格的 1/10。

使用求积仪时，通常是将极点放在图廓外，先根据欲量测图形的形状大小定好航臂长和极点位置，再将航针对准欲量测图形轮廓线上的某一点并作出记号，读取始读数 n_1，然后使航针以均匀速度沿图形轮廓线绕行一周回到起点，读出终了读数 n_2，则测量图形的面积为：

$$P=C\times(n_2-n_1) \qquad (10-14)$$

式中 C 为单位分划值，对一定臂长而言，它是一常数。

3. 机械求积仪 C 值的求法

单位分划值 C，根据已知面积的图形，依式（10-14）进行量算反向求得，如利用地图上的方里网所包含的正方形作为已知面积求 C。

4. 注意事项

为了使测量结果比较准确，应注意以下事项：

（1）求积仪安放的桌面应该表面光滑平整；

（2）极点的安放位置要适当。当采取极点放在图形外测量面积时，极点安放必须保证航臂与极臂夹角不能过大或过小（不小于 30°，不大于 150°），以 90°最为理想；

（3）航针沿图形边缘绕行时，要跟踪准确，快慢适当，匀速前进；

（4）每块面积的测量，至少采取航臂在极臂左侧和右侧各量测一次，取两次的平均值。

（六）电子求积仪

KP－90 型脉冲式数字求积仪由日本株式会社测机社生产，采用新型大规模集成电路和六位脉冲计数器，使用方便，价格较低，在我国已经广泛采用，如图 10-19 为该型号求积仪示意图。该仪器的测量方法如下：

1. 准备工作。将图纸固定在平整的图板上，安置求积仪时应将描迹镜大致放在图形的中间位置，并使描迹臂与滚轴成90°(见图10-20)

2. 打开电源。按下 ON 键，显示“0”。

3. 设定面积单位。按 UNIT－1 键设定单位系统(公制、英制、日制)，按 UNIT－2 键设定同一单位系统内的不同单位。

4. 设定比例尺。如图纸的比例为 1∶500，则按“500”，再按 SCALE 键，最后按 R－S 键，显示比例尺分母的平方“250 000”，以确认图的比例尺已安装好。

5. 简单测量。将描迹镜标志对准起点，按下 START 键，蜂鸣器发出响声，显示屏幕为“0”，然后将描迹镜的中心准确地沿着图形轮廓线顺时针方向移动，最后回到起点。此时屏幕上显示为脉冲数，按 AVER 键，显示图形面积值和单位。

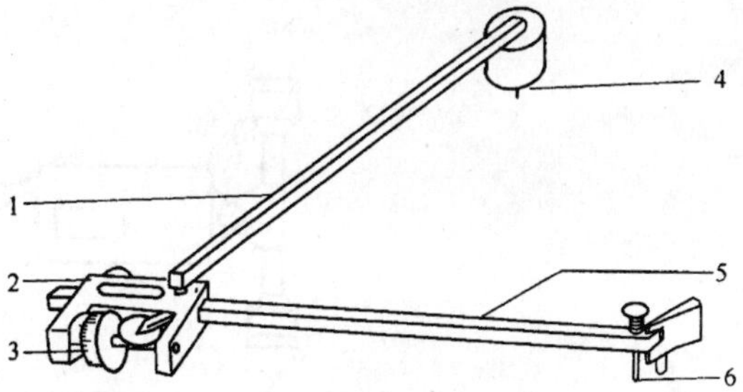

图 10-17　机械求积仪的结构

1—极臂　2—框架　3—测轮　4—极点　5—描迹臂　6—描迹针

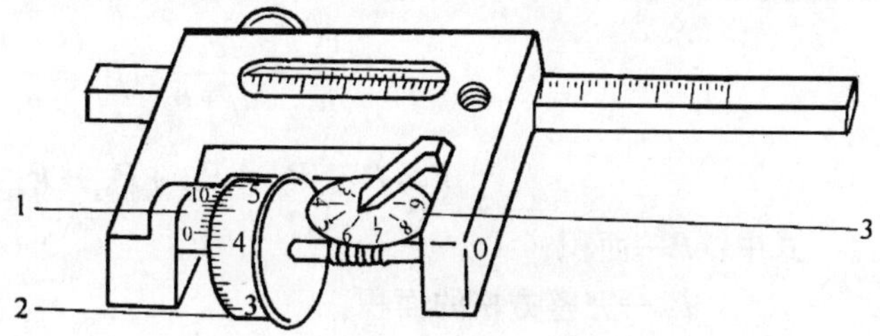

图 10-18 机械求积仪的读数设备

1—游标　2—测轮　3—计数盘

6. 累加测量。利用 HOLD 键可以把大面积图形分割成多个小面积图形进行累加测量。

7. 平均测量。利用 MEMO 键及 AVER 键，能方便地求得平均值。

8. 单位换算。当面积测量结束时，按 AVER 键后显示面积，若改变面积单位，则按 UNIT－1 和 UNIT－2 键，显示所需要的单位，再按 AVER 键，显示单位改变后的面积值。

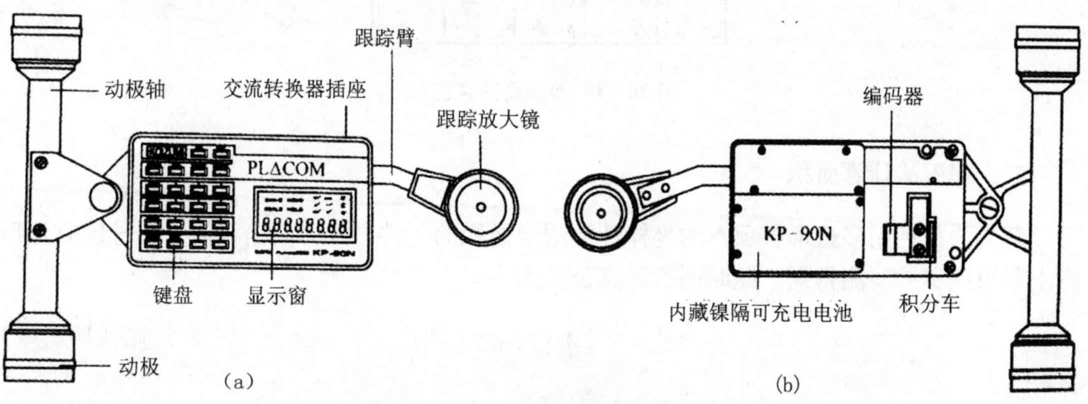

图 10-19　KP－90 型电子求积仪

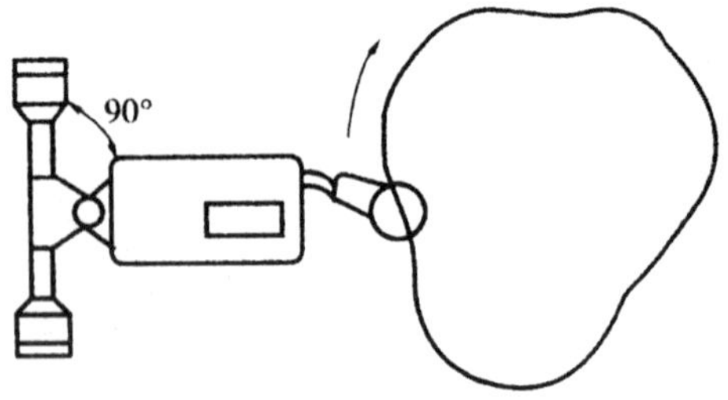

图 10-20　电子求积仪测定面积

(七)沙维奇法

沙维奇法是运用求积仪量算控制面积的一种方法，它是运用公里网格理论面积进行控制，在控制下测算求积仪分划值，从而消除图纸伸缩变形的影响。具体计算方法如下：

$$\frac{P_{a_i}}{a_i}=\frac{P_i}{a_i+b_i},\ P_{a_i}=\frac{P_i}{a_i+b_i}a_i \tag{10-15}$$

$$P=P_0+P_{a_1}+P_{a_2}+P_{a_3}+P_{a_4}=P_0+\sum_{i=1}^{n}P_{a_i} \tag{10-16}$$

式中：P—面积；

P_0—完整方格的面积；

P_{a_1}、P_{a_2}、P_{a_3}、P_{a_4}—周围不完整方格的面积(共 4 块)。

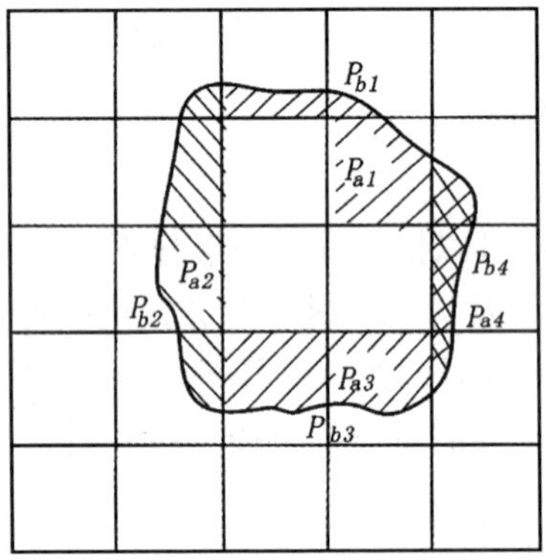

图 10-21　沙维奇法求面积

二、解析法计算面积

解析法是利用多边形各顶点的坐标计算图形面积的一种方法，其坐标值是通过已有地形图上量取或实地实测得到，此时面积计算公式为

$$P=\frac{1}{2}\sum_{i=1}^{n}x_i(y_{i+1}-y_{i-1}) \tag{10-17}$$

或

$$P=\frac{1}{2}\sum_{i=1}^{n}y_i(x_{i-1}-x_{i+1}) \tag{10-18}$$

式中下标 i 为多边形各顶点的序号。计算时要注意，当 $i-1=0$ 时，下标应取 n；当 $i+1=n+1$ 时，下标应取 1。

P——面积；
x_i——第 i 点纵坐标；
y_i——第 i 点横坐标；
n——多边形边数或顶点个数。

如果是曲线围成的图形，可沿曲线标出许多点(用短的直线段代替曲线)，量取这些点的坐标后，仍按解析法计算面积。

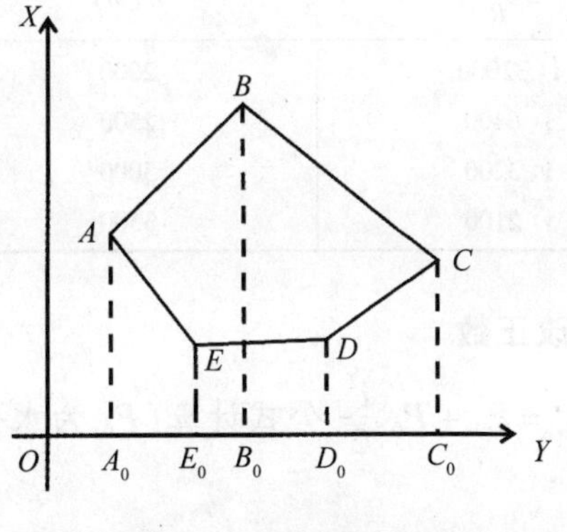

图 10-22　解析法求面积

三、面积量算中的几项改正

在地图上量得的面积，都是地面水平投影的面积。若求地表面的实际面积，还应加上图纸变形的面积改正数、地面高程的改正数以及地面倾斜的改正数。

(一)图纸变形的面积改正数

一般可以采用 $P_r = P_0 + \Delta P_r = P_0 + 2P_0 r$ 公式进行改正。式中 r 为图纸平均形变率，$r = (L_0 - L)/L_0$(L_0 为投影面的弧长；L 为地球表面弧长)(图 10-23)。

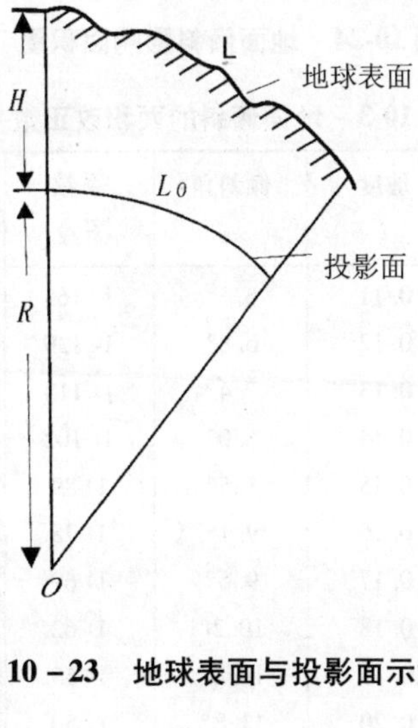

图 10－23　地球表面与投影面示意图

(二)高程影响面积的改正数

一般可以根据 $P_h = P_0 + \triangle P_h = P_0 + 2P_0 \frac{H}{R}$ 公式进行面积改正。式中 $2P_0 \frac{H}{R}$ 为面积由椭球体表面改为水平投影的改正系数(P_0 为椭球体表面积；H 为海拔高；R 为地球椭球体半径)，详见图 10-2 和表 10-3。

表 10-2 不同高程的面积改正数

$H(m)$	$2\frac{H}{R}$	$H(m)$	$2\frac{H}{R}$
100	1: 32000	2000	1: 1600
500	1: 6400	2500	1: 1270
1000	1: 3200	3000	1: 1060
1500	1: 2100	3500	1: 910

(三)地面倾斜影响面积的改正数

一般可以用 $P_\alpha = P_0 + \triangle P_\alpha = P_0 + P_0 \frac{i^2}{2}$ 公式计算(P_0 为水平投影面积；i 为坡度)(图 10-24、表 10-3)。

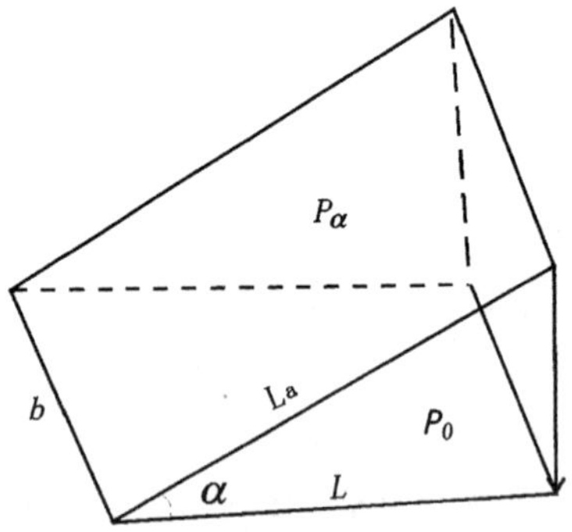

图 10-24 地面倾斜影响面积图

表 10-3 地面倾斜的面积改正数

坡度 i	倾斜角 α	系数 $i^2/2$	坡度 i	倾斜角 α	系数 $i^2/2$	坡度 i	倾斜角 α	系数 $i^2/2$
0.01	0.6°	1: 20000	0.11	6.3°	1: 165	0.21	11.9°	1: 45
0.02	1.1°	1: 5000	0.12	6.8°	1: 139	0.22	12.4°	1: 41
0.03	1.7°	1: 2220	0.13	7.4°	1: 118	0.23	13.0°	1: 38
0.04	2.3°	1: 1250	0.14	8.0°	1: 102	0.24	13.5°	1: 35
0.05	2.9°	1: 800	0.15	8.5°	1: 89	0.25	14.0°	1: 32
0.06	3.4°	1: 555	0.16	9.1°	1: 78	0.26	14.6°	1: 30
0.07	4.0°	1: 408	0.17	9.6°	1: 69	0.27	15.1°	1: 27
0.08	4.6°	1: 312	0.18	10.2°	1: 62	0.28	15.6°	1: 26
0.09	5.1°	1: 248	0.19	10.8°	1: 55	0.29	16.2°	1: 24
0.10	5.7°	1: 200	0.20	11.3°	1: 50	0.30	16.9°	1: 22

例题：有一地块，坡度为0.2弧度，图纸平均形变率为+0.5%，用求积仪在地图(为高斯－克吕格投影)上量算的面积为$10000m^2$，求平均海拔高为1592.5m的地块的倾斜面面积？(地球半径为6370km，计算结果精确到$0.1m^2$)。

解：(1)图纸变形的影响为+5%，面积的变形率为

$\triangle P_r = 2P_{0r} = 2 \times 10000 \times 0.5\% = 100(m^2)$

(2)地面高程变化影响为

$\triangle P_h = (10000 + 100) \times 2H/R = 5.0(m^2)$

(3)地球表面的倾斜影响为：

$\triangle P_\alpha = (10000 + 100 + 5.0) \times i^2/2 = 202.1(m^2)$

地块的倾斜面积为：

$P = P_0 + \triangle P_r + \triangle P_h + \triangle P\alpha = 10000 + 100 + 5.0 + 202.1 = 10307.1(m^2)$

四、面积计算的精度分析及平差

(一)图幅理论面积计算公式

图幅理论面积即按图廓四角的坐标来计算的面积。根据《关于统一图幅理论面积与图斑椭球面积计算要求的通知》(国土调查办发〔2008〕32号)，图幅理论面积的计算公式及公式中的相关参数进行了统一，情况如下：

$$P = \frac{4\pi b^2 \Delta L}{360 \times 60}\left[A\sin\frac{1}{2}(B_2 - B_1)\cos B_m - B\sin\frac{3}{2}(B_2 - B_1)\cos 3B_m + C\sin\frac{5}{2}(B_2 - B_1)\cos 5B_m - Dsin\frac{7}{2}(B_2 - B_1)\cos 7B_m + E\sin\frac{9}{2}(B_2 - B_1)\cos 9B_m\right] \quad (10-19)$$

式中：

a—椭球长半轴(单位：m)，α—椭球扁率，b—椭球短半轴(单位：m)。

$e^2 = (a^2 - b^2)/a^2$。

$A = 1 + (3/6)e^2 + (30/80)e^4 + (35/112)e^6 + (630/2304)e^8$。

$B = (1/6)e^2 + (15/80)e^4 + (21/112)e^6 + (420/2304)e^8$。

$C = (3/80)e^4 + (7/112)e^6 + (180/2304)e^8$。

$D = (1/112)e^6 + (45/2304)e^8$。

$E = (5/2304)e^8$。

ΔL—图幅东西图廓的经差(单位：弧度)。

$(B_2 - B_1)$—图幅南北图廓的纬差(单位：弧度)，$Bm = (B_1 + B_2)/2$。

注意：在计算图幅理论面积时，有关常数及保留的位数按给定数值计算。

1. 常数：

$\pi = 3.14159265358979$

$\rho = 206264.8062471$

2. 80椭球常数：

椭球长半轴 $a = 6378140$　　椭球扁率 $\alpha = 1/298.257$

椭球短半轴 $b = 6356755.29$

椭球第一偏心率 $e^2 = 6.69438499958795E^{-03}$

(二)面积计算的精度及平差

采用图解法在地形图上量测面积的精度，与地形图的成图精度、测图比例尺、量测的方法和工具有关。为提高测量精度，应遵循“图幅控制、分级量算、按比例平差”的原则进行。所谓平差是将量算的分区面积之和与控制面积的不符值，按一定比例配赋给各分区的计算过程。

以图幅理论面积作为本图幅的一级控制面积；量算本图幅内乡、村委会或宗地的总面积，作为图幅的二级控制面积；最后再量算其内各地块的面积。由此达到自上而下，分级量算的目的。在分级量算的面积值之间的误差范围内，可以根据面积的大小，按比例平差，配赋不符值，求出所量测图形的面积值。

1. 图幅控制

正方形或矩形图幅，按公里格网计算图幅总面积。

2. 分级控制

一般情况下，可以分为二级量算或三级量算。二级量算是用图幅面积控制宗地面积，再由宗面积控制宗内地块面积，或由图幅面积控制街坊面积，再由街坊面积控制宗地面积。三级量算是用图幅面积控制乡、村面积，乡、村的面积控制宗地面积，最后再由宗地面积控制宗地内的地块面积。

3. 按比例平差

在同一级面积量算中，各部分面积的总和应等于上一级控制面积。对于测量中的误差(不符值)，应逐级按面积大小成比例地进行平差配赋。当同一级面积量算的总和与上一级控制面积之差不超过规定的限差范围内时，方可平差配赋。平差配赋可以按下式计算：

$$P=\frac{P_0S}{EP_0} \tag{10-20}$$

式中 P：面积平差值；

P_0：面积量测值；

EP_0：同一级各部分面积值的总和；

S：图幅控制值或上一级的控制面积值。

第四节　数字线划图与数字正射影像图

一、数字线划图的特点及应用

(一)数字线划地图(Digital Line Graphic，缩写 DLG)

数字线划图是与现有线划基本一致的各地图要素的矢量数据集，保存各要素间的空间关系和相关的属性信息，全面地描述地表目标。在实际测图中，最为常见的产品就是数字线划图，外业测绘最终成果一般就是 DLG，可以通过 Auto CAD 软件进行各种操作。该产品可以比较全面地描述地表现象。

(二)数字线划地图(DLG)的特点

1. DLG 能方便地进行放大、漫游、查询、检查、量测和叠加地图信息。其数据量小，便于分层，能快速生成各种专题地图，所以也称作矢量专题信息 DTI(Digital Thematic Infor-

mation)。

2. DLG 能满足地理信息系统进行各种空间分析要求，视为带有智能的数据。可随机地进行数据选取和显示，与其他信息叠加，便于分析、决策。其中部分地形核心要素还可作为数字正射影像地形图中的线划地形要素。

3. DLG 的技术特征为：地图地理内容、分幅、投影、精度、坐标系统与同比例尺地形图一致。图形输出为矢量格式，任意缩放均不变形。

(三)数字线划图(DLG)的应用

数字线划图的应用领域非常广泛，如城市规划、园林规划设计、土地利用规划与控制、交通枢纽等工程地址的选择、城市建设管理、农业气候区划、大气污染监测、道路交通建设与管理、自然灾害的监测估计等，均可以得到广泛的利用。在图上量算地图要素的坐标、角度、长度、距离、面积、体积、高度、坡度、密度、梯度和强度等，是数字线画图使用中常用内容。下面就其在园林规划设计中的几个常见应用及操作过程简单介绍如下：

1. 显示点的坐标

DLG 具有 AutoCAD 软件的功能，能查询点的坐标和利用点的坐标定位点的方法。

显示点的坐标的步骤如下：

(1)在命令行键入 ID(点标记)。

(2)用拾取框拾取想要显示坐标的点。

图 10-25 显示了这个操作，注意光标所在就是选择的点，而命令行上显示出了点的坐标值。

菜单命令——“工具” - “查询” - “ID 点”。

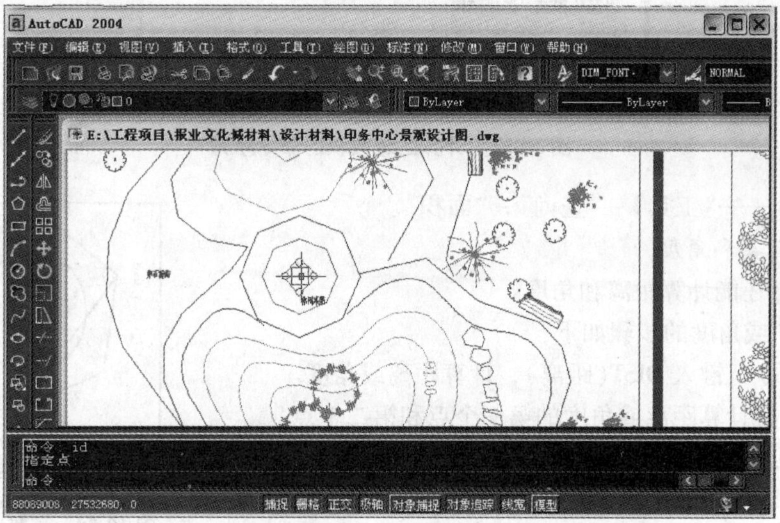

图 10-25　显示点的坐标

2. 输入点坐标定位点

直接输入点坐标定位点的步骤如下：

(1)在命令行键入 ID(点标记)。

(2)在命令行输入要定位点的坐标。

如果你输入上例所显示的点的坐标值，那么点就准确地定位在图示的十字光标处。

菜单命令——“工具”、“查询”、“点坐标”。

3. 计算面积

DLG 还能计算一个区域的面积，尤其是不规则区域的面积，这样在规划设计中可以节约大量时间。

计算区域面积的步骤如下：

(1)在命令行键入 ARER(面积)

(2)命令行提示要计算面积的对象、对象面积的加减，一次单击组成被测量区域周边的点或选择对象。

(3)按下[Enter]键，命令行显示面积的结果。

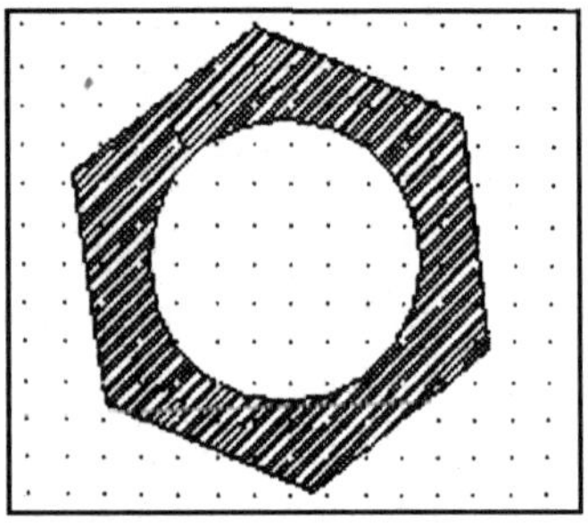

图 10-26 计算区域面积

图 10-26 所示是要计算阴影区域的面积的文本窗口命令序列和最后的计算结果。

文本窗口的命令序列(图 10-27)。

```
命令: arer
指定第一个角点或[对象](O)/加(A)/减(S): a
指定第一个角点或[对象](O)/减(S): o
(“加”模式)选择对象:
面积=9237.7208, 周长=357.7731
总面积=9237.7208
(“加”模式)选择对象:
指定第一个角点或[对象](O)/减(S): s
指定第一个角点或[对象](O)/加(A): o
(“减”模式)选择对象:
面积=4048.2722, 圆周长=225.5484
总面积=5189.4486
(“减”模式)选择对象:
指定第一个角点或[对象](O)/加(A):

命令:
```

图 10-27 计算区域面积的命令序列

菜单命令——“工具”-“查询”-“面积”。

4. 计算距离和角度

DLG 同样还能计算距离和角度。

计算距离或角度的步骤如下：

(1)在命令行键入 DIST(距离)，计算距离或角度。

(2)指定要计算距离或角度的第一个点和第二个点。

(3)按下[Enter]键，AutoCAD 在命令行显示结果。

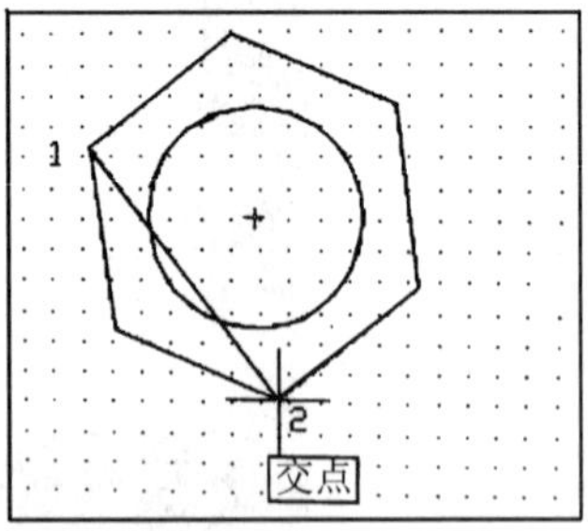

图 10-28 计算距离和角度

图 10-28、图 10-29 显示了文本窗口中命令序列和计算结果这个过程。

```
命令: dist
指定第一点: 指定第二点:
距离=103.2802, XY 平面中倾角=308, 与 XY 平面的夹角=0
X 增量=63.5846, Y 增量=-81.3867, Z 增量=0.0000

命令:
```

图 10-29 计算距离和角度的命令序列

菜单命令——“工具”-“查询”-“距离”。

五、数字正射影像图的特点及应用

(一)数字正射影像图(Digital Orthophoto Map，缩写 DOM)

是利用 DEM 对遥感影像(单色或彩色)，经逐像元进行辐射改正、微分纠正和镶嵌，并按规定图幅范围裁剪生成的影像数据，带有公里格网、图廓(内、外)整饰和注记的平面图。

(二)数字正射影像图(DOM)的特点

1. DOM 同时具有地图几何精度和影像特征，精度高、信息丰富、直观真实、制作周期短、获取快捷；

2. DOM 具有信息性、时效性、直观性、连续性(一定历史时期的影像连续反映)、时间性、现势性等特点。它可作为背景控制信息，评价其他数据的精度、现实性和完整性都很优良，也可从中提取自然资源和社会经济发展信息，为防灾治害和公共设施建设规划等应用提供可靠依据。还可从中提取和派生新的信息，实现地图的修测更新。

3. DOM 的地图分幅、投影、精度、坐标系统与同比例尺地形图一致，图像分辨率为输入大于 400dpi；输出大于 250dpi。

4. 由于 DOM 是数字的，在计算机上可局部开发放大，具有良好的判读性能、量测性能和管理性能等，如用农村土地发证、指认宗地界并数字化其点位坐标、土地利用调查等。

5. DOM 可作为独立的背景层与地名注名，图廓线、千米格网及其他要素层复合，制作各种专题图。

(三)数字正射影像图(DOM)的应用

1. 城市规划与园林规划设计；
2. 洪水监测、河流变迁、旱情监测；
3. 农业估产(精准农业)；
4. 土地覆盖与土地利用土地资源的动态监测；
5. 荒漠化监测与森林监测(成林害虫)；
6. 海岸线保护；
7. 生态变化监测。

本章参考书目

1. 张力果等编著．地图学[M]．北京：高等教育出版社，1990
2. 张万方主编．城镇地形图测绘与施工测量[M]．北京：中国建筑工业出版社，2006
3. 张培冀主编．园林测量[M]．北京：中国建筑工业出版社，2008

复习思考题

1. 名词解释

(1)图廓　(2)接图表　(3)三北方向　(4)公里格网　(5)山脊及山谷　(6)鞍部　(7)图幅理论面积　(8)平差　(9)沙维奇法

2. 设下图为1：1000的等高线地形图，根据地形图完成下述问题：

(1)求A、C两点的平面直角坐标；

(2)求AC连线的方位角；

(3)求AB两点间的直线距离；

(4)求B点的高程；

(5)求AD连线的坡度；

(6)在图上标出山头、山谷、鞍部，画出山脊线和山谷线；

(7)用解析法求四边形ABCD的面积。

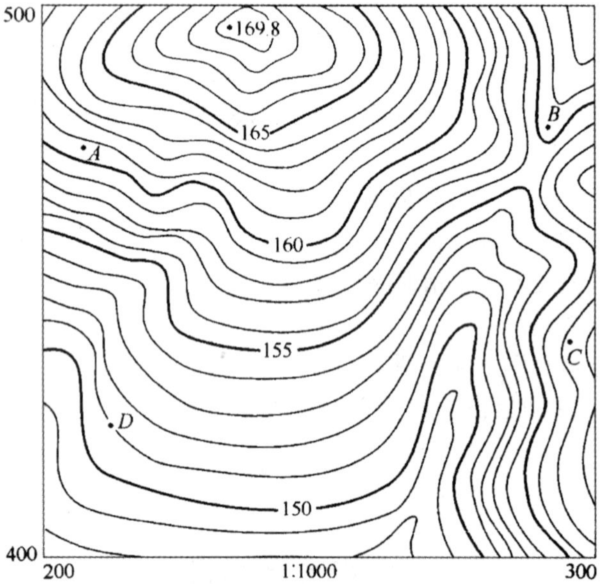

3. 常用求面积的图解法有哪几种？如何进行求算？

4. 试对比分析机械求积仪法和电子求积仪法求面积的异同？

5. 分别用平行线法和透明方格法求下图中水塘的面积。

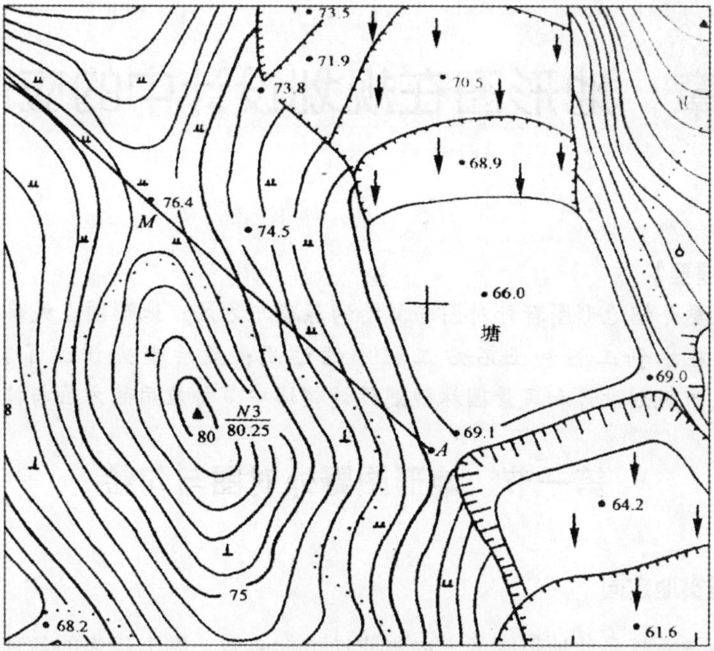

比例 1：1000

6. 数字线划图和数字影像图的特点分别是什么？它们的应用如何？

第十一章　地形图在规划设计中的应用

【本章提要】

本章主要介绍地形图野外对图与勾绘的原理与方法；地形图在线路工程中的运用；地形图在水利工程和土石方工程中的运用；最后重点讲述了数字线划图(DLG)在城市规划设计和风景园林规划设计领域中多种应用的方法与技巧。

第一节　地形图野外对图与勾绘

一、地形图实地定向

地形图实地定向就是使地形图的方向与实地方向一致，图上代表的各种地物符号与地面上相应的物体方向对应。野外实地定向的方法很多，主要有罗盘定向、地物定向和GPS定向等。

(一)罗盘定向

野外使用罗盘来定向，共分3种情况。

1. 按磁子午线定向

如果地形图上有磁子午线标记时将罗盘度盘上的“0° - 180°直径”与图中磁子午线重合，转动地形图，使磁针北端与度盘“0° - 180°直径”的北端一致，则地形图方向就和实地一致了(图11-1)。

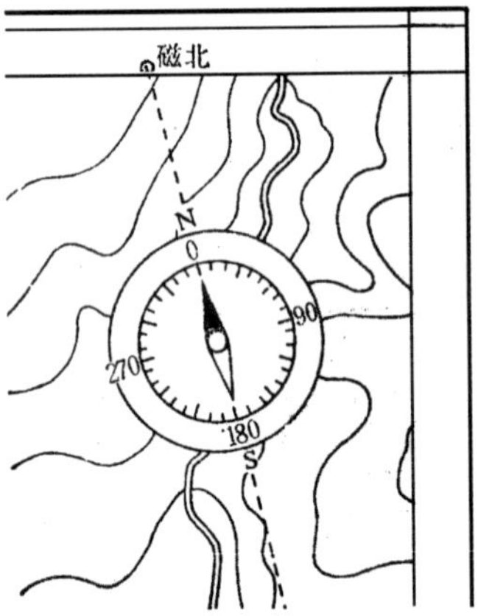

图11-1　按磁子午线定向

2. 按真子午线定向

首先应将罗盘刻度盘上的“0° - 180°直径”与地形图上的东西图廓(经线)重合，从“三北”方向图上查得磁偏角为西偏8°48′(图11-2)，然后向右转动地形图8°48′，则地形图方向与实地方向一致(图11-3)。转动时必须注意磁偏角的正负。

3. 按坐标纵线定向

使罗盘度盘上的“0° - 180°直径”与坐标纵线重合，从“三北”方向图上查出磁子午线北端偏于坐标纵线之西0°25′(图11-2)，向右转动地形图，当磁针北端读数为0°25′时，则地形图方向与实地方向一致(图11-4)。

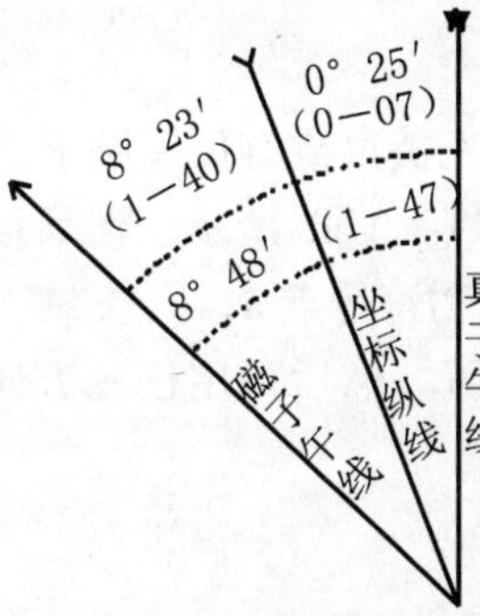

图 11-2　"三北"方向图

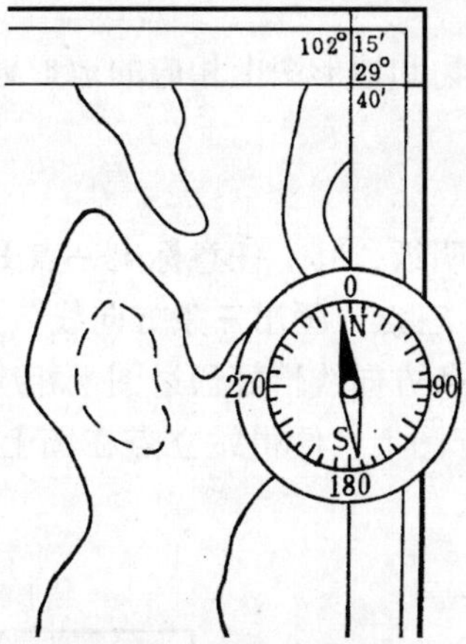

图 11-3　按真子午线定向

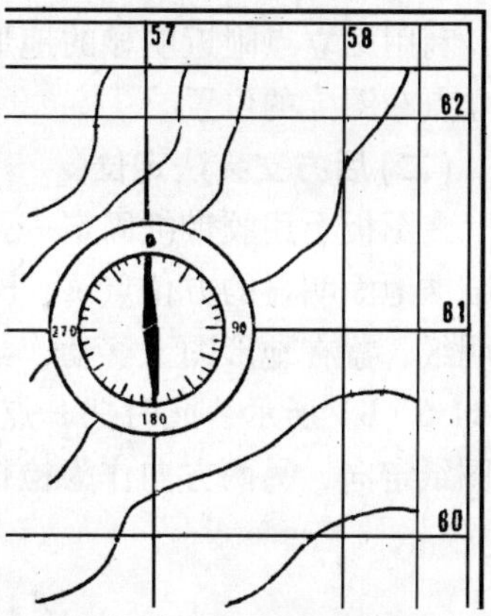

图 11-4　按坐标纵线定向

(二)根据明显地物或地貌特征点定向

这种方法必须先在地形图上找出能与实地对照的明显地物，如山顶、房屋、独立树、道路交叉口、小桥、河流或其他方位物；然后在站立点转动地图，使图上地物符号与实地对应物方向一致(图 11-5)。

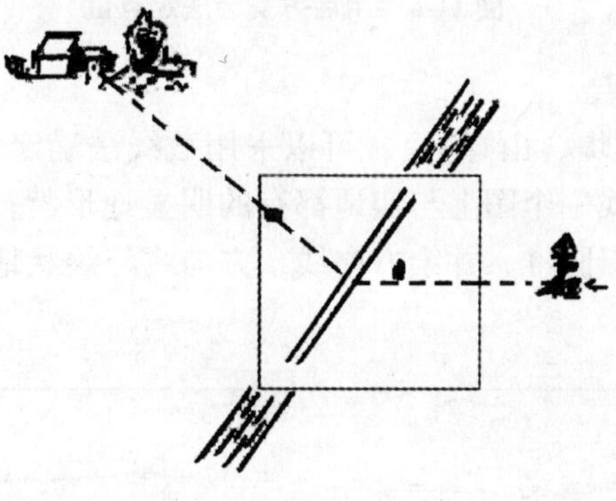

图 11-5　根据地物定向

(三)根据直长地物定向

即使图上的直长地物符号(如直路、围墙、城墙、电线等)与实地直长地物一致。如当站在道路上时，可以先在图上找到表示该直长道路符号，然后将地形图展开铺平，并转动地形图，使图上的道路与现地道路方向一致，此时地形图方向与实地方向就一致了。但是，必须注意使图上道路两侧的地形与实地道路两侧的地形相一致，以免地形图方向颠倒。

(四)GPS 定向和定位

GPS 定向和定位准确度较高，使用起来非常方便，具体操作详见第七章相关内容。

二、在地形图上确定站立点位置

地形图定向后，必须要在图上找到本人站立点的位置，才能开始工作。定位方法有以下几种：

(一)根据地形地物判定

利用站立点附近明显的地形地物和地形图上相应的地形地物对照，用目测可以迅速确定站立点在图上的位置。

(二)后方交会法定位

在图板上用胶带纸固定一张透明纸，其上任意标出一点 P，用三棱尺或直尺紧贴 P 点分别瞄准地面明显的方位点 A、B、C 三点，画出三条方向线，如图 11-6（a）所示。然后取下透明纸，蒙在地形图上移动，当三条方向线恰好通过图上相应的地物符号点 a、b、c 时，如图 11-6（b）所示，此时把 P 点刺于图上，便得站立点在图上的位置。然后可用任一方向进行图纸定向，另两方向作为检核。

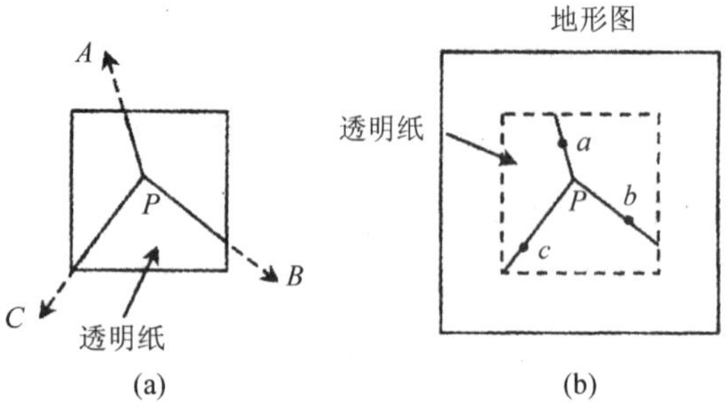

图 11-6　用后方交会法定点位

(三)截线法确定站立点

在线状地物(道路、土堤、山脊)上，可以采用截线法确定站立点。首先进行地形图定向，然后在线状地物一侧找一个图上与实地都有的明显地形特征点，用直尺紧靠图上的点，转动直尺向实地地形特征点瞄准，并绘方向线，方向线与线状地物的交点，就是站立点(图 11-7)。

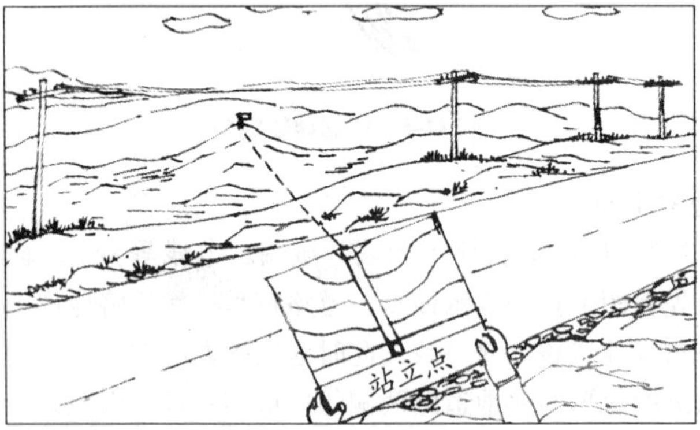

图 11-7　用截线法定点位

三、野外填图与勾绘的方法和技巧

野外填图即根据野外需要补测地物地貌的类型，选用设计好的符号，在野外勘测的基础上，按规定在图上绘制出符号，并书写注记。其目的就是把野外调查的内容填绘到地形图上，作为室内工作和编绘各种专题图纸或规划图纸的基础资料。

在填图与勾绘时，需要注意以下方法与技巧：

(一)填图前要认真研究填图内容，确定分类，制定图例，选择观察点，使其能尽量观察到大范围的地形地物。

(二)填图时要对周围地物地形仔细观察，确定其分布界线，必须保证实测点位的相对准确性。针对不同形状地物，定位点(线)的确定位置有所不同：

1. 点状地物，其定位点要在实测点上；
2. 线状地物，其定位线要通过实测点的特征点；
3. 面状地物，其轮廓界线要通过实测点。

(三)填图的方法可以采用前文所述的简易测距、测角、测高程和测定站立点方法进行。

(四)确定了特征点的位置，就可以按地图符号形式填绘在地图上。地图修测、补测与上述方法相同。

(五)对坡勾绘法

在区划工作时应用对坡观测，就是站在山的对面坡进行观测。对坡观测看到的对面山坡是倾斜面，而地形图表示的是该山坡的水平投影面，前者面积大，后者面积小，因此在勾绘时要特别注意，避免在图上把山坡面积勾大。当半山坡有地类界线(或农地、小屋等)须在图上勾绘出来时，在对坡观测时，可以把整个坡面从上到下分为几等分(目估)，然后看界线处于第几个等分点，这样就能够把地类界线在地形图上标出。

野外填图工作完毕后，应进行室内整理并描绘，完成全部填图工作。

第二节　地形图在工程中的应用

一、地形图在线路工程中的应用

(一)按限定坡度选定最佳线路

对管线、道路、渠道等工程进行初步设计时，通常需要在地形图上选线。按照技术要求，选定的线路坡度不能超过规定的限制坡度，并且线路最短。

如图11-8所示，地形图的比例尺为1∶2000，等高距为2m。设需要在该地形图上选出一条由A至B的最短路线，并且在该线路的任何处的坡度不超过2%。

方法如下：先根据2%的坡度求出相邻两等高线间的最小平距 $d=\frac{h}{M\cdot i}=\frac{2}{2000\cdot 2\%}=0.05\text{m}$（式中 h 为等高距），即5cm。将两脚规张成5cm，以A点为圆心，以5cm为半径作弧，与50m等高线交于1点，再以1点为圆心作弧与51m等高线相交于2点，依次定出3、4、5、6、7、8点，由此连接的A—1—2—3—4—5—6—7—8—B线路就是所选定的坡度不超过2%的最短线路。

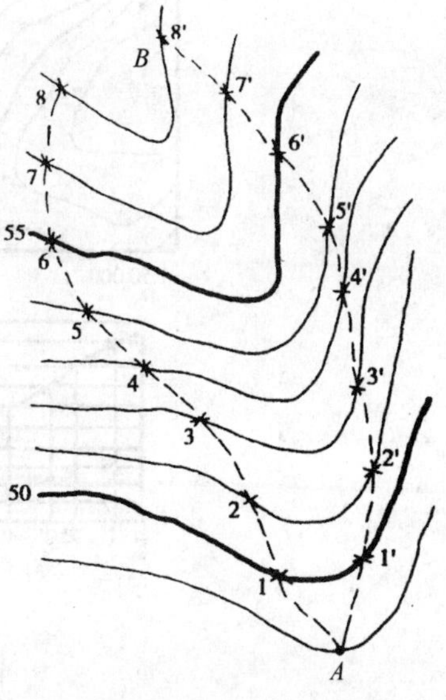

图11-8　图上确定等坡度线

在该地形图上，用同样的方法，还可以定出另一条线路 A—1′—2′…—B，最后选择哪条线路，则需要根据两个方案所占用的耕地、房屋拆迁、地质情况、施工难易以及工程费用等因素综合确定。

(二)绘制某一方向纵断面图

在各种线路工程设计中，为了进行填挖方量的概算，以及合理的确定线路的纵坡，都需要了解沿线路方向的地面起伏情况，为此，需要利用地形图绘制沿拟定方向的纵断面图，这种图能直观地显示出区域沿某一方向线的地势起伏形态和坡度陡缓。绘制断面图的具体方法如下：

1. 首先在图纸上绘制直角坐标系。以横轴表示水平距离，以纵轴表示高程。水平距离比例尺一般与地形图比例尺相同。而高程比例尺一般为水平比例尺的 10 ~ 20 倍，主要是为了能更加明显地表示地面的起伏状况。

2. 按基本等高距绘制与横轴(基线)平行的高程线。

3. 在纵轴上注明各高程线代表的高程。一般而言，坐标系的横轴(基线)所代表的高程要略低于图上表示区域的最低高程。

4. 在地形图上沿断面线量取断面 A — 1、1 — 2、…、16 – B 点的距离，并把它们标注在断面基线 ab 上，得到 a — 1′、1′— 2′、…、16′ – b 各段的距离。

5. 将各点的高程按高程比例尺画垂线，这样就可以得到各垂线与高程线对应的交点。

6. 将各相邻的交点用光滑的曲线连接起来，即为实地断面方向的断面图(图 11-9)。

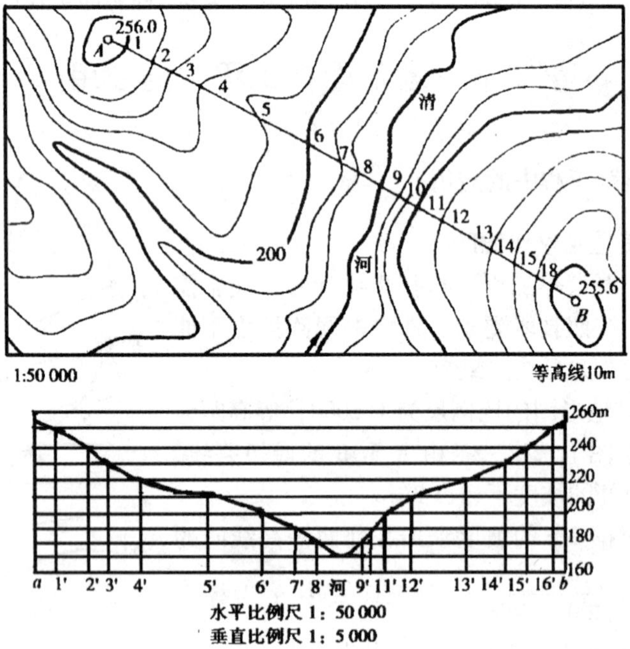

图 11-9　断面图的绘制方法

二、地形图在水利工程中的应用

(一)确定汇水面积

汇水区界线的划分及面积计算在很多工程设计时均需用到。如铁路、道路跨越河流或山谷时，必须建造的桥梁或涵洞孔径大小的设计，就需要知道通过桥梁或涵洞的水流量，水流量是根据汇水面积来计算的。再如，在园林场地管渠排水系统设计中，必须知道场地的水流量大小，才能比较准确地确定排水管管径和排水水渠断面积的大小。汇水面积是指降雨时有多大面积的雨水汇集起来并通过桥涵、排水管、排水渠等排泄出去。

由于雨水是沿着山脊线(分水线)向两侧山坡分流的，所以汇水区的边界线就是由一系列的山脊线连接而成的(图 11-10)，经过公路 M 处的水量就是图中山脊线所包围的区域的集水量，根据区域的面积大小以及当地的气象水文资料，可以计算得出汇水区的水量，为桥梁和涵洞的设计提供依据。

确定汇水面积的边界线时，应注意以下几点：

1. 边界线(除该路段外)应与山脊线一致，且与等高线垂直；

2. 边界线是经过一系列的山脊线、山头和鞍部的曲线，并与河谷指定断面(公路或水坝中心线)闭合。

计算汇水面积的方法详见第十章面积量测的多种方法。

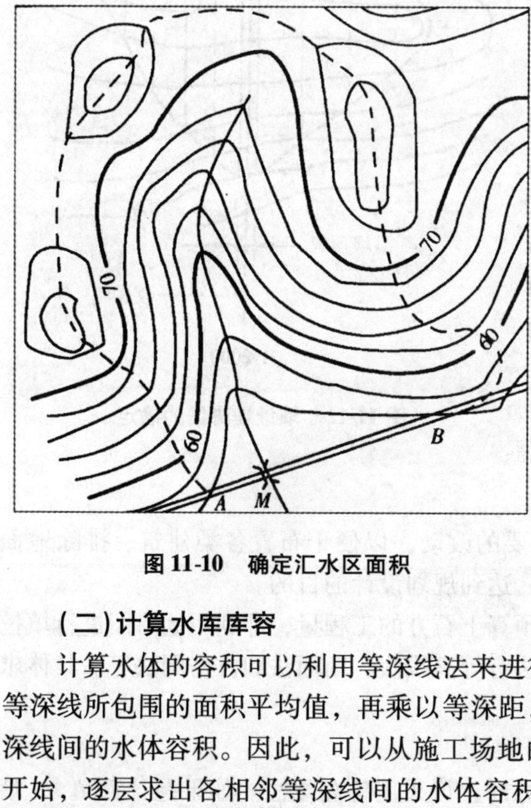

图 11-10 确定汇水区面积

(二)计算水库库容

计算水体的容积可以利用等深线法来进行，先量出各等深线所包围的面积平均值，再乘以等深距，就是两条等深线间的水体容积。因此，可以从施工场地的设计等深线开始，逐层求出各相邻等深线间的水体容积。如图 11-11 中等深距为 2m，施工场地的设计高程为 34m，图中虚线即为设计高程的等深线。分别求出 33m、32m、30m、28m 四

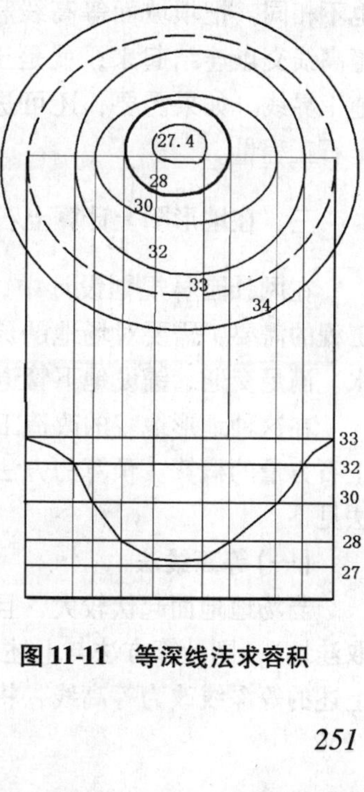

图 11-11 等深线法求容积

条等深线所围成的面积 P_{33}、P_{32}、P_{30}、P_{28}，则每一层所容纳的水体容积为：

$$\left.\begin{aligned} V_1 &= \frac{1}{2}(P_{33}+P_{32})\times 1 \\ V_2 &= \frac{1}{2}(P_{32}+P_{30})\times 2 \\ V_3 &= \frac{1}{2}(P_{30}+P_{28})\times 2 \\ V_4 &= \frac{1}{3}P_{28}\times 0.6 \end{aligned}\right\} \tag{11-1}$$

水体的总容纳的水量为 $V = V_1 + V_2 + V_3 + V_4$

(三) 坝址坡脚线的确定

坝址坡脚线是指坝修好后，坝坡和地面的交线以及坝脚和河床的交线。这项工作可在坝区地形图上用图解法来确定。

如图 11-12 所示，先把坝轴线画在河床的地形图上。设地形图比例尺为 1∶2000，坝顶宽为 5m（相应图上为 2.5mm），则按坝顶宽度在图上画出坝顶位置。已知坝顶设计高程为 100m，则坝顶边线和 100m 等高线相交处即为坝顶面和山坡的交线。设坝体迎水面设计坡度为 1∶3，背水面设计坡度为 1∶2，图上等高距为 5m，则可绘出坝坡面为 95、90、85、80、75m 的等高线（图中坝顶两侧平行于坝轴线的虚线）。由于上、下游坝面的坡度不同，所以从图上也可看出上、下游坝面等高线间的水平距离也不相同。把坝坡面等高线和地面相同高程的等高线交点连结起来，就是土坝的坡脚线，即施工界线。如果需要，还可进一步计算坝体的土石工程量。

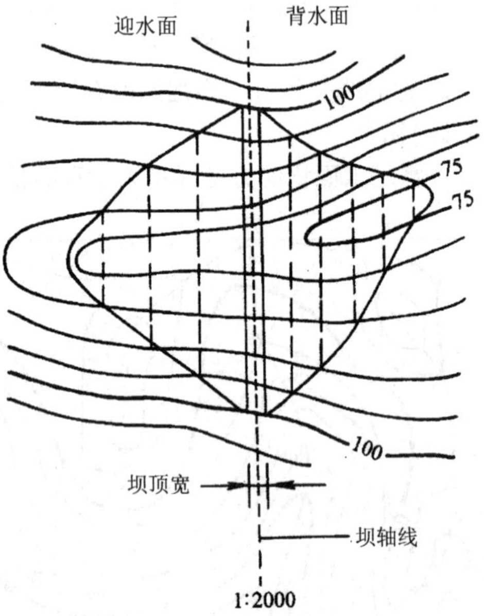

图 11-12 坝址坡脚线的确定

三、在地形图上计算土石方工程量

在风景园林规划设计中，有时为了造景和工程的需要，需要对场地的原有地形地貌做必要的改动，以便于布置各类建筑、排除地面水、满足交通、铺设地下管道以及园林造景等，达到规划设计的目的。

在这种地形地貌的改造工作中，常常需要预算土石方的工程量，即利用地形图进行填挖土石方量的概算。预算的方法较多，常见的方法有等高线法、断面法和方格网法等。具体求法见下。

(一) 等高线法

当场地地面起伏较大，且仅计算挖方或填方时，可采用等高线法。如果是计算填方（填取洼地），则计算方法与上述水体容积的计算方法一样；如果是计算挖方（开挖山体），则将上述的等深线改为等高线，将低洼的地形改为山岭地形则可（图 11-13）。具体可参考上述库容的计算方法。

(二)断面法

在道路和管线布设或坡地的平整中，沿中线(或挖、填边线)至两侧一定范围内线状地形的土石方计算常常使用此法。这种方法是在施工场地范围内，利用地形图以一定间距绘出断面图，分别计算各断面由设计等高线与断面曲线(地面高程线)围成的填方面积和挖方面积，然后计算每相邻断面间的填(挖)方量，分别求和即为总填(挖)方量。

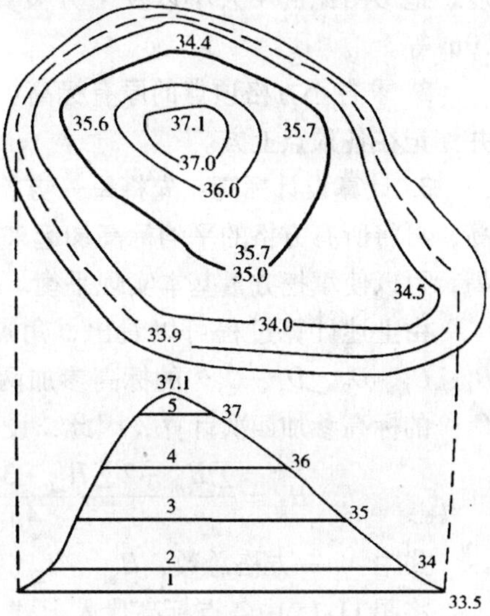

图 11-13　等高线法求土石方

如图 11-14，若地形图比例尺为 1∶1000，等高距为 1m，施工场地设计标高为 32m，先在地形图上绘出互相平行的间隔为 l(一般实地距离为 20～40m)的断面方向线 1－1、2－2、…、5－5，按一定比例绘出各断面图(纵、横轴比例尺应一致，常用比例尺为 1∶100 或 1∶200)，并将设计等高线展绘在断面图上，然后分别求出各断面的设计等高线与地面线包围的填、挖方面积 A_T、A_W，然后计算相邻两断面间的填挖方量。图中 1－1 和 2－2 断面间的填、挖方量为

$$\left.\begin{aligned}\text{填方 } V_T &= \frac{1}{2}(A_{T1}+A_{T2})\cdot l \\ \text{挖方 } V_W &= \frac{1}{2}(A_{W1}+A_{W2})\cdot l\end{aligned}\right\} \qquad (11-2)$$

同理计算其他断面间的土方量，最后将所有的填方量和挖方量分别累加，便得总的土方量。

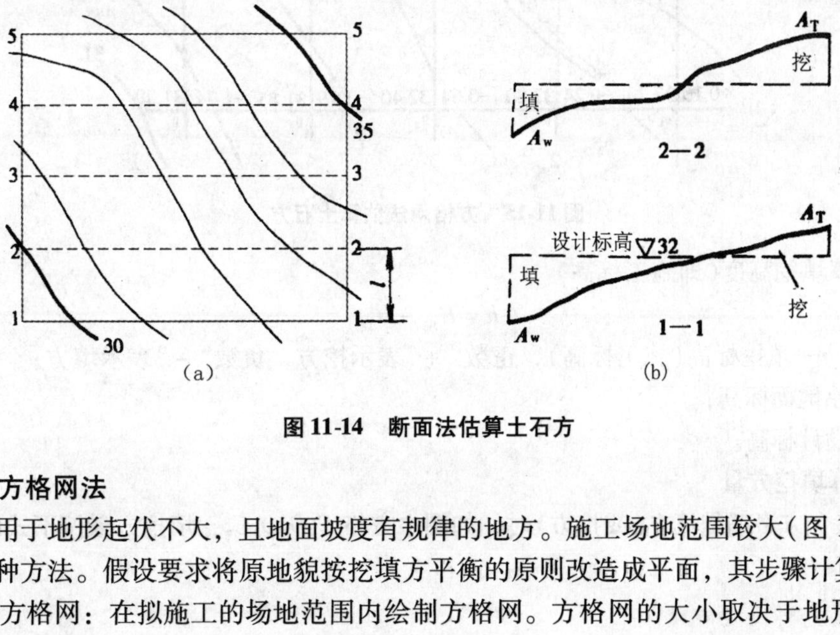

图 11-14　断面法估算土石方

(三)方格网法

该法用于地形起伏不大，且地面坡度有规律的地方。施工场地范围较大(图 11-15)，可以采用这种方法。假设要求将原地貌按挖填方平衡的原则改造成平面，其步骤计算如下：

1. 绘方格网：在拟施工的场地范围内绘制方格网。方格网的大小取决于地形的复杂程度、地形图比例尺大小以及土方概算的精度要求。一般取 10m×10m、20m×20m、50m×50m 等。

2. 求各小方格顶点的原有标高：根据第十章求高程的方法求出各小方格顶点原有标高，并注记在各顶点上方。

3. 计算设计标高：先将每一方格 4 个顶点的标高加起来除以 4，得到各方格的平均标高，再将所有方格的平均标高加起来除以方格总数，就得到设计标高 H，这样求得的设计标高，可以使填挖方量基本实现平衡。

由上述计算过程可以看出，角点 A_1、D_1、D_4、C_6、A_6 的标高只参加一次计算；边点 B_1、C_1、D_2、D_3、C_5…的标高参加两次计算，拐点 C_4 的标高参加三次计算，中点 B_2、C_2、C_3…的标高参加四次计算，因此，设计标高的计算公式为：

$$H_{设}=\frac{\sum H_{角}+2\sum H_{边}+3\sum H_{拐}+4\sum H_{中}}{4n} \tag{11-3}$$

式中：n—方格总数，$H_{角}$、$H_{边}$、$H_{拐}$、$H_{中}$分别表示角点、边点、拐点和中点的标高。

将图 11-15 中各点标高代入上式，求出设计标高为 33.04m。在地形图上用内插法绘出 33.04m 等高线(图中虚线)，该线即为不填不挖的边界线，也称为施工零线。

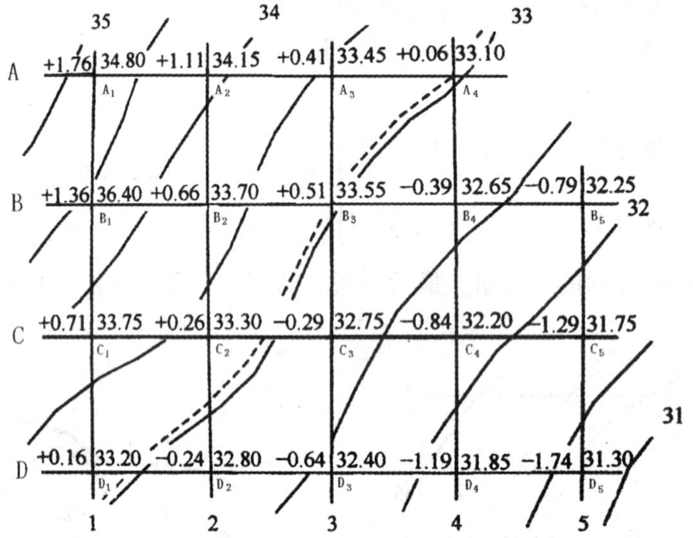

图 11-15 方格网法估算土石方

4. 计算填挖高度(即施工标高)

$$h=H_{地}-H_{设} \tag{11-4}$$

式中：h—填挖标高(施工标高)，正数"+"表示挖方，负数"-"表示填方；

$H_{地}$—原地面标高；

$H_{设}$—设计标高。

5. 计算填挖方量

如果整个方格都是填方(或挖方)时，如图中方格 $C_1D_1D_2C_2$，填挖方量按下式计算，即

$$V_{挖(或填)}=\frac{1}{4}(h_1+h_2+h_3+h_4)\cdot A_{挖(或填)} \tag{11-5}$$

式中：$h_1 \sim h_4$—某一方格4个顶点的施工标高(m)；

$A_{挖(或填)}$—对应方格的实地面积(m^2)。

如果某一方格既有挖方又有填方时，如图中方格$A_1B_1B_2A_2$，应分别计算挖方、填方量的大小，计算公式如下：

$$V_{挖(或填)}=\frac{1}{n}\sum h_{挖(或填)}\cdot A_{挖(或填)} \tag{11-6}$$

式中：n—挖(或填)部分对应多边形的角点数(包括0)；

$\sum h_{挖(或填)}$—顶点的施工标高之和(m)；

6. 计算总的填、挖土石方量

$$\left.\begin{aligned}V_{挖总}&=\sum V_{挖}\\V_{填总}&=\sum V_{填}\end{aligned}\right\} \tag{11-7}$$

第三节　地形图在城市规划设计中的应用

地形图是进行城市规划工作的基础底图。一般而言，在进行城市总体规划时，常常选用1:10000或1:5000的比例尺的地形图作为工作底图；在编制详细规划时，通常需要采用更大比例尺，一般为1:2000、1:1000或1:500。地形图在城市规划设计中的应用主要体现在以下方面：

一、地面坡度/建筑用地的地形分析

在对城市进行规划设计时，首先要按照城市各项建设对地形的要求并结合实地的地形进行分析，以便充分合理地利用和改造原有地形。

在地形图上进行分析时，首先要将用地的区域划分为各种不同坡度的地段，对规划区域的地形进行整体分析和分析评价，以实现规划中能充分利用自然地形条件，经济有效地使用城市土地，节约城市的建设成本。

城市建设中某些项目对地面的坡度有严格的要求，表11-1即为城市各项建设的适用坡度。

表11-1　城市各项建设的适用坡度

建设项目	适用坡度	建设项目	适用坡度
工业水平运输	0.5% ~2%	铁路站场	0% ~0.25%
居住建筑	0.3% ~10%	对外主要公路	0.4% ~3%
主要公路	0.3% ~6%	机场用地	0.5% ~1%
次要公路	0.3% ~8%	绿化区	任意坡度

根据上述要求，对地形分析应考虑地形坡度的不同类型及其与各项建筑布设的关系，具体参考表11-2。

表 11-2　地形坡度与建筑布设关系

坡度类型	坡度	建筑群与道路的布设方式
平坡	3%	基本上为平地，建筑和道路可以根据规划原理自由布局，但注意排水。
缓坡	3% ~10%	建筑群布置不受约束，车道也可以自由布置，不考虑梯级道路。
中坡	10% ~25%	建筑群组受一定限制，车道不宜垂直等高线设，垂直等高线的道路要做成梯级道路。
陡坡	25% ~50%	建筑群受较大的限制，车道不平行等高线布置时，只能与等高线呈较小的锐角布设。
急坡	50% ~100%	建筑设计需做特殊处理，车道只能曲折盘旋而上，或考虑架设缆车道；梯级道路也只能与等高线呈斜交布置。
悬坡	100% 以上	一般不安排建筑。

地形分析工作包括在地形图上标明规划区内的分水线、集水线、地面水流方向，确定汇水面积，划分不同坡度地段，表示特殊地段，如图 11-16(a)；在作规划或建筑群体布局时，要使用地形图分析处理建筑物布局与地貌之间的关系。

城市每项工程建设和设施对用地都有一定的要求，因此，规划前可以相应的符号或颜色表示规划区用地划分的各种不同坡度的地段，如图 11-16(b)，

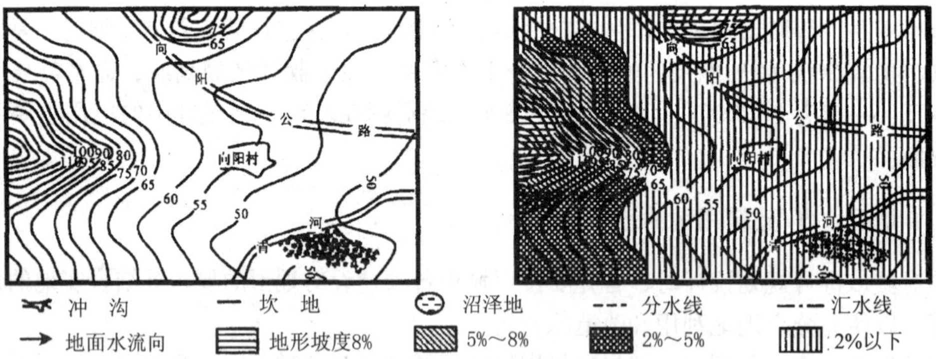

(a)　　　　(b)

图 11-16　城市用地地形分析

二、建筑群体布局

在山地或丘陵地区进行建筑群体的布置时，应注意地形陡缓曲直变化规律，适应于自然变化，争取建筑群体有较好的朝向，并提高日照和通风的效果。

如图 11-17(a)中，没考虑自然地形和气候条件，布置成规则的行列式，结果造成间距不合理，工程量大，用地不经济等缺点。若按图 11-17(b)，充分结合地形进行布置，在与建筑面积与 a 方案相同的情况下，既减少了土方工程量，又增大了房屋间距，同时也提高了日照和通风效果，从而改善了建筑和设施的环境。由此可见，在城市规划设计中，结合地形进行建筑群体的规划方案布置是非常重要的。

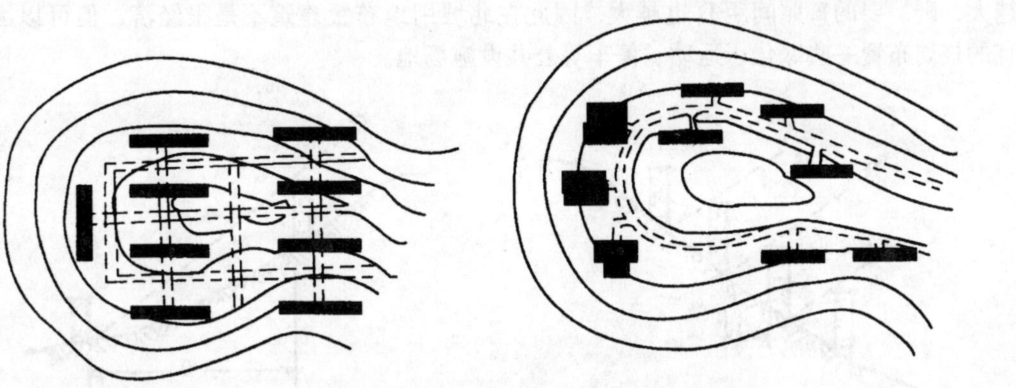

图 11-17　山区地形与建筑群体布置

三、建筑通风

在山区地带的建筑通风除了要考虑季风的影响外，同时还要考虑地貌以及温差产生的局部地方风的影响，有时候这种局部的地方风还对建筑通风起着主要的作用，故在这些地区做规划设计时，风向与地形的关系绝对不能忽视。

如图 11-18 所示，单风从西南方吹来时，由于地形的影响，在山丘周围会产生不同的风向变化。图中将整个山丘分成了以下 6 个分区，即：

1. 迎风坡区 1　风向垂直于等高线。该区的建筑物建议与等高线平行或与等高线斜交，通风效果是最好的。

2. 顺风坡区 2　风向平行于等高线。该区建筑物宜布置成与等高线垂直或斜交，通风效果最好。

3. 背风坡区 3　风吹不到的地方，可布置一些通风要求不高或不需通风的建筑。

4. 涡风区 4　风向呈旋涡状的地方，亦只宜布置一些通风要求不高或不需要通风的建筑。

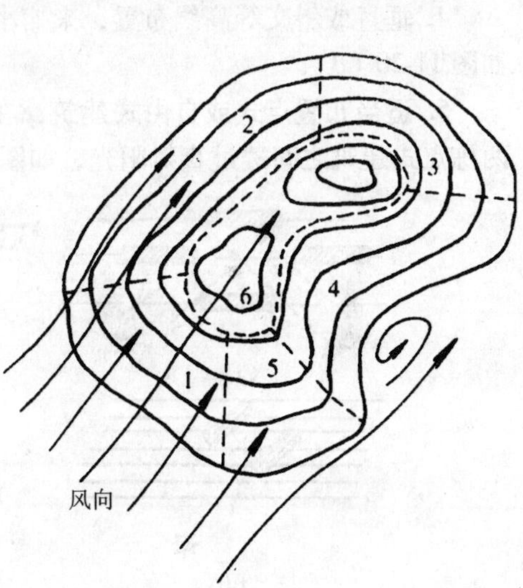

图 11-18　地形对风向的改变

5. 高压分区 5　迎风坡与涡风区相遇的地方。该地区不宜布置高层建筑，以免背面涡风区产生更大的涡流。

6. 越山风区 6　山顶部分。无论风向朝向何方，山顶部分均有风掠过，故宜建亭阁。

四、建筑日照

山区或丘陵地带建筑日照的间距受其坡向影响比较明显。由于我国一年四季太阳都处在南方天空，在南坡（向阳坡），当建筑物平行于等高线设计时，如果地面坡度越大，则日照间距就可越小，所以，可以在坡度较大的向阳坡增加建筑密度或布置高层建筑，以充分利用建筑用地，见图 11-19（a）。反之，在北坡（背阳坡）布置建筑时，如图 11-19（b），如果坡度越大，则需要的日照间距 D 也越大，因此在北坡用地布置建筑不是很经济，但可以因地制宜的规划布置一些绿化、运动、停车等公共设施场地。

图 11-19　坡向与建筑日照关系

如果在北坡(背阳坡)布置建筑，则可以通过采取以下方法争取良好的日照，措施有：

1. 建筑物错列布置，如图 11-20（a）；

2. 竖向斜列式布置，如图 11-20（b）；

3. 横向斜列式布置，如图 11-20（c）；

4. 垂直或斜交等高线布置，来缩小间距并争取不与等高线垂直的中午前后的直射阳光，如图 11-20（d）；

5. 适当布置点式或自由式建筑，在长列建筑物前布置高层点式建筑，可缩小间距，从两栋点式建筑之间透过直射阳光，如图 11-20（e）。

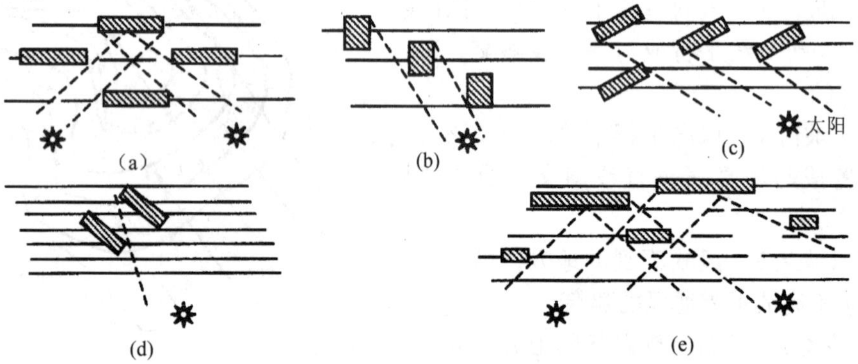

图 11-20　平行于等高线在阴坡布置建筑物

五、特殊地段

特殊地段指的是冲沟、坎地、沼泽地等条件不太好的地段。该地段是否作为建设用地，必须作进一步的调查，即结合地质勘查资料进行分析确定其性质和用途。所以，对于地貌比较复杂或特殊要求的地区，在进行地形分析时，除了绘制地形分析图以外，还要根据该地区的地质、气候等自然条件进行综合分析，以便经济合理地选择城市用地和规划城市功能区。

第四节　地形图在园林规划设计中的应用

风景园林规划中必须运用地形图才能很好的表达设计者的意图和思想，其应用可以通过园林工程以及规划设计两个方面来表现。

一、园林工程中的应用

大凡园筑，必先动土。风景园林中动土范围很广，或凿水筑山，或平整场地，或挖沟埋管，或开槽筑路。在园林建设过程中，园基原地形往往不能完全符合建园的要求，所以在充分利用原地形的情况下必须进行适当改造。竖向设计的任务就是以最大限度的发挥园林的综合功能出发，统筹安排园内各种景点、设施和地貌景观之间的关系；使地上设施和地下设施之间、山水之间、园内与园外之间在高程上有合理的关系。竖向设计主要包括以下内容：

(一)地形设计

地形设计和整理是竖向设计的一项重要内容。地形骨架的“塑造”，山水布局，峰、峦、坡、谷、河、湖、泉、瀑等地貌小品的设置，它们之间的相对位置、高低、大小、比例、尺度、外观形态、坡度的控制和高程关系等都要运用地形图通过地形设计来解决。不同的土质有不同的自然倾斜角(安息角)(表11-3)。山体的坡度不宜超过相应土壤的自然倾斜角。水体驳岸的护坡也要按照有关规范的规定进行设计和施工。

表11-3　土壤的自然倾斜角　（单位：度）

土壤名称	土壤含水量			土壤颗粒尺寸(mm)
	干的	潮的	湿的	
砾石	40	40	35	2～20
卵石	35	45	25	20～200
粗砂	30	32	27	1～2
中砂	28	35	25	0.5～1
细砂	25	30	20	0.05～0.5
粘土	45	35	15	0.001～0.005
壤土	50	40	30	
腐殖土	40	35	25	

在园林中利用地形图进行地形设计时，应本着因地制宜，顺应自然的原则进行。如图11-21所示，将杭州植物园山水园建园之初的山洼处高低不等的几块稻田整理成两个大小不等的上、下湖，两湖以半岛分隔。这样处理既减少了土方量，同时也增加了水面的层次，且由于两湖间有落差，水声潺潺，水景自然多趣。

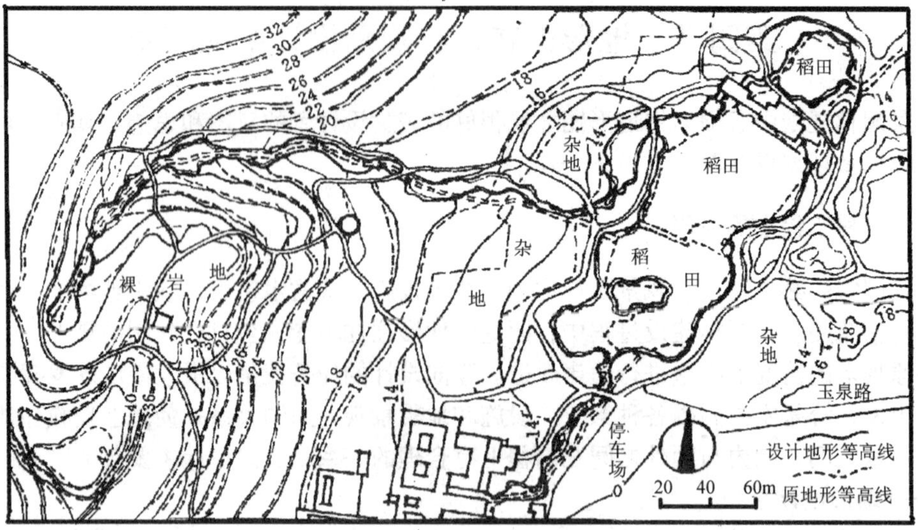

图 11-21　杭州植物园山水园地形设计

(二)园路、广场、桥涵和其他铺装场地的设计

在规划设计图纸上应该运用地形图以设计等高线的形式表示出园路(或广场)的纵横坡或坡向、道桥连接处及桥面标高。在小比例尺地形图中则多用变坡点标高来表示园路的坡度和坡向。在寒冷地区，冬季冰冻、多积雪。为安全起见，广场的纵坡应小于7%，横坡不大于2%；停车场的最大坡度不大于2.5%(图11-22、图11-23)。

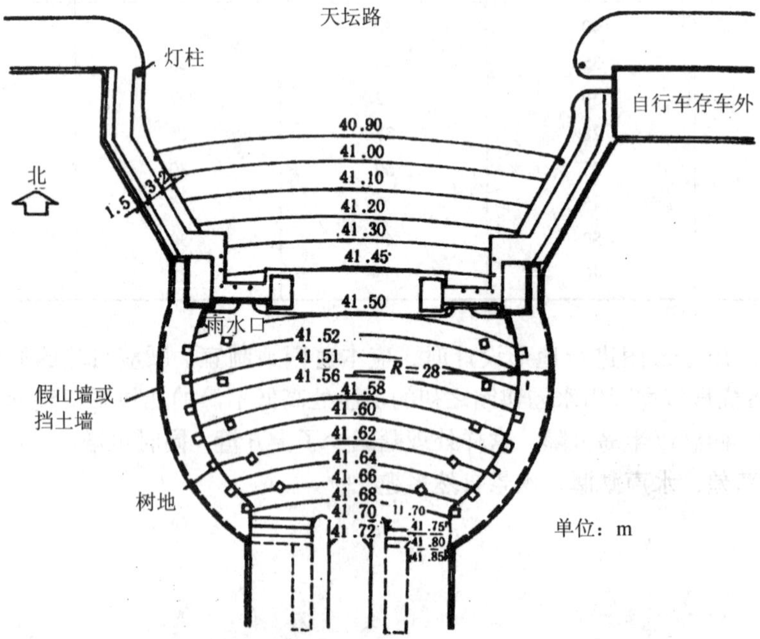

图 11-22　北京天坛公园北门广场竖向设计

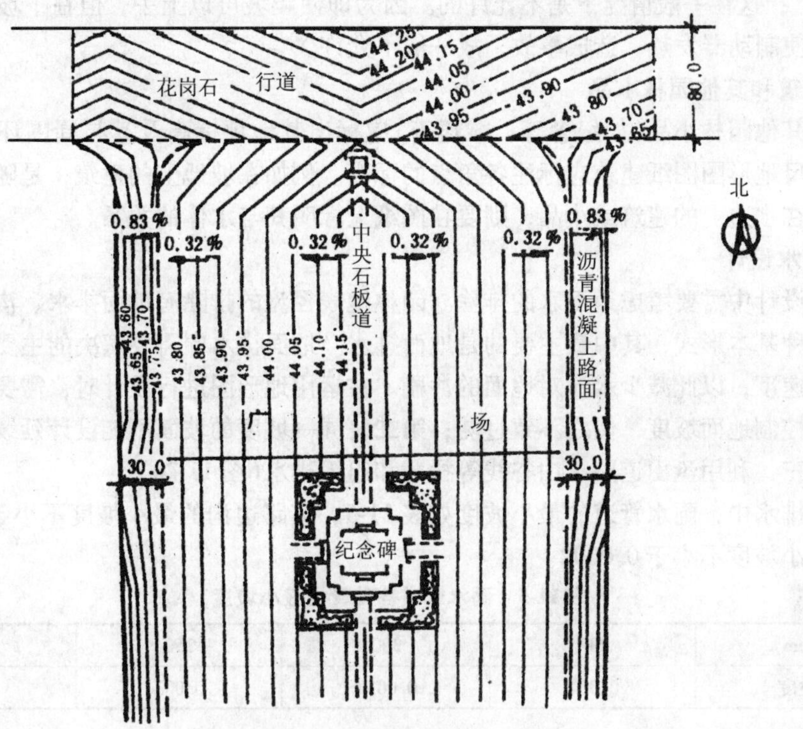

图 11-23 北京天安门广场竖向设计

对于园路而言，从排水的角度看，一般园路应有 8% 以下的纵坡和 1% ~4% 的横坡，才能保证路面排水通畅。不同材料路面的排水能力不同，因此，各类型路面对纵横坡度的要求也不同(表 11-4)。

表 11-4 各种类型路面的纵横坡度表

路石类型	纵坡(%)				横坡(%)	
	最小	最大		特殊	最小	最大
		游览大道	园路			
水泥混凝土路面	3	60	70	100	1.5	2.5
沥青混凝土路面	3	50	60	100	1.5	2.5
块石、冻砖路面	4	60	80	110	2	3
拳石、卵石路面	5	70	80	70	3	4
粒料路面	5	60	80	80	2.5	3.5
改善土路面	5	60	60	80	2.5	4
游步小道	3		80		1.5	3
自行车道	3	30			1.5	2
广场、停车场	3	60	70	100	1.5	2.5
特别停车场	3	60	70	100	0.5	1

对于园路从安全角度而言，一般有以下要求：在游步道上，道路的起伏可以稍微大些，在 12°以下的坡道较为舒服，纵坡超过 15°的应该设台阶，台阶应该集中设置。为了游人行走的安全，避免设置单级台阶。北京香山公园从香山寺到洪光寺一线，应通车需要，局部纵

坡在20°以上，这在一般情况下是不允许的。因为即使爬坡可以上去，但在下坡时，汽车刹车增加，易使制动器发热，造成事故，故一般不允许。

(三)建筑和其他园林小品

建筑和其他园林小品(如纪念碑、雕塑等)应标出其地坪标高及其与周围环境的高程关系，大比例尺地形图图纸建筑应标注各角点的标高。例如在坡地上的建筑，是随形就势还是设台筑屋。在水边上的建筑或小品，则要在图纸上标明其与水体的关系。

(四)排水设计

在地形设计中需要考虑地面水的排除。园林地表径流的排除有地面排水、沟渠排水和管道排水等3种基本形式，其中最主要的是地面排水。地面排水中需要解决的主要问题是降低地表径流的速度，以此减少水流对地面的冲刷。在运用地形图进行设计时，需要注意以下几点：第一，控制地面坡度，使之不致过陡；第二，同一坡度的坡面不能设计延续过长，应该有起伏；第三，利用盘山道路、山谷线等拦截和组织排水(图11-24)。

在管渠排水中，雨水管道的最小坡度如表11-5；道路边沟的最小坡度不小于0.002；梯形明渠的最小坡度不小于0.0002。

表11-5 雨水管道各种管径最小坡度

管径(mm)	200	300	350	400
最小坡度	0.004	0.0033	0.003	0.002

二、规划设计中的应用

地形图在风景园林规划设计中的运用非常广泛，其中一个最为主要的方面就是运用线划地形图作为基础底图，然后在底图上进行各种规划与设计。如图11-25就是以数字线划图作为底图所制作的森林公园总体规划图。

图11-25 宜昌市夷陵区森林公园总体规划图

数字线划图的另一个主要应用的方面是如何运用好地形创造出良好的景观，即如何使用和创造地形景观的问题。具体而言主要体现在以下几方面：

1. 分割空间　地形可以利用许多不同的方式创造和限制外部空间。空间的形成可以通过如下途径：对原基础平面进行挖方降低平面；在原基础平面上添加泥土进行改造；增加凸地形上的高度使空间完善；改变海拔高度构筑平台或改变水平面。这些方法中的大多数形式对构成凹面和谷地地形极为有效。具体方式可以通过改变空间的底面范围、封闭斜坡的坡度、地平轮廓线等来完成(图 11-26)。

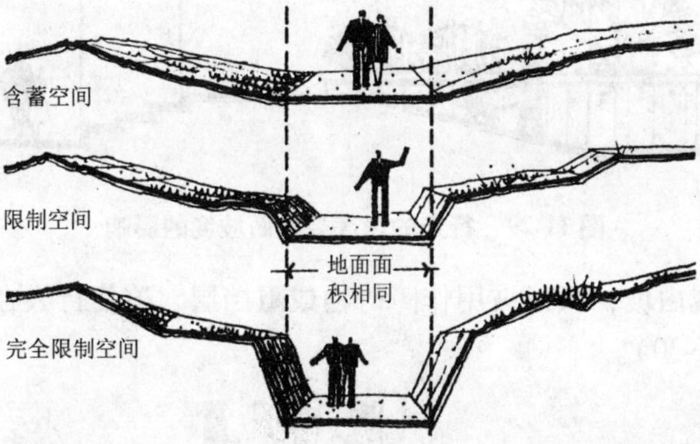

图 11-26　通过改变封闭斜坡坡度创造不同的空间限制

2. 控制视线　可以通过填充垂直平面的地形改造方式，使地形在景观中将视线导向某一特定点，影响某一固定点的可视景观和空间范围，形成连续观赏或景观序列，以及完全封闭通向不悦景物的视线。

为了能在环境中使视线停留在某一特殊焦点(景点)上，可以通过在视线的一侧或两侧将地形增高，形成如图 11-27 的地形。

图 11-27　两侧地形抬高引导视线

另一方面，也可以通过将地形改造成土堆的形式，以此来屏蔽不悦物体或景观(图 11-28)。

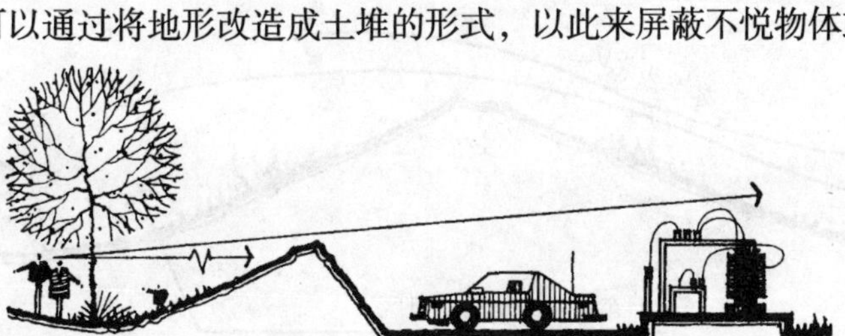

图 11-28　土山障住不悦物

3. 影响导游路线　在地形图上通过设计地形来影响导游路线的一个重要方法就是在设计中改变行人频率。例如，如果设计某一部分，要求人们快速通过的话，在此就应设计成水平地形；如果是要求人们缓慢地通过某一景观空间的话，那么在此就应该使用一系列水平高度变化或斜坡地面(图 11-29)。

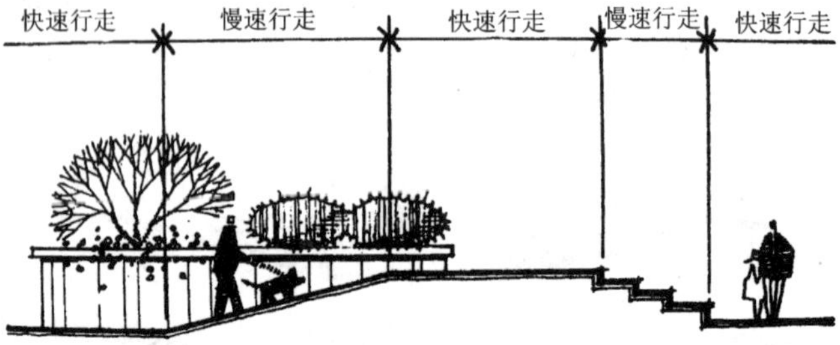

图 11-29　行走的速度受地面坡度的影响

地形起伏的山丘或山坡，可以被用作障碍物或阻挡层，迫使行人在其四周行走，以及穿越山谷状的空间(图 11-30)。

图 11-30　起伏的山丘改变园路方向

4. 改善小气候　在地形图上设计地形，可以用来改善场所的小气候。如从风的角度而言，可以通过设计一些凸面地形、脊地或山丘等来阻挡冬季的寒风；也可以通过设计谷地、洼地或马鞍形空间来收集和引导夏季风(图 11-31、11-32)。

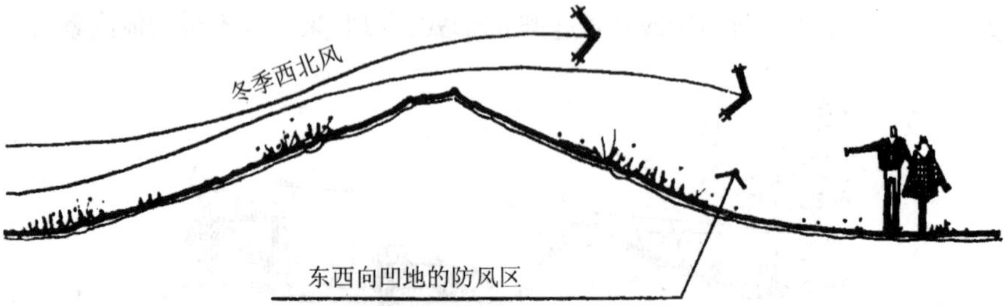

图 11-31　凹的东西向边可以防御冬季寒风的侵袭

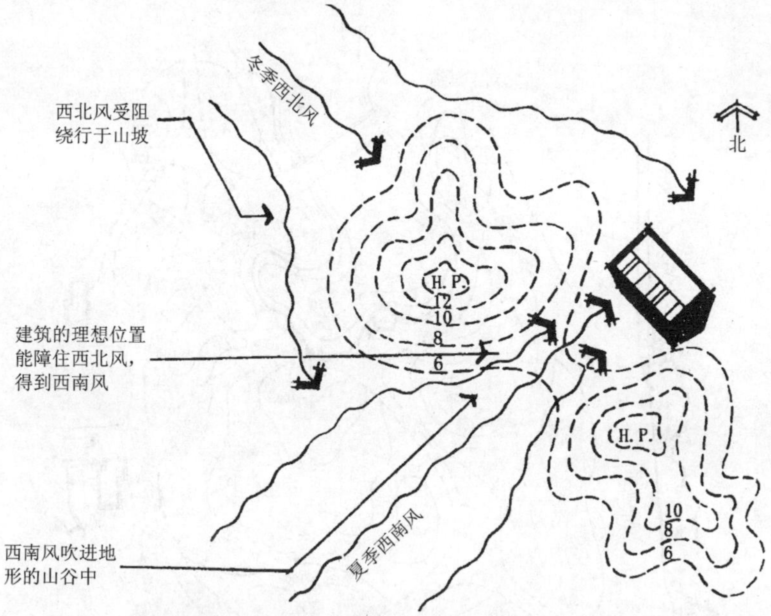

图 11-32　地形用于使建筑得到风和障去风的效果

5. 美学功能　在大多数情况下，土壤是一种可塑性物质，它能被塑造成具有各种特性、具有美学价值的悦目的实体和虚体。下面是通过地形创造不同景观的实例：

可以通过组合成各种不同地形形状，在阳光和气候的影响下产生不同的阴影视觉效果（图 11-33）。

图 11-33　地形产生的造型和光影景观效果

从创造美感的角度而言，土堆不宜堆积成具有尖锐顶部的形状，否则将不堪入目，并且易导致水土流失（图 11-34）。对于一个侧重自然的设计者来说，等高线必须绘制成曲线极为明显的形状，这样当游人上下于斜坡时，便能互相照应。

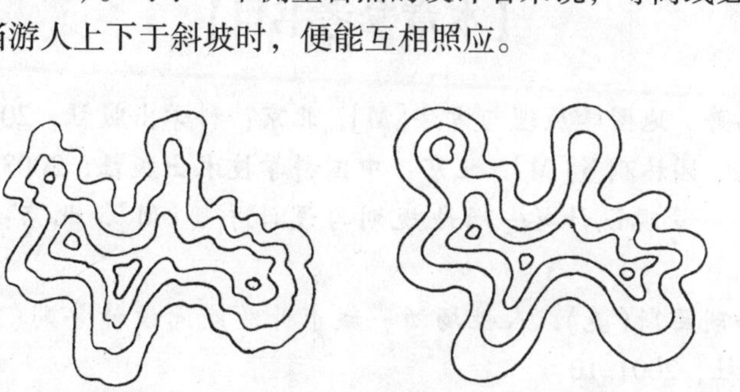

图 11-34　不同等高线形状产生的不同美感

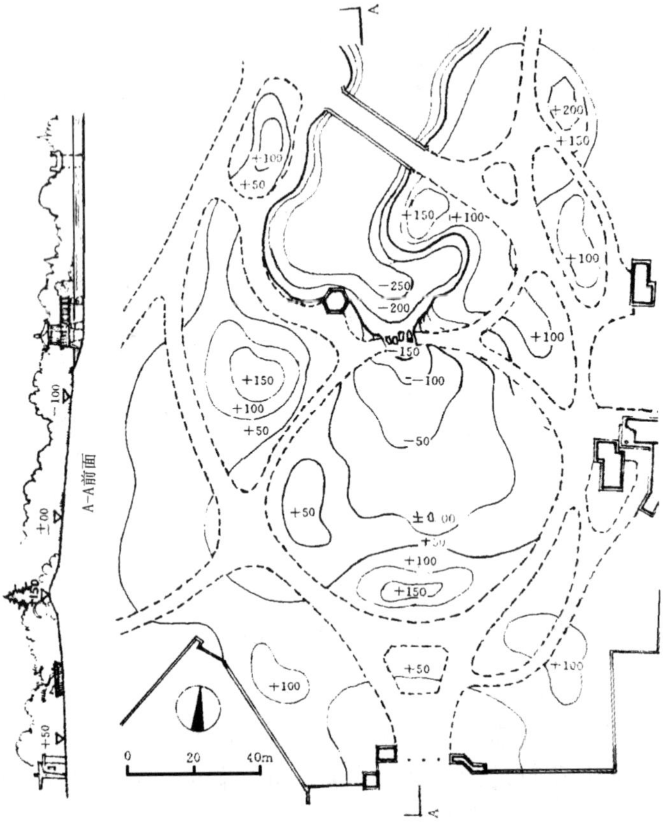

图 11-35 上海天山公园南部地形设计

再如图 11-35 为上海天山公园，公园在 20 世纪 80 年代初进行复建设计时，设计者本着既要改变现状，使地形符合造景和游人休息的功能要求，又不大动土方的基本设想，在原大桥南挖出一个作为荷花池的小水面，并使湮没土中的大桥显露出来，与荷花池南面相接的陆地则削成一处由南向北约成 5°倾斜的缓地草地。草坡缓缓伸向荷花池，地形自然和谐，水体和草坡连接，扩大了空间感。削平的土方筑于坡顶和两侧，形成岗阜地形，适当分割了空间，挖填土方基本上实现了就地平衡。

【本章参考书目】

1. 王家耀等编著. 地图学原理与方法[M]. 北京：科学出版社，2006

2. 万文斗主编. 园林测量[M]. 北京：中国科学技术出版社，2003

3. 西蒙兹(美). 景观设计学—场地规划与设计手册[M]. 北京：中国建筑工业出版社，2000

4. 马库斯，弗朗西斯(美). 人性场所—城市开放空间设计导则(第二版)[M]. 北京：中国建筑工业出版社，2001. 10

【复习思考题】

1. 地形图实地定向的方法有哪些？怎样操作？

2. 如何在地形图上确定自己所在的位置？

3. 在第十章第二题图中，从 A 到 B 定出一条地面坡度 i = 6.7% 的最佳路线。

4. 根据下图所示的等高线地形图，沿图上 AB 方向按图下已画好的高程比例作出其地形断面图。

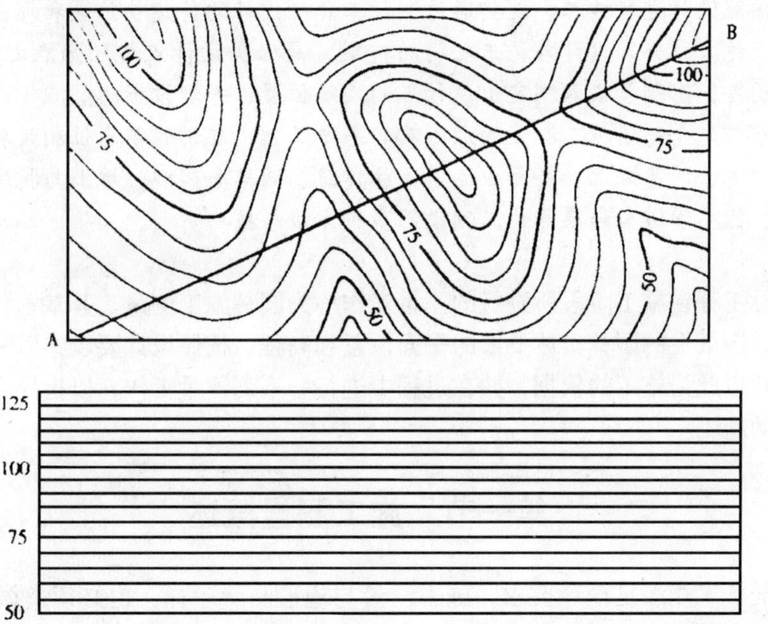

5. 什么叫汇水面积？欲在下图所示的 1∶5000 比例尺地形图上的 A 点处修建一座涵洞，请在图上画出汇水区，并计算其汇水面积。

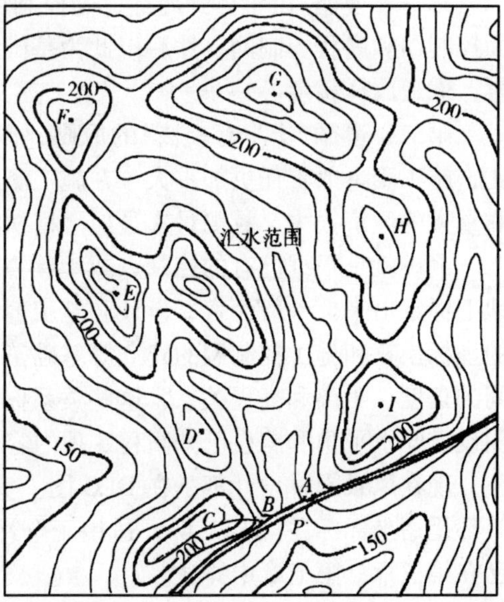

6. 土石方的计算方法有哪些？分别适用于什么场合？

7. 拟将第十章第二题图中 ABCD 四点围成的区域整理成水平场地，使填、挖土石方量均衡，试计算填、挖土石方量的大小。

8. 地形图在城市规划设计中的作用有哪些？

9. 地形图在风景园林规划设计中的作用有哪些？

第十二章　园林工程施工测量

【本章提要】

风景园林规划设计完成后即要进入施工阶段，施工时不得偏离设计的要求。在几何上按照设计进行施工，就要通过测设工作把设计的待建物位置和形状在实地标定出来。施工放样是设计与施工之间的桥梁，是根据设计点与已知点之间的角度、距离和高差，用测量仪器测定出设计点的实地位置，并埋设标志。

本章首先介绍了施工测量的原则及其基本工作，在讲述了点位测设和建筑施工测设多种方法的基础上，全面叙述了园林建筑、园路与园桥、堆山与挖湖、园林植物种植、园林管道与沟渠等施工测设的多种方法与技巧。

各种园林工程在施工阶段所进行的测量工作称为园林施工测量。其基本任务就是用测量仪器，把设计图纸上的园林实体要素的平面位置和高程，按照设计要求，以一定的精度测设到地面上，并以此为施工的依据，并在过程中进行一系列测量工作，以指导和衔接各施工阶段和工程间的施工。

第一节　施工测量概述

为了保证施工能满足设计要求，施工测量与地形测量一样，也必须遵循以下两条基本原则：

第一，遵循“由整体到局部，先控制后细部”的原则，即在施工现场建立统一的施工平面控制网和高程控制网，然后以此为基础，再放样建筑物的细部位置。这样可以减少误差积累，保证放样精度。

第二，遵循“步步有校核”的原则，以防止差错、遗漏的发生。施工测量与地形测量相比，施工测量的责任更加重大，在施工测量中出现任何的差错都有可能造成严重的工程事故和重大的经济损失。故测量人员应严格执行质量管理规定，仔细复核，力争避免错误出现。

测设就是根据已有的控制点或地物点，按工程设计要求，将建（构）筑物的特征点在实地上标定出来。一般而言，设计和施工部门为了工作方便，在测设之前得先进行施工控制点的坐标换算和施工控制网的建立等基础工作。测设时要确定特征点与控制点或原有建筑物之间的角度、距离和高程关系，这些关系称为测设数据。其基本工作包括测设已知水平距离、测设已知水平角和测设已知高程 3 项内容。

现在风景园林设计都是在 DLG 图上完成，对于建筑物、构筑物的角点、拐点、定位点等都是用坐标标注（图 12-1），适用于全站仪或 RTKGPS 放样。全站仪和 RTKGPS 放样方法已在第三章、第七章中详述。

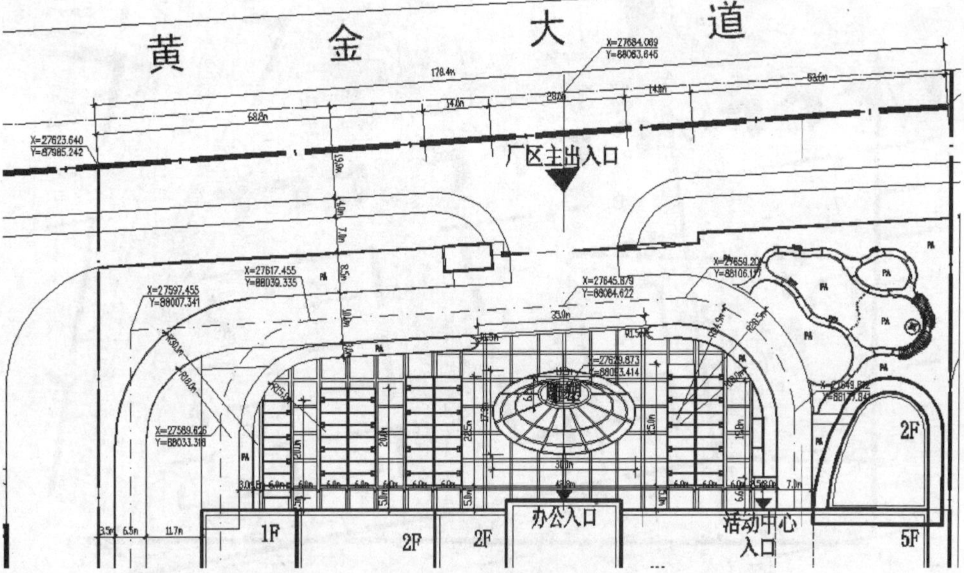

图 12-1　施工定位放样图

一、施工控制点的坐标换算

设计部门为了图面布置的方便，在设计总平面图上，建筑物的平面位置常采用建筑坐标系统来表示。

所谓建筑坐标系就是以建筑物的主轴线作为坐标轴而建立起来的独立坐标系。建筑坐标系的坐标轴与主要建筑物的主轴线或主要道路、管线方向平行，坐标原点设置在总平面图的西南角上，纵轴记为 A，横轴记为 B，用 A、B 坐标标定各建筑物位置。

建筑坐标系与测图坐标系存在一个旋转角的关系，可用建筑坐标原点 O' 的测图坐标 $x_0{}'$、$y_0{}'$和 $O'A$ 轴的坐标方位角来确定。在施工测量时，这些数据可以由勘测设计单位提供，也可以从设计图纸上用解析法或图解法求得。由于地面上测图控制点的坐标是已知位的，而设计图纸上设计建筑基线点或建筑方格网的坐标位于施工坐标系中，因此，在计算放样数据时，应将放样数据统一到统一测图坐标系中才能进行放样工作。

如图 12-2 所示，$AO'B$ 为施工坐标系，xOy 为测图坐标系，设 P 点为园林建筑基线或建筑方格网上的一个主点，它在施工坐标系中的坐标为 A_P、B_P，在测图坐标系中的坐标为 x_p、y_p，$x_0{}'$、$y_0{}'$为原点 O' 在测图坐标系中的坐标，α 为 $O'A$ 轴的坐标方位角。

将 P 点的建筑坐标转化为测图坐标，其换算公式为：

$$\left.\begin{aligned} x_p &= x_0 + A_P\cos\alpha - B_P\sin\alpha \\ y_P &= y_0 + A_P\sin\alpha + B_P\cos\alpha \end{aligned}\right\} \tag{12-1}$$

若将 P 点的测图坐标转化为建筑坐标，其换算公式为：

$$\left.\begin{aligned} A_p &= (x_p - x_0)\cos\alpha + (y_P - y_0)\sin\alpha \\ B_P &= -(x_p - x_0)\sin\alpha + (y_P - y_0)\cos\alpha \end{aligned}\right\} \tag{12-2}$$

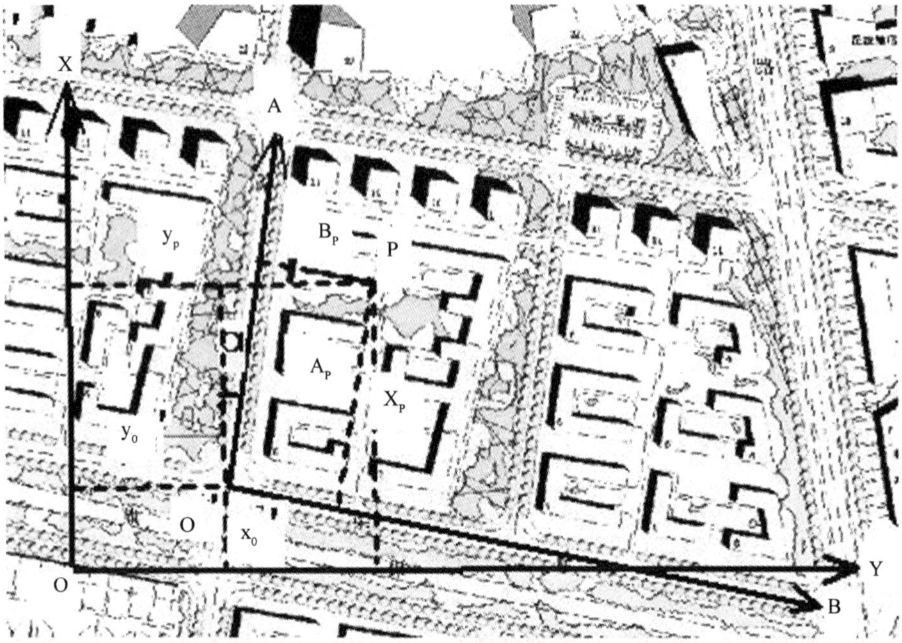

图 12-2　施工坐标与测图坐标的关系

二、施工控制网的建立

（一）控制网的作用

根据“从整体到局部，先控制后细部”的原则，在施工开始前，首先建立测量控制网作为放样的基础，常常称这类控制网为施工控制网。它是整个场地内各栋建筑物、构筑物定位的依据，是保证整个施工区内测量精度和顺利完成工作的基础。

（二）控制网布网的原则

在布网的时候应该遵循以下原则：

1. 相邻点必须通视并应使控制点在整个施工过程中不受破坏；
2. 点位的密度和精度应能保证定位放线工作的顺利进行；
3. 控制网的图形应简洁，以便于计算。

（三）平面控制网的建立

园林规划设计中用到的场所规模一般较小，园林建筑的体量也都较小，建筑群体规模不大。因此，所用的测量控制网也较为简单，常用的有建筑基线网和导线网（或多边形网）。

1. 建筑基线网

在面积不大时，地形较为平坦的建筑物场地上，布设一条或几条基准线，作为施工测量的平面控制，称为建筑基线网。

建筑基线网可以根据园林规划设计总平面图上园林建筑物的分布，现场地形条件及原有测图控制点的分布情况，布设成三点一字形、三点 *L* 形、四点 *T* 形、五点十字形等形式（图 12-3）。

在布设建筑基线网时注意以下几点：

第一，建筑基线应平行或垂直于主要建筑物主轴线，以便使用直角坐标法进行测设；
第二，相邻点应互相通视；
第三，点位不受施工影响，且能长期保存；
第四，基线点不少于3个，以便检测该网本身有无变动。

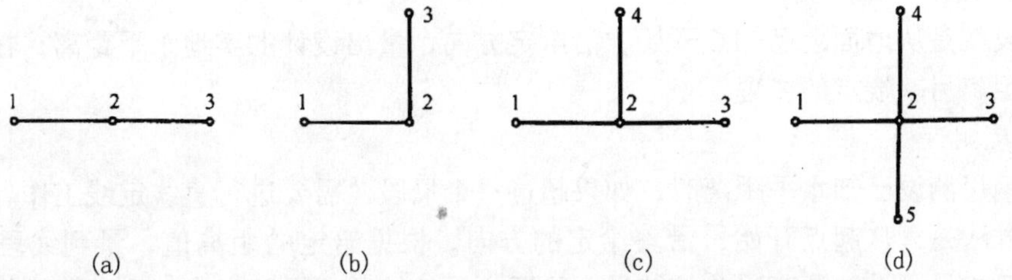

图12-3 建筑基线网的基本类型

2. 导线网(或多边形网)

当园林建筑场地成多边形或建筑物外形和建筑群布置较为复杂时，可以采用导线网或多边形网作为施工控制网。

导线网一般由闭合导线组成，导线点的选择宜和建筑物轴线控制点的选择相结合，使部分导线边平行于建筑物主轴线，或部分导线点并于轴线点。

如图12-4所示，在该导线网中，*H*、1、2、……、8为建筑物的特征点；*A*、*B*、*C*、……、*H*为导线点。设计时，使导线*AB*和*EF*分别平行于主轴线*H*-1、2-7，导线*AH*、*DE*平行于轴线2-1、3-4、……导线点*H*并且作为轴线控制点，这样的布设便于建筑物的放样。

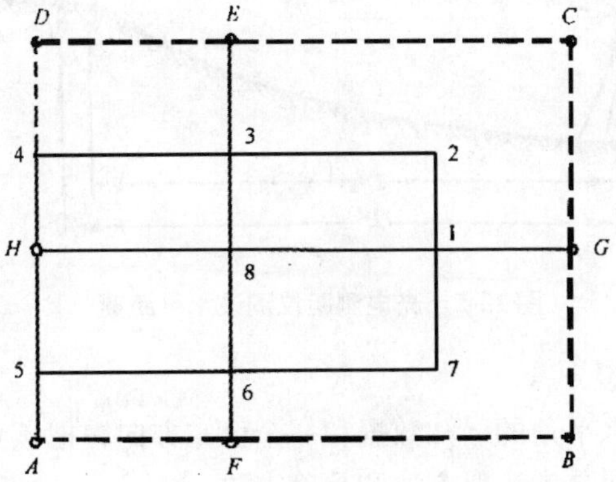

图12-4 导线网的布设方法

(四)高程控制网的测定

在场地内各主要栋号附近均需要设置栋号水准号，或0.000水平线相互间距不超过100m，并使之构成闭合的场地高程控制网。

再根据设计指定的水准点，将已知高程引测到场地内，联测各栋号水准点或0.000水平线后，到另一指定的水准点做附合校对，闭合差应小于$\pm 5\sqrt{n}$mm(n为测站数)或$\pm 20\sqrt{L}$mm(L为测线长度)，以km为单位。闭合差合格后，应按测站数或距离成正比例分配之。

园林建筑施工测量的原则和测图工作的原则相同，也是“先整体、后局部”，“先控制测量，后细部测量”。园林建筑施工测量，主要包括以下几方面的测量工作。

三、测设的基本工作

(一)已知水平距离测设

该测设就是从地面上已知点开始，沿给定方向，量出设计的实地水平距离，在地面上标定出这段距离另一端点的位置。

1. 钢尺测设

使用钢尺测设已知水平距离时，如果超过一个尺段，需要进行直线定线工作。

一般方法是，从起点开始，沿着给定的方向，根据给定的距离值，量到线段的另一端点。应往返丈量测设的距离以检核结果。往返丈量的较差在限差之内，取其平均值作为最后结果。

2. 光电测距仪测设

用光电测距仪放样已知水平距离如图 12-5 所示，光电测距仪安置在 A 点，反光棱镜沿已知方向 AC 移动，使仪器显示略大于放样的距离 D，定出 B'点，再在 B'点安置棱镜，测量出 B'点上反光镜的竖直角及斜距 L，根据及 L 计算水平距离 $D' = L\cos\alpha$，从而求得改正值 $\triangle D = D - D'$。根据 $\triangle D$ 的符号，在实地沿已知方向用钢尺由 B'点量起，量 $\triangle D$ 定出 B 点，AB 即为测设的水平距离 D。为了检核，将反光棱镜安置在 B 点，测量 AB 的水平距离，若不合要求，则再次改正，直至在允许范围内为止。

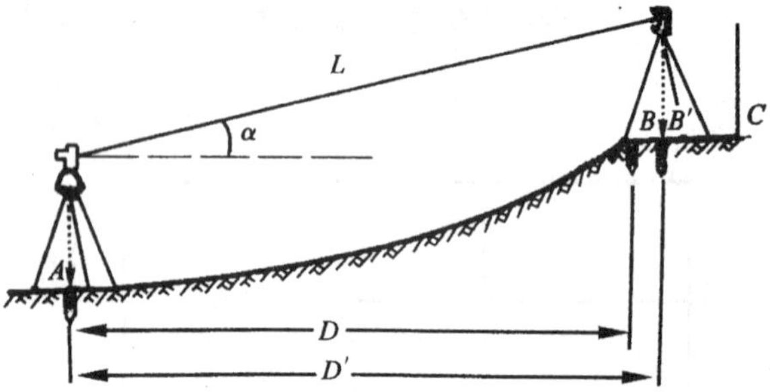

图 12-5　光电测距仪测设水平距离

(二)已知水平角的测设

水平角测设就是根据水平角的已知数据和一个已知方向，把该角的另一个方向放样在地面上。按放样精度要求不同分为一般方法和精确方法。

1. 一般方法

如图 12-6 所示，已知地面上 OA 方向，从 OA 向右放样已知水平角 β，定出 OB 方向，步骤如下：

(1)在 O 点安放经纬仪，盘左位置瞄准 A 点，并使水平度盘读数为 $0°00'00''$；

(2)松开水平制动螺旋，旋转照准部，使水平度盘为 β，在此方向线定出 B'点；

(3)在盘右位置同法定出 B''点，取 B'、B''的中心点 B，则 AOB 就是要放样的已知水平角 β。

2. 精确方法

当水平角测设精度要求较高时，采用垂线支柱法进行改正。步骤如下：

(1)如图 12-7 所示，先按一般方法放样定出 B_1 点；

(2)反复观测水平角 $\angle AOB_1$ 若干个测回，准确求其平均值 β_1，并计算出它与已知水平角的差值 $\Delta\beta = \beta - \beta_1$；

(3)计算改正距离：

$$BB_1 = OB_1 \frac{\Delta\beta}{\rho} \qquad (12-3)$$

式中 OB_1——测站点 O 至放样点 B_1 的距离；

ρ——206265″；

(4)从 B_1 点沿 OB_1 的垂直方向量出 BB_1，定出 B 点，则角 $\angle AOB$ 就是要放样的已知水平角。

注意，如 $\Delta\beta$ 为正，则沿 OB_1 的垂直方向向外量取；反之向内量取。

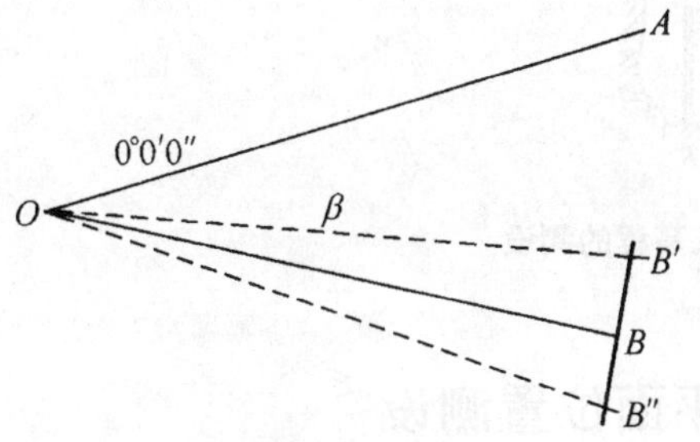

图 12-6　一般法测设已知水平角

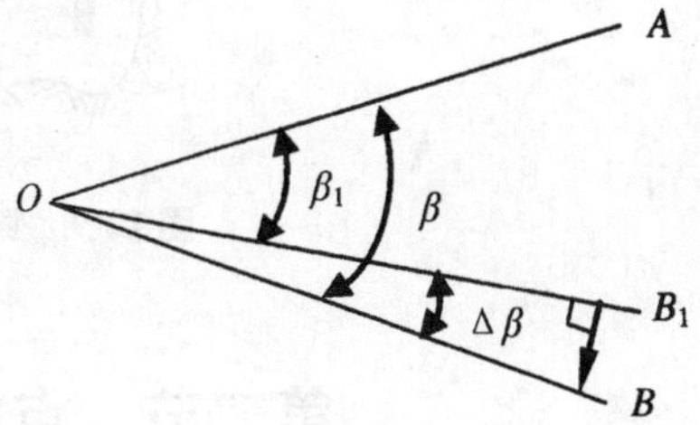

图 12-7　精密方法测设已知水平角

(三)已知高程的测设

测设已知高程就是根据已知点的高程，通过引测，把设计高程标定在固定的位置上。如图 12-8 所示，已知高程点 A，其高程为 h_A，需要在 B 点标出已知高程 H_B 的位置。

方法如下：

1. 在 A 点和 B 点中间安置水准仪，精平后读取 A 点的标尺读数为 a，则仪器的视线高程为 $Hi = H_A + a$，由图可知测设已知高程为 H_B 的 B 点标尺读数为 $b(b = H_i - H_B)$。

2. 将水准尺紧靠 B 点木桩的侧面上下移动，直到尺上读数为 b，沿尺底画一横线，此线即为设计高程 H_B 的位置，测设时应始终保持水准管气泡居中。

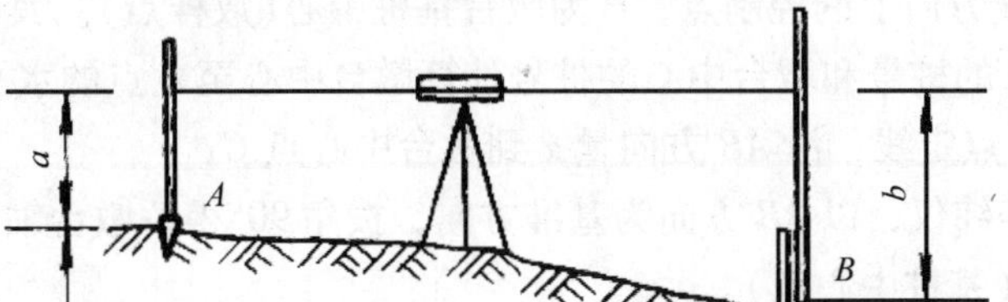

图 12-8　已知高程测设

例如，如图 12-9 所示，欲在深基坑内设置一点 B，使其高程为 $H_{设}$。设地面附近有一水准点 A，其高程为 H_A。

测设时可以在坑边架设吊杆，杆顶吊一根零点向下的钢尺，尺的下端挂上重 10kg 的重锤，在地面和坑内各安置一台水准仪，设地面的水准仪在 A 点所立的尺上读数为 a_1，在钢尺上的读数为 b_1，坑底水准仪在钢尺上的读数为 a_2。当 B 点尺底高程为 H 设时，B 点所立水准尺上的读数应为：

$$b_{应} = (H_A + a_1) - (b_1 + a_2) - H_{设} \tag{12-4}$$

然后，改变钢尺悬挂位置，再次观测，以便检核。

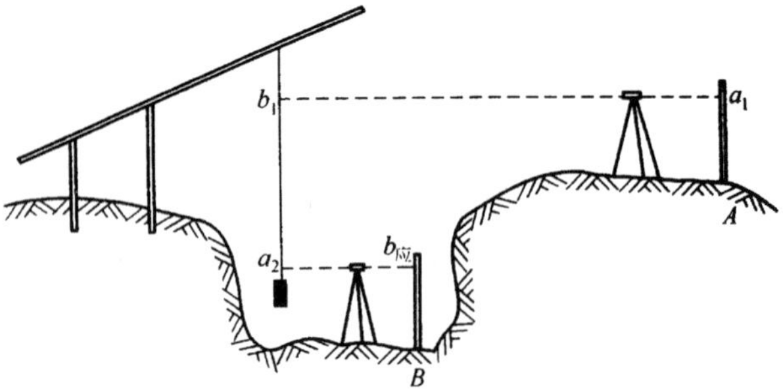

图 12-9　深基坑高程的测设

第二节　点的平面位置测设

点的平面位置测设是根据已经布设好的控制点的坐标和待测设点的坐标，反算出测设数据，即控制点和待测设点之间的水平距离和水平角，在利用上述测设方法标定出设计点位。根据所用的仪器设备，控制点的分布情况，测设场地地形条件即测设精度要求，可以采用以下几种方法进行放样工作。

一、直角坐标法

当建筑场地已经建有互相垂直的主轴线或建筑方格网时，一般可以采用此法。

该法一般通常以建筑物的主轴线方向为 X 轴，以某一固定点为坐标原点。如图 12-10 所示，A、B 为园桥轴线方向上的控制点，P 为墩台基桩中心（放样点）。具体放样步骤如下：

1. 根据控制点 A 的桩号和墩台中心的桩号计算墩台中心至 A 点的水平距离即 x，在 A 点安置经纬仪，瞄准 B 点定线，沿 AB 方向量 x 到墩台中心点 C；

2. 在 C 点安置经纬仪，以 AB 方向为基准方向，拨角 90°得桥墩台轴线方向 CP，沿该方向量 y 即得放样点 P（基桩中心点）。

在放样点距控制轴线较近且精度要求不高的情况下，也可用十字方向架配合皮尺放样。

二、极坐标法

极坐标法是根据水平角和距离放样点的平面位置的一种方法。在控制点与放样点间便于量测的情况下，采用此法较为适宜。

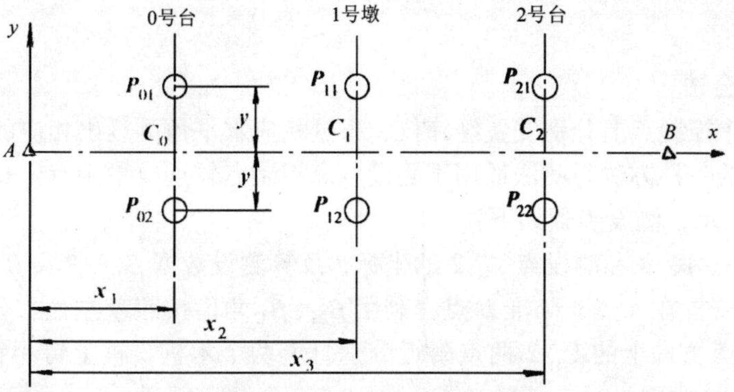

图 12-10　直角坐标法测设点位

如图 12-11 所示，A、B 为已知控制点，设其坐标为(x_A, y_A)、(x_B, y_B)。P 为放样点，其坐标为(x_P, y_P)。根据已知坐标和放样点坐标按坐标反算的方法求出放样角和放样边长。即

$$\left.\begin{aligned}\alpha_{AB} &= \arctan\frac{y_B - y_A}{x_B - x_A} \\ \alpha_{AP} &= \arctan\frac{y_P - y_A}{x_P - x_A} \\ \beta &= \alpha_{AP} - \alpha_{AB} \\ D_{AP} &= \sqrt{(x_P - x_A)^2 + (y_P - y_A)^2}\end{aligned}\right\} \quad (12-5)$$

放样时，经纬仪安置在 A 点，后视 B 点，置度盘为零，按盘左盘右分中法放样 β 角，定出 AP 方向，沿此方向量取水平距离 D_{AP}，得 P 点。

定 AP 方向时也可用方位角，即在照准后视 B 点时，使水平度盘读数恰好等于 AB 方位角 α_{AB}。转动照准部，当度盘读数为 AP 方位角 α_{AP}时，此方向即为 AP 方向。

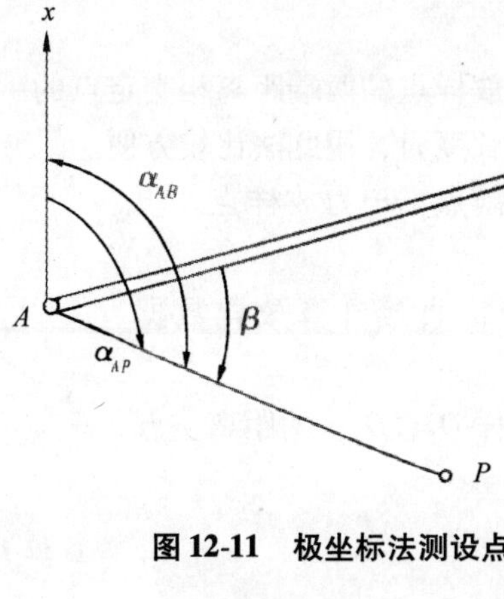

图 12-11　极坐标法测设点位

三、交会法

(一)角度交会法

此法是在两个控制点上分别安置经纬仪，根据相应水平角测设出相应的方向，根据两个方向交会定出点的一种方法。此法适用于测设点离控制点较远或量距有困难的情况。

如图12-12所示，测设步骤如下：

1. 根据控制点A、B和测设点1、2的坐标，反算测设数据β_{A1}、β_{A2}、β_{B1}和β_{B2}的角值；

2. 将经纬仪安置在A点，瞄准B点，利用β_{A1}、β_{A2}角值按照盘左盘右分中法，定出$A1$、$A2$方向线，并在其方向上的1、2两点附近分别打上两个木桩，桩上钉小钉以表示此方向，并用细线拉紧；

3. 在B点安置经纬仪，同法定出$B1$、$B2$方向线；

4. 根据A_1和A_2、B_1和B_2方向线可以分别交出1、2两点，即为所求待测设点的位置。

当然也可以利用两台经纬仪分别在A、B两个控制点同时设站，测设出方向线后定出1、2两点。

检核时，可以采用丈量实地1、2两点间的水平边长，并与1、2两点设计坐标反算出的水平边长进行比较。

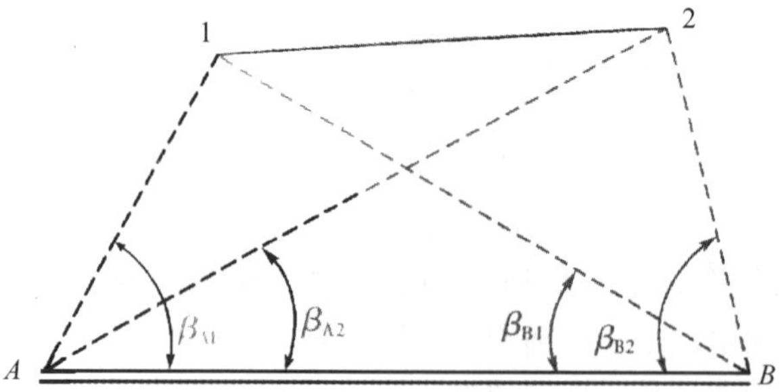

图12-12　角度交汇法测设点位

(二)距离交会法

距离交汇法是从两个控制点起至放样点的两端距离相交定点的一种方法。当建筑场地平坦，便于量距且放样距离不超过钢尺长度时，用此法比较方便。

如图12-13所示，设A、B为控制点，P为放样点。步骤如下：

1. 首先根据控制点和放样点坐标直接计算放样数据D_1、D_2；

2. 然后用钢尺从A，B点分别放样D_1、D_2，两距离交点即为所求P点的位置。

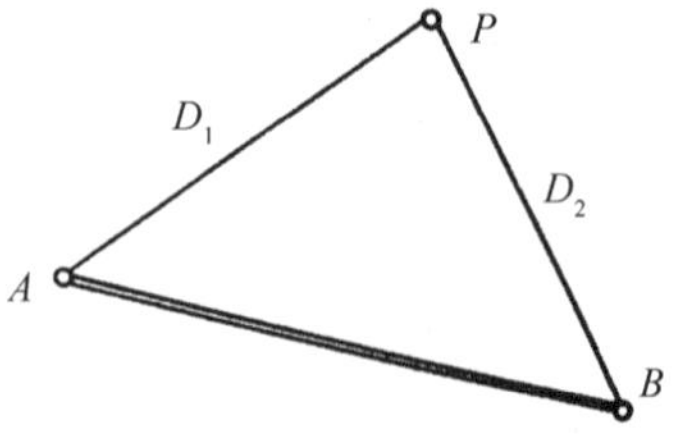

图12-13　距离交汇法测设点位

四、支距法

当欲测设的点位位于基线或某一已知线段附近，且测设点位精度要求较低时，可采用此法。其步骤如下：

1. 如图 12-14 所示，欲测设点 P 在已知线段 AB 附近，在图上过 P 点作 AB 的垂线 PP_1，量取距离 d_1' 和 d_2'；

2. 在现场找到 A、B 两点，从 A 点沿 AB 方向线测设水平距离 d_1' 得 P_1 点，过 P_1 点测设 AB 的垂直方向并在其方向线上从 P_1 测设水平距离 d_2' 得 P 点，即为欲测设的点位。

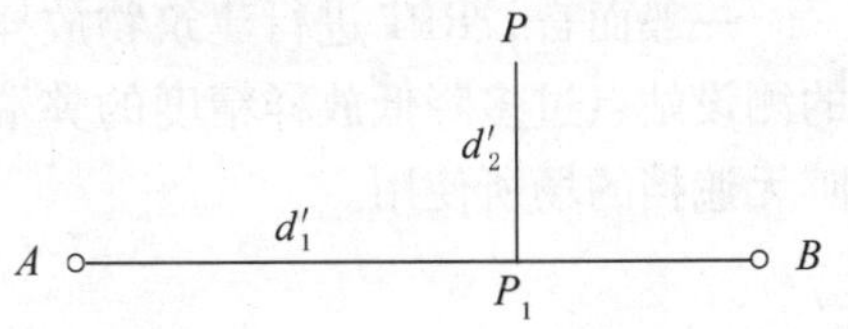

图 12-14　支距法测设点位

五、全站仪放样法

全站仪坐标测设法，就是根据控制点和待测设点的坐标定出点位的一种方法。步骤如下：

1. 首先，仪器安置在控制点上，使仪器置于测设模式；

2. 然后输入控制点和测设点的坐标，一人持棱镜立在待测设点附近，用望远镜照准棱镜，按坐标测设功能键，全站仪显示出棱镜位置与测设点的坐标差；

3. 根据坐标差值，移动棱镜位置，直到坐标差值等于零，此时，棱镜位置即为测设点位置。

注意，每个测设点位置确定后，应根据其相互关系进行检核，发现错误及时纠正。

六、RTKGPS 放样法

南方 9800 RTKGPS 放样方法按下列步骤进行：

首先，用 WINDOWS 操作系统的文本编辑器(记事本)编辑坐标文件，编辑好后另存为后缀是 rtk 的文件。所有放样点编辑完成后，文件另存为 south. rtk。用 RS－9，RS232 传输电缆将控制器和电脑连通，利用传输程序将文件传进控制器坐标库的根目录下。

然后，在放样时，依次按"Menu"－"Special"－"Read From File"，调出控制器的文件目录，选择原来编辑好的放样坐标文件 south. rtk。从坐标库中选择要放样的放样点，执行 MENU 的 Stake out 把放样点坐标提取到放样屏幕中。如图 12-15。屏幕中央实心点代表欲放样的点，另外一个空心点代表当前 GPS 的位置。屏幕顶端"A"处的角度代表放样点到当前点的方位角，"D"处数值代表放样点距离到当前点的距离，屏幕下端 dX 代表两点 X 方向的差值，dY 代表两点 Y 方向的差值，当前状态 Mode 为 RTK fixed 及初始化成功时放样点的精度是可靠的。移动 GPS 天线，dX，dY 在容许范围内，即找到了放样点的平面位置。如此反复进行，直至要求放样的点全部完成。

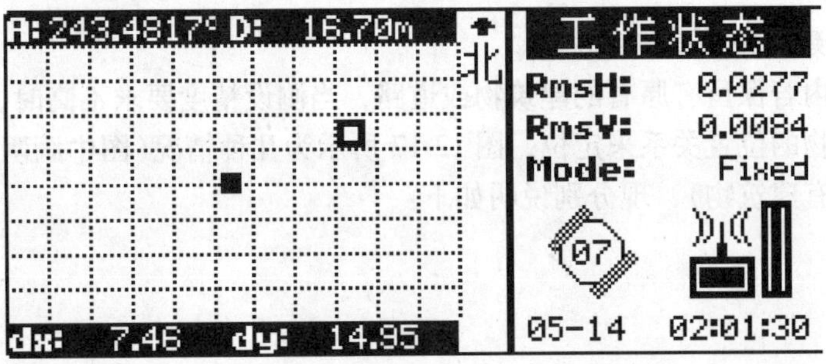

图 12-15

一般而言，RPT进行建筑物放样的时候，每个点的精度基本是一致的，解决了光学仪器的测设站点过多降低放样精度的弊端，同时没有光学仪器需要两点通视的要求，它适宜在空旷无遮挡的场所使用。

第三节 园林建筑施工测量

一、园林建筑物的定位

园林建筑物的定位，就是将建筑物外廓的各轴线交点（简称角桩），测设到地面上，作为基础放样和主轴线放样的依据。根据现场定位条件的不同，可选择以下方法。

（一）利用建筑红线定位

在施工现场有规划管理部门设定的“建筑红线”，则可依据此“红线”与建筑物的位置关系进行测设，如图12-16所示，*AB*为“建筑红线”，新建筑物茶道室的定位方法如下：

1. 从平面图上，查得茶道室轴线*MP*的延长线上的点*P′*与*A*间的距离*AP′*、茶室的长度*PQ*及宽度*PM*；

2. 在桩点*A*安置经纬仪，照准*B*点，在该方向上用钢尺量出*AP′*和*AQ′*的距离，定出*P′*、*Q′*两点。

3. 将经纬仪分别安置在*P′*和*Q′*两点，以*AB*方向为起始方向精确测设90°角，得出*P′M*和*Q′N*两方向，并在此方向上用钢尺量出*P′P*和*PM*的距离，分别定出*P*、*M*、*Q*、*N*各点。

4. 用经纬仪检查∠*MPQ*和∠*NQP*是否为90°，用钢尺检验*PQ*和*MN*的距离是否等于设计的尺寸。若角度误差在1′以内，距离误差在1/2000以内，可根据现场情况进行调整，否则，应重新测设。

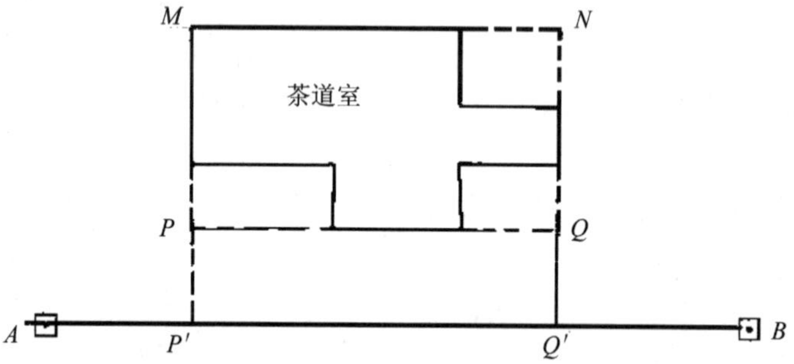

图12-16 利用建筑红线定位

（二）利用原建筑物或道路定位

在规划范围内若保留有原有的建筑物或道路，当测设精度要求不高时，拟建筑物也可根据它与已有建筑物的位置关系来定位，图12-17所示为几种情况（图中画阴影的为拟建筑物，未画阴影的为已有建筑物），现分别说明如下：

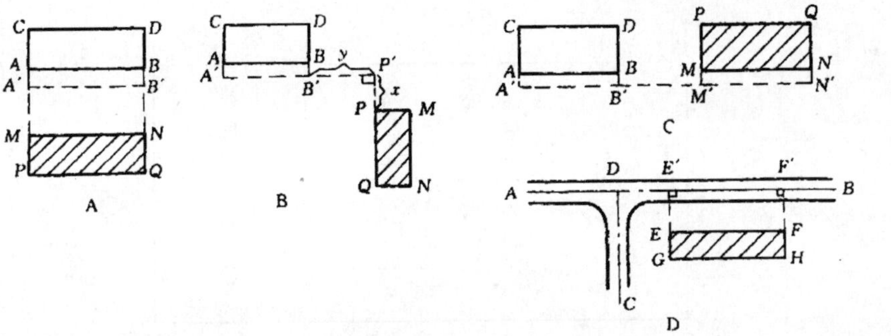

图 12-17　依据与原建筑物的空间关系定位

1. 图 12-17(*A*)为拟建建筑物与已有建筑物的长边平行的情况。测设时，先用细线绳沿着已有的建筑物的两端墙皮 *CA* 和 *DB* 延长出相同的一段距离(如 2m)得 *A*′、*B*′两点；分别在 *A*′、*B*′两点安置经纬仪，以 *A*′*B*′或 *B*′*A*′为起始方向，测设出 90°角方向，在其方向上用钢尺丈量设置 *M*、*P* 和 *N*、*Q* 四个角点；定位后，对角度(经纬仪测回法)和长度(钢尺丈量)进行检查，与设计值相比较，角度误差不超过 1′，长度误差不超过 1/2000。

2. 图 12-17(*B*)拟建建筑物与已有建筑物长边互相垂直的情况。定位时按上种情况测设 *M*′的方法测设出 *P*′点；安置经纬仪于 *P*′点测设 *P*′*A*′的垂线方向，在其方向上用钢尺丈量设置 *P*、*Q* 两个角点；分别在 *P*、*Q* 两点安置经纬仪，测设 *PQ* 的垂直方向，在其方向线上用钢尺丈量 *PM* 和 *QN* 的长度，即得 *M*、*N* 两个角点。最后同法进行角度和长度校核。

3. 图 12-17(*C*)为拟建建筑物与已有建筑物在一条直线上的情况。按上法用细线绳测设出 *A*′、*B*′两点，在 *B*′点安置经纬仪，用正倒镜法延长 *A*′*B*′，在延长线方向上用钢尺丈量设置 *M*′和 *N*′点；将经纬仪分别安置在 *M*′和 *N*′两点上，以 *M*′*A*′和 *N*′*A*′为起始方向，测设出 90°角方向，在其方向线上用钢尺丈量设置 *M*、*P* 和 *N*、*Q* 四个角点，最后校核角度和长度，方法和精度同上。

4. 图 12-17(*D*)为拟建建筑物的轴线平行于道路中心的情况。定位时先找出路中线 *DB*，在中线上用钢尺丈量设置 *E*′、*F*′两点；分别在 *E*′、*F*′上安置经纬仪，以 *E*′*D* 和 *F*′*D* 为起始方向，测设出 90°角方向，在其方向线上用钢尺丈量设置 *E*、*G* 和 *F*、*H* 四大角的角点，最后同法进行角度和长度校核。

若施工现场布有建筑方格网，还可用直角坐标法进行定位。

二、园林建筑主轴线的测设

根据已定位的建筑物外廓各轴线角桩(图 12-18 中的 *E*、*F*、*G*、*H*)，详细测设出建筑物内各轴线的交点桩(也称中心桩)的位置，如图 12-17 中 *A*、*A*′、*B*、*B*′、1、1′…等。测设时，应用经纬仪定线，用钢尺量出相邻两轴线间距离(钢尺零点端始终在同一点上)，量距精度不小于 1/2000。如测设 *GH* 上的 1、2、3、4、5 各点，可把经纬仪安置在 *G* 点，瞄准 *H* 点，把钢尺零点位置对准 *G* 点，沿望远镜视准轴方向分别量取 *G*－1、*G*－2、*G*－3、*G*－4、*G*－5 的长度，打下木桩，并在桩顶用小钉准确定位。

建筑物各轴线的交点桩测设后，根据交点桩位置和建筑物基础的宽度、深度及边坡，用白灰撒出基槽开挖边界线。

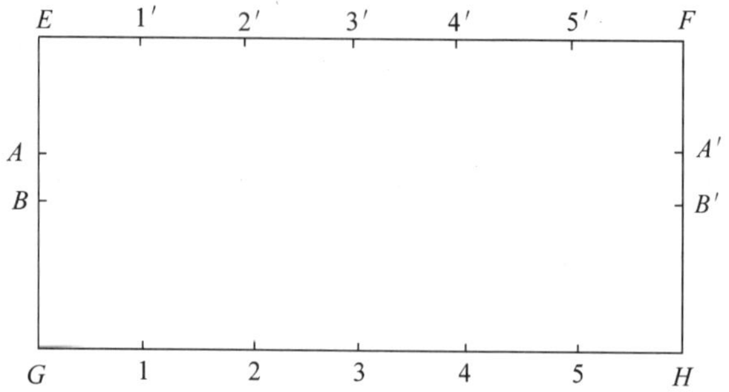

图 12-18　园林建筑主轴线的测设

基槽开挖后，由于角桩和交点桩将被挖掉，为了便于在施工中恢复各轴线位置，应把各轴线延长到槽外安全地点，并做好标志，其方法有设置轴线控制桩和龙门板两种形式。

1. 测设轴线控制桩

轴线控制桩也称引桩，其测设方法简述如下：如图 12-19 所示，将经纬仪安置在角桩或交点桩（如 *C* 点）上，瞄准另一对应的角桩或交点桩，沿视线方向用钢尺向基槽外侧量取 2～4m，打下木桩，并在桩顶钉上小钉，准确标志出轴线位置，并用混凝土包裹木桩（如图 12-20 所示），同法测设出其余的轴线控制桩。如有条件也可把轴线引测到周围原有固定的地物上，并作好标志来代替轴线控制桩。

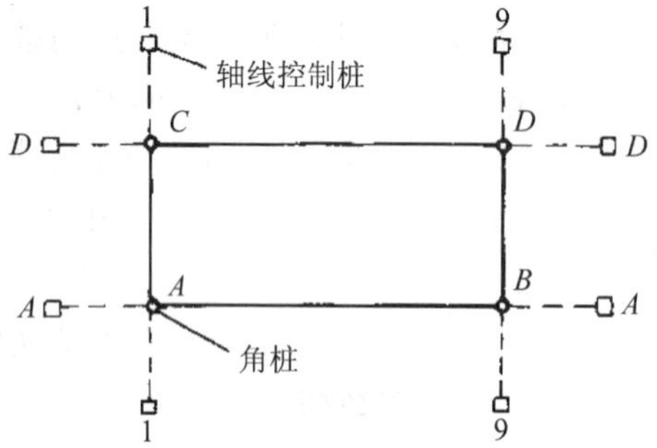

图 12-19　轴线控制桩的测设

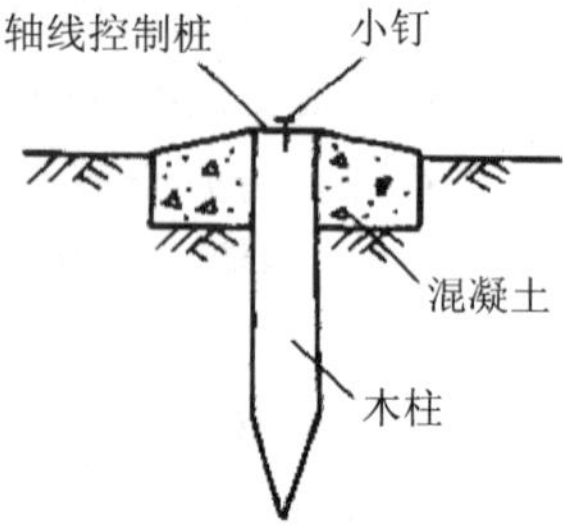

图 12-20　混凝土包裹木桩示意图

2. 设置龙门板

在园林建筑中，常在基槽开挖线外一定距离处钉设龙门板（如图 12-21），其步骤和要求如下：

（1）在建筑物四角和中间定位轴线的基槽开挖线外 1.5～3m 处（由土质与基槽深度而定）设置龙门桩，桩要钉得竖直、牢固，桩的外侧面应与基槽平行。

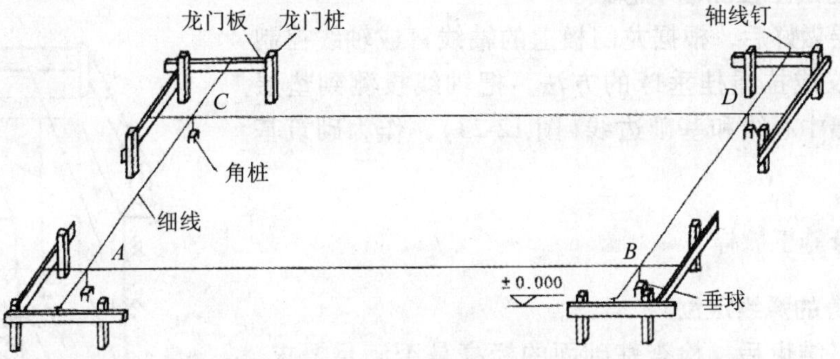

图 12-21 龙门板放样

(2)根据场地内的水准点，用水准仪将 ±0 的标高测设在每个龙门桩上，用红笔画一横线。

(3)沿龙门桩上测设的线钉设龙门板，使板的上边缘高程正好为 ±0，若现场条件不允许，也可测设比 ±0 高或低一整数的高程，测设龙门板高程的限差为 ±5mm。

(4)将经纬仪安置在 *A* 点，瞄准 *B* 点，沿视线方向在 *B* 点附近的龙门板上定出一点，并钉小钉(称轴线钉)标志；倒转望远镜，沿视线在 *A* 点附近的龙门板上定出一点，也钉小钉标志。同法可将各轴线都引测到各相应的龙门板上。如建筑物较小，也可用垂球对准桩点，然后沿两垂球线拉紧线绳，把轴线延长并标定在龙门板上。

(5)在龙门板顶面将墙边线、基础边线、基槽开挖边线等标定在龙门板上。标定基槽上口开挖宽度时，应按有关规定考虑放坡的尺寸。

三、基础施工放样

轴线控制桩测设完成后，即可进行基槽开挖施工等工作，基础施工中的测量工作主要有以下两个方面。

(一)基槽开挖深度的控制

在进行基槽开挖施工时，应随时注意开挖深度。在将要挖到槽底设计标高时，要用水准仪在槽壁测设一些距槽底设计标高为某一整数(一般为 0.4m 或 0.5m)的水平桩(如图 12-22)，用以控制挖槽深度，水平桩高程测设的允许误差为 ±10mm。考虑施工方便，一般在槽壁每隔 3～4m 处均测设一水平桩，必要时，可沿水平桩的上表面拉线，作为清理槽底和打基础垫层时掌握标高的依据。基槽开挖完成后，应检查槽底的标高是否符合要求，检查合格后，可按设计要求的材料和尺寸打基础垫层。

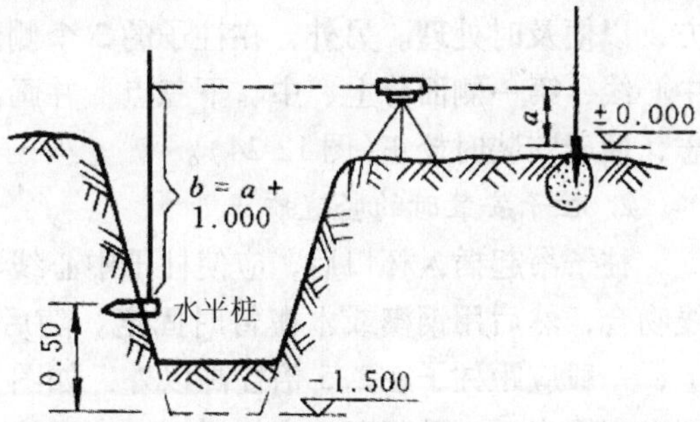

图 12-22 基槽深度控制

（二）在垫层上投测墙中心线

基础垫层做好后，根据龙门板上的轴线钉或轴线控制桩，用经纬仪或拉绳挂垂球的方法，把轴线投测到垫层上，并标出墙中心线和基础边线（图 12-23），作为砌筑基础的依据。

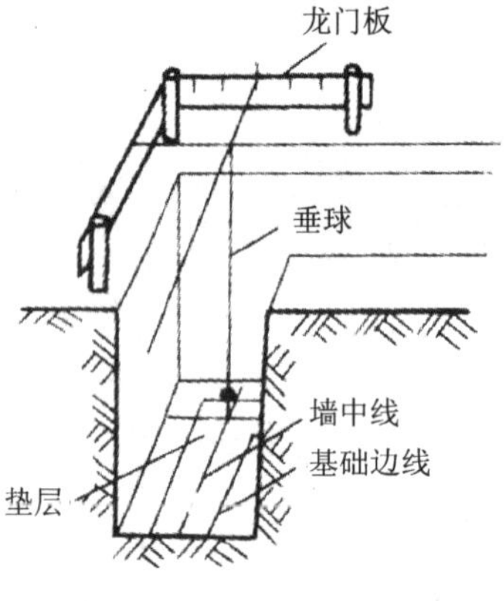

图 12-23　经纬仪投测墙中心线

四、墙身施工放样

（一）墙身的弹线定位

基础施工结束后，检查基础面的标高是否满足要求，检查合格后，即可进行墙身的弹线定位，作为砌筑墙身时的依据。

墙身的弹线定位的方法：利用轴线控制桩或龙门板上的轴线和墙边线标志，用经纬仪或用拉线绳挂垂球的方法，将轴线投测到基础面上，然后用墨线弹出墙中线和墙边线。检查外墙轴线交角是否为直角，符合要求后，把墙轴线延长并画在外墙基上，作为向上投测轴线的依据。同时把门、窗和其他洞口的边线也在外墙基础立面上画出。

（二）柱子安装施工放样

在一些园林建筑中，设有梁柱结构。其梁柱构建有时是事先按照设计尺寸进行预制的。因此，必须按照设计要求的位置和尺寸进行安装，以保证各构件间的位置关系正确无误。

1. 柱子吊装前的准备

基槽开挖完毕，打好垫层以后，应在相对的两定位桩间拉麻线，将交点用垂线球投影到垫层上，再弹出轴线及基础边线的墨线，以便立模浇灌基础混凝土，或吊装预制杯型基础。同时还应在杯口内壁，测设一条标高线，作为安装时控制标高时所用。另外，还应检查杯底是否有过高或过低的地方，以便及时处理。另外，在柱子的 3 个侧面用墨线弹出柱中心线，第一侧面分上、中、下三点，并画出小三角形▲标志，便于安装时校正（图 12-24）。

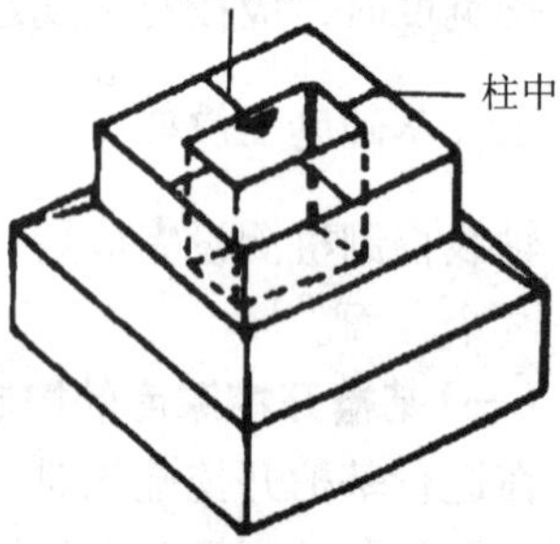

图 12-24　园林建筑杯型基础

2. 柱子安装时的竖直矫正

柱子吊起插入杯口后，应使柱子中心线与杯口顶面中心线吻合，然后用钢楔或木楔暂时固定。随后用两台经纬仪分别安置在互相垂直的两条轴线上，一般应距柱子在 1.5 倍柱高以外，如图 12-25（a）所示。经纬仪先瞄准柱子底部中心线，照准部固定后，再逐渐抬高望远镜，直至柱顶。若柱中心线一直在经纬仪视线上，直至两中心线同时满足两经纬仪的要求时为止。

为了提高效率，有时可以将几根柱子竖起后，将经纬仪安置在一侧，一次校正若干根柱子，如图 12-25（b）。在施工中，一般是垂直校正，随时浇筑混凝土固定，固定后及时用经纬仪检查纠偏。轴线的偏差应控制在柱高的 1/1000 以内；另外，还应用水准仪检测柱子安放的标高位置是否准确，其最大误差控制在 5mm 以内。

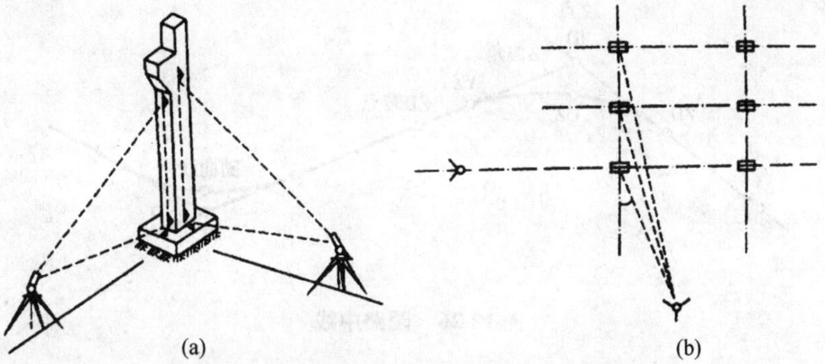

图 12-25 园林建筑柱子放样时的竖直校正

(三)上层楼面轴线的投测

在多层园林建筑施工中，需要把底层轴线逐层投测到上层楼面，作为上层楼面施工的依据。上层楼面轴线投测有下面两种方法。

1. *吊锤法*

用较重的垂球悬吊在楼板或柱顶边缘，当垂球尖对准基础墙面上的轴线标志时，线在楼板或柱边缘的位置即为该楼层轴线端点位置，并画线标志，同法投测其他轴线端点。经检测各轴线间距符合要求后即可继续施工。这种方法简便易行，一般能保证施工质量，担当风力较大或建筑物较高时，投测误差较大，应采用经纬仪或激光垂位仪投测法。

2. *经纬仪投测法*

经纬仪在相互垂直的建筑物中部轴线控制桩上，严格整平后，瞄准底层轴线标志。用盘左和盘右取平均值的方法，将轴线投测到上楼层边缘或柱顶上。每层楼板应测设长轴线 1 ~ 2 条，短轴线 2 ~ 3 条。然后，用钢尺实量其间距，相对误差不得大于 1/2000。合格后才能在楼板上分间弹线，继续施工。

第四节 园路及园桥施工测设

一、园路放样

园路在施工阶段的测量是指其施工管理阶段所进行的测量，主要任务是按照设计和施工要求，测设路基、路面及附属建构筑物的线型、位置、高程，以保证它们的定位和相互关系的准确，并作为施工管理的依据。

(一)园路中线测量

园路中线测量是把在道路带状地形图上设计好的园路中心线标定在实地上。园路中心线的平面几何线型由直线和曲线组成(图 12-26)线路的起点、终点和转点通称为线路主点。中线测量工作主要包括测设中线上各交点(*JD*)、转点(*ZD*)、量距和钉桩、测量转点上的偏角(α)、测设圆曲线等。

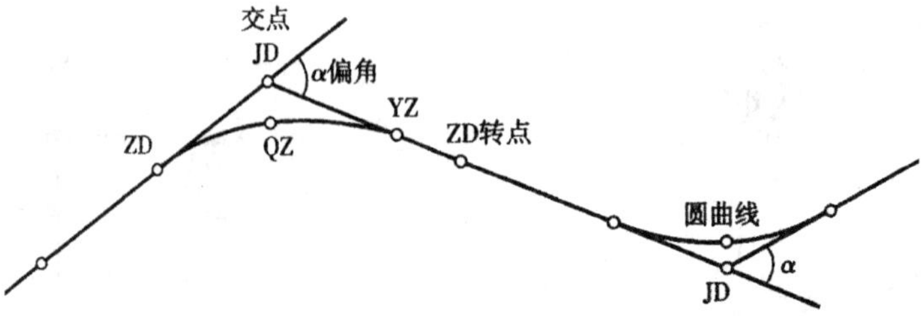

图 12-26　园路中线

1. **交点测设**

交点是指园路的转折点，就是路线改变方向时相邻两条直线延长线相交的点。它是布设线路、详细测设直线和曲线的控制点。交点测设的方法主要有：

(1)根据地物测设交点 根据交点与周边地物的关系来测设交点。如图 12-27 所示，交点 JD_{12}的位置已在地形图上确定，可在图上量出交点到两房角和电线杆的距离，在现场根据相应的房角和电杆，用皮尺分别量取相应尺寸，用距离交汇法测设出 JD_{12}交点。

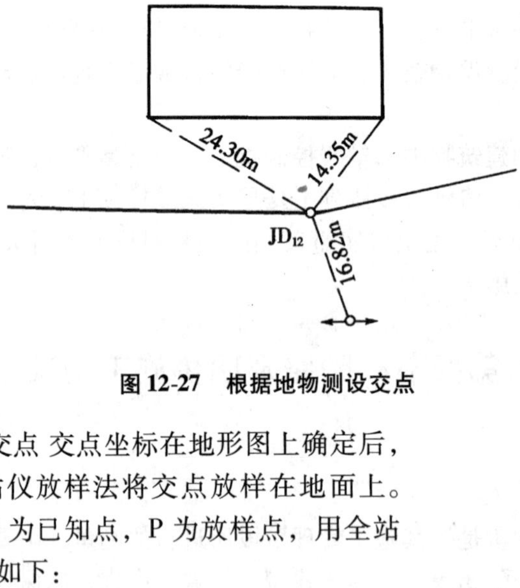

图 12-27　根据地物测设交点

(2)根据坐标测设交点 交点坐标在地形图上确定后，利用测图导线按照全站仪放样法将交点放样在地面上。如图 12-28 所示，A、B 为已知点，P 为放样点，用全站仪放样坐标的具体操作如下：

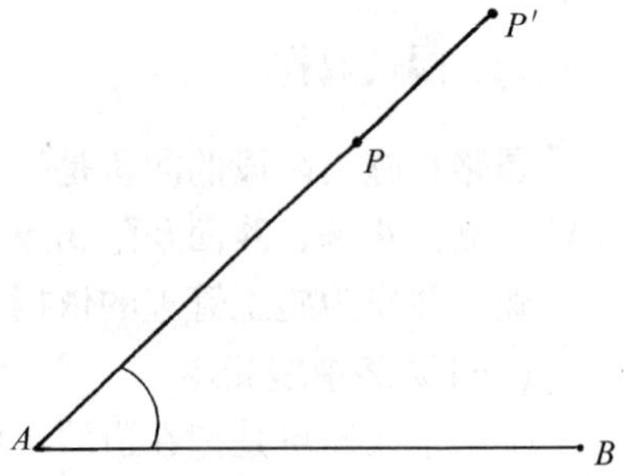

图 12-28　根据坐标测设交点

第一，在测站点 A 安置全站仪；

第二，选择测量模式与设置棱镜常数；

第三，输入仪器高；

第四，输入棱镜高；

第五，输入测站点坐标；

第六，设置后视方位角；

第七，输入气象改正值；

第八，输入放样点平面坐标(x_P，y_P)或三维坐标(x_P，y_P，H_P)；

第九，按相关功能键，松开水平自动螺旋，转动照准部至放样方向 AP′；

第十，在 AP′方向安置棱镜并测距，沿 AP′方向前后移动棱镜至放样点 P，该点即为放样点的平面位置，根据测得 P 点的高程值与放样高程值的偏差，上下移动棱镜直至测得的 P 点高程等于 H_P。

(3)根据导线点和交点的设计坐标测设交点 根据附近导线点和交点的设计坐标，反算出有关测设数据，按坐标法、角度交会法和距离交会法测设出交点。如图 12-29 所示，根据导线 6、7 和 JD_1 三点的坐标，反算出方位角 $\alpha_{6,7}$ 和 6 点到 JD_1 之间的距离 D 和方位角 α_{6,JD_1}，按极坐标法测设 JD_1。

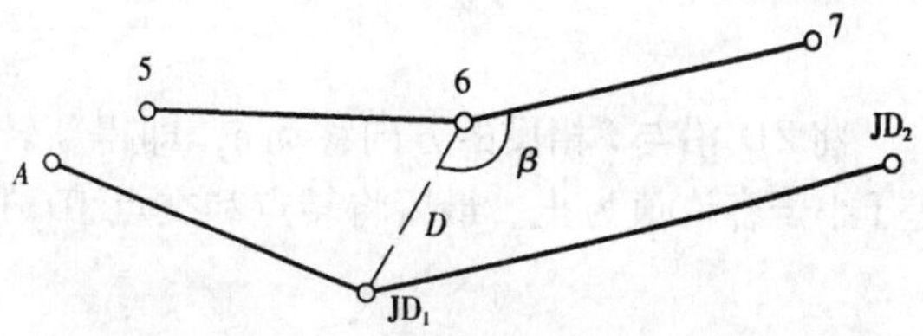

图 12-29　根据导线点测设交点

(4)拨角法测设交点　该方法是指在地形图上量出纸上定线的交点坐标，反算相邻交点间的直线长度、坐标方位角及路线转交。然后在野外将仪器置于路线中线起点或已确定的交点上，拨出转角，测设直线长度，依此定出各交点位置。

2. 转点的测设

当相邻两交点互不通视时，需要在其连线上，测设一点或数点，以供交点、测转折点、量距或延长直线时瞄准之用。这样的点称为转点(ZD)。其测设方法如下：

(1)在两交点间设转点如图 12-30 所示，设 JD_5 和 JD_6 为相邻而互不通视的两个交点，ZD′为初定转点。欲检查 ZD′是否在两交点的连线上，可将经纬仪安置在 ZD′上，用正倒镜分中法延长直线 JD_5 - ZD′至 JD'_6；与 JD_6 的偏差为 f，用视距法测定距离为 a，b，则 ZD′应移动的距离 e 可按下式计算：

$$e = \frac{a}{a + b}f \tag{12-6}$$

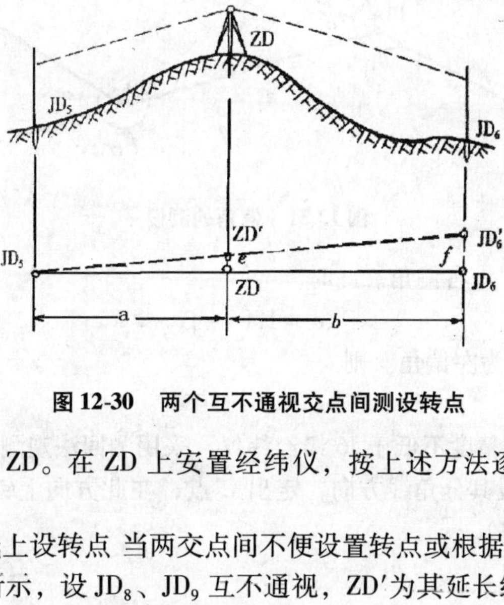

图 12-30　两个互不通视交点间测设转点

将 ZD′按 e 值移至 ZD。在 ZD 上安置经纬仪，按上述方法逐渐趋近，直至符合要求为止。

(2)在两交点延长线上设转点 当两交点间不便设置转点或根据需要，也可将转点设在其延长线上。如图 12-31 所示，设 JD_8、JD_9 互不通视，ZD′为其延长线上转点的概略位置。将经纬仪置于 ZD′，盘左照准 JD_8，在 JD_9 处标出一点；盘右再瞄准 JD_8，在 JD_9 处也标出一点，取两点的中点得 JD_9'。若 JD_9' 与 JD_9 重合或偏差 f 在允许范围内，即可用 JD_9' 代替 JD_9 作为交点，ZD′即作为转点。否则应调整 ZD′的位置重设转点。设 e 为 ZD′应横向移动的距离。用视距法测出距离 a、b，则

$$e = \frac{a}{a-b}f \tag{12-7}$$

将 ZD′沿与 f 相反的方向移动 e，即得新转点 ZD。置仪器于 ZD，重复上述方法，直至偏差 f 小于容许值为止。最后将转点和交点 JD_9 用木桩标定在地面上。

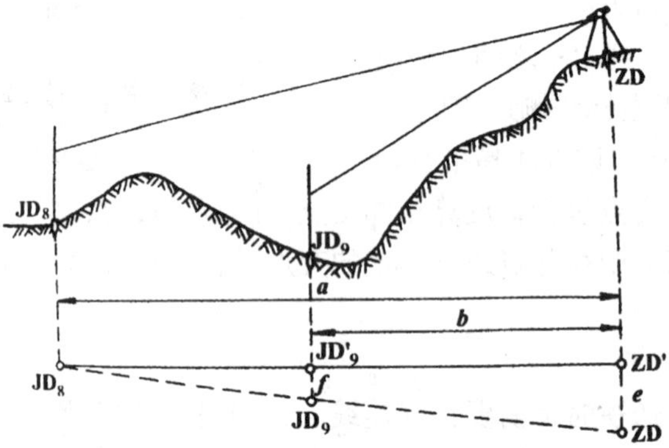

图 12-31 在两交点延长线上测设转点

3. 路线偏角的测定

偏角是指路线由一个方向偏向另一个方向时，偏转后的方向与原方向的夹角。当偏转后的方向在原方向的右侧，称为右偏角；反之称为左偏角(图 12-32)。在路线测量中，转角通常是通过观测路线右角 β 计算求得。

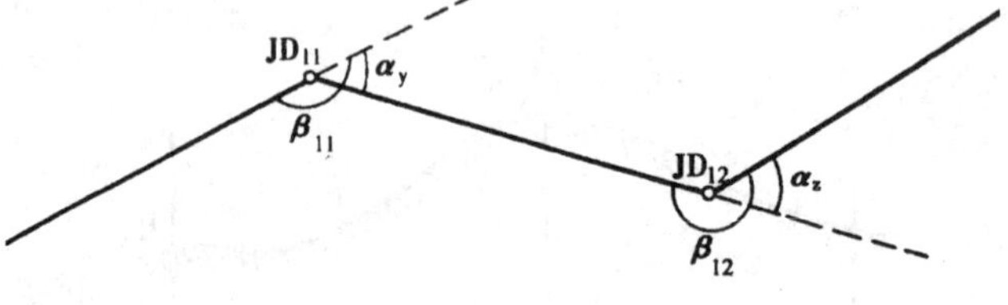

图 12-31 偏角的测设

当右角 β < 180°时，为右偏角。此时

$$\alpha_y = 180° - \beta \tag{12-8}$$

当右角 β > 180°时，为左偏角。则

$$\alpha_z = \beta - 180° \tag{12-9}$$

右角的测定，应使用精度不低于 J6 级经纬仪，采用测回法观测一个测回。

在 β 角测定后，测设其分角线方向，定出 C 点，在此方向上钉临时桩，以便日后测设园路曲线的中点(图 12-33)。

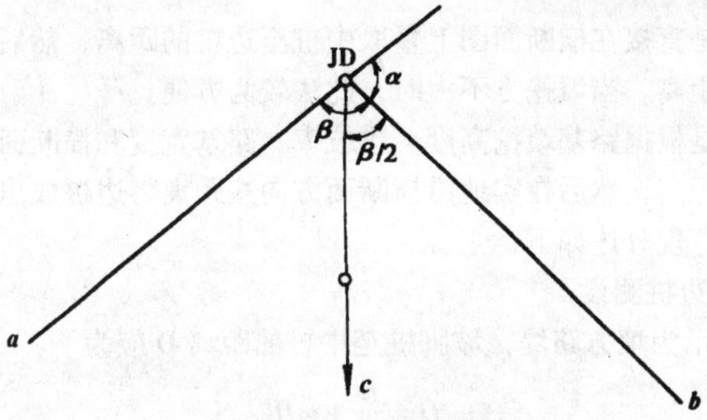

图 12-33 分角线的测设

(二) 园路施工测量

园路施工测量包括施工控制桩测设、路基边桩的测设等工作。

1. 施工控制桩的测设

因中桩在施工中要被挖掉，为了在施工中控制中桩位置，就需要在不宜受施工破坏、便于利用、易于保存桩位的地方测试施工控制桩，测设方法如下：

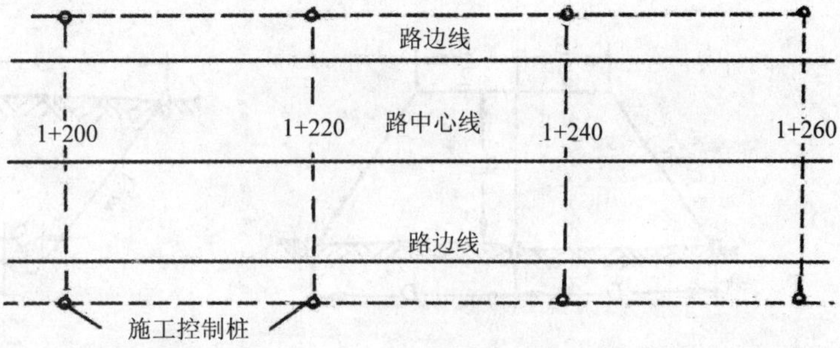

图 12-34 平行线法测设施工控制桩

(1) 平行线法 是在路基以外测设两排平行于中线的施工控制桩(图 12-34)，该法多用于地势平坦、直线段较长的线路。

(2) 延长线法 是指在道路转弯处的中线延长线上以及曲线中点 QZ 至交点的延长线上打下施工控制桩，如图 12-34 所示。该法适用于坡度较大和直线段较短的地区。

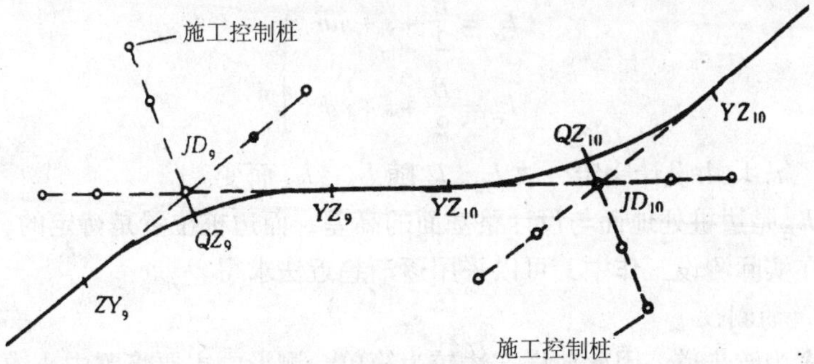

图 12-35 延长线法测设施工控制桩

2. 路基边桩的测设

施工前，要把设计路基的边坡与地面相交的点测设出来，该点称为边桩。边桩测设方法有：

(1)图解法 此法是直接在横断面图上量取中桩至边桩的距离，然后在实地用皮尺沿横断面方向测设出边桩的距离。当填挖方不大时，此法较为方便。

(2)解析法 此法是根据路基填挖高度、边坡率、路基宽度和横断面地形情况，先计算出路基中心桩至边桩的距离，然后在实地沿横断面方向按距离将边桩放出来。在平地和坡地计算和测设的方法不同。现分述如下：

① 平坦地段路基边桩测设

如图 12-36(a)所示为填方路堤，坡脚桩至中桩的距离 D 应为

$$D = \frac{B}{2} + mH \qquad (12-10)$$

如图 12-36(b)所示为挖方路堑，路堑中心至边桩的距离 D 应为

$$D = \frac{B}{2} + S + mH \qquad (12-11)$$

式中 B 为路基宽度；m 为边坡率(1∶m 为坡度)；H 为填挖高度；S 为路堑边沟顶宽。

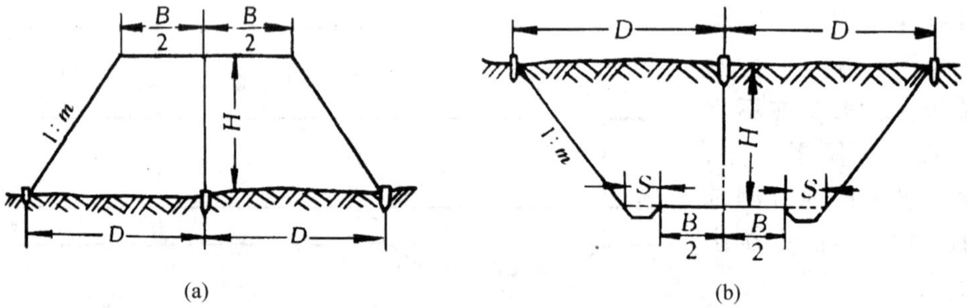

图 12-36 平坦地段路基边桩测设

② 山坡地段路基边桩测设

山坡地段路基边桩测设如图 12-37 所示。从图上可以看出，左、右边桩离中线桩的距离为：

$$\left.\begin{aligned} l_{左} &= \frac{B}{2} + s + mh_{左} \\ l_{右} &= \frac{B}{2} + s + mh_{右} \end{aligned}\right\} \qquad (12-12)$$

式中 B、s、m 均由设计决定，故 $l_{左}$、$l_{右}$ 随 $h_{左}$、$h_{右}$ 而变。

由于 $h_{左}$、$h_{右}$ 是边桩处地面与设计路基面的高差，而边桩位置是待定的，故 $h_{左}$、$h_{右}$ 均不能事先知道。在实际测设工作中，可以采用逐渐趋近法求得。

3. 游步小道的测设

由于园路多为游步道，因此放样方法较为简单。测设中主要将路中心线的交叉点、转弯处和坡度变化点的位置在地面上测设出(图 12-38)，并打桩标定，此桩成为中心桩。中心桩的间距一般在 20m 左右，起伏或转折变化大的道路应加密。此外，还应用水准仪测设出各桩点的填挖高，并标于木桩侧面。

有的园路要求对称或曲线要求圆滑，对弧度有一定的要求，这种情况一般给出曲线半径

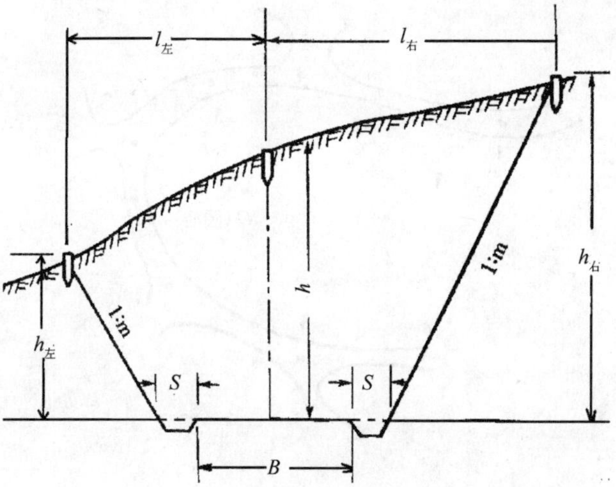

图 12-37 山坡地段路基边桩测设

图 12-38 游步小道的放样

R 和圆心 O。测设此类园路可在地面上测设出圆心 O，然后用皮尺按设计半径 R 的长度在实地画出圆弧，在圆弧上定出几点或撒上白灰线。如图 12-39 所示，其中的点 5、6、7、8 各点即为这种情况。

另外，有边坡的园路还应运用前面方法测设边坡桩，以便于施工。

二、园桥放样

一般而言，园桥的跨度较小，体量也不太大(图 12-40)，在修筑时都是临时性的筑坝截

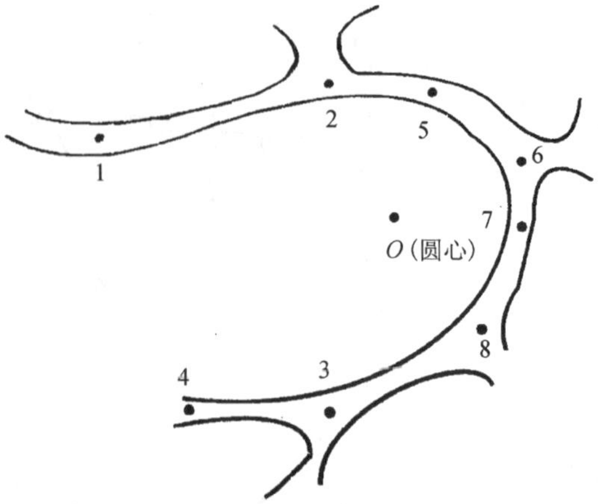

图 12-39　园路施工放样示意图

断溪流进行，以便于园桥的墩台定位和施工。园桥测量的主要任务是测定园桥的位置，放样墩台以及测设园桥高程 3 部分。

图 12-40　小型园桥

（一）园桥定位测量

它是按照线路及桥的设计要求，按规定精度放样出桥墩台中心的位置。园桥建设中一般多采用直接丈量法测定桥的位置。

（二）园桥中轴线和控制桩的测设

园桥中轴线一般由线路的中线来决定。如图 12-41 所示，将经纬仪安设到测设出的桥台中心桩位 A、B、C 点上，并选择在基坑开挖线以外 1～2m 处的方向桩 k1、k2、k3 和 k4 加以控制。

然后将望远镜转过 90°，找出桥台的横轴方向，按同样的原则和方法，钉设方向桩 a_1、a_2、a_3、a_4，b_1、b_2、b_3、b_4，c_1、c_2、c_3、c_4。这些方向桩点即控制住了桥台的纵、横轴线，

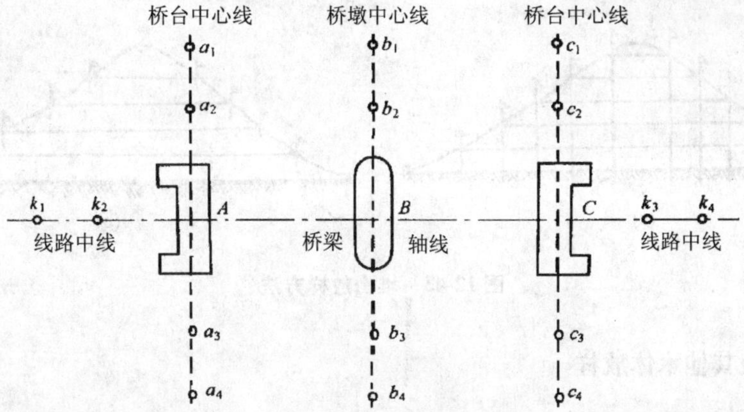

图 12-41　园桥中轴线和控制桩测设

依此便可撒灰线开挖施工。

(三)园桥高程测设

对于象园桥这类小型桥，可在溪流两岸各设一个永久性的水准点，作为放样的高程基准和沉降观测的依据。它应深埋在地基稳定，易找到不易破坏的地方。而后在施工现场测设若干个临时水准点，以方便使用。这类水准点应定期同永久性水准点联测，以确认其高程是否发生了变化。

开挖基坑、浇筑墩台过程中均需进行高程传递，其测设方法参见建筑施工高程传递有关内容。

第五节　堆山与挖湖放样

一、堆山的放样

堆山放样一般可用极坐标法或支距法等。如图 12-42 所示，先测设出设计等高线的各转折点，然后将各点连接，并用白灰或绳索加以标定。再利用附近水准点测出 1 至 9 各点应有的标高。若高度允许，可在各桩点插设竹竿划线标出，如图 12-43(a)；若山体较高，则可在桩的侧面标明上返高度，供施工人员使用。如果山体较高，堆山的施工则多采用分层堆叠，这样在堆山的放样过程中可以随施工进度时测设，逐层打桩，直至山顶，如图 12-43(b)。图中心点 10 为山顶，其位置和标高也应同法测出。

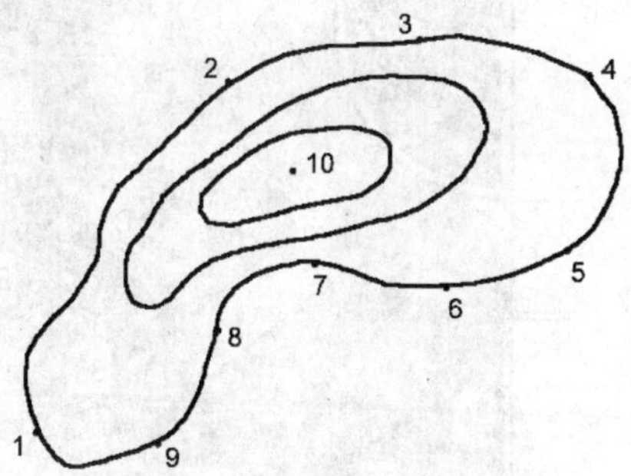

图 12-42　堆山放样

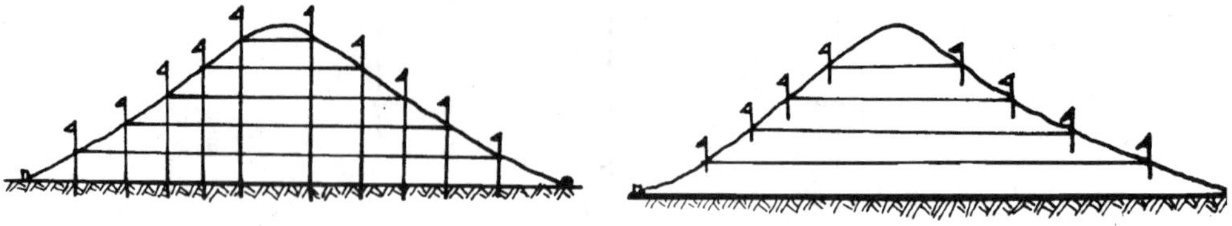

(a)　　　　　　　　(b)

图 12-43　堆山放样方法

二、挖湖及其他水体放样

挖湖或开挖水渠等放样与堆山的放样基本相似。

首先把水体边界的转折点测设在地面上，如图 12-44 所示的 1、2、3、4、…、36 各点，然后在水体内设定若干点位，打上木桩。根据设计给定的水体基底标高在桩上进行测设，画线注明开挖深度，图中 A、B、C、D、E、F 各点即为此类桩点。在施工中，各桩点不要破坏，可留出土台，待水体开挖接近完成时，再将此土台挖掉。

水体的边坡坡度，同挖方路基一样，可按设计坡度制成边坡样板置于边坡各处，以控制和检查各边坡坡度。

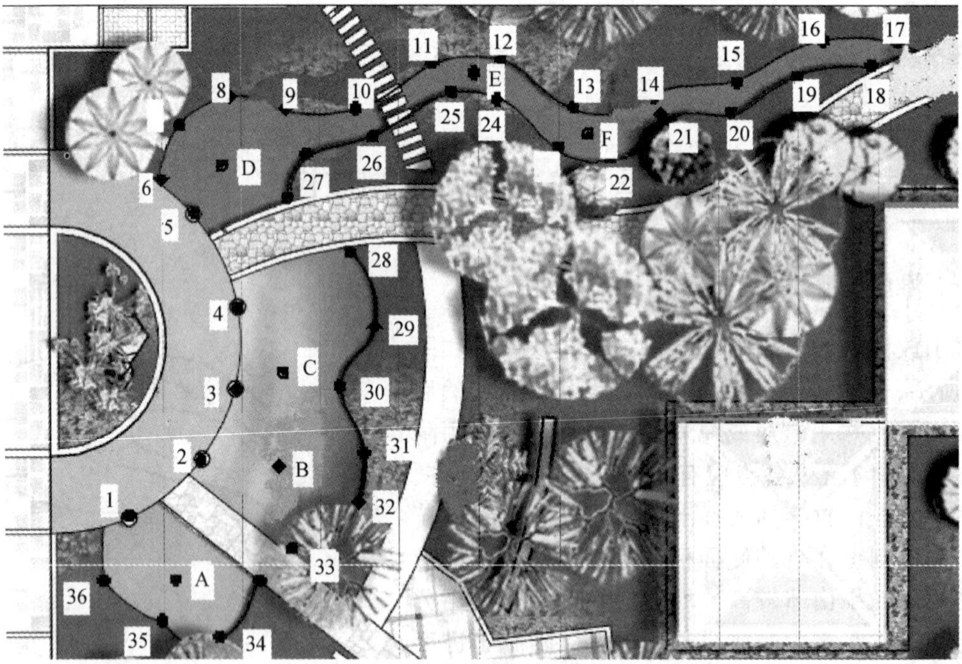

图 12-44　挖湖放样

第六节　园林植物种植放样

园林植物的种植也必须按设计图的要求进行施工。园林植物种植放样的方法，根据其种植形式的不同，分述如下。

一、模纹图案的放样

图案整齐、线条规则的模纹绿地，其要求图案线条要准确无误，因此，在放样时要求较高。根据模纹图案面积的大小不同，可以采用不同的方法进行放样。

1. 小块模纹图案放样

对于小块的模纹绿地，可以用较粗的钢丝、铁丝按设计图案的式样编好图案轮廓模型，然后根据场地及其周围的地物或控制点的几何关系，将其主要特征点标定在实地，并且在地面上压出清楚的线条痕迹轮廓，同时还可以撒上石灰加深痕迹（见图12-45）。

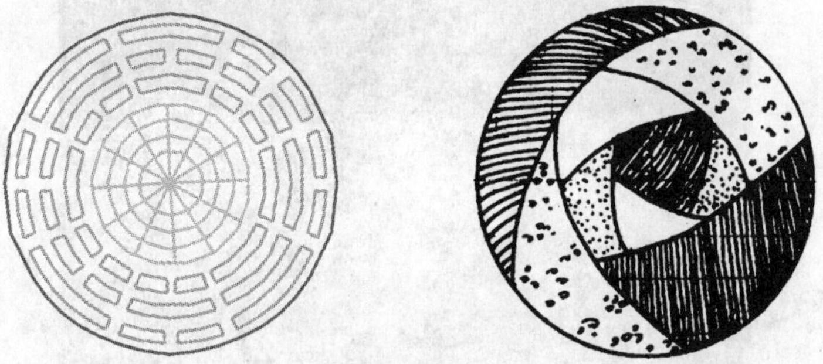

图12-45　小块模纹图案

2. 大块模纹图案放样

对于地形较为开阔平坦，视线良好的大面积绿地，很多设计的模纹图案较为复杂（图12-46）。由于面积较大，一般在设计图上已画好方格网，首先在地面上测设方格网，然后按照支距法测设模纹图案；图案关键点应用木桩标记，同时模纹线要用铁锹、木棍画出线状痕迹，然后再撒上石灰，因面积较大，施工时间较长，因此放线时最好订好木桩或画出痕迹，撒灰踏实。

图12-46　大型模纹图案

二、自然式配置的乔灌木放样

(一)孤植型

孤植型种植就是在草坪、小岛或山坡等地的一定范围内只种植一棵大树(图 12-47)，其种植位置的测设方法视现场情况可用极坐标法或支距法、距离交会法等。定位后以石灰或木桩标志，并标出它的挖穴范围。

图 12-47　孤植型

(二)丛植型

丛植型种植就是把几株或十几株甚至几十株乔木灌木配植在一起，树种一般在两种以上(图 12-48)。定位时，先把丛植区域的中心位置用极坐标法或支距法或距离交会法测设出来，再根据中心位置与其他植物的方向、距离关系，定出其他植物种植点的位置。同样撒上石灰标志，树种复杂时可钉上木桩并在桩上写明植物名称及其大小规格。

图 12-48　丛植型

三、规则种植区域的放样

在苗圃、公园或游览区常常成片规则种植某一树种(或两个树种)。放样时，首先把种植区域的界线视现场情况用极坐标法或支距法等在实地上标定出来，然后根据其种植的方式再定出每一植株的具体位置。

1. 矩形种植

如图 12-49(a)所示，ABCD 为种植区域的界线，每一植株定位放样方法如下：

(1)假定种植的行距为 a、株距为 b。如图 12-49(a)所示，沿 AD 方向量取距离 $d'_{A-1}=0.5a$、$d'_{A-2}=1.5a$、$d'_{A-3}=2.5a$，定出 1、2、3、…等各点；同法在 BC 方向上定出相应的 1′、2′、3′、…等各点。

(2)在纵向 11′、22′、33′、…等连线上按株距 b 定出各种植点的位置，撒上白灰标记。

2. 三角形种植

(1)如 12－49(b)所示，与矩形种植同法，在 AD 和 BC 上分别定出 1、2、3、…和相应的 1′、2′、3′、…等点。

(2)在第一纵行(单数行)上按 0.5b、b、…、b、0.5b 间距定出各种植点位置，在第二纵行(双数行)上按 b、b、…、b 间距定出各种植点位置。

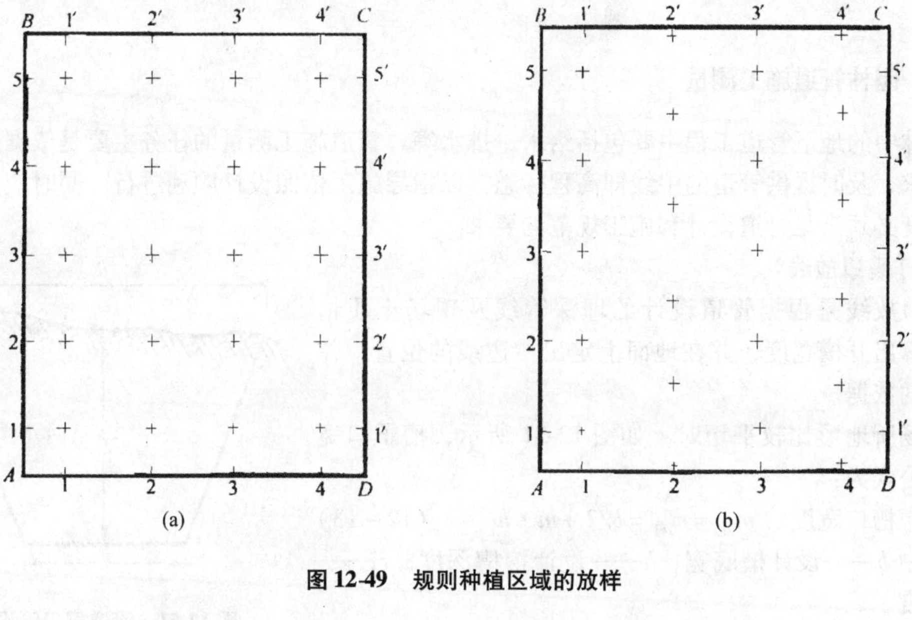

图 12-49　规则种植区域的放样

三、行道树定植放样

道路两侧的行道树一般是按照道路设计断面定点，在有道牙的道路上，一般应以道牙作为定点的依据。无道牙的道路，则以路中心线为依据(图 12-50)。为加强控制，减少误差，可以隔 10 株左右加钉一木桩，且应使路两侧的木桩一一对应，单株的位置均以白灰标记。

图 12-50　道路两侧的行道树

第七节　园林管渠施工测量

一、园林管道施工测量

园林中的地下管道工程主要包括给水、排水等。管道施工测量的任务主要是依据施工进度的要求，及时提供管道的中线即高程标志，以指导施工依照设计顺利进行。同时应注意测设的精度必须满足管道设计和施工规范的要求。

(一) 槽口放线

槽口放线是根据管道设计的埋深管线及现场土质情况，计算出开槽宽度，并在地面上定出槽边线的位置，作为开槽的依据。

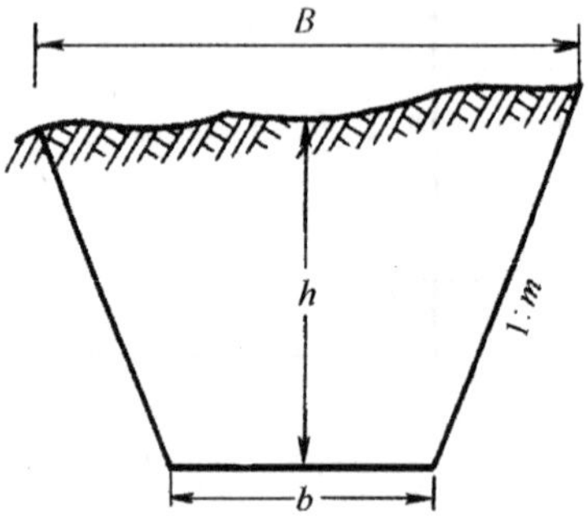

图 12-51　管道槽口测设

当场所地形比较平坦时，如图 12-51 所示，槽子口宽度计算公式为：

半幅槽口宽度　$m_{左} = m_{右} = b/2 + m \cdot h$　(12－13)

式中 b——设计槽底宽；h——设计挖槽深度；m——槽边坡度。

当现场地形倾斜较大时，中线两侧的宽度不一致，应按上式原理计算，由于倾斜所致的槽口宽度变化应将两侧槽宽相应增加或减少。

(二) 设置坡度板及测设中心钉

管道施工中的测量工作主要是控制管道中心设计位置和管底设计高程。为此，需要设置坡度板。坡度板跨槽设置如图 12-52 所示，间隔一般为 10～20m，编以板号。根据中线控制桩，用经纬仪把管道中心线投测到坡度板上，用小钉作标记(称为中线钉)，以控制管道中心的平面位置。

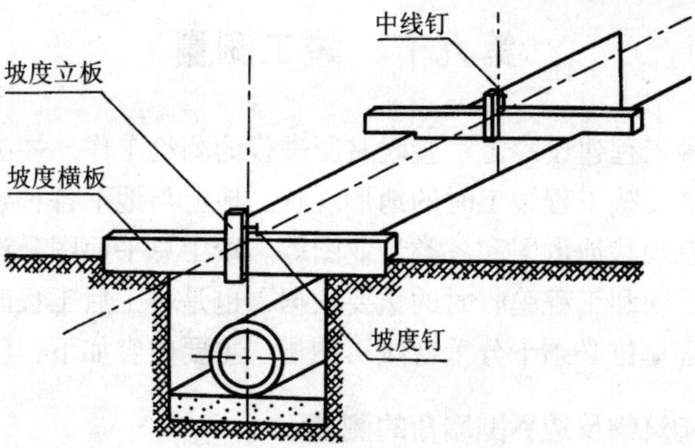

图 12-52　坡度板的设置

(三)坡度钉测设

为了控制沟槽的开挖深度和管道的设计高程，还需要在坡度板上测设设计坡度。为此，在坡度横板上设一坡度立板，一侧对齐中线，在竖面上测设一条高程线，其高程与管底设计高程相差一整分米数，称为下反数。在该高程线上横向钉一小钉(称为坡度钉)，以控制沟底挖土深度和管道的埋设深度(图 12-51)。

二、园林渠道施工测量

风景园林中的渠道主要是指园林场地内的排水沟渠，它是园林地表径流排放的一种重要的方式。

(一)渠道的选线与中线测量

渠道选线就是选择一条从渠口开始经过整个园林场所排水面积的渠道位置。选线应和场地的规划同步进行，应考虑集水面积、地形状况、其他排水方式(如管道排水、地面排水等)的安排等多种因素。要按照投资少、见效快、占地少、美观的原则进行。

建设园林场所排水沟渠，可以根据地形、地质条件、集水面积等首先在地形图上选线，而后组织有关人员到现场实地勘察，以确定渠道的起点、转折点和终点位置。平坦场所的渠道应为直线型，在起伏较大的区域宜与等高线平行布置。

渠道中线测量可以参考园路工程，当精度较低。渠道里程桩间距以 20m 或 50m 为宜。如遇道路或其他管线，以及水闸、跌水等处钉地物加桩；地形变化较大地段，在坡顶和坡脚应增钉地形加桩。为了防止冲刷，使水流畅通，一般在渠道的转折处应设置园曲线。

(二)纵横断面测量

纵横断面的作用与施测方法类同于园路工程。渠道的横断面测量宽度取决于渠道的宽度、深度、地质情况以及两侧筑堤和园林绿化带的宽度。

(三)渠道施工测量

渠道工程施工测量包括放样边坡、中线和高程 3 个方面。测设方法与园路工程相关测量相同。

开挖前首先放样内、外坡脚，定出坡脚桩并涂撒灰线。在开挖过程中要随时根据设计检查渠和堤的边坡率、堤顶和渠底的高程和宽度。

第九节　竣工测量

竣工测量是指各种工程建设竣工、验收时所进行的测绘工作。竣工测量的最终成果就是竣工总平面图，它包括反映工程竣工时的地形现状、地上与地下各种建筑构筑物以及各类管线平面位置与高程的总现状地形图和各类专业图等。竣工总平面图是设计总平面图在工程施工后实际情况的全面反映和工程验收时的重要依据，也是竣工后工程改建、扩建的重要基础技术资料，因此，工程单位必须十分重视竣工测量。主要内容如下：

一、园林建筑、构筑物及边界围墙角的测量

对于较大的矩形园林建筑（如茶楼）至少要测量 3 个主要房角坐标，小型建筑可以测量其长边两个房角坐标，并量其房宽注于图上。圆形园林建筑（如圆亭）应测其中心坐标，并在图上注明其半径。

二、地下管线测量

上水管线应施测起点、终点、弯头三通点和四通点的中心坐标，下水道应施测起点、终点及转点井位中心坐标，地下电缆及电缆沟应施测其起点、终点、转点中心的坐标。另外还有测量地下管线的检查井、转折点的坐标及井盖、井底、沟槽和管顶等的高程，并附注管道及检查井的编号、名称、管径、管材、间距、坡度及流向等。

三、园路测量

包括起止点和转折点坐标，园路中心线按照铺装路面量取，主要道路交叉口应测设交叉路口中心坐标，圆曲线区域要求测出曲线元素：转弯半径 R、偏角、切线长 T 和曲线长 L。

四、竣工总平面图的绘制

竣工总平面图上应该包括建筑方格网控制桩点位、水准点、建筑物和构筑物的平面放线坐标、高程以及室内外平面图，竣工总平面图一般采用 1∶1000 比例尺绘制，如果要清楚表示局部地区也可采用 1∶500 比例尺绘制。

竣工总平面图的编绘包括室外实测与室内绘制两项工作，室外实测即竣工测量的工作内容，室内绘制包括以下内容：

1. 绘制坐标方格网。在图纸上或聚酯薄膜上绘制坐标方格网；
2. 展点。在方格网内展绘施工放线控制点；
3. 绘制竣工总平面图。首先在图纸上作底图，设计数据用红色铅笔绘制，工程实际情况用黑色铅笔绘制，并将坐标与高程标注于图上。黑色与红色之差，即为施工与设计之差；
4. 发现问题及时到施工现场查对。

【本章参考书目】

1. 李井永主编．建筑工程测量[M]．北京：清华大学出版社，2005

2. 熊春宝，姬玉华主编．测量学[M]．天津：天津大学出版社，2001

3. 孟兆祯等编著．园林工程[M]．北京：中国林业出版社，1996

【复习思考题】

1. 什么是测设？测设的基本工作有哪些？

2. 点的平面位置测设方法有哪些？各用在什么场合？如何实施？

3. 详述精密测设水平角的方法。

4. 已知控制点的坐标为A(100.000，1000.000)、B(1108.356，1063.233)，欲确定Q(1025.465，938.315)的平面位置。试计算以极坐标法放样Q点的测设数据(仪器安置于A点)。

5. 已知A、B两控制点，坐标分别为$x_A=530.00m$，$y_A=520.00m$，$x_B=469.63m$，$y_B=606.22m$，又已知P点的设计坐标为$x_P=522.00m$，$x_P=586.00m$，试求用角度交汇法测设P点数据。

6. 已知水准点R的高程=34.466m，后视读数a=1.614m，设计坡度线起点A的高程为$H_A=35.000m$，设计坡度为i=+1.2%，拟用水准仪按水平视线法测设距A点20m、40m的两个桩点，使各桩顶在同一坡度线上。试计算测设时各桩顶的应有尺读数为多少？

7. 试述测设一条坡度i=+10%直线AB的方法。已知A点高程为125.25m，AB间水平距离为80.00m。

8. 如何测设建筑物轴线？如何测设龙门板？

9. 如何建立平面控制网？

10. 园林建筑的定位方法有哪些？每种方法是如何操作的？

11. 如何进行管道中线测量？

12. 何谓道路中线的转点、交点？路线的转角是什么？

13. 园路施工控制桩的测设方法有哪些？

14. 讲述园林中挖湖堆山的放样方法。

15. 简述园林植物种植的放样方法。

16. 园林管道的施工测量内容有哪些？

17. 竣工总平面图应包括的内容是什么？

附录1：

casio 4800 计算器编程简介

大多数科学计算器都具有坐标正反算程序，下面介绍的 casio 4800 计算器能运用数学公式进行简单的编程，它的内存为4500个字节，内装函数字符一目了然，有简单的菜单子菜单显示和人机对话功能，还有阿佛加德罗常数、万有引力常数等数据，是外业测量和内业计算的一个轻便、实用、功能齐全的计算工具。

程序一　FAN SUAN（反算）

1. 用途：

该程序是“坐标反算公式”程序，用于根据两点 1、2 的平面坐标（ X_1，Y_1）、（ X_2，Y_2，计算两点间的距离 D_{12}及坐标方位角 A_{12}。

2. 程序清单：

G“ X_1”：B“ Y_1”：C“ X_2”：H“ Y_2”：E = C − G ：F = H − B ↙

Pol（ E，F ）：I“ D_{12}” ◢ J“A_{12}”

3. 程序说明：

X_1，Y_1——点 1 的平面坐标；X_2，Y_2——点 2 的平面坐标；D_{12}——点 1 至点 2 间平距；A_{12}——点 1 至点 2 坐标方位角，单位是度，若需换算成“度分秒”，按 SHIFT 键和 ° ′″ 键。

由于编程时用到了极坐标函数 POL（），故在程序运行中，会出现 I = ？XXX（数字）及 J = ？XXX（数字）这是函数 POL 计算出的两个量，不能改变，直接回车默认即可。

程序二　ZHENG SUAN（正算）

1. 用途：

该程序是“坐标正算公式”程序，用于根据点 1 的平面坐标（ X_1，Y_1），及点 1 至点 2 的平距 D_{12}、坐标方位角 A_{12}，来计算点 2 的平面坐标（ X_2，Y_2）。

2. 程序清单：

B“ X_1” ：C“ Y_1” ：D“ D_{12}” ：A“ A_{12}” ↙

X“ X_2” = B + DcosA ◢ Y“ Y_2” = C + DsinA

3. 程序说明：

X_1，Y_1——点 1 的平面坐标；X_2，Y_2——点 2 的平面坐标；D_{12}——点 1 至点 2 间平距；A_{12}——点 1 至点 2 坐标方位角；X_2，Y_2——点 2 的平面坐标。另外在输入 A_{12}时，可直接输入“度分秒”。

程序三　ZHUAN HUAN（转换）

1. 用途：

该程序是“两平面坐标系间坐标转换”的计算程序。

2. 程序清单：

C“ X_0 ”：E“ Y_0 ”：D“ ANGLE ”：F“ SIGN ”↙

Lbl 0 ↙

{A，B} ↙

F 1 A = A：B = − B Δ X = C + AcosD − BsinD ◢

Y = E + BcosD + AsinD ◢

Goto 0

3. 程序说明：

X_0，Y_0——施工坐标系（ A − O′− B ）的原点 O′在统一坐标系（ x − o − y ）中的坐标。

ANGLE ——为统一坐标系的 x 轴顺时针旋转至施工坐标系的 A 轴的角值。

SIGN ——为符号函数，若输入“ 1 ”时，则表明 x − o − y 为左手系，且 A − O′− B 也为左手系；若输入“ 1 ”之外值，则表明 x − o − y 为左手系，而 A − O′− B 为右手系。

A，B ——某点在施工坐标系中的纵、横坐标。

X，Y ——该点在相应统一坐标系中的纵、横坐标。

程序四　FU DAO XIAN（附导线）

1. 用途：

该程序是“附合导线平差”的计算程序。

2. 程序清单：

Defm 40：X“ X_0 ”：Y“ Y_0 ”：F“ A_0 ”：S“ X_1 ”：E“ Y_1 ”：A“ A_1 ”：C“ UNKNOWN POINT ”↙

N = 0：M = 0：Lb_1 0 ↙

N = N + 1：{L，D}：G = 180：F = F + L：F G F = F + G：F = F − G Δ F 2G F + F −2G Δ Z[2N − 1] = F：Z[2N] = D：M = M + D：N < C + 1 Goto 0 Δ {L}：F = F + L：F G F = F + G：F = F − G Δ F 2G F + F −2G Δ B“ FW ” = F − A ◢ R：H“ F_R ” = R（ C + 2 ）◢ B = − B ÷ （ C + 2 ）

N = 0：P = 0：Q = 0：Lbl 1 ↙

N = N + 1 ◢

Z[2N − 1]“ A ” = Z[2N − 1] + NB ◢

I = Z[2N]cosZ[2N − 1]：P = P + I：Z[2C + 2N + 1] = I：J = Z[2N]sinZ[2N − 1]：Q = Q + J：Z[2C + 2N + 2] = J：N < C + 1 Goto 1 Δ F“ FX ” = P − S + X ◢ G“ FY ” = Q − E + Y ◢ H“ F ” = （ F_2 + G_2 ）◢ K = H ÷ M ◢

N = 0：V = − F ÷ M：W = − G ÷ M：Lb_1 2 ↙

N = N + 1 ◢

Z[2C + 2N + 1] = Z[2C + 2N + 1] + VZ[2N]：Z[2C + 2N + 2] = Z[2C + 2N + 2] + WZ[2N]：X = X + Z[2C + 2N + 1] ◢

Y = Y + Z[2C + 2N + 2] ◢ N < C Goto 2：“ END ”

3. 程序说明：

X_0，Y_0，A_0——已知的起始点的纵、横坐标及起始边的坐标方位角。

X_1, Y_1, A_1——已知的结束点的纵、横坐标及结束边的坐标方位角。

UNKNOWN POINT ——待求未知点的个数。

L, D ——观测的导线各左转角及平距。

F_W, R, F_R——导线角度闭合差、角度闭合差的允许误差的系数及允许误差值。

N, A ——各条导线边序号及其坐标方位角。

F_X, F_Y——坐标增量 Δ X 、Δ Y 的闭合差。

F , K ——导线全长闭合差、导线全长相对闭合差。

N, X , Y ——各导线点的序号及其纵横坐标。

注意:

(1)本程序是按 10 个未知点来设计的，若未知点数超过 10 个时，按“ 4 倍点数”来改变源程序中的“ Defm 40 ”。

(2)显示的角度允许误差 F_R的单位为“秒”。

(3)在程序显示中角度单位为“度”。若要查看其“度分秒”，可在显示时先后按“SHIFT”、“度分秒”这 2 个键。

程序五　BI DAO XIAN (闭导线)

1. 用途:

该程序是“闭合导线平差”的计算程序。

2. 程序清单:

Defm 40 : X “ X_0” : Y “ Y_0” : F “ A_0” : N “ UNKNOWN POINT ”: N = N + 1 ↙

I = 0 : E = 0 : C = 0 : Lb_1 0 ↙

I = I + 1 : {L , D} : Z[2I – 1] = L : Z[2I] = D : E = E + L : C = C + D : I < N Goto 0 Δ B “ FW ” = E – 180 (N – 2) ◢ R : A “ F_R” = R N ◢ B = – B ÷ N : I = 1 : Z[2N + 1] = F : Lb_1 1 ↙

I + I + 1 ◢ F = F + Z[2I – 1] : F 180 F = F + 180 : F = F – 180 Δ F 360 F + F – 360 Δ Z[2N + 2I – 1] “ A ” = F + (I – 1) B ◢ I < N Goto 1 Δ I = 0 : G = 0 : H = 0 : Lbl 2 ↙

I + I + 1 : Z[2I – 1] = Z[2I] cosZ[2N + 2I – 1] : G = G + Z[2I – 1] : Z[2N + 2I] = Z[2I] sin Z[2N + 2I – 1] : H = H + Z[2N + 2I] : I < N Goto 2 Δ G “ F_X” ◢ H “ F_Y” ◢ I “ F ” = (G 2 + H 2) ◢ K = I ÷ C ◢ U = – G ÷ C : V = – H ÷ C ↙

I = 0 : Lb_1 3 ↙

I + I + 1 ◢ Z[2I – 1] = Z[2I – 1] + U Z[2I] : Z[2N + 2I] = Z[2N + 2I] + V Z[2I] : X = X + Z[2I – 1] ◢ Y = Y + Z[2N + 2I] ◢

I < N – 1 Goto 3 : “ END ”

3. 程序说明:

X_0, Y_0, A_0——已知的起始点的纵、横坐标及起始边的坐标方位角。

UNKNOWN POINT ——待求未知点的个数。

L , D ——观测的导线各左转角及平距。

F_W, R , F_R——导线角度闭合差、角度闭合差的允许误差的系数及允许误差值。

I , A ——各条导线边序号及其坐标方位角。

F_X，F_Y——坐标增量 Δ X 、Δ Y 的闭合差。

F ，K ——导线全长闭合差、导线全长相对闭合差。

I ，X ，Y ——各导线点的序号及其纵横坐标。

注意：

(1)本程序是按 10 个未知点来设计的，若未知点数超过 10 个时，按“ 4 倍点数”来改变源程序中的“ Defm 40 ”。

(2)显示的角度允许误差 F_R的单位为“秒”。

(3)在程序显示中角度单位为“度”。若要查看其“度分秒”，可在显示时先后按“ SHIFT ”、“度分秒”这 2 个键。

附录 2：

风景园林图例图示标准

1. 总则

1.0.1 为了统一风景园林制图的常用图例图示，适应风景园林的建设发展，制定本标准。

1.0.2 本标准适用于绘制风景名胜区、城市绿地系统的规划图及园林绿地规划和设计图。

1.0.3 未规定的图例图示，宜根据本标准的原则和所列图例的规律性进行派生，图例图示的形象应以简明、清晰、美观为原则。

1.0.4 图例图示的尺度应根据图纸的比例、设计的深度和图面效果去定。

1.0.5 图例图示可进一步用字母、数字、文字等加以补充。

1.0.6 风景园林制图应符合本标准外，尚应符合国家现行有关标准的规定。

2. 风景名胜区与城市绿地系统规划图例

2.1 地界

序号	名 称	图 例	说 明
2.1.1	风景名胜区(国家公园)、自然保护区等界		
2.1.2	景区、功能分区界		
2.1.3	外围保护地带界		
2.1.4	绿地界		用中实线表示

2.2 景点、景物

序号	名 称	图 例	说 明
2.2.1	景点		各级景点依圆的大小相区别；左图为现状景点，右图为规划景点。
2.2.2	古建筑		2.2.2～2.2.29 所列图例宜供宏观规划时用，其不反映实际地形及形态。需区分现状与规划时，可用单线圆表示现状景点、景物，双线表示规划景点、景物。
2.2.3	塔		
2.2.4	宗教建筑(佛教、道教、基督教……)		
2.2.5	牌坊、牌楼		

（续）

序号	名称	图例	说明
2.2.6	桥		
2.2.7	城墙		
2.2.8	墓、墓园		
2.2.9	文化遗址	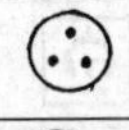	
2.2.10	摩崖石刻		
2.2.11	古井		
2.2.12	山岳		
2.2.13	孤峰		
2.2.14	群峰		
2.2.15	岩洞		也可表示地下人工景点
2.2.16	峡谷		
2.2.17	奇石、礁石		
2.2.18	陡崖		
2.2.19	瀑布		
2.2.20	泉		
2.2.21	温泉		
2.2.22	湖泊		
2.2.23	海滩		溪滩也可用此图例
2.2.24	古树名木		
2.2.25	森林		
2.2.26	公园		
2.2.27	动物园		
2.2.28	植物园		
2.2.29	烈士陵园		

2.3 服务设施

序号	名 称	图 例	说 明
2.3.1	综合服务设施点		各级服务设施可依方形大小相区别。左图为现状设施，右图为规划设施。
2.3.2	公共汽车站		2.3.2～2.3.23 所列图例宜供宏观规划时用，其不反映实际地形及形态。需区分现状与规划时，可用单线方框表示现状设施，双线方框表示规划设施。
2.3.3	火车站		
2.3.4	飞机场		
2.3.5	码头、港口		
2.3.6	缆车站		
2.3.7	停车场	 	室内停车场外框用虚线表示
2.3.8	加油站		
2.3.9	医疗设施点		
2.3.10	公共厕所		
2.3.11	文化娱乐点		
2.3.12	旅游宾馆		
2.3.13	度假村、休养所		
2.3.14	疗养院		
2.3.15	银行		包括储蓄所、信用社、证券公司等金融机构
2.3.16	邮电所(局)		
2.3.17	公用电话点		包括公用电话亭、所、局等
2.3.18	餐饮点		
2.3.19	风景区管理站(处、局)		
2.3.20	消防站、消防专用房间		
2.3.21	公安、保卫站		包括各级派出所、处、局等
2.3.22	气象站		
2.3.23	野营地		

2.4 运动游乐设施

序号	名 称	图 例	说 明
2.4.1	天然游泳场		
2.4.2	水上运动场		
2.4.3	游乐场		
2.4.4	运动场		
2.4.5	跑马场		
2.4.6	赛车场		
2.4.7	高尔夫球场		

2.5 工程设施

序号	名 称	图 例	说 明
2.5.1	电视差转台	 	
2.5.2	发电站		
2.5.3	变电所		
2.5.4	给水厂		
2.5.5	污水处理厂		
2.5.6	垃圾处理站		
2.5.7	公路、汽车游览站		上图以双线表示，用中实线；下图以单线表示，用粗实线
2.5.8	小路、步行游览站		上图以双线表示，用细实线；下图以单线表示，用中实线

（续）

序号	名 称	图 例	说 明
2.5.9	山地步游小路	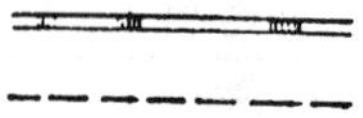	上图以双线加台阶表示，用细实线；下图以单线表示，用虚线
2.5.10	隧道	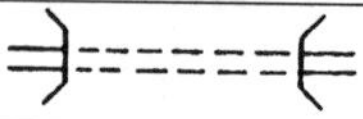	
2.5.11	架空索道线		
2.5.12	斜坡缆车线		
2.5.13	高架轻轨线		
2.5.14	水上游览线		细虚线
2.5.15	架空电力电讯线	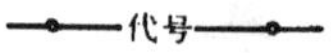	粗实线中插入管线代号，管线代号按现行国家有关标准的规定标注
2.5.16	管线	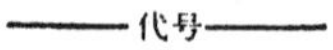	

2.6 用地类型

序号	名 称	图 例	说 明
2.6.1	村镇建设地	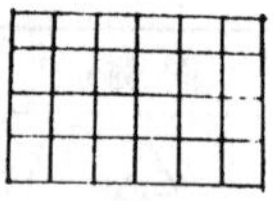	
2.6.2	风景游览地	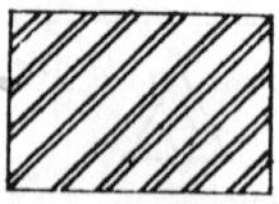	图中斜线与水平线角度为45°
2.6.3	旅游度假地	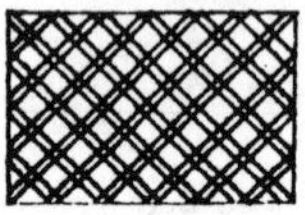	
2.6.4	服务设施地		
2.6.5	市政设施地		
2.6.6	农业用地		

（续）

序号	名称	图例	说明
2.6.7	游憩、观赏绿地	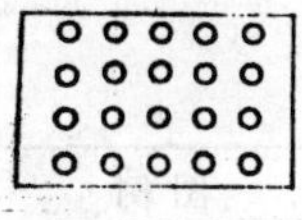	
2.6.8	防护绿地		
2.6.9	文物保护地	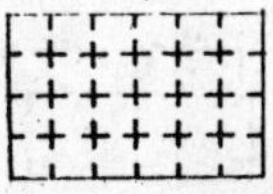	包括地面和地下两大类，地下文物保护地外框用粗虚线表示
2.6.10	苗圃花圃地	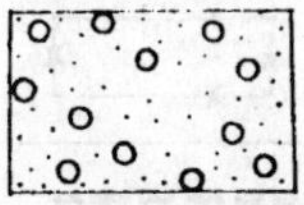	
2.6.11	特殊用地		
2.6.12	针叶林地		2.6.12～2.6.17 表示林地的线形图例中叶可插入 GB7929－87 的相应符号。需区分天然林地、人工林地时，可用细线界框表示天然林地，粗线界框表示人工林地。
2.6.13	阔叶林地		
2.6.14	针阔混交林地		
2.6.15	灌木林地	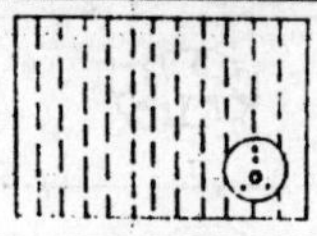	
2.6.16	竹林地	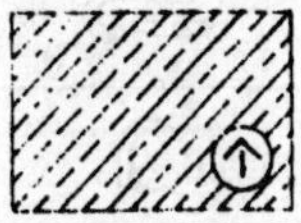	
2.6.17	经济林地		
2.6.18	草原、草圃	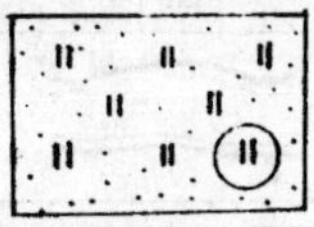	

3 园林绿地规划设计图例

3.1 建筑

序号	名 称	图 例	说 明
3.1.1	规划的建筑物		用粗实线表示
3.1.2	原有的建筑物		用细实线表示
3.1.3	规划扩建的预留或建筑物		用中虚线表示
3.1.4	拆除的建筑物		用细实线表示
3.1.5	地下建筑物		用粗虚线表示
3.1.6	坡屋顶建筑		包括瓦顶、石片顶、饰面砖顶
3.1.7	草顶建筑或简易建筑		
3.1.8	温室建筑		

3.2 山石

序号	名 称	图 例	说 明
3.2.1	自然山石假山		
3.2.2	人工塑石假山		
3.2.3	土石假山		包括“土包石”、“石包土”及土假山
3.2.4	独立景石		

3.3 水体

序号	名 称	图 例	说 明
3.3.1	自然形水体		

（续）

序号	名 称	图 例	说 明
3.3.2	规划形水体		
3.3.3	跌水、瀑布	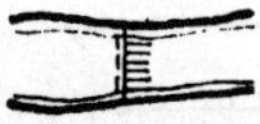	
3.3.4	旱涧		
3.3.5	溪涧		

3.4 小品设施

序号	名 称	图 例	说 明
3.4.1	喷泉		
3.4.2	雕塑		
3.4.3	花台		仅表示位置、不表示具体形态，以下同 也可依据设计形态表示
3.4.4	座凳		
3.4.5	花架		
3.4.6	围墙	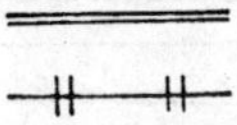	上图为实砌或漏空围墙； 下图为栅栏或篱笆围墙
3.4.7	栏杆	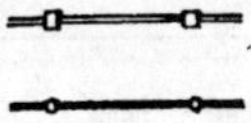	上图为非金属栏杆； 下图为金属栏杆
3.4.8	园灯		
3.4.9	饮水台		
3.4.10	指示牌		

3.5 工程设施

序号	名 称	图 例	说 明
3.5.1	护坡	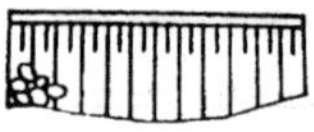	
3.5.2	挡土墙	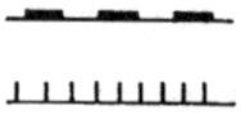	突出的一侧表示被挡土的一方
3.5.3	排水明沟	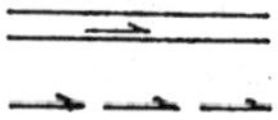	上图用于比例较大的图面; 下图用于比例较小的图面
3.5.4	有盖的排水沟	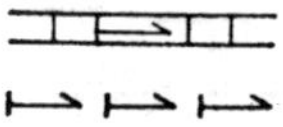	上图用于比例较大的图例; 下图用于比例较小的图面
3.5.5	雨水井		
3.5.6	消火栓井		
3.5.7	喷灌点		
3.5.8	道路	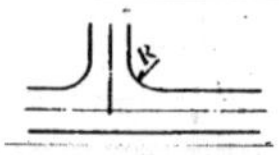	
3.5.9	铺装路面		
3.5.10	台阶		箭头指向表示向下
3.5.11	铺砌场地	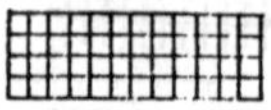	也可依据设计形态表示
3.5.12	车行桥	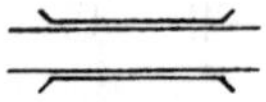	也可依据设计形态表示
3.5.13	人行桥		
3.5.14	亭桥	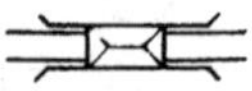	
3.5.15	铁索桥	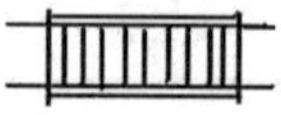	
3.5.16	汀步		
3.5.17	涵洞	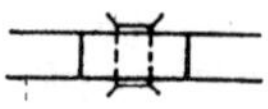	
3.5.18	水闸	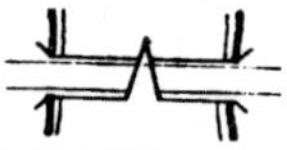	

（续）

序号	名 称	图 例	说 明
3.5.19	码头	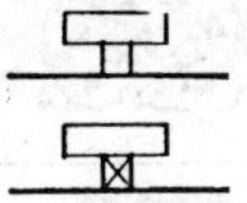	上图为固定码头； 下图为浮动码头
3.5.20	驳岸	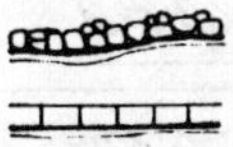	上图为假山石自然式驳岸； 下图为整形砌筑规划式驳岸

3.6 植物

序号	名 称	图 例	说 明
3.6.1	落叶阔叶乔木		3.6.1～3.6.14 中落叶乔、灌木均不填斜线；长绿乔、灌木加画 45°细斜线。阔叶树的外围线用弧裂形或圆形线；针叶树的外围线用锯齿形或斜刺形线。乔木外形成圆形；灌木外形成不规则形乔木图例中粗线小圆表示现有乔木，细小十字表示设计乔木。灌木图例中黑点表示种植位置。凡大片树林可省略图例中的小圆、小十字及黑点。
3.6.2	长绿阔叶乔木		
3.6.3	落叶针叶乔木	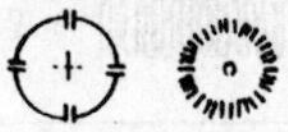	
3.6.4	长绿针叶乔木	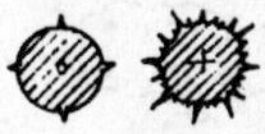	
3.6.5	落叶灌木		
3.6.6	常绿灌木		
3.6.7	阔叶乔木疏林		常绿林或落叶林根据图面表现的需要加或不加 45°细斜线
3.6.8	针叶乔木疏林		
3.6.9	阔叶乔木密林		
3.6.10	针叶乔木密林	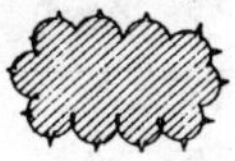	
3.6.11	落叶灌木疏林		

（续）

序号	名 称	图 例	说 明
3.6.12	落叶花灌木疏林		
3.6.13	长绿灌木密林	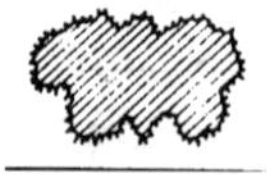	
3.6.14	长绿花灌木密林		
3.6.15	自然形绿篱		
3.6.16	整形绿篱		
3.6.17	镶边植物		
3.6.18	一、二年生草本花卉		
3.6.19	多年生及宿根草本花卉		
3.6.20	一般草皮		
3.6.21	缀花草皮	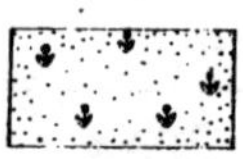	
3.6.22	整形树木		
3.6.23	竹丛		
3.6.24	棕榈植物		
3.6.25	仙人掌植物		

（续）

序号	名 称	图 例	说 明
3.6.26	藤本植物	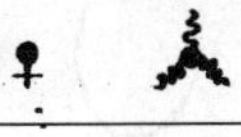	
3.6.27	水生植物	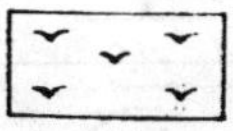	

4 树木形态图示

4.1 枝干形态

序号	名 称	图 例	说 明
4.1.1	主轴干侧分枝形		
4.1.2	主轴干无分枝形		
4.1.3	无主轴干多枝形		
4.1.4	无主轴干垂枝形		
4.1.5	无主轴干丛生形		
4.1.6	无主轴干匍匐形		

4.2 树冠形态

序号	名 称	图 例	说 明
4.2.1	圆锥形		树冠轮廓线，凡针叶树用锯齿形；凡阔叶树用弧裂形表示

（续）

序号	名 称	图 例	说 明
4.2.2	椭圆形	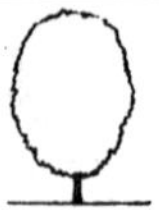	
4.2.3	圆球形		
4.2.4	垂枝形		
4.2.5	伞 形		
4.2.6	匍匐形